CAD/CAM 职场技能特训视频教程

UG NX 11.0 数控编程技术实战特训（第 2 版）

寇文化　　编著

電子工業出版社
Publishing House of Electronics Industry
北京 • BEIJING

内 容 简 介

UG NX11.0 是一款集成化的 CAD/CAM 系统软件，因其数控编程功能稳定、技术先进而广泛应用于机械加工行业。本书以解决工厂数控编程问题为根本出发点，重点介绍 UG NX11.0 的三轴及五轴加工编程功能的运用特点和参数设置时应注意的要点。

本书特点：总结了作者多年应用编程软件的心得体会，紧密结合工厂实际，为读者提供模具工件数控编程问题的完整解决方案，而且为了适应全国数控大赛及技能考试培训的需要，还特意介绍了斯沃三轴数控仿真软件的应用、五轴后处理器的制作，以及 VERICUT 仿真软件在五轴数控仿真方面的应用。本书虽然主要以模具数控编程为例进行讲解，但对其他类型零件的加工也有很高的参考价值。本书是《UG NX8.5 数控编程技术实战特训》的改版，除了保留原书的特色以外，还对原书的不足进行了修正，增加了不少学习指导内容，适合具有不同基础的读者阅读，并突出工厂实战的特色，学了就能用。

本书适合具有 3D 绘图基础，希望进一步学习数控编程技术并有志成为数控编程工程师的读者阅读；也可作为岗前职业培训和高等院校相关专业的教材。

图书在版编目（CIP）数据

UG NX 11.0 数控编程技术实战特训/寇文化编著. —2 版. —北京：电子工业出版社，2018.4

CAD/CAM 职场技能特训视频教程

ISBN 978-7-121-33823-6

Ⅰ. ①U… Ⅱ. ①寇… Ⅲ. ①数控机床－程序设计－应用软件－教材 Ⅳ. ①TG659-39

中国版本图书馆 CIP 数据核字（2018）第 044461 号

策划编辑：许存权（QQ：76584717）
责任编辑：许存权　　特约编辑：谢忠玉　等
印　　刷：北京七彩京通数码快印有限公司
装　　订：北京七彩京通数码快印有限公司
出版发行：电子工业出版社
　　　　　北京市海淀区万寿路 173 信箱　邮编：100036
开　　本：787×1 092　1/16　印张：22.75　字数：590 千字
版　　次：2014 年 9月第 1 版
　　　　　2018 年 4月第 2 版
印　　次：2021 年 12月第 5 次印刷
定　　价：75.00 元

凡所购买电子工业出版社图书有缺损问题，请向购买书店调换。若书店售缺，请与本社发行部联系，联系及邮购电话：（010）88254888，88258888。

质量投诉请发邮件至 zlts@phei.com.cn，盗版侵权举报请发邮件至 dbqq@phei.com.cn。

本书咨询联系方式：（010）88254484，xucq@phei.com.cn。

前　言

编写目的

UG NX 11.0 是西门子公司的专业 CAD/CAM 软件。在数控加工方面有着特殊的优势，深受用户喜爱，在我国普及程度越来越高，应用它进行数控编程的工厂也越来越多。而模具行业正是我国在机械制造领域内重点发展的行业，社会上急需培训出一大批精通这项技术的工程技术人员。

本书主要从模具工厂的实际应用角度出发，以解决数控编程问题为导向，说明如何运用 UG NX 11.0 软件解决模具工厂里那些单件生产、形状复杂的模具工件的数控编程问题；除了常用的三轴编程功能的应用，还介绍了五轴编程，希望这部分内容能起到以点带面的效果，帮助读者为进一步深入学习五轴编程打下坚实的基础。

本书虽然是以模具工件为例进行讲解，但却覆盖了 UG NX11.0 软件很多重要的且独特的数控编程功能，帮助读者加深对数控编程功能的理解；另外，为了适应全国数控大赛及职业学院对学生进行技能考试培训的需要，还特意介绍了斯沃三轴数控仿真软件的应用、五轴后处理器的制作，以及功能强大的 VERICUT 仿真软件在五轴机床模型制作及多轴模拟仿真方面的应用。读者能够利用书中知识对至少一种类型的五轴数控程序进行后处理及仿真，增强五轴编程内容的实用性。

本书总结了作者多年应用软件的经验，精选了工厂实践案例，希望能帮助有志从事数控编程的人士掌握真本领，从而尽快走向本行业的工作岗位，实现人生的目标。本书作者先后在深圳专业模具工厂进行数控编程，现在西安一家专业生产五轴机床的公司从事五轴机床的编程加工及培训工作，积累了丰富的加工经验和培训经验，所以本书三轴编程及五轴编程内容更加贴合工厂实际，会给读者提供更加实用的加工知识。

主要内容

全书共 8 章。

第 1 章　UG 数控编程概述。以技能考试的方式介绍了如何依据 2D 图纸绘制 3D 图，然后进行数控编程，再进行模拟仿真。学会本章内容可以帮助应试人员提前练兵。

第 2 章　鼠标后模铜公编程特训。以一个铜公为例，介绍如何在模具工厂里用 UG 进行数控编程，带领大家进行初步的工厂实战特训。

第 3 章　鼠标前模编程特训。先简要介绍模具结构知识，然后学习如何解决钢件模具的数控编程问题。

第 4 章　鼠标后模编程特训。在前几章学习基础之上，综合应用 UG 软件解决较复杂的模具编程。本章内容较重要，作为职业数控编程员一定要深刻领会编程要点。

第 5 章　鼠标模具行位编程特训。通过学习掌握其编程特点，提高工作能力。

第 6 章　鼠标模胚开框编程特训。以某鼠标模具的模胚 B 板为例，介绍如何使用 UG

NX 11.0 进行开框编程。本章相比于第 5 章内容难度系数降低了，但是一定要掌握要点。

第 7 章　万向轮座五轴编程。主要讲述如何利用 UG 五轴编程功能对万向轮座零件进行数控编程，并用 VERICUT 软件对多轴程序进行仿真。该章内容是五轴编程的基础，包含了最为常用的多轴编程要点。

第 8 章　UG 后处理器制作。主要讲述如何利用 Post Builder 制作五轴加工中心的后处理器，同时对三轴后处理器制作要点也进行了简要介绍。五轴机床后置处理定制的商业价值很高，所以本章也点到了要点，对于读者解决实际多轴问题很有帮助。

为了帮助读者学习，书中安排了“本章知识要点及学习方法”，“思考练习及答案”，以及“知识拓展”、“小提示”、“要注意”等特色栏目。“知识拓展”是对当前的操作方法介绍另外一些方法，以开拓思路。“小提示”是对当前操作中的难点进行进一步补充讲解。“要注意”是对当前操作中可能出现的错误进行提醒。文稿中长度单位除特殊指明外，默认为毫米（mm）。

另外，为了帮助读者理解操作，本书配套资源中还有经过精心录制的讲课视频，这些文件是 exe 文件，可以直接双击打开。播放过程中可以随时暂停、快进或者倒退，可以一边看书、一边看视频，同时一边跟着练习，提高学习效果。

如何学习

为学好本书内容，建议读者先学习如下知识。

（1）能用 UG 软件进行基本的 3D 绘图和简单的数控编程。

（2）机械加工工艺的基础知识。

（3）能应用 Office 办公软件及 Windows 操作系统。

本书以解决实际数控编程问题为主线，书中介绍的加工方案是适合普通数控铣床的加工方案。读者学习后可以根据本书的思路，在实际工作中再结合自己工厂机床设备的特点适当调整加工参数作出灵活变通，以发挥设备的最大性能，力争使所编程序符合高效加工原则和目的。

读者对象

（1）对 UG NX 11.0 数控编程的实际应用有兴趣的初学者。

（2）现在或者即将从事数控编程的工程技术人员。

（3）大中专或职业学校数控专业的师生。

（4）其他 UG NX 11.0 软件的爱好者。

改版亮点

原版《UG NX8.5 数控编程技术实战特训》一书出版以来，由于内容紧贴工厂应用实际，深受广大读者欢迎，曾被多所具有教学创新意识的高等院校或者职业院校作为数控专业的教材使用，并多次重印。同时作者也收到大量的读者来信来电，大部分都给予了回复，信中除了肯定书的内容实用，很多读者也谈到了学习上的难点，有些热心的读者也指出了书的不足。为此这次结合读者意见对原书进行了改版，以便更好服务于广大读者。

（1）对原书的部分文字错误进行了修正，使内容更加科学合理。

（2）结合作者使用原书对学员进行培训的教学实践及结合读者意见，把读者阅读时可能会遇到的难点重点再次进行点评，使大家学习时更加容易，少犯错误。希望阅读时给予重视。

（3）有些读者反映安装了新版本软件不知道如何学习，为此，本次采用了最新版本的UG NX11.0 软件进行改版，以适应时代发展的需要。

（4）对原书部分冗余的内容进行了调整，加工工艺进行了优化，使本书的实例更能符合现代加工的需要。

（5）本书的配套资源将以网络下载的形式提供（QQ 群：607658039），避免很多读者买书后丢失光盘而影响阅读的情况发生。

本书在策划和编写过程中承蒙电子工业出版社许存权老师的大力支持和帮助，才促使我顺利完成写作。本书主要由陕西华拓科技有限责任公司的高级工程师寇文化编写，另外参加本书编写的还有王静平（安徽工程大学）、李俊萍（安徽工程大学）、索军利以及赵晓军等。在此对他们表示衷心的感谢。

由于编者水平有限，本书虽然经过尽力核对，但欠妥之处在所难免，恳请读者批评指正。为了便于和读者沟通，读者如果在学习中遇到问题，可以给编著者发电子邮件到k8029_1@163.com 邮箱，也可以通过 QQ 群（607658039）获取资源和技术指导，对于典型性的解答，编著者在对读者个人信息做适当处理后，会在答疑博客里发表，有兴趣的读者可以参考，博客地址为 http://blog.sina.com.cn/cadcambook。

寇文化　于西安

目　录

第 1 章

UG 数控编程概述

1.1 本章要点和学习方法

本章针对初学者在数控编程学习方面存在的疑问，重点讲解了以下要点。

（1）通过模具制造流程的介绍，以了解数控编程在其中的重要作用。

（2）通过入门实例讲解，以了解 UG 数控编程的基本步骤。

（3）通过分析数控程序，以了解最常用的机床代码的含义。

（4）通过数控仿真的演示，以学习数控机床的操作过程。

本章目的是让初学者对数控编程及加工有一个初步概念，并能根据简单 2D 图进行数控编程及程序分析。尤其对于机床操作不熟悉的读者，应该重点学会斯沃仿真系统的操作方法。

1.2 数控编程的作用

1.2.1 模具制造流程

随着人们生活水平的提高，各类日用品的外观和结构越来越复杂而且时尚。因此，这些日用品 3D 产品图设计出来以后，大部分都需要用既经济又快捷的模具进行成型和制造。因此，模具制造工厂就成为了将艺术家的想象变为现实商品的前沿阵地。尽管各类模具工厂的管理方式差别很大，而且在自己产品的特点、设备的状况、人员的素质等方面各具特色，但是基本的流程却大致相同。

1. 模具设计

模具制造部门（又称工模部）在接收到客户提供的产品设计图以后，首先由模具设计工程师评估注塑这些产品的模具在制造方面的可行性，以及这些产品注塑成型的可行性。没有错误以后，就初步设计出模具结构，最后再设计出正式的模具 2D 图纸。

2. 分模

分模工程师根据客户的产品 3D 图和模具结构 2D 图纸进行 3D 模具设计，这个过程又称分模。经过分模，输出模具的前模图（又称定模图）、后模图（又称动模图），复杂一些的可能还有行位图（又称滑块图）、斜顶图等。经过评审，没有错误以后，就可以设计铜公图（又称电极图）。

3. 数控编程

数控编程工程师（又称 CNC 工程师）在收到分模 3D 图后，先要在制造方面进行检查，没有问题以后，就进行数控编程（又称 CNC 编程），以便数控机床能据此加工出模具来。

先分析模具配件的大小、坐标系的位置、加工需求、装夹方案，然后规划出加工工步方案。打开编程软件，转化及修补图形，设置刀具类型大小，选择加工方法，设置加工参数，然后计算刀具运动的路线轨迹（又称刀路）。经过检查，没有错误就进行后处理，生成数控机床能够识别的数控程序（又称 NC 程序）。这部分就是本书讨论的重点内容。

4. 模具备料

制模小组在收到模具图以后就据此制订模具材料。等这些料回到工厂后，就进行数控加工前的准备。由于现代工厂里数控机床的普遍使用，大部分复杂一些的加工工作量都交由 CNC、电火花（又称 EDM）加工，所以制模小组的主要工作是准备供 CNC 加工的材料。

5. 数控加工

数控车间（又称 CNC 车间）在收到数控程序工作单及相应的材料以后，就按照生成计划进行数控加工，初步加工出模具结构件。

6. 电火花加工

很多情况下，模具形状都很复杂，CNC 加工不到位的部分就交由电火花车间进行电火花放电加工（一般包括型面成型或者 CNC 加工不到的角落清角），加工出符合模具图的要求的形状。

7. 模具抛光

很多情况下电火花加工表面并不能符合产品的外观要求，这就需要对模具型腔面按照产品外观光度的要求进行抛光（又称省模）。

8. 模具装配

制模小组在收到加工合格的模具结构件以后，就依据模具图纸的要求进行装配（又称 FIT 模或者叫做飞模）。

9. 试模

将装配完成的模具送到注塑车间，按照产品图纸的要求进行小批量注塑，以发现问题提出模具改进方案。经过多次改模及试模，符合客户需求，当客户签版以后就可以进行批量生产，将合格的注塑件交给客户。生产过程中模具如果有损坏再由工模部进行维护，注塑件全部交付客户，客户接收了，模具制造就算完成了。

从以上流程可以看出，CNC加工直接影响模具制造的流程。数控程序的质量直接决定加工的快慢和工件的质量。数控编程阶段是整个模具制造流程的瓶颈，如果这部分出现错误就会导致加工错误，甚至会导致返工。如果这个阶段时间耽误了，那么整个模具制造周期就会拉长。所以对于模具制造流程来说，数控编程阶段很重要。由于这个原因，一般模具工厂里的老板都会高薪聘请经验丰富、技术熟练的CNC工程师来从事这项工作，而不太愿意让新手承担重要的数控加工编程任务。从这一点来说数控编程人员对于模具制造贡献很大，自然他们的待遇就比其他工种人员的待遇高。希望初学者朋友刻苦学习，提高技术，争取早日拿到高薪。

1.2.2 学习数控编程的技术难点

近年来，随着我国经济的高速发展，各种规模的模具工厂数量增加很多，而订单并不饱满，各个工厂为了能生存，都在提高模具质量和缩短交货期上大做文章，想比竞争伙伴技胜一筹，竞争异常激烈。不管是自己内部进行CNC加工还是委托他人进行，对于CNC加工的要求都比较高。因为模具是单件生产，几乎没有加工试件的可能性，普遍要求是一次加工成功，杜绝返工。这就决定了数控编程工作具有一定的难度。作为初学者要达到模具工厂的要求，不光要熟练掌握软件的使用技巧，而且必须要虚心学习实际知识，不断总结经验。实际工作中，初学者可能会出现以下错误，请学习时注意克服。

（1）在开始学习编程时，只关注软件的操作技巧，忽视现实加工的可行性，参数有时不合理，导致加工中出现刀具损耗过大或者断刀等现象。出现这种情况的原因，很多人可能是照搬书本知识。有些书上的实例所给定的参数，可能是为了重点演示某个功能而设计的，而实际工作中还要具体问题具体分析，不可盲目照搬。本书实例的加工参数是普通机床的一般加工方式，使用者也要结合自己工厂的实际灵活变通。

（2）有时忽视工厂的工艺装备的精度，以为所有工厂都是理想机床及理想刀具，实际上工厂的情况千差万别，个别工厂的机床装备并非如此精密，尤其是南方小型模具工厂，由于要请外边人调试维修机床费用很高，维护往往不到位，机床精度有时不理想。编程员所编的程序如果没有考虑这些因素的话，就会出现工件过切或者漏切现象，这属于理论联系实际不够的问题。一般来说，有些学校的实习机床的精度可能比较好，学生们碰到的是比较理想的制造装备，但是到了一个新工作环境，首先要了解的就是机床实际精度、刀具及夹具实际精度，必要时要做好车间调查。

（3）有时忽视上一把刀具加工的残留材料的位置和大小，未进行必要的清角，加工时极易在角落处弹刀而过切，这属于思维不够严密所致。这也是数控编程工作的关键。

（4）尽管现在数控编程软件种类很多，但都处于发展阶段，一般不是十全十美，都存在一些缺陷。新入行的朋友有时过于相信计算机，对于软件的计算错误不能敏锐判断并且及时纠正这些错误而导致加工错误。所以，在学习数控编程技术时，不但要熟练掌握软件的优点，对于其缺点也要能扬长避短，学习 UG 软件也不例外。

（5）要排除受到各种工作压力的影响，属于自己所犯的错误，要敢于承认，保证今后不再犯同类错误。

1.2.3　对学习者的忠告

对于在校生或者没有接触过数控机床的其他朋友来说，实践的机会可能并不多，但这并不会影响自己向数控编程行业进军的机会。俗话说“能背孙子兵法的，不一定就能带兵打仗”，但是只要你会背孙子兵法并且能融会贯通就为带兵打仗提供了坚实的理论依据。

工厂初次面向学校招聘数控编程工程师，主要关注的是应聘者对于软件操作的熟练性，其次是加工经验。所以，这部分朋友首先要向书本学习，把实例多演练几遍，直到脱离书本能够独立编程为止。力争在熟练操作软件方面比别的竞争者技高一筹，这样在职场上就能稳操胜券，为拿到高薪打好基础。另外还可以利用斯沃数控仿真软件来帮助熟悉加工过程。如果有机会进入工厂实习或者工作，就要努力做好上司安排的每一项工作，在正式加工前，把自己的程序反复检查，杜绝错误，力争优化。而且要虚心学习实践知识，和操作员还有其他同事搞好工作关系，有利于今后的进步。

对于已经有其他软件编程经验的学习者，学习的重点在于理解 UG 软件加工参数的含义及各种加工方式的优缺点。不要受其他软件功能的思维限制，要全面学习软件功能，要善于用 UG 的思维来思考加工问题。更不要拿其他软件的优点和 UG 的缺点来比，这样一比，你有可能会放弃学习 UG，当学习另外一个软件时，又拿这个软件的缺点和 UG 的优点来比。这样比来比去，有可能你就会放弃学习数控编程，失去进军数控编程行业的信心，白白浪费学习时间。另外还要解决好后处理问题，使 NC 程序和实际的机床性能相匹配。

1.3　数控编程过程

本节任务：按图 1-1 所示的图纸加工出铝零件。首先用 UG 绘制图形，然后进行数控编程，最后用斯沃数控仿真软件把加工过程进行仿真。通过本例的学习让初学者对于数控编程有一个完整的理解。

1.3.1　图形绘制

图纸分析及绘图步骤：（1）绘制底座 100×100×20 为拉伸体；（2）绘制内切圆直径为 80 的正六边形，然后以此绘制柱体；（3）绘制直径为 60×50 的椭圆，然后以此绘制拉伸体；（4）以上实体进行布尔运算。

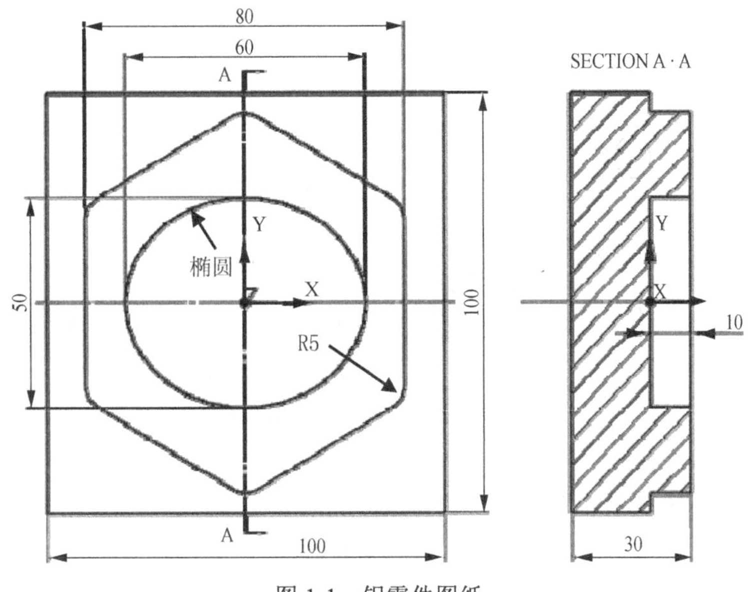

图 1-1　铝零件图纸

1. 绘制底座 100×100×20 的拉伸体

（1）启动 UG NX11 软件，单击新建按钮，输入文件名为 ugbook-1-1，进入建模模块。注意默认的绘图工作目录是 C：\temp，文件存盘生成的图形文件存在这个目录中。

（2）从主菜单中执行【插入】|【草图】命令，系统自动选择 XY 平面为绘图平面，单击【确定】按钮，进入草图状态，如图 1-2 所示。

（3）单击 矩形(R)... 按钮，绘制矩形 100×100 的草图，并标注尺寸，结果如图 1-3 所示。单击完成草图按钮。

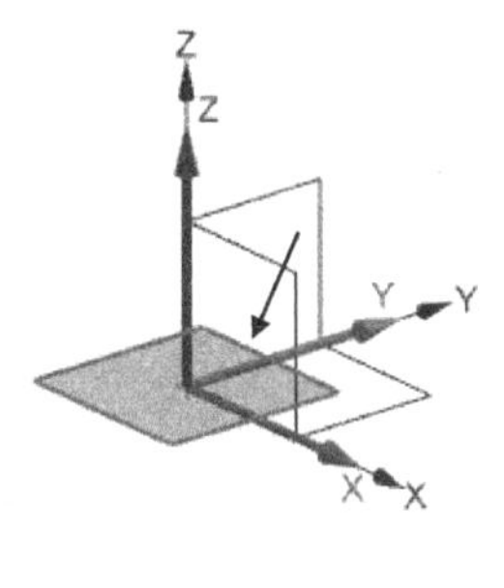

图 1-2　自动选取草图平面

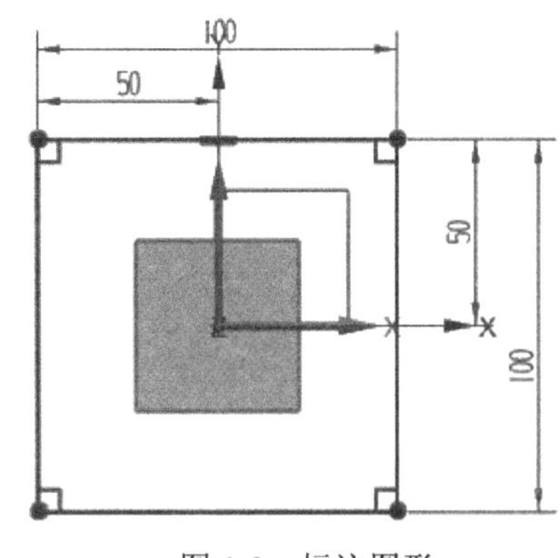

图 1-3　标注图形

（4）单击拉伸按钮，选择上述草图，在系统弹出的【拉伸】对话框中展开【方向】栏，单击反向按钮，使图形指示拉伸方向的箭头朝下，输入距离为 20，绘制拉伸体，结果如图 1-4 所示。

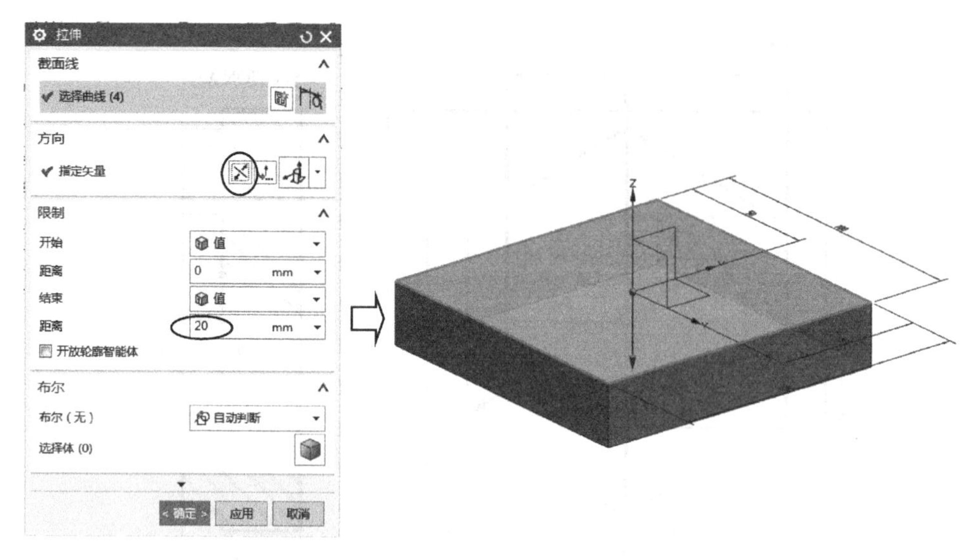

图 1-4　绘制拉伸体

2. 绘制内切圆直径为 80 的正六边形的拉伸体

（1）从主菜单中执行【插入】|【基准/点】|【点】命令，设置点为（0，0，0），绘制零点，如图 1-5 所示。绘制该零点的目的是为了后续绘图时能够抓点方便。

图 1-5　绘制零点

（2）从主菜单中执行【插入】|【草图曲线】|【多边形】命令，系统自动选择 XY 平面为绘图平面，进入草图状态，设置中心点为（0，0，0），边数为 6，内切圆半径为 40，旋转角度为 0°，绘制如图 1-6 所示的正六边形。

（3）单击拉伸按钮，选择上述草图，输入距离为 10，绘制拉伸体，结果如图 1-7 所示。

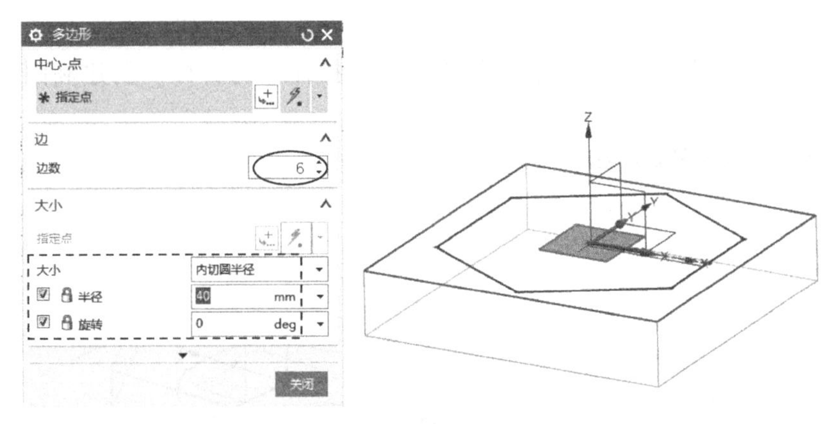

图 1-6　绘制正六边形

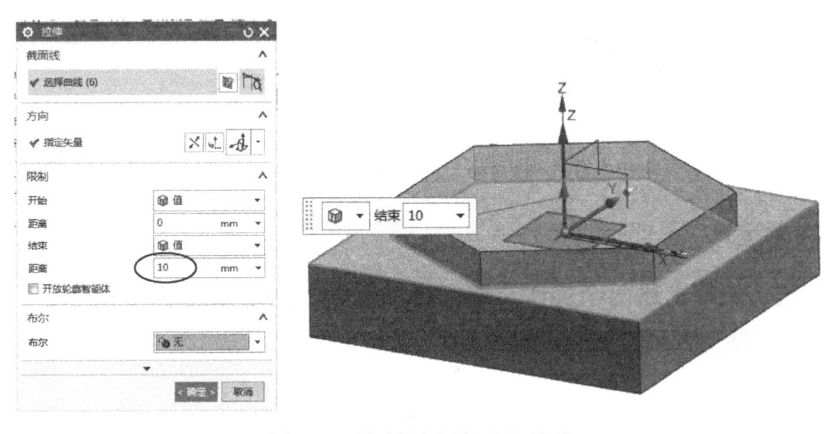

图 1-7　绘制正六边形拉伸体

3．绘制椭圆拉伸体

（1）从主菜单中执行【插入】|【草图曲线】|【椭圆】命令，系统自动选择 XY 平面为绘图平面，进入草图状态，设置中心点为（0，0，0），大半径为 30，小半径为 25，旋转角度为 0°，绘制如图 1-8 所示的椭圆。

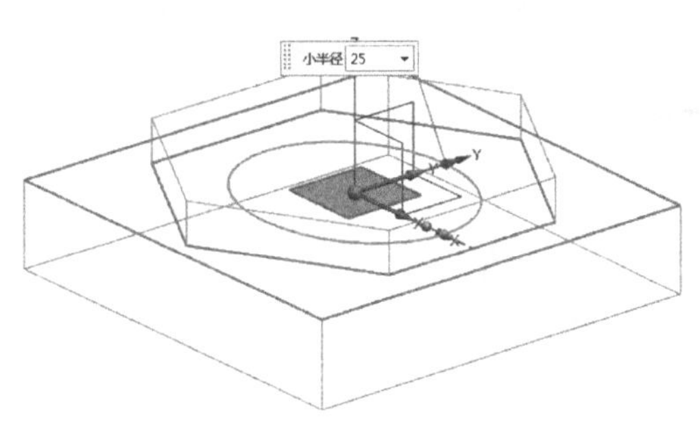

图 1-8　绘制椭圆

（2）在导航器中选择上述草图特征，在工具栏里单击拉伸按钮，输入距离为 10，选择布尔运算的方式为“减去”，选择刚绘制的六边形拉伸体为目标，创建椭圆孔如图 1-9 所示。

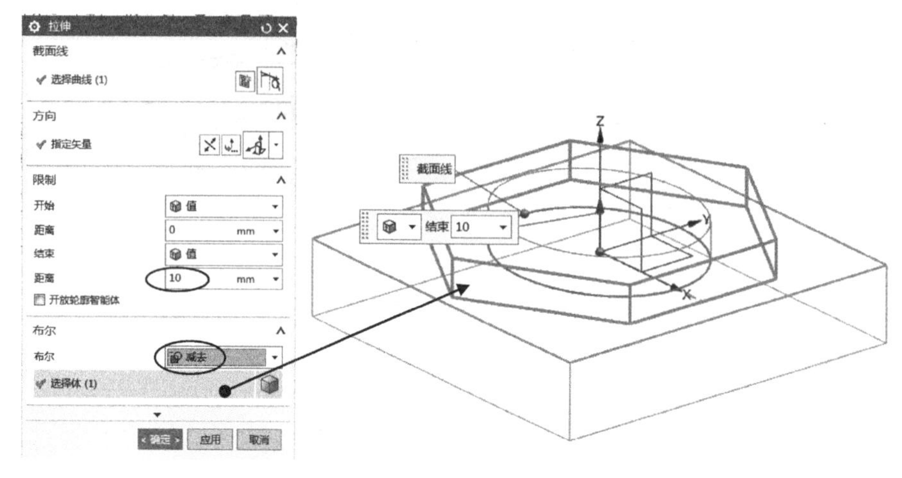

图 1-9　创建椭圆孔

4. 实体布尔运算

单击求和按钮，选择上述两个实体，进行合并运算，结果如图 1-10 所示。

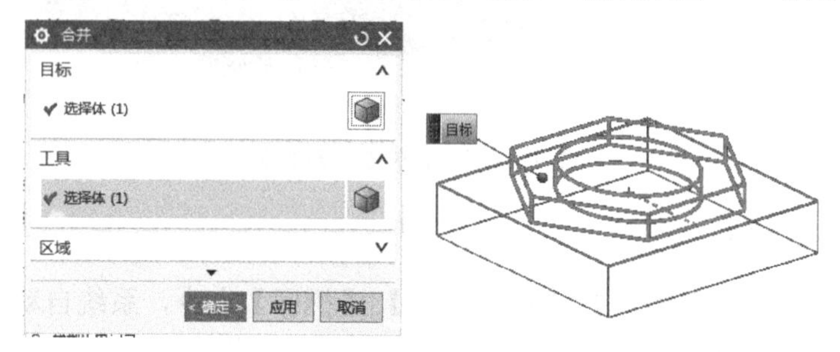

图 1-10　实体合并

5. 倒圆角

单击边倒圆按钮，输入半径为 5，选择正六方体的 6 个棱边，例圆角的结果如图 1-11 所示。

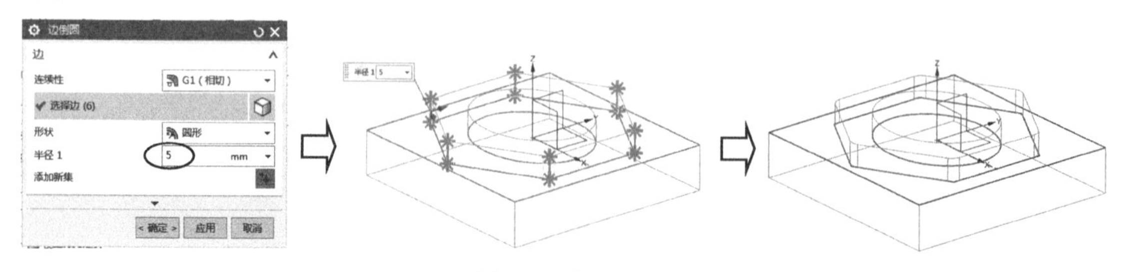

图 1-11　倒圆角

6. 图形整理

按 Ctrl+B 组合键，选择实体，将其隐藏。然后再按 Shift+Ctrl+B 组合键，将实体显示，草图曲线隐藏。单击【保存】按钮将文件存盘。

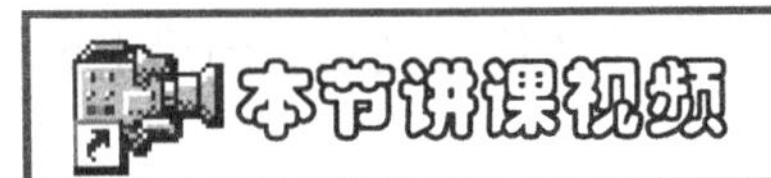

以上操作视频文件为：\ch01\03-video\01-图形绘制.exe。

1.3.2 数控编程

本节任务：（1）工艺规划；（2）编程准备；（3）创建开粗刀路；（4）创建精加工刀路。

1. 数控加工工艺规划

（1）技术要求

开料尺寸为 100×100×30.1，材料为铝，1 件料。台阶以上部分由 CNC 精加工到位。加工方案是先进行粗加工然后进行精加工，均采用 UG 的平面铣加工方式。

（2）CNC 加工工步

① 程序组 K1A，粗加工（又称开粗），用 ED12 平底刀，余量为 0.2，底部水平台阶面为 0.1。

② 程序组 K1B，精加工（又称光刀），用 ED12 平底刀，侧余量为 0，底部水平台阶面为 0，顶部余量为 0。

2. 数控编程准备

首先要进入 UG 的制造模块，然后选择环境参数、设置几何组参数、定义刀具、定义程序组名称。

（1）设置加工环境参数

在工具条中选择【应用模块】选项卡，单击按钮 加工，进入加工模块，系统弹出【加工环境】对话框，选择 mill_planar 模板，单击【确定】按钮，如图 1-12 所示。当编程文件存盘以后再次进入加工模块时，这个参数就不需要设置了。因为 UG 数控编程功能很广泛，除了铣削外还有钻孔、车削、线切割等，本例选择了平面铣削。

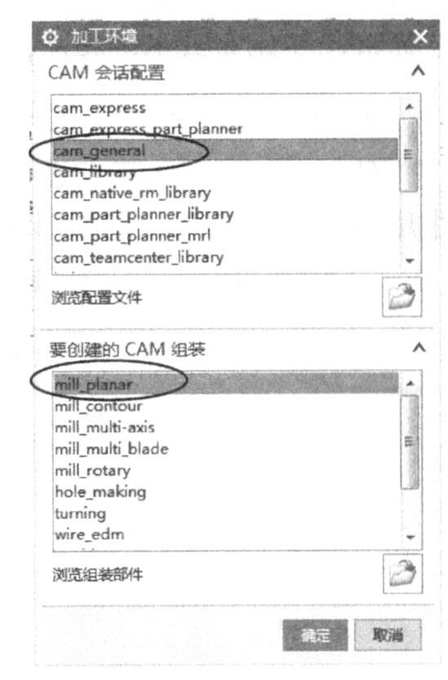

图 1-12 设定加工环境参数

（2）建立几何组

主要任务是建立加工坐标系、安全高度及毛坯体等。

① 建立加工坐标系及安全高度。

在操作导航器中系统自动进入到 程序顺序视图，在导航器空白处右击鼠标选择【几何视图】或在单击导航器上方选择按钮几何视图，将操作导航器切换到几何视图。单击 MCS_MILL 前的“+”号将其展开，双击 MCS_MILL 节点，系统弹出【MCS 铣削】对话框。其中【机床坐标系】系统默认与建模坐标系相同，观察在图形中显示为 XM-YM-ZM 的坐标系就是加工坐标系。单击【细节】按钮可以展开更多的菜单，设置【装夹偏置】为“1”，该数值在后处理时，在 NC 程序中输出 G54 指令。再设置【安全设置选项】为“自动平面”，【安全距离】为“20”，该数值含义是比图形上的平面再高出 20mm，单击【确定】按钮，如图 1-13 所示。

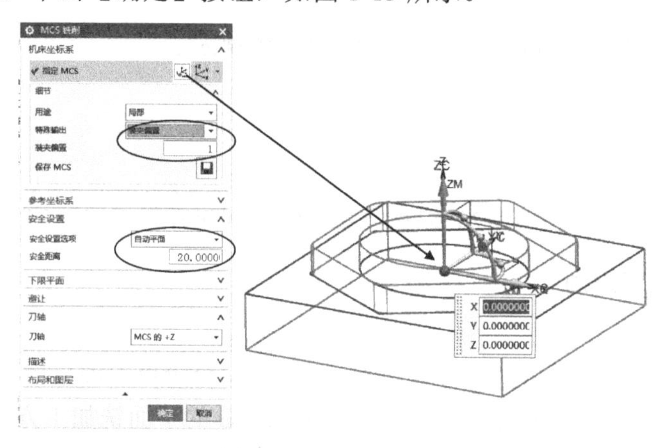

图 1-13　设定坐标系

这个对话框中的【机床坐标系】翻译不够准确，容易和机床的机械坐标系混淆，应该理解为编程时定义的加工坐标系，也就是数控程序最后输出时依据的坐标系。

【装夹偏置】为“1”，该数值在后处理时，在 NC 程序中输出 G54 指令，是最常用的；如果是“2”，则输出 G55。但是如果默认为 0，则输出 G53，这个指令的含义是设置机床坐标系，可能导致 NC 程序执行异常。

② 建立毛坯体。

双击 WORKPIECE 节点进入【工件】对话框，单击【指定部件】按钮，系统进入【部件几何体】对话框，在图形区选择实体图形为加工部件，如图 1-14 所示。

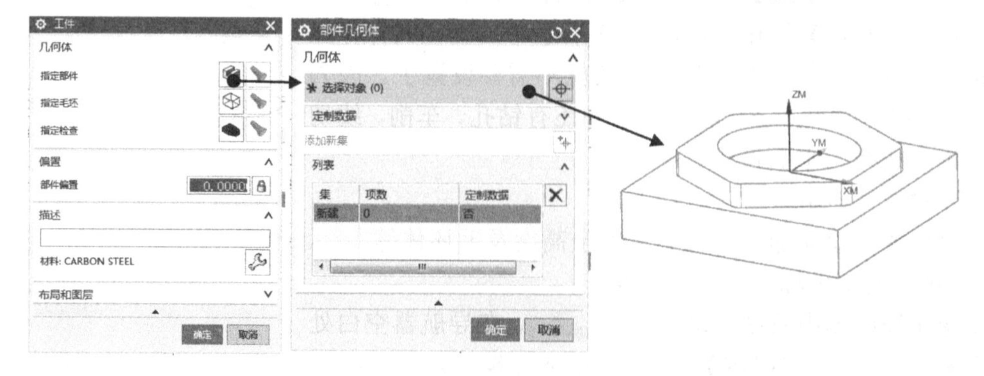

图 1-14　选取加工部件

单击【指定毛坯】按钮，进入【毛坯几何体】对话框，在【类型】中选择“包容块”，参数默认，再单击【确定】按钮，这样就定义了用于模拟检查的毛坯体，如图 1-15 所示。

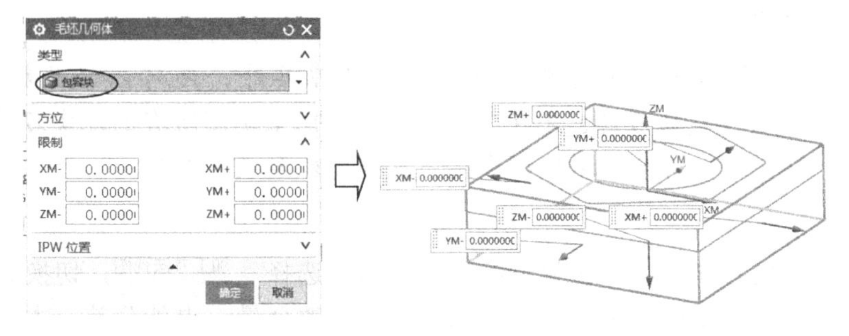

图 1-15 创建毛坯体

以上步骤并不是一定都要设置，因 UG 比较灵活，也可以在设置操作时再临时设置这些参数。但由于 UG 的节点参数具有传递性，这样设置参数可以减少后续操作步骤，而且刀路仿真模拟检查能顺利进行。建议初学者要养成设置几何体及毛坯体的习惯。

（3）在机床组中建立刀具

在导航器空白处右击鼠标选择 机床视图 或单击导航器上方工具栏的 机床视图 按钮，将其切换到机床视图。选择【Ceneric_Machine】右击鼠标，执行【插入】|【刀具】命令；或单击工具栏的 创建刀具 按钮，在系统弹出的【创建刀具】对话框中，自动选择【刀具子类型】为 “MILL”，再输入刀具【名称】为“ED12”，单击【确定】按钮，如图 1-16 所示。

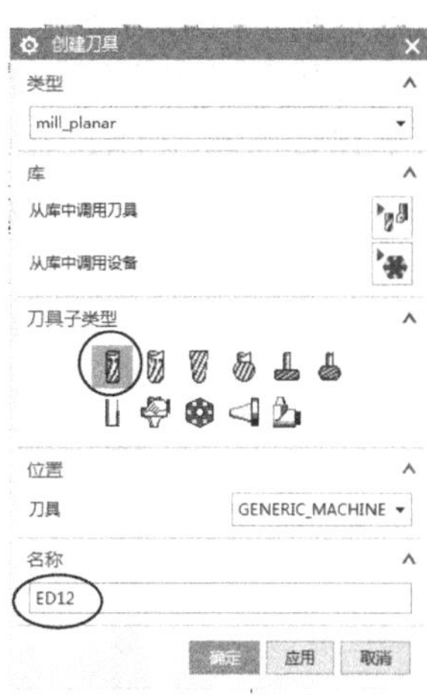

图 1-16 定义刀具类型

在系统弹出的【铣刀-5 参数】对话框中，输入【直径】为“12”，移动右侧滑条，显示更多参数，输入【刀具号】为“1”，【补偿寄存器】为“1”，【刀具补偿寄存器】为“1”，单击【确定】按钮，如图 1-17 所示。

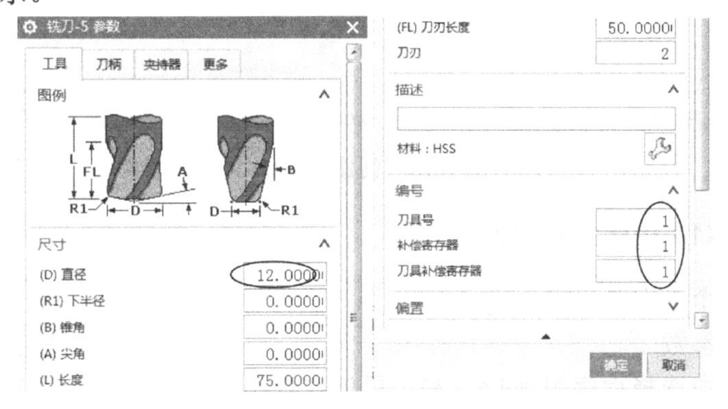

图 1-17 输入刀具参数

除了以上介绍的每个编程图都生成的所用的刀具外，还可以修改标准模板文件 mill_feature.prt，在其中建立刀库。先在工厂的数控车间里实测所有的现实刀具数据，然后据此建立刀库。这样可以使车间运作标准化，以提高效率减少出错。

（4）建立方法组

在导航器空白处右击鼠标，在弹出的快捷菜单中选择 加工方法视图，切换到加工方法视图。可以双击粗加工、半精加工、精加工的菜单，修改余量、内外公差。本操作选择默认参数，不需修改。

（5）建立程序组

建立 2 个空的程序组，目的是管理编程刀路。

在导航器空白处右击鼠标，在弹出的快捷菜单中选择 程序顺序视图，切换到程序顺序视图。在导航器中已经有一个程序组 PROGRAM，右击此程序组，在弹出的快捷菜单中选择【重命名】选项，改名为 K1A。

选择上述程序组 K1A，右击鼠标，在弹出的快捷菜单中选择【复制】选项，再次右击上述程序组 K1A，在弹出的快捷菜单中选择【粘贴】选项，在目录树中产生一个程序组 K1A_COPY，右击此程序组，在弹出的快捷菜单中选择【重命名】选项，改名为 K1B，如图 1-18 所示。

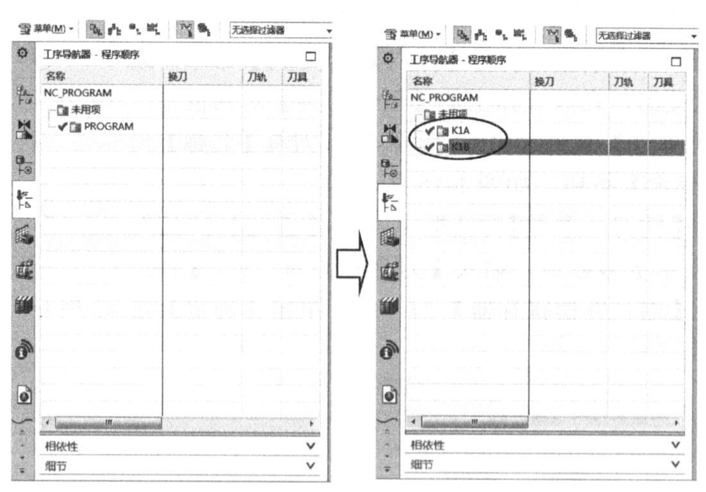

图 1-18　创建程序组

3. 在程序组 K1A 中建立开粗刀路

方法是创建 1 个平面铣工序。

（1）设置工序参数

在操作导航器中选择程序组 K1A，右击鼠标在弹出的快捷菜单中执行【插入】|【工序】

命令，或直接单击工具条 创建工序 按钮，系统进入【创建工序】对话框，【类型】选择 mill_planar，【工序子类型】选择，【位置】参数按图 1-19 所示设置。

（2）指定部件边界几何参数

本例将选择 3 条线作为加工线条边界。

在如图 1-19 所示的对话框中单击【确定】按钮，系统弹出【平面铣】对话框，如图 1-20 所示。

图 1-19　设置工序参数

图 1-20 平面铣对话框

① 选择外形线作为边界线。

在图 1-20 所示的对话框中单击【指定部件】按钮，系统弹出【边界几何体】对话框，设置保留材料的参数【材料侧】为“外侧”，同时注意选择【忽略岛】复选框，单击定制边界数据按钮，在系统弹出的对话框中选择【余量】复选框，设置余量为“–6”，然后在图形上选择台阶面，单击【确定】按钮，如图 1-21 所示。

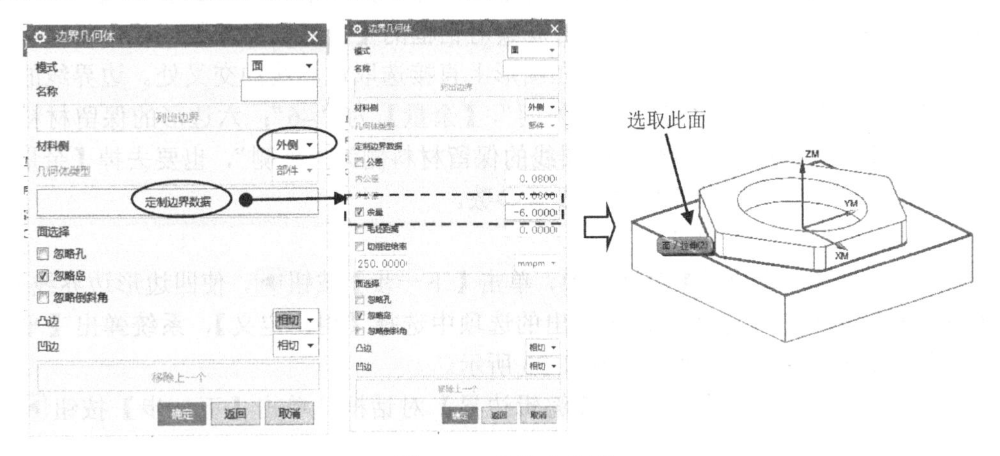

图 1-21　选取台阶面

② 选择六边形作为边界线。

在系统返回的【平面铣】对话框中单击【指定部件】按钮，在打开的【边界几何体】对话框，单击附加按钮，系统弹出【边界几何体】对话框，选择保留材料的【材料侧】为“内侧”，不要选择【忽略孔】和【忽略岛】复选框。选择图形顶面，这样就选择了六边形和椭圆两个边界线。2次单击【确定】按钮，如图1-22所示。

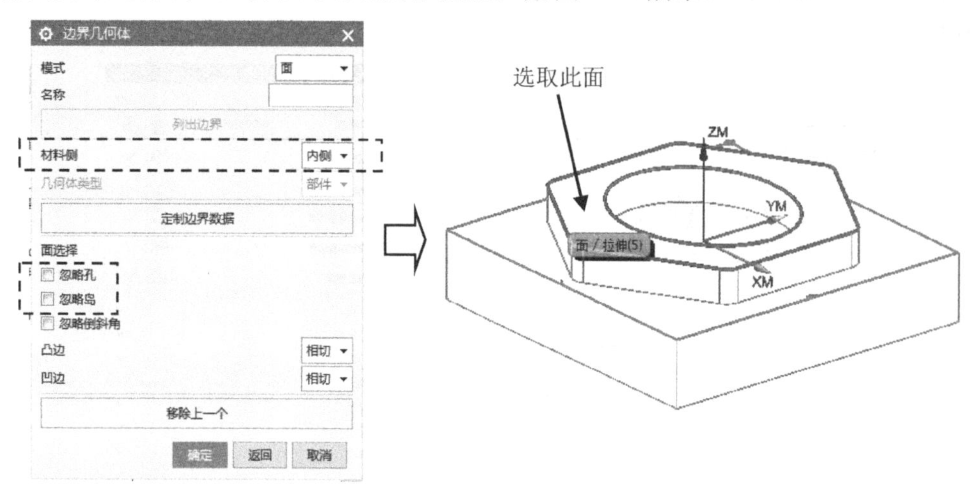

图1-22　选取顶面

本书插图中的方框或椭圆圈起来的部分是提示读者能快速找到的菜单位置，如果很明显或者容易找到的就没有标示出来，请阅读时注意。如图1-21所示，还可以选择【凸边】为“对中”，这时就不必定义余量为-6了。

③ 检查边界线。

在系统返回的【平面铣】对话框中单击【指定部件】按钮，系统弹出【编辑边界】对话框，观察图形中哪个线条变亮，同时观察对话框的【材料侧】参数。单击【下一步】按钮，观察其他边界线的参数。或者在图形上直接选取边界线的交叉处。边界线的参数应该是：外形四边线的保留材料侧为“外侧”，【余量】为“–6”；六边形的保留材料侧为“内侧”，去掉【余量】复选框参数；椭圆线的保留材料侧为“外侧”，也要去掉【余量】复选框参数。如果不是这样，就需要重新设置参数。

④ 修改四边形边界线的高度。

在系统弹出的【编辑边界】对话框中，单击【下一步】按钮，使四边形边界线变亮。单击【平面】栏的下三角符号，在弹出的选项中选择【用户定义】，系统弹出【平面】对话框，在图形上选择最高平面，如图1-23所示。

单击【确定】按钮，系统返回到【编辑边界】对话框，单击【下一步】按钮，如图1-24所示。

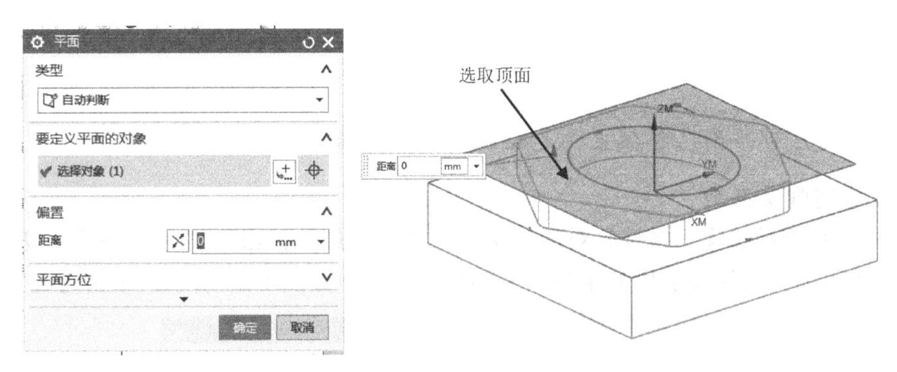

图 1-23　定义边界线高度

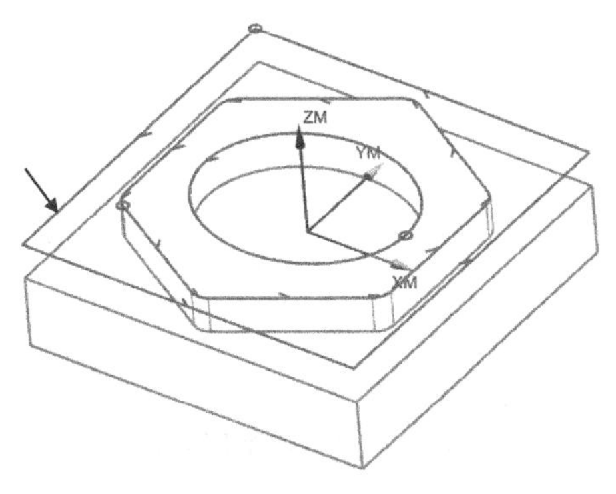

图 1-24　创建四边形边界线

从作者的培训经验得知，对于某些初学者来说，这部分内容学习起来并不顺利，屡次出错，究其原因是没有仔细阅读书本上的文字叙述。如果没有做对，再来一遍，甚至多遍，直到完全理解为准，力争把 UG 的这个平面铣功能学好。对于 UG 学习来说，学好这个功能很重要。

（3）指定底部平面作为加工最低位置

单击【确定】按钮，在如图 1-20 所示的【平面铣】对话框中单击【指定底面】按钮，在图形上选择台阶面，如图 1-25 所示，单击【确定】按钮。

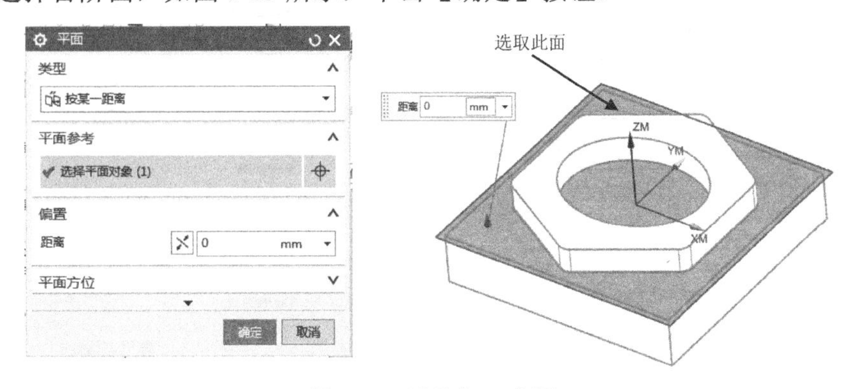

图 1-25　选取加工底面

这个“指定底部平面”参数主要是控制切削的最低位置。

（4）设置切削层参数

在如图1-20所示的【平面铣】对话框中单击【切削层】按钮，系统弹出【切削层】对话框，设置【每刀切削深度】栏的【公共】参数为“1”，如图1-26所示，单击【确定】按钮。

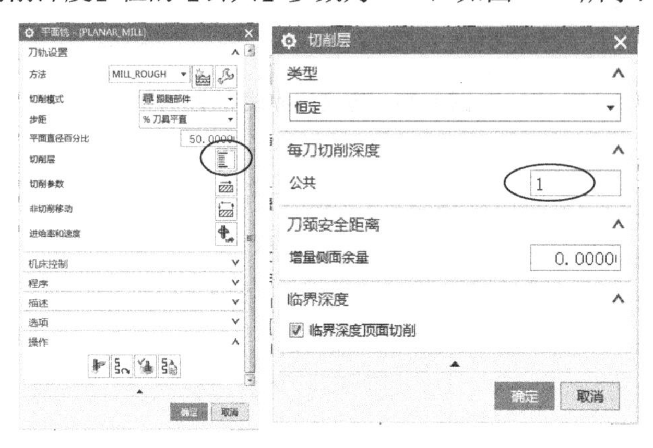

图1-26　设定切削层参数

（5）设置切削参数

在如图1-26所示的【平面铣】对话框中单击【切削参数】按钮，系统弹出【切削参数】对话框，选择【余量】选项卡，设置【部件余量】为“0.2”，【最终底面余量】为“0.1”，如图1-27所示。其余参数默认，单击【确定】按钮。

（6）设置非切削移动参数

在如图1-26所示的【平面铣】对话框中单击【非切削移动】按钮，系统弹出【非切削移动】对话框，选择【进刀】选项卡，【进刀类型】为“螺旋”，【斜坡角】为“5”，【开放区域】的【进刀类型】为“与封闭区域相同”，如图1-28所示。其余参数默认，单击【确定】按钮。

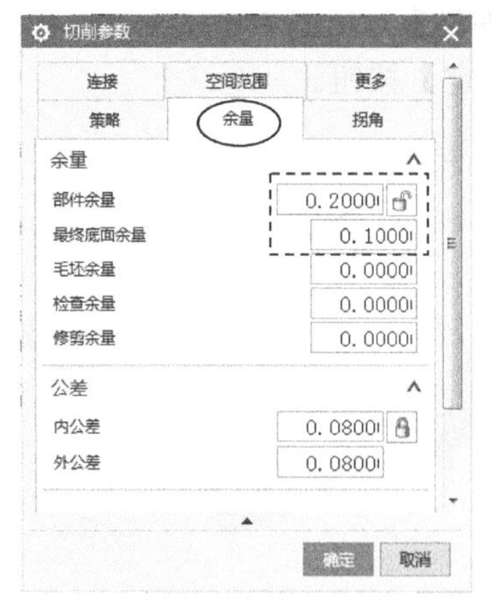

图1-27　设置切削参数

图1-28　设置非切削移动参数

（7）设置进给率和转速参数

在如图 1-26 所示的【平面铣】对话框中单击【进给率和速度】按钮，系统弹出【进给率和速度】对话框，设置【主轴速度（rpm）】为“2000”，【进给率】的【切削】为“1500”。其余参数默认，如图 1-29 所示，单击【确定】按钮。

（8）生成刀路

在如图 1-26 所示的【平面铣】对话框中单击【生成】按钮，系统计算出开粗刀路，如图 1-30 所示，单击【确定】按钮。

图 1-29　设置进给率和速度参数

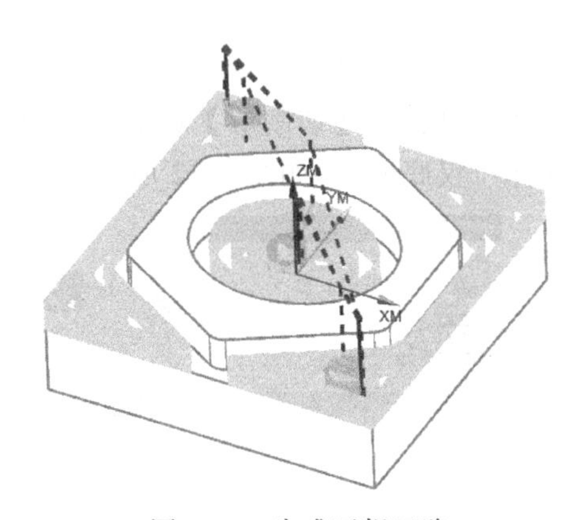

图 1-30　生成开粗刀路

以上操作视频文件为：\ch01\03-video\02-开粗刀路 K1A.exe。

这部分内容对于有些初学者来说可能生成的刀路与图 1-30 所示的不同，请注意查看你设置的边界参数有无错误，尤其是保留材料的方向是否有错。请仔细阅读书上的文字叙述，按照书最好再来一遍。这节内容主要训练的是平面铣刀路解决这类开粗刀路的方法，除此之外还可以用型腔铣，这部分内容，可以在学习了后续章节再来创建刀路，请读者自行完成。

4．在程序组 K1B 中建立精加工刀路

方法是复制上述刀路，再修改参数。将完成 4 个刀路：（1）台阶面精加工（也称光刀）；（2）椭圆内孔光刀；（3）六边形外形光刀；（4）顶部光刀。

（1）台阶面精加工

① 复制刀路。

在导航器中右击刚生成的刀路 PLANAR_MILL，在弹出的快捷菜单中选择 复制，再次右

击程序组 ✔ K1B，在弹出的快捷菜单中选择 内部粘贴，导航器的 K1B 组生成了新刀路 PLANAR_MILL_COPY。如图 1-31 所示。注意“内部粘贴”可以生成比目标低一级的元素。

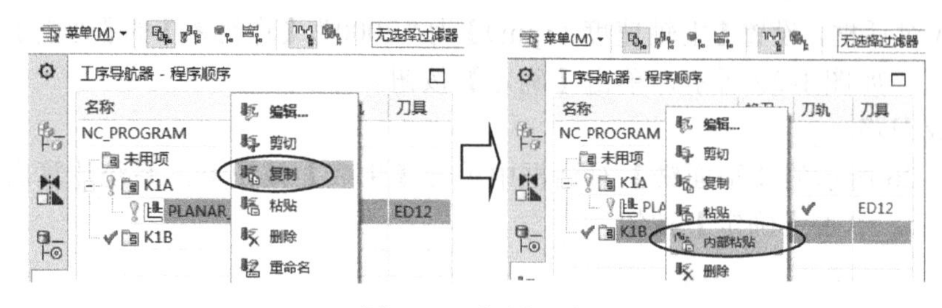

图 1-31　复制刀路

② 设置切削层参数。

双击刚生成的刀路 PLANAR_MILL_COPY，系统弹出【平面铣】对话框，单击【切削层】按钮，在系统弹出的【切削层】对话框中单击【类型】栏的下三角符号，从系统弹出的选项中选择“仅底面”，如图 1-32 所示，单击【确定】按钮。

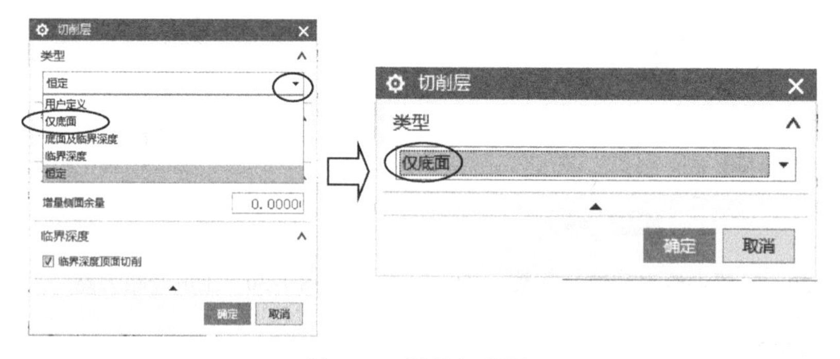

图 1-32　设置切削层

还可以设置【每层深度】栏的【公共】参数为“0”，也可以达到仅切削一层的刀路的目的。

③ 设置切削参数。

在系统返回的【平面铣】对话框中单击【切削参数】按钮，系统弹出【切削参数】对话框，选择【余量】选项卡，设置【最终底面余量】为“0”，如图 1-33 所示。其余参数默认，单击【确定】按钮。

④ 生成刀路。

在系统返回的【平面铣】对话框中单击【生成】按钮，系统计算出刀路，如图 1-34 所示，单击【确定】按钮。

（2）椭圆内孔光刀

① 复制刀路。

在导航器中右击刚生成的刀路 PLANAR_MILL_COPY，在弹出的快捷菜单中选择 复制，再次

右击程序组 ✔K1B，在弹出的快捷菜单中选择 内部粘贴，导航器的 K1B 组生成了新刀路，如图 1-35 所示。

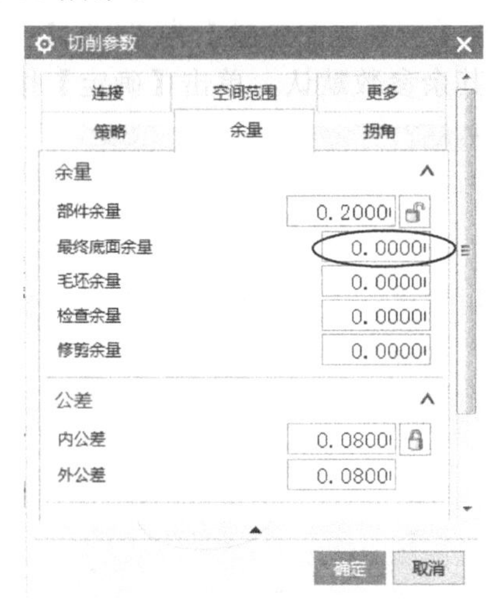

图 1-33 设置底部余量

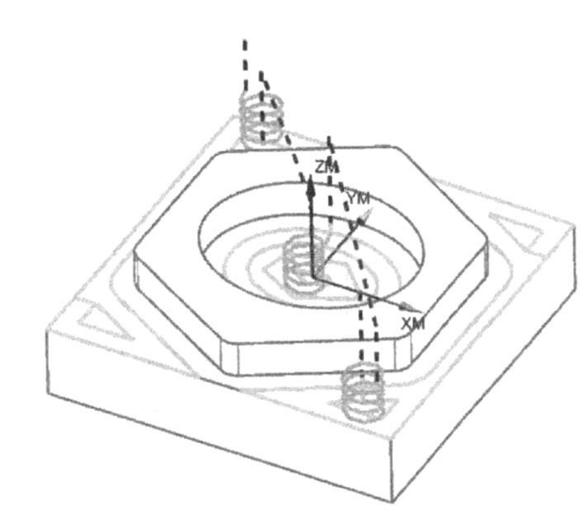

图 1-34 生成台阶面光刀

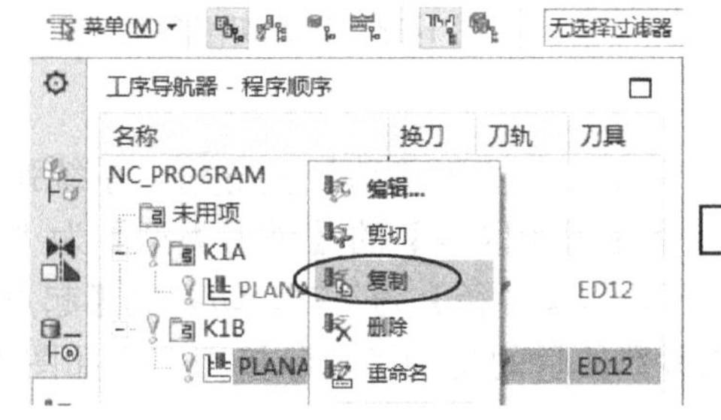

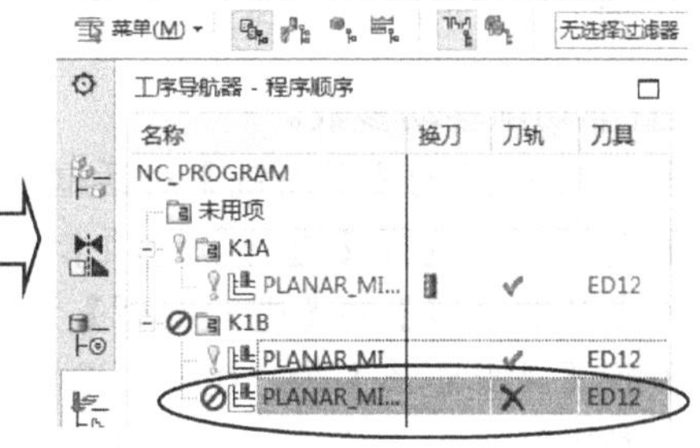

图 1-35 复制刀路

② 修改几何边界。

双击刚生成的刀路 PLANAR_MILL_COPY_COPY，系统弹出【平面铣】对话框，单击【指定部件】按钮，系统弹出【编辑边界】对话框，观察图形中哪个线条变亮，单击【下一步】按钮，使四边形线条变亮，然后单击 移除 按钮，将其删除。同理，删除六边形线条。在图形区空白处右击鼠标，在弹出的快捷菜单中选择 刷新(S)，结果如图 1-36 所示，单击【确定】按钮。

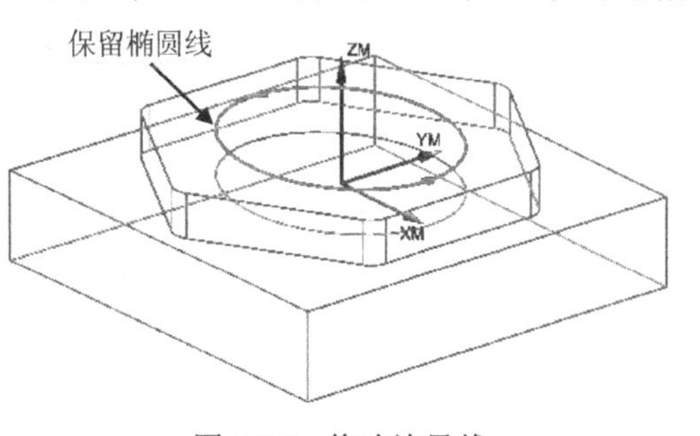

图 1-36 修改边界线

③ 设置切削方法。

在系统返回的【平面铣】对话框中设置【切削模式】为 轮廓加工，【步距】为“恒定”，【最大距离】为“0.1”，【附加刀路】为“1”，如图 1-37 所示。注意，附加刀路为 1 时，在 XY 平面内可以进行 2 次切削。

④ 设置切削参数。

在【平面铣】对话框，单击【切削参数】按钮，系统弹出【切削参数】对话框，选择【余量】选项卡，设置【部件余量】为“0”，设置【最终底面余量】为“0”，【内公差】为“0.01”，【外公差】为“0.01”，如图 1-38 所示。其余参数默认，单击【确定】按钮。

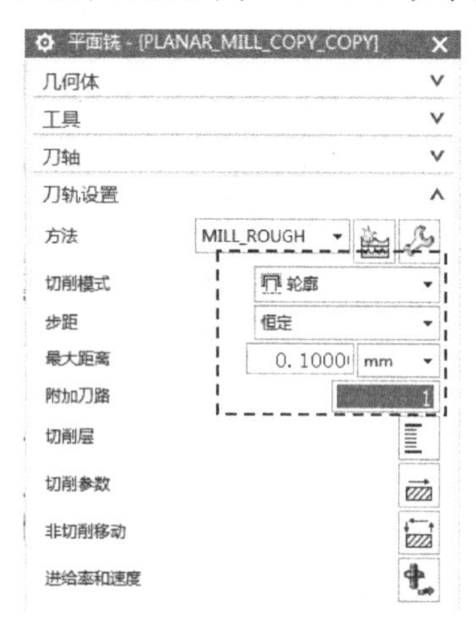

图 1-37　设置加工方式参数

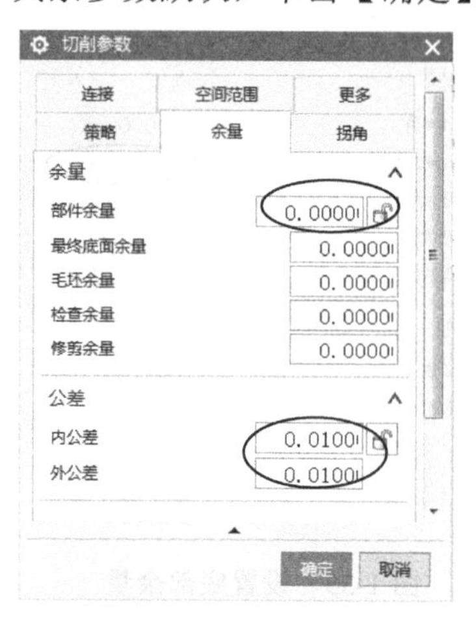

图 1-38　设置切削参数

⑤ 设置非切削移动参数。

在如图 1-37 所示的【平面铣】对话框中，单击【非切削移动】按钮，系统弹出【非切削移动】对话框，选择【进刀】选项卡，设置【封闭区域】的【进刀类型】为“与开放区域相同”，【开放区域】的【进刀类型】为“圆弧”，【半径】为“7”。切换到【起点/钻点】选项卡，设置【重叠距离】为“0.3”，设置该参数的目的是为了消除接刀痕，如图 1-39 所示。其余参数默认，单击【确定】按钮。

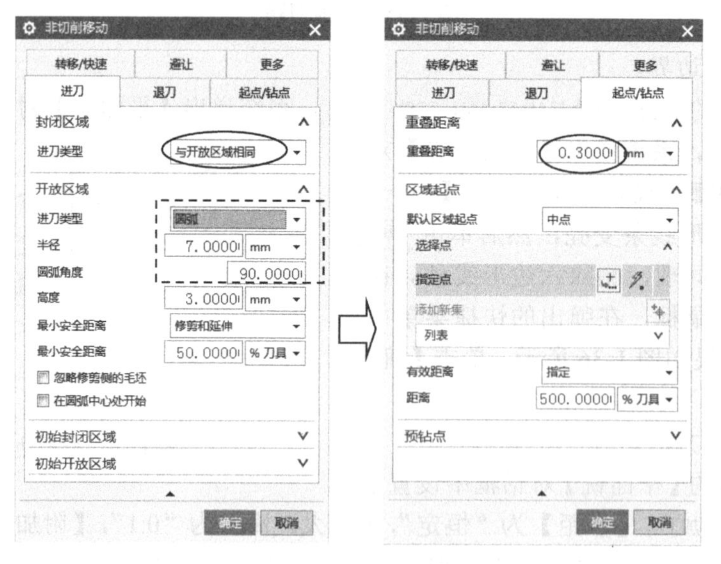

图 1-39　设置非切削移动参数

⑥ 生成刀路。

在系统返回的【平面铣】对话框中单击【生成】按钮，系统计算出刀路，如图 1-40 所示，单击【确定】按钮。

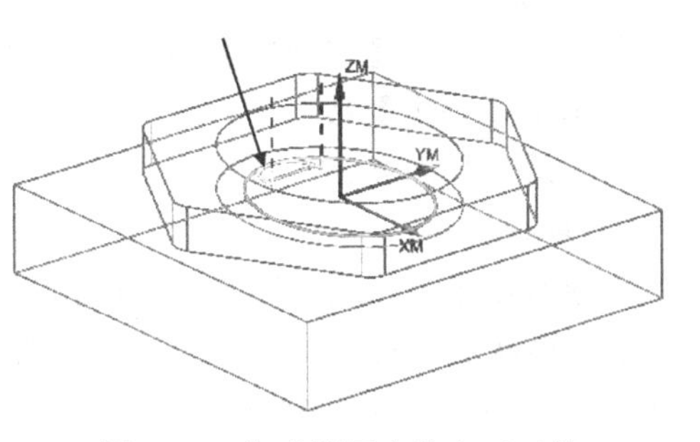

图 1-40 生成椭圆内孔光刀刀路

（3）六边形外形光刀

① 复制刀路。

在导航器中右击 K1B 里第 1 个刀路 PLANAR_MILL_COPY，在弹出的快捷菜单中选择 复制，再次右击程序组 K1B，在弹出的快捷菜单中选择 内部粘贴，导航器的 K1B 组生成了新刀路，如图 1-41 所示。

② 修改几何边界。

双击刚复制出来的刀路，系统弹出【平面选】对话框，单击【指定部件】按钮，系统弹出【编辑边界】对话框，观察图形中哪个线条变亮，单击【下一步】按钮，使四边形线条变亮，然后单击 移除 按钮，将其删除。同理，删除椭圆线条。在图形区空白处右击鼠标，在弹出的快捷菜单中选择 刷新(S)，结果如图 1-42 所示，单击【确定】按钮。

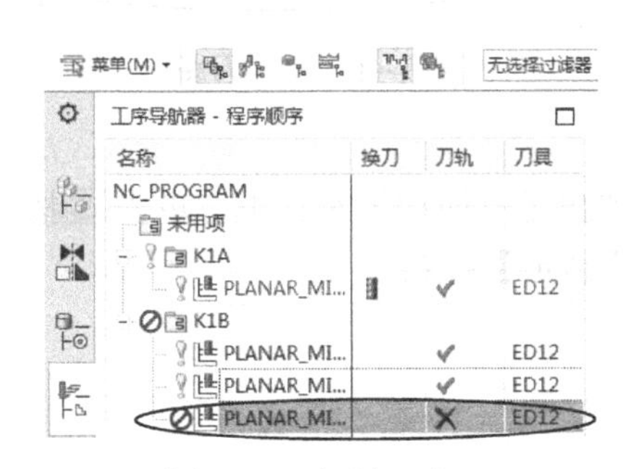

图 1-41 复制刀路

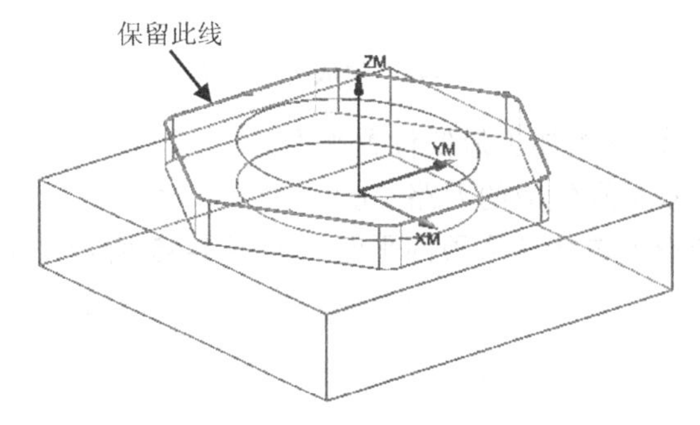

图 1-42 修改边界线

③ 设置切削方法。

在系统返回的【平面铣】对话框中设置【切削模式】为 轮廓加工，【步距】为“恒定”，【最大距离】为“0.1”，【附加刀路】为“1”，与图 1-37 所示相同。

④ 设置切削参数。

在【平面铣】对话框中，单击【切削参数】按钮，系统弹出【切削参数】对话框，选择【余量】选项卡，设置【部件余量】为“0”，设置【最终底面余量】为“0”，【内公差】为“0.01”，【外公差】为“0.01”，与图 1-38 所示相同。其余参数默认，单击【确定】按钮。

⑤ 设置非切削移动参数。

在图 1-37 所示的【平面铣】对话框中单击【非切削移动】按钮，系统弹出【非切削移动】对话框，选择【进刀】选项卡，设置【封闭区域】的【进刀类型】为“与开放区域相同”，【开放区域】的【进刀类型】为“圆弧”，【半径】为“7”。切换到【起点/钻点】选项卡，设置【重叠距离】为“0.3”，设置该参数的目的是为了消除接刀痕。与如图 1-39

所示相同。其余参数默认，单击【确定】按钮。

⑥ 生成刀路。

在系统返回的【平面铣】对话框中单击【生成】按钮，系统计算出刀路，如图 1-43 所示，单击【确定】按钮。

（4）顶部平面光刀

① 复制刀路。

在导航器中右击第（3）步生成的刀路 PLANAR_MILL_COPY_COPY_1，在弹出的快捷菜单中选择 复制，再次右击程序组 K1B，在弹出的快捷菜单中选择 内部粘贴，导航器的 K1B 组生成了新刀路，如图 1-44 所示。

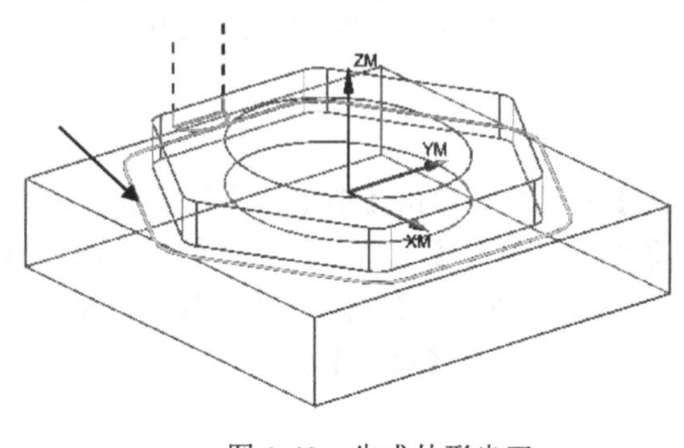

图 1-43　生成外形光刀

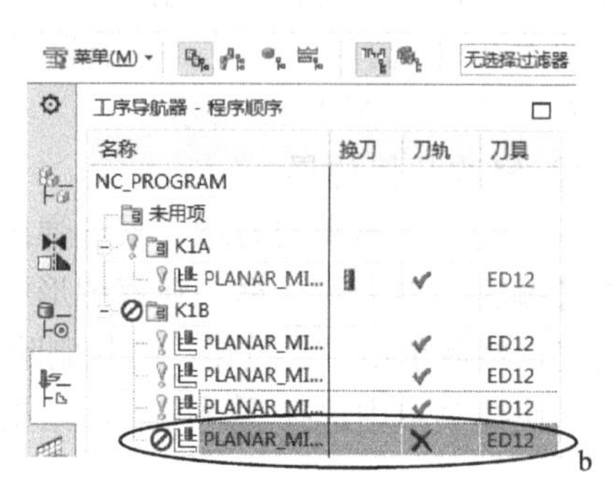

图 1-44　复制刀路

② 修改加工最低位置平面。

双击刚生成的刀路 PLANAR_MILL_COPY_COPY_...，系统弹出【平面铣】对话框，单击按钮，在图形上选择图形顶部平面，如图 1-45 所示，单击【确定】按钮。

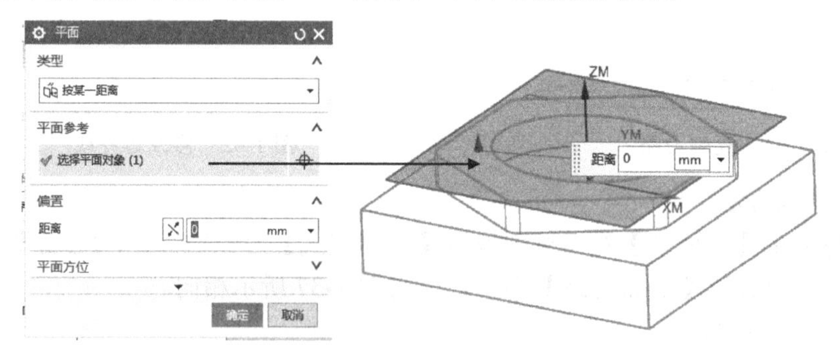

图 1-45　选取顶部平面

③ 设置切削方法。

在系统返回的【平面铣】对话框中设置【步距】为刀具平直百分比，【平面直径百分比】为“50”，【附加刀路】为“2”，如图 1-46 所示。

④ 设置切削参数。

在【平面铣】对话框，单击【切削参数】按钮，系统弹出【切削参数】对话框，选择【余量】选项卡，设置【部件余量】为“–20”，如图 1-47 所示。其余参数默认，单击【确定】按钮。

⑤ 设置非切削移动参数。

在系统返回的【平面铣】对话框中单击【非切削移动】按钮，系统弹出【非切削移动】对话框，选择【进刀】选项卡，设置【封闭区域】的【进刀类型】为“与开放区域相同”，【开放区域】的【进刀类型】为“线性”，【长度】为刀具直径的 100%，如图 1-48 所示。其余参数默认，单击【确定】按钮。

图 1-46　设置加工方式参数

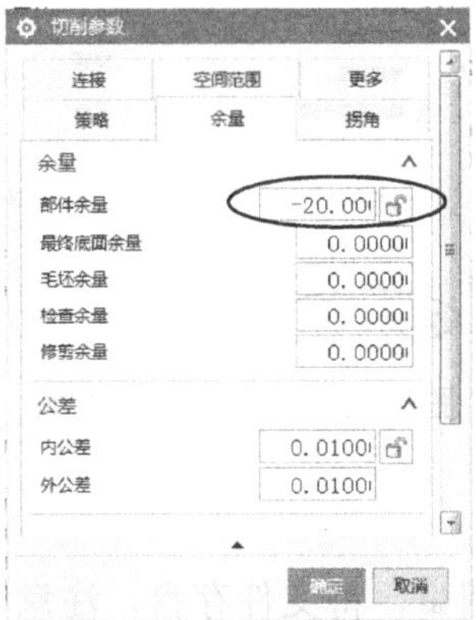

图 1-47　设置切削参数

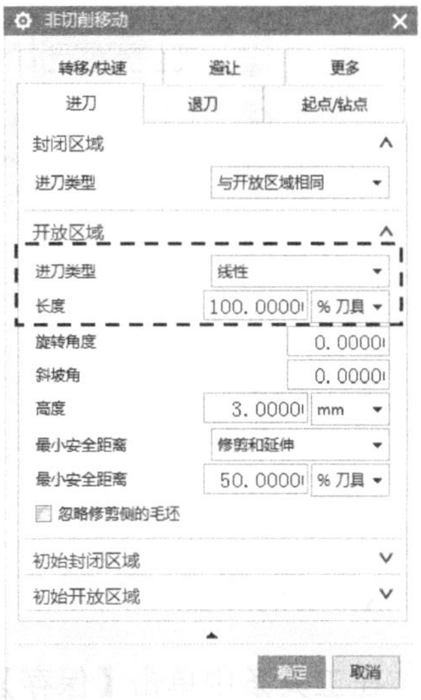

图 1-48　设置非切削移动参数

⑥ 生成刀路。

在系统返回的【平面铣】对话框中单击【生成】按钮，系统计算出刀路，如图 1-49 所示，单击【确定】按钮。

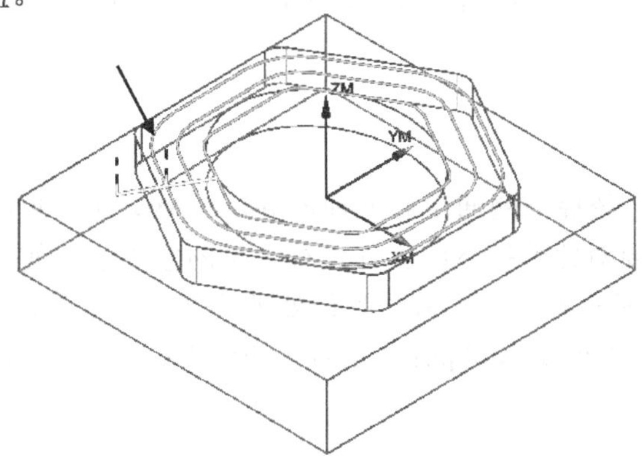

图 1-49　生成顶部平面光刀刀路

（5）设置进给率参数

在导航器中选择程序组 K1B 的第 1 个刀路，按住 Shift 键再选择第 4 个刀路，这样全部刀路就被选择，单击鼠标右键，在弹出的快捷菜单中选择 进给率...，系统弹出【进给率和速度】对话框，修改【切削】为“150”，其余参数默认，如图 1-50 所示。单击【确定】按钮。

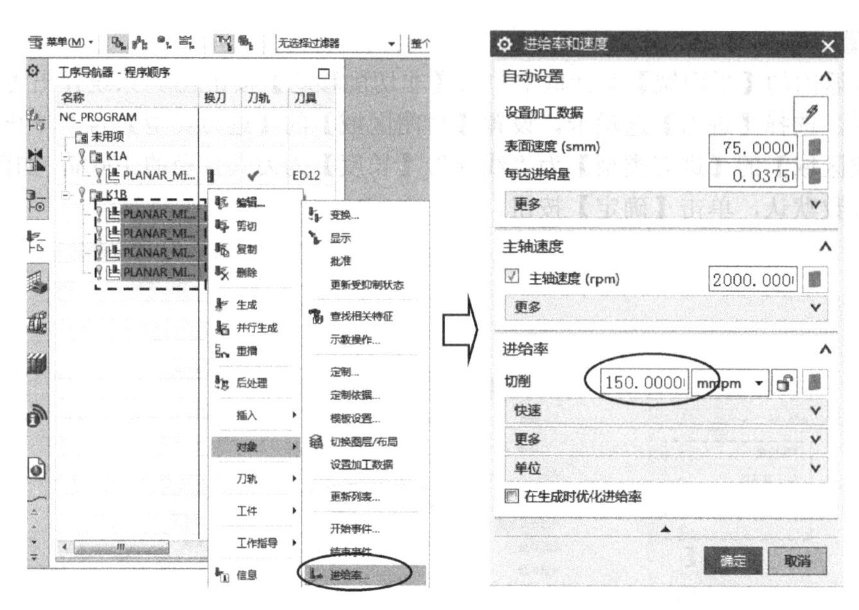

图 1-50　设定进给率参数

5．图形存盘

在工具条中单击【保存】按钮，将文件存盘。注意，编程图形文件是在 C：\temp 目录中。

以上操作视频文件为：\ch01\03-video\03-精加工刀路 K1B.exe。

1.3.3　数控程序后处理

虽然可以用 UG 系统提供的通用后处理器 MILL_3_AXIS 进行后处理生成数控 NC 文件，但是在现实工作中，要对此数控 NC 文件进行大量的修改才能使用，这样做很不方便，应根据各自工厂数控机床的实际情况另外制作处理器（后处理器的制作方法将在第 8 章介绍）。本例提供的后处理器 ugbookpost1 适合于 FANUC-0m 系列普通三轴数控机床，没有用到刀库。

1．安装用户后处理器

将本书配套的后处理器三个文件 ugbookpost1.def、ugbookpost1.pui、ugbookpost1.tcl 复制到 UG NX 11.0 的后处理器系统文件目录 C:\Program Files\Siemens\NX 11.0\MACH\resource\postprocessor 之中。

另外的方法是，在 UG 加工模块里的主菜单中执行【工具】|【安装 NC 后处理器】命令，然后选择光盘中的后处理器文件 ugbookpost1.pui。

2. 后处理

在导航器中右击程序组K1A，在弹出的快捷菜单中选择后处理，系统弹出【后处理】对话框，单击【浏览查找后处理器】按钮，在弹出的对话框中选择刚复制的后处理器文件“ugbookpost1.pui”，单击【确定】按钮。返回到【后处理】对话框，从其中选择安装的三轴后处理器 ugbookpost1，在【输出文件】栏的【文件名】中输入“D: \K1A”，【扩展名】为“NC”，【单位】为“经后处理定义”（该后处理器定义的单位为公制），如图 1-51 所示。

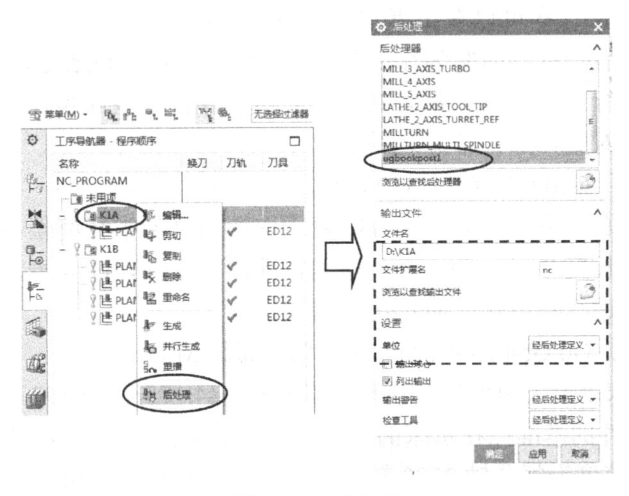

图 1-51　后处理

单击【应用】按钮，系统生成的 NC 程序显示在【信息】窗口中，如图 1-52 所示。同时查询 D: 盘根目录得知，生成了文件 K1A.NC。

在导航器中选择程序组K1B，在【后处理】对话框中输入【文件名】为“D: \K1B”，单击【应用】按钮，系统显示如图 1-53 所示的 NC 程序。

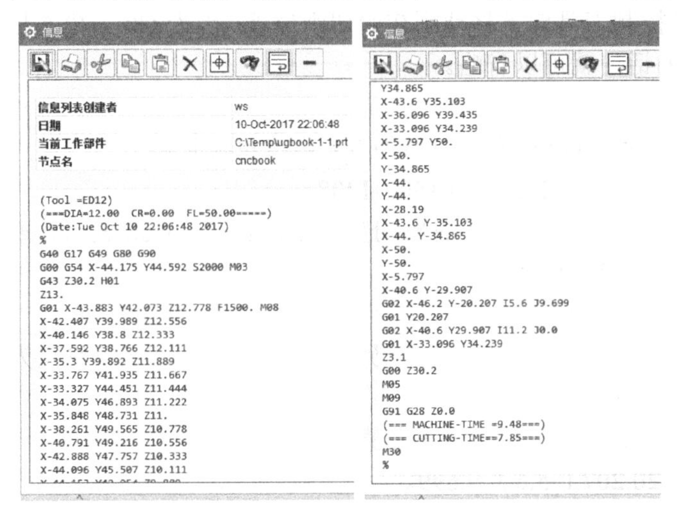

图 1-52　生成 NC 程序 K1A

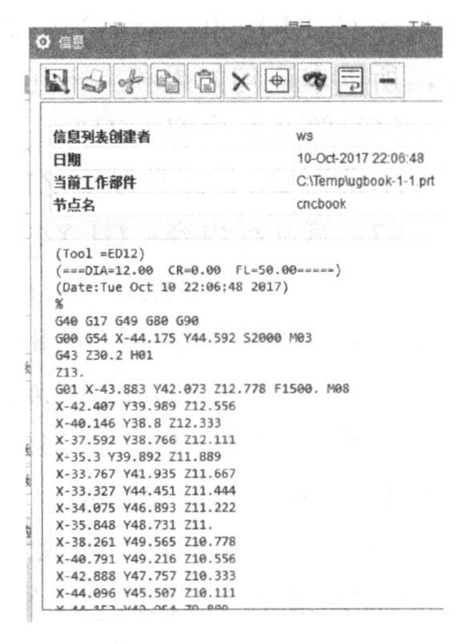

图 1-53　生成 NC 程序 K1B

本节讲课视频

以上操作视频文件为：\ch01\03-video\04-后处理.exe。

1.3.4 数控程序分析

用记事本打开文件 K1A.NC，在主菜单中执行【格式】|【自动换行】命令，再执行【查看】|【状态栏】命令，这样可以在记事本界面下方显示行号和列号。

（1）第 1 行和最后一行，内容为%，表示 NC 程序的开头和结尾，如图 1-52 所示。

（2）第 2 行～4 行，各个语句都有括号，表示注释。这些内容在机床中不会产生任何动作，仅供操作员核对数控加工信息之用。

（3）第 5 行内容：G40 G17 G49 G80 G90。

这是 G 代码表示的准备功能，其中 G40 表示取消刀具的半径补偿，G17 表示 XY 平面，G49 表示取消刀具的长度补偿，G80 表示取消钻孔固定循环，G90 表示绝对值编程。这一句的目的是对于机床进行初始化，防止出现错误。

（4）第 6 行内容：G0 G54 X44.175 Y-44.592 S2000 M03。

其中 G0 表示机床以最大速度快速移动到点坐标（44.175，–44.592）。G54 表示工件坐标系，操作员将会把工件的基准点在机床的机械坐标系的数值输入到 G54 表示的寄存器中。S2000 表示刀具旋转速度为每分钟 2000 转，这个指令只有和辅助功能 M03 配合使用才能真正使刀具转动，M03 表示刀具正转，即沿着刀具末尾向刀头观察，转动方向为顺时针方向。

（5）第 7 行内容：G43 Z30. H01。

其中 G43 表示刀具长度补偿，操作会把具体的补偿数值输入到 H01 寄存器之中，这句含义是，机床将刀具以 G0 的方式移动到 Z30.的位置，这时只有 Z 轴有动作，XY 轴不动。在实际工作中操作员为了能清晰地观察到刀具的移动是否正常，一般都会在该语句后边加入指令 G01 F1000，这样会由操作员控制刀具向下移动到初始切削位置。因为 G0 为模态指令，所以本语句如果和上一句一样的话，就可以省略。

（6）第 8 行内容：Z13.。

本条为 G0 快速移动到 Z13.0 的位置，G0 被省略，另外 XY 数值也被省略。

（7）第 9 行内容：G1 X43.883 Y–42.073 Z12.778 F1500. M08。

其中 G1 表示直线运动，F1500 表示速度为 1500 毫米/分钟（mm/min），M08 表示开冷却液，刀具移动终点为（43.883，–42.073，12.778）。

（8）第 10 行内容：X42.407 Y-39.989 Z12.556。

该语句省略了 G1 和 F1500，但仍为直线运动，速度仍为 1500mm/min，运动终点为（42.407，–39.989，12.556）。

（9）第 11 行～44 行均表示刀具以 F1500 的进给速度作直线运动。

（10）第 45 行内容：G2 X46.2 Y20.207 I–5.6 J–9.699。

其中 G2 表示顺时针圆弧运动，终点坐标为（46.2，20.207），而圆弧的起点为第 44 行表示的点坐标（40.6，29.907），I–5.6 J–9.699 表示圆心相对于起点的相对坐标，圆心绝对坐标为 X = 40.6 + (–5.6) = 35.0，Y = 29.907 + (–9.699) = 20.208。

（11）最后 7 行，含义如下。

M09　表示关闭切削液。

G28 G91 Z0.0　表示刀具沿着 Z 轴移动到参考点。

(= = = MACHINE-TIME = 9.28= = =)　注释，这是加工时间（包含了一些非切削的时间）。

(= = = CUTTING-TIME= =7.85= = =)　注释，这是切削时间。

M30　表示程序结束，属于非模态指令。它可以使主轴停转、进给停止移动，也可以使切削液关闭。

%　表示程序结束符号。

1.3.5　书写程序工作单

CNC 编程工程师完成的工作成果，是编写的 NC 程序必须把它以书面的方式发给数控车间，以指导操作员按照工程师的意图完成数控加工任务，这个书面形式通常就称为《CNC 程序工作单》。正确书写程序工作单是编程工程师最后一项重要的工作。数控程序工作单的内容依据各自工厂的工作习惯和实际情况而定，形式可能很多，但是最重要的内容必须有，如工件名称、装夹方式、对刀方式、数控程序文件名、刀具名称、装刀长度等。如图 1-54 所示，为本例的程序工作单。

CNC加工程序单

型号		模具名称		工件名称	底座	
编程员		编程日期		操作员		加工日期
				对刀方式:	四边分中	
					对顶z=10.1	
				图形名	ugbook-1-1	
				材料号	铝	
				大小	100×100×30	

程序名	余量	刀具	装刀最短长	加工内容	加工时间
K1A　.NC	0.2	ED12	12	开粗	
K1B　.NC	0	ED12	12	光刀	

图 1-54　数控程序工作单

对刀方式为“四边分中”，含义是取毛坯的对称中心的 XY 为零，Z 方向对刀方式为“对顶 *Z*=10.1”，目的是在顶面留出 0.1mm 余量，即零点在顶面以下 10.1 的位置。刀具 ED12 表示平底刀。另外，在本书中还会出现 BD8R4 表示球头刀具半径为 4，ED16R0.8 表示装 R0.8 刀粒的飞刀。

一般来说，正规的工厂会有专门印制的数控程序工作单，按照该厂的工作习惯来填写就可以。

1.4　数控加工及仿真

本节以斯沃数控仿真软件为例，介绍操作员操作机床的过程。数控仿真的目的是为了检查数控程序的正确性及合理性，另外可以利用“纸上谈兵”的方式进行“战场军棋推演”，在计算机上“兵不血刃而且很安全地”预先学会机床操作，为正式操作机床打下坚实的基础，这也是数控技能考核的主要方式。

1.4.1　机床准备

1．选择机床类型

在桌面双击图标，在系统弹出的Swansoft CNC Simulation对话框中的【数控系统】栏选择FANUC 0iM，单击【运行】按钮，系统进入仿真界面，如图 1-55 所示。

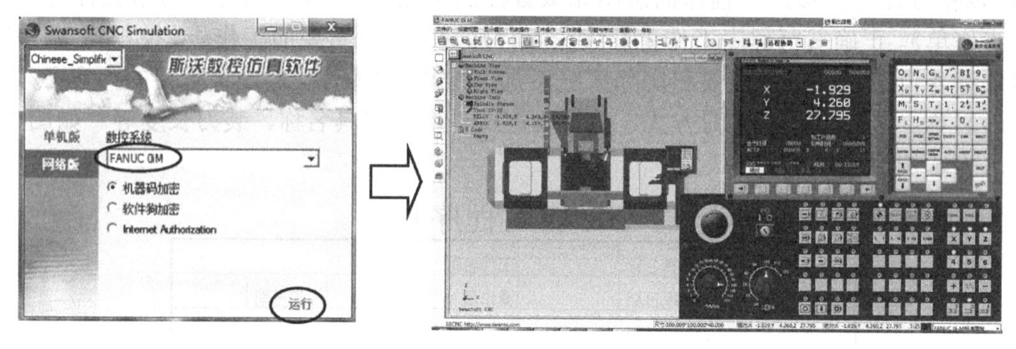

图 1-55　进入仿真界面

实际工作中，CNC 车间里管理人员会根据待加工零件的大小、零件要求的精度、现有机床的精度、生产任务的繁忙程度等因素来选择自己车间已经有的机床进行加工，这个过程也称排产。

2．机床回零

（1）机床通电

在检查机床接电情况、供气的气压等条件属于正常的情况下才可以开机。方法是启动机床的电闸，在机床面板上松开【紧急停】开关，注意左侧的工具条被激活。

（2）机床回零点

在图 1-55 所示的机床面板上单击【回零点】按钮，注意指示灯变亮。为了防止碰撞，先单击Z按钮，使 Z 轴先回零，然后单击X按钮使 X 轴回零，最后单击Y按钮使 Y 轴回零。这样三个轴都回到机床的参考点。这一步是经常性的动作，也是为了便于机床建立机床坐标系。

1.4.2 工件装夹

1. 定义毛坯

本例零件毛坯尺寸为100×100×40。在左侧工具栏里单击【工件设置】按钮，在系统弹出的快捷菜单中选择【设置毛坯】选项，系统弹出【设置毛坯】对话框，按如图1-56所示的参数定义毛坯，单击【确定】按钮。

在图1-56中还可以定义零点，然后存入到G54。

2. 安装夹具

在左侧工具栏中单击【工件设置】按钮，在系统弹出的快捷菜单中选择【工件装夹】选项，系统弹出【工件装夹】对话框，按如图1-57所示的参数定义装夹方式，单击【确定】按钮。

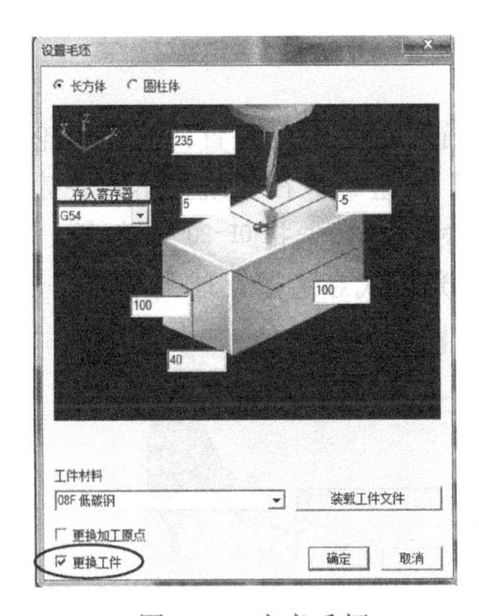

图1-56 定义毛坯

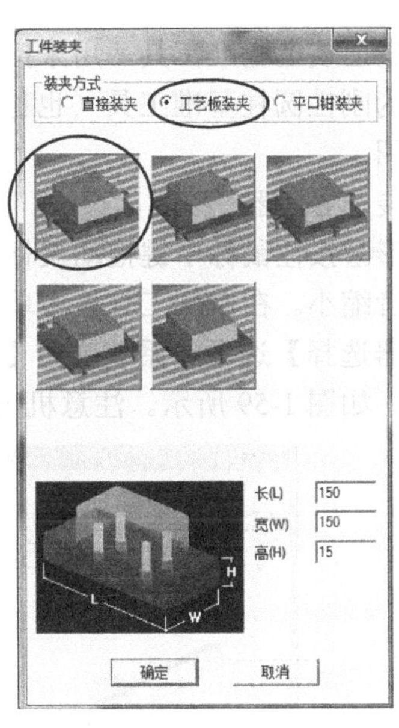

图1-57 定义装夹方式

3. 放置零件

在主菜单中选择视图方向为XY平面。在左侧工具栏里单击【工件设置】按钮，在系统弹出的快捷菜单中选择【工件放置】选项，系统弹出【工件放置】对话框，单击各个箭头调整工件位置使其在机床工作台靠近中心位置即可，如图1-58所示。单击【确定】按钮。

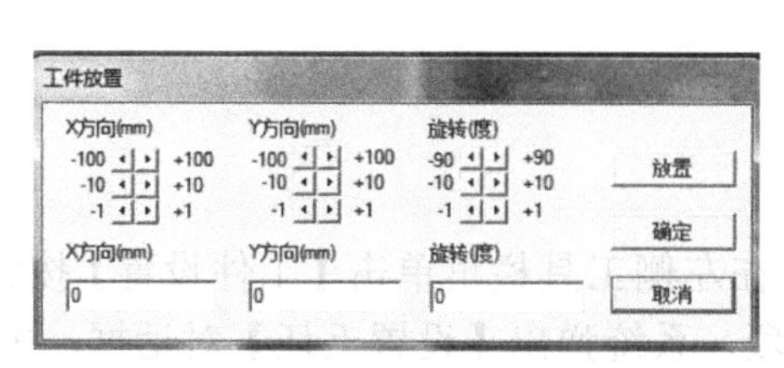

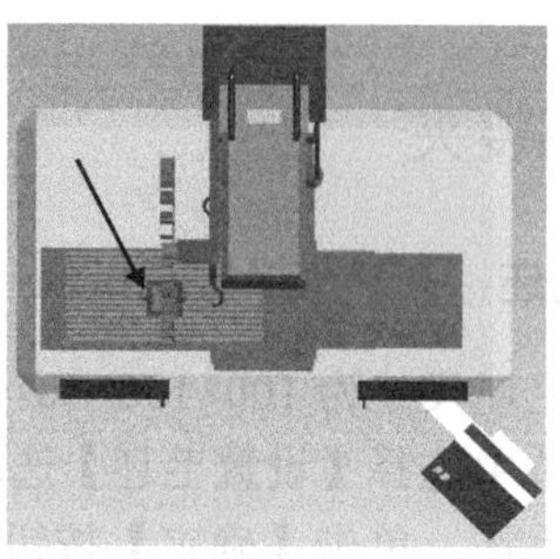

图 1-58　调整工件放置的位置

1.4.3　设置对刀参数

对刀就是将工件的零位基准点在机床坐标系中的机械坐标数值，输入到机床的 G54（或者 G55～G59 等）或者 H 寄存器的过程，也是建立工件坐标系与机床坐标系之间对应关系的过程。

1. XY 方向的对刀

在主轴上装上基准工具，用来接触工件，进而测量出工件的基准零点。一般使用两种工具，一为刚性圆柱基准工具（也称刚性靠棒），二为寻边器（也称分中棒）。本例以寻边器为例介绍。

（1）装上寻边器

在图形区按住鼠标中键拖动鼠标，将机床图形旋转到合适的位置，滚动滚轮可以将图形放大或者缩小。在左侧工具栏中单击【工件设置】按钮，在系统弹出的快捷菜单中选择【寻边器选择】选项，系统弹出【寻边器选择】对话框，选择OP-20（光电式），单击【确定】按钮，如图 1-59 所示。注意机床主轴上装上了光电式寻边器，球头半径为 SR5。

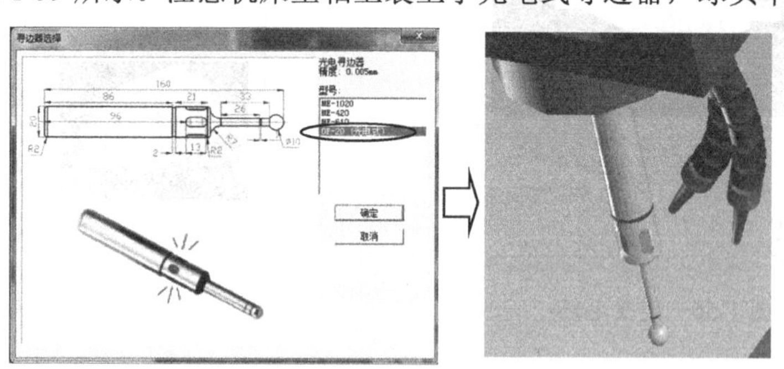

图 1-59　装上寻边器

（2）测量工件的中心

① 快速移动。

在机床面板上选择【手动进给 JOG】方式，再选择【快速进给】方式，然后单击选择按钮，最后单击【负方向】按钮，观察主轴在快速向下移动。同理，移动 X 轴、

Y 轴使寻边器接近工件，如图 1-60 所示。

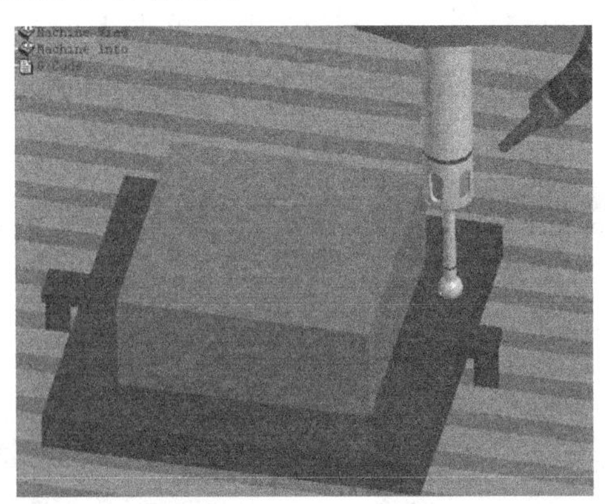

图 1-60　寻边器接近工件

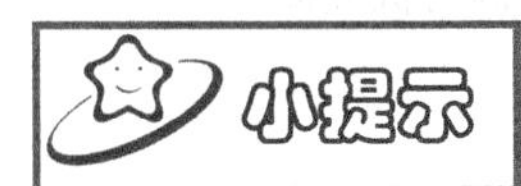

① 为了便于观察可以将机床图形关闭显示，方法是在主菜单中执行【显示模式】|【机床显示模式】命令。② 分别切换到 XZ 视图、YZ 视图或者 XY 视图。③ 当寻边器快接近工件时要注意不要碰到工件。

② 慢速接近工件。

将机床视图切换到 XZ 视图，关闭机床显示。再次单击【快速进给】按钮，将快速进给方式功能关闭。选择【手动脉冲方式 INC】、【手动进给倍率 1000】、【手动进给 X 轴】选项，然后单击【负方向】按钮，观察寻边器向 X 轴负方向接近工件。如果碰到工件，寻边器上的指示灯变亮同时显示出警告信息，这时要停止移动，如图 1-61 所示。单击【确定】按钮。

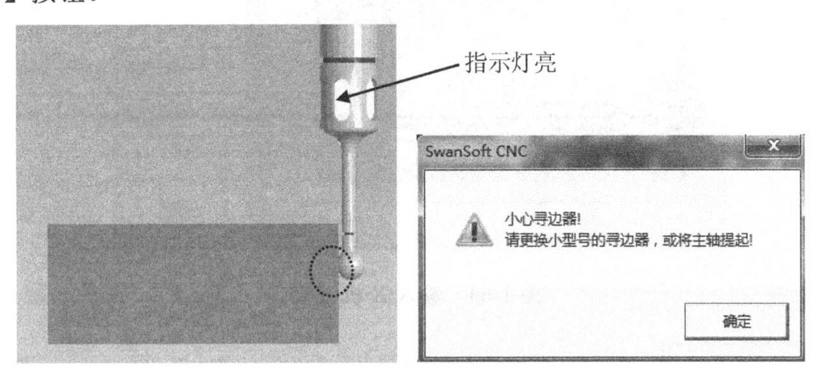

图 1-61　寻边器碰到工件

选择【手动进给倍率 100】选项，然后单击按钮直到指示灯熄灭为止。再选择【手动进给倍率 10】选项，然后单击按钮直到指示灯变亮为止。选择【手动进给倍率 1】选项)，然后单击按钮直到指示灯熄灭为止，再次单击按钮指示灯又变亮，就说明寻边器刚好接触工件。在机床 CRT 显示屏右侧面板单击【位置】按钮，再在下方单击【综合】按钮，记录此时 X 的机械值 X1=–345.00。

选择【手动进给倍率 1000】、选择选项，单击【正方向】按钮，将寻边器提起。移到工件的左侧，用同样的方法，接触工件的左侧，记录此时的机械值 X2=–455.00。如图 1-63 所示。

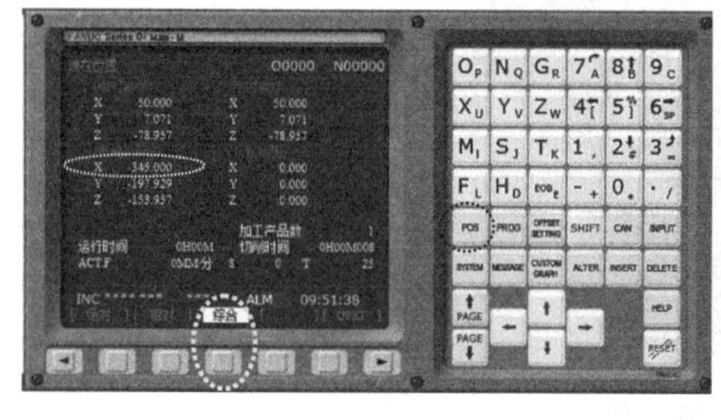

图 1-62　记录 X 机械值

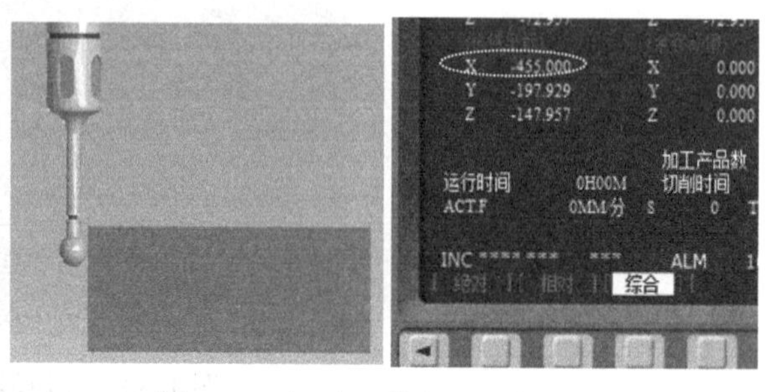

图 1-63　记录工件左侧的机械值

③ 根据以上测量结果，计算工件的 X 方向中心位置的机械值如下。

$$X = (X1+X2)/2 = (-345-455)/2 = -400.00$$

同理，测量并记录工件中心的 Y 方向机械值为

$$Y = (Y1+Y2)/2 = (-145-255)/2 = -200.00$$

④ 将寻边器提起到工件上方，并收回。收回方法是在左侧工具栏里单击【工件设置】按钮，在系统弹出的快捷菜单中选择【卸下寻边器】选项。

（3）设置 G54 参数的 XY 值参数

在机床 CRT 显示屏右侧面板单击【参数输入】按钮，再在 CRT 下方单击【坐标系】按钮，单击方向箭头将光标移动到 G54 的 X 数值处，在机床面板中输入“–400”，再单击【输入】按钮。如图 1-64 所示。

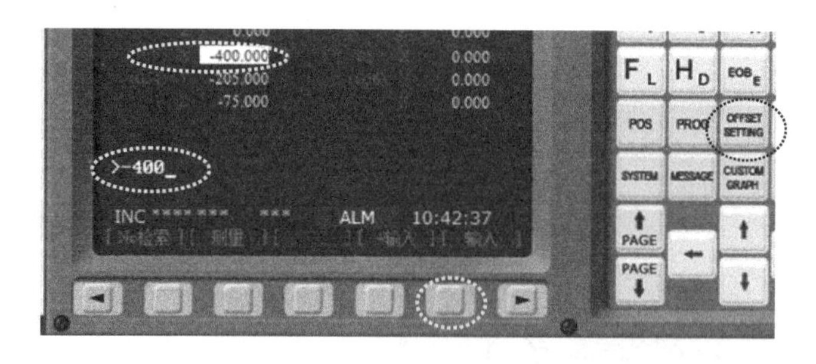

图 1-64　输入 X 机械值

如果不小心输错数据，可以在右侧的面板中单击【CAN】按钮来向前删除。

单击方向箭头将光标移到 G54 的 Y 数值处，在机床面板中输入“–200”，再单击【输入】按钮。这样就输入 Y 机械值–200.00。

2．Z方向对刀

用将要实际切削的刀具和Z方向对刀仪才可以进行Z方向。

（1）定义刀具

在主菜单中执行【机床操作】|【刀具管理】命令，系统弹出【刀具库管理】对话框，选择已经有的位于002号的刀具ED12，单击【添加到刀库】按钮，在弹出的一系列刀位号里选择“1号刀位”。在【机床刀库】栏里选择1号刀，单击【添加到主轴】按钮，观察机床主轴上已经装有刀具了，如图1-65所示，单击【确定】按钮。

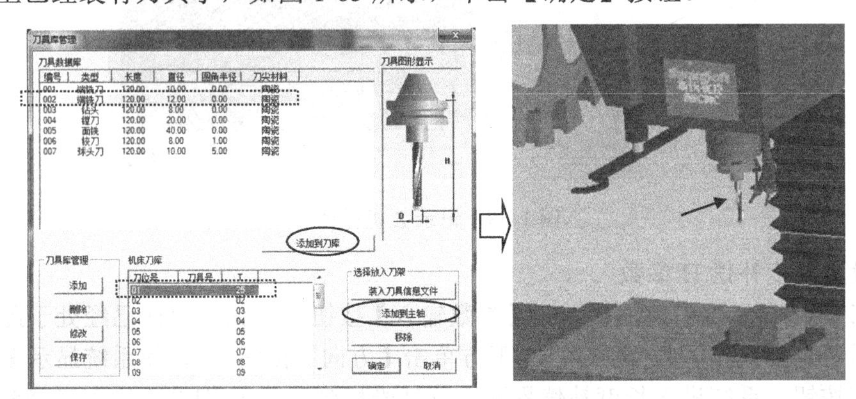

图1-65　定义刀具

（2）放置对刀仪

在主菜单中执行【机床操作】|【Z向对刀仪选择（100mm）】命令，观察工件上方已经有了一只Z向对刀仪，如图1-66所示。

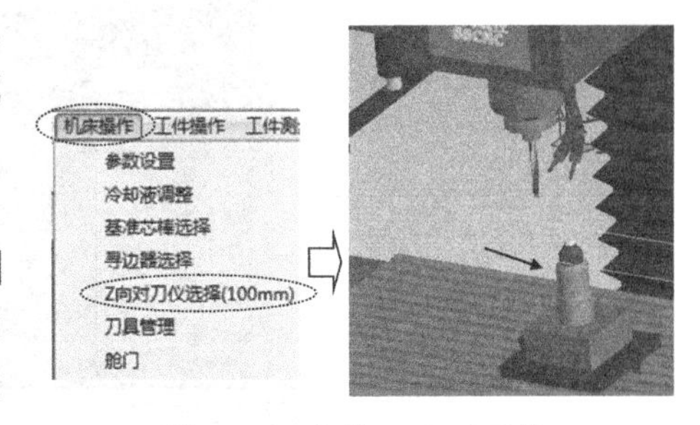

图1-66　安装Z向对刀仪

（3）设置G54参数的Z值参数

在机床CRT显示屏右侧面板单击【参数输入】按钮，再在CRT下方单击【坐标系】按钮（如果界面已经处于此状态，这一步就不需要重复操作了）。单击方向箭头将光标移动到G54的Z数值处，在机床面板中输入“–100”，再单击【输入】按钮，如图1-67所示。注意观察刀具附近显示出坐标系。

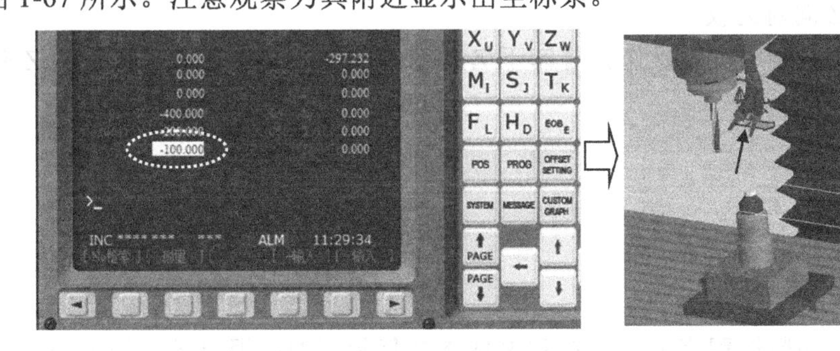

图1-67　输入Z值

（4）移动刀具到对刀仪上方

先快速移动，再慢速移动，直到对刀仪的指示灯变亮为止，记录此时的 Z 方向机械值 $Z = -75$，如图 1-68 所示。因为根据图 1-54 所示的程序工作单得知：工件的编程零点在顶面以下 10.1，所以此处补偿数值为“−75−10.1= −85.1”。

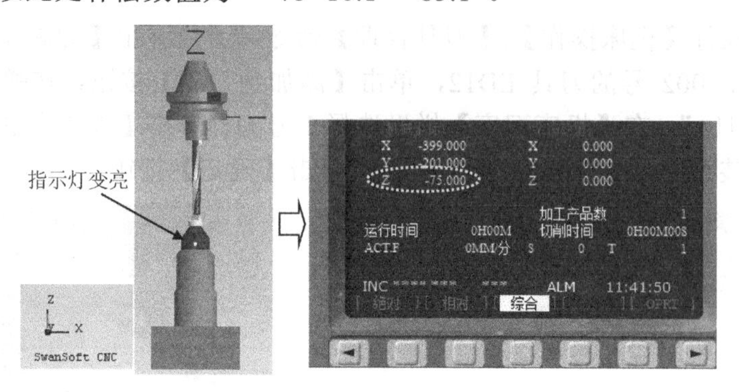

图 1-68　记录 Z 机械值

（5）设置长度补偿 H 参数

在机床 CRT 显示屏右侧面板单击【参数输入】按钮（如果界面已经处于此状态，这一步就不需要重复操作了），再在 CRT 下方单击【方向】按钮，使系统显示【补正】按钮，单击该按钮，系统进入长度补偿界面。移动光标到 1 号 H 刀补，输入“−85.1”，单击 CRT 下方的【输入】按钮，如图 1-69 所示。

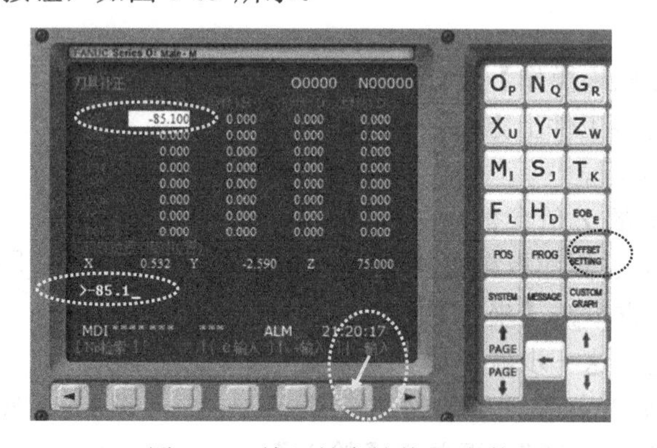

图 1-69　输入长度补偿 H 参数

（6）卸下 Z 向对刀仪

在主菜单中执行【机床操作】|【卸下 Z 向对刀仪】命令，观察工件上的 Z 向对刀仪已经被移走。

1.4.4　零件加工

1．修改数控程序

将本次所用的数控程序 K1A.NC 和 K1B.NC 复制到 D：根目录。用笔记本打开各个文件，检查程序中所用的是 G54 作为零件寄存器，另外长度补偿号码为 H01。这些要与第 1.4.3 节机床设置的参数相一致。

2. 向机床输入数控程序

（1）在机床 CRT 显示屏下方面板中单击【编辑】按钮，然后单击【程序保护打开】按钮，再在 CRT 右侧面板中单击【程序】按钮，最后在 CRT 下方单击【DIR】对应的按钮，输入“O1”，再单击按钮，如图 1-70 所示。

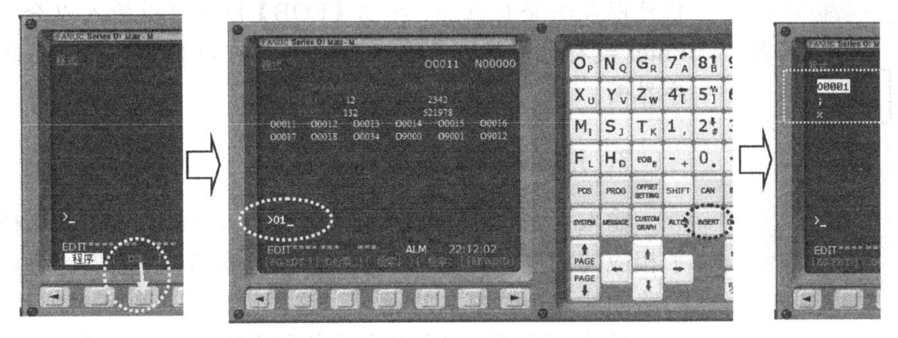

图 1-70 输入数控程序

机床内存中的数控程序是以字母 O 开头跟数字组成的数控程序编号进行管理的，外部文件要调入的话就需要先用【INSERT】将程序编号输入进行登记。以后如果需要调用内部存储的程序，先输入程序号，如“O0011”，再单击【O 检索】对应的下方的按钮。如果需要删除不需要的数控程序，可以输入程序号，如“O0012”，再单击【DELETE】按钮。

（2）在左侧工具栏里单击【打开】按钮，系统弹出【打开】对话框，文件类型选择所有文件 (*.*)，再选择文件 K1A.NC，单击【打开】按钮，注意观察 CRT 显示屏里显示出 K1A.NC 的开头内容，如图 1-71 所示。

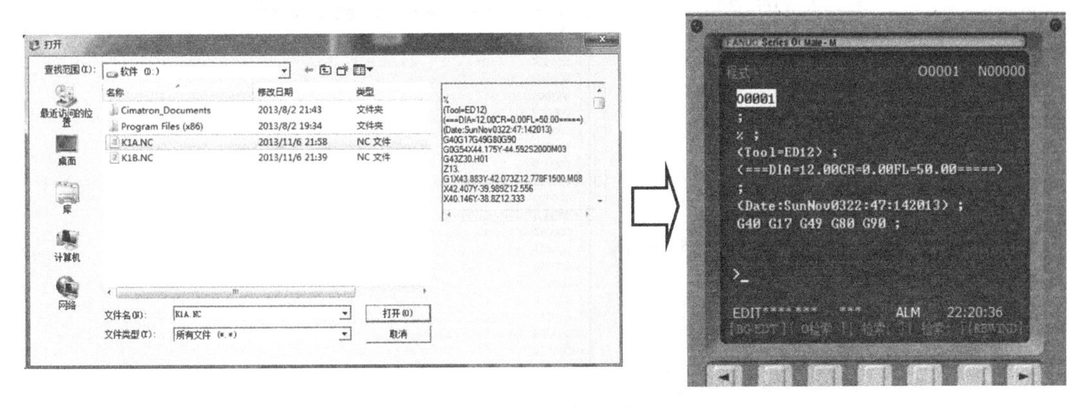

图 1-71 输入数控程序 K1A

同理，可以把 K1B.NC 数控程序输入到机床内存中。

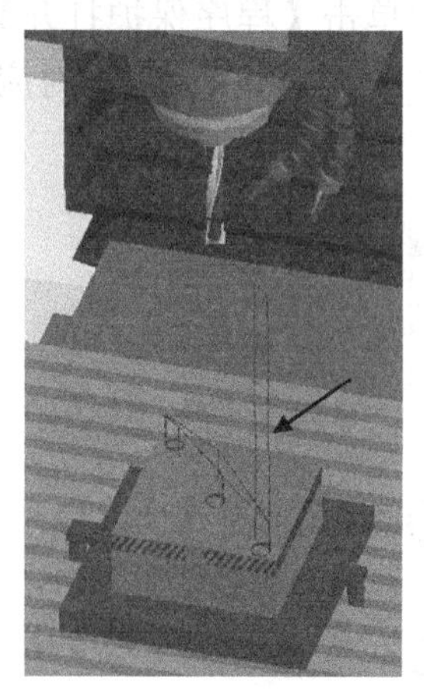

图 1-72　预览刀路

在机床面板的编辑状态可以对显示出来的数控程序进行修改，单击方向箭头移动光标到需要替换的内容，可以输入正确的字符单击【ALTER】按钮进行替换。单击【DELETE】按钮可以删除整行程序。单击【EOB】按钮可以输入以分号显示的 Enter 键符号。单击【INSERT】按钮可以把输入的字符输入到程序界面。

3．预览数控程序

输入程序状态“O1”，再单击【O 检索】按钮，这样就调出了相应的程序。当数控程序输入进机床后，在图形区可以观察到刀路的线条，如图 1-72 所示。这样可以初步判断对刀是否正确。

另外，还可以在主菜单中执行【工件测量】|【刀路测量（调试）】命令，弹出如图 1-73 所示的刀路及数控程序，该图形可以旋转、平移、放大或者缩小。再次执行【工件测量】|【刀路测量（调试）】命令，系统返回到机床界面。

4．自动加工

以上各项工作没有错误以后就可以着手执行数控程序进行加工。首先，在左侧工具栏中单击【舱门开关】按钮关闭机床门。然后单击【冷却液】按钮，以便程序中调用 M08 指令能起到释放冷却液的作用。必要时再次使各轴回零。再单击【自动】按钮，最后单击【循环启动】按钮，这时机床开始加工工件。如图 1-74 所示。

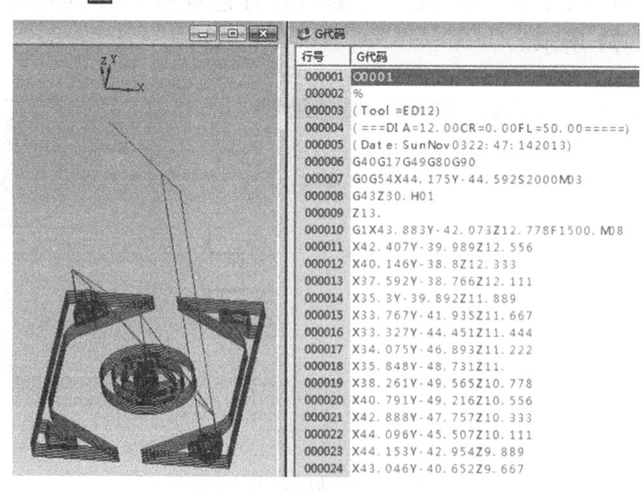

图 1-73　刀路测量

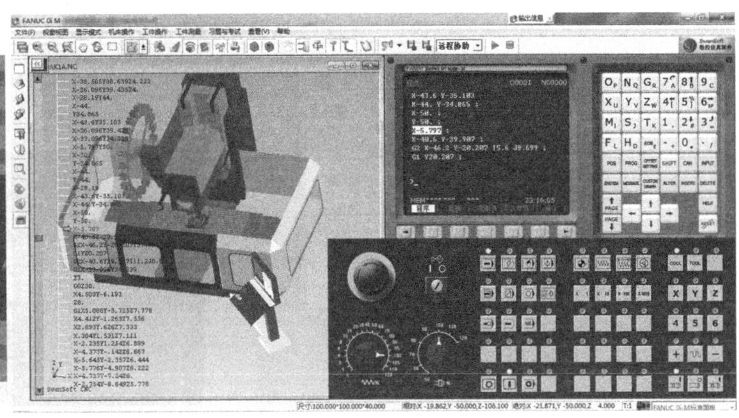

图 1-74 数控程序加工

加工时注意观察切削是否正常，如果发现异常，可以单击【循环停止】按钮使程序暂停，再次单击【循环启动】按钮使机床继续加工。单击【复位】按钮使机床停止，如果遇到紧急情况，可以单击【紧急停】按钮。

执行到 M05 时机床会暂停，再次单击按钮继续执行。

K1A.NC（也就是机床中的 O1）程序执行完成以后，可以调用 O2 程序，继续加工。因为这两个程序所用的刀具都是 ED12，所以不需要另外定义刀具就可以加工。

输入程序状态“O2”，再单击【O 检索】按钮，这样就调出了相应的程序。再次单击按钮继续执行。

1.4.5 零件检查

斯沃数控仿真软件提供了测量功能。从主菜单中执行【工件测量】|【特征点】命令，弹出如图 1-75 所示的测量图形，可以在图形上用鼠标单击零件上的特征点来检查零件。

另外，还可以采用在主菜单中执行【工件测量】下的其他命令，如特征线、粗糙度等方式进行测量。然后执行【工件测量】|【测量退出】命令可以结束测量返回到机床界面。最后，单击【紧急停】按钮。执行【文件】|【退出】命令，将有关参数存盘以后就可以结束数控仿真。

以上操作视频文件为：\ch01\03-video\04-数控加工及仿真.exe。

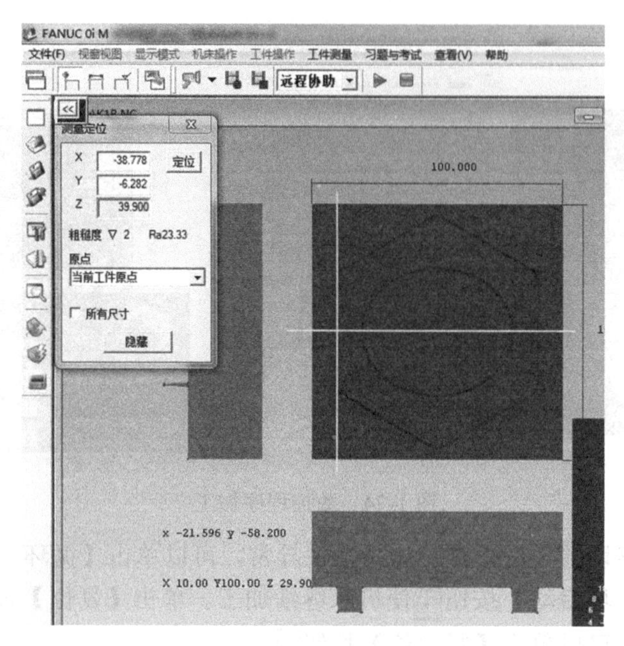

图 1-75　特征点测量

1.5　本章小结

本章重点介绍数控编程的基本过程，可以帮助读者对于CNC工程师的工作过程及CNC车间运作过程有一个初步的了解，也可以给学生在数控考试方面提供一些帮助。要学好本章内容，建议初学者注意以下问题。

（1）学习软件操作类型书时，最好一边看书一边打开计算机，启动相应的软件，如UG NX 11.0或者斯沃数控仿真软件V 6.2。先严格按照书上的步骤操作完成各个学习任务。练习时不要满足做一遍，时间允许的话，不妨多练习几遍，直到脱离书本，能自己独立完成为止。

（2）依据2D图纸绘图，然后进行数控编程，可能是初次入厂的朋友会遇到的工作，要给予重视。本例的图形不必绘制成3D图，直接根据2D图完全可以完成数控编程任务。实际工作中还可以根据已经有的AutoCAD图形转化到UG进行编程。不管是以何种方式进行数控编程，加工前一定要核对图纸尺寸，确保图形正确，从而确保数控程序正确。

（3）由于本书的重点在于介绍数控编程，绘图部分内容没有过多深入涉及。对于绘图还不太熟悉的初学者，请参考其他专门讲述绘图的书籍，补充这方面的知识。学会了绘图，尤其是曲面的填补编辑等功能，对于今后学习及优化刀路会有很大帮助。

（4）要想使加工程序符合加工要求，NC程序必须做到：最短的加工时间、最少的刀具损耗和最佳的加工效果。这三项指标虽然是互相矛盾、相互制约但有时又是相辅相成的，需要在实际工作中找到其平衡点。本书的加工方案是三轴普通数控铣床的加工程序，读者可以根据本书的思路，结合自己工厂的实际加工条件灵活变通，力争使所编程序符合高效加工原则。

（5）如果按照本书步骤进行练习，却仍未到达预期目的，可以观看讲课视频，仔细对照自己的做法，力争将难点克服。

（6）对于像本例这样图形的编程方法不仅仅限于介绍的平面铣方法，学习了后续章节以后，读者可以尝试用曲面实体的型腔铣和等高铣等方法进行。

1.6 本章思考练习和答案提示

一、思考练习

1．说出以下常用 G 代码、M 代码的含义。

G00、G01、G02、G03、G28、M03、M05、M08、M09

2．试说一下，使用换刀指令 M06 要注意什么问题？

3．试说一下数控代码的宏指令编程要点。

4．试说一下钻孔程序的指令格式。

5．试说明一下，为什么本例四边形边界线的余量设置为“–6”？

二、答案及提示

1．答：G00 是快速移刀，但是实际执行时并不是一条直线，而是一条折线，所以数控编程时设定的安全高度要足够高。近年来很多新的数控系统对此有所改善，G00 执行的轨迹是直线。

G01 是直线运动、G02 是顺时针圆弧、G03 是逆时针圆弧指令、G28 是回参考点。

M03 是主轴正转、M05 是主轴停止，还需要制动和关闭切削液。M08 是开切削液、M09 是关闭切削液。

2．答：换刀指令是 T1 M06，T 后面是刀具号码，除了“1”外还可以是其他数字。

但是在换刀前主轴必须回零，尤其是 Z 轴要回零，这样才能使机械手顺利地抓住刀具和装上主轴。有些质量差的加工中心的刀具号码很容易混乱，实际加工时一要核实机床实际的刀具号码，再据此修改数控程序的 T 号码，否则可能会出现错误。

3．答：数控代码的宏指令是指在子程序中用变量（一般是#后跟数字）表示加工程序中的尺寸数据，调用时再将变量赋予具体的数值。这样可以使所编的数控程序具有一定的通用性。G65 命令用于调用一个子程序，并把变量传送给它。

主程序

```
……
G65 P9011 A10.0 I5.0
……
```

用户宏（相当于子程序）

```
O9011
……
G01 X#1 Y#4 F1000
```

这个程序的主程序中，用 G65 P9011 调用用户宏子程序 O9011，并且对用户宏子程序中的变量赋值：#1=10.0、#4=5.0，其中主程序的字母 A 在子程序中用#1 代表，字母 I 在子程序中用#4 代表。而在用户宏子程序中未知量用变量#1 及#4 来代表。

这些具体的字母与数字的对应关系的规定可以查阅机床的编程说明书。有关宏程序的详细内容请参考其他书籍。如果有可能的话最好精通这个内容，因为一些大公司招聘时可能会用宏程序考应聘人员，如果你不会，可能会失去好机会。

4. 答：钻孔程序是固定循环的一种，它是用一个指令代表一系列刀具加工孔的全部动作。常用程序格式：

```
G90 G99 G x x  X_ Y_ Z_ R_ Q_ P_ F_ K_
```

其中 G x x 为孔加工方式，有 G73、G74、G76、G81～G89 等，普通钻 G81 最为常用。

这些指令均为模态，下一句相同的，可以省略。但是 Z、R、Q、P 在 G80 撤销指令后就失效。

X、Y、Z 为孔底部中心的坐标，R 为回退刀具的安全平面的 Z 值。Q 为啄钻每次进给距离。P 为在孔底部的停留时间，用整数表示，单位为毫秒（ms）。F 为进给速度，单位为 mm/min。K 为重复次数。

有钻孔编程的详细内容请参考其他书籍。作为一名高素质的数控编程人员，这部分内容也需要精通。

第2章

鼠标后模铜公编程特训

2.1 本章要点和学习方法

本章主要以某鼠标面壳后模的铜公为例，介绍铜公结构知识和如何用UG解决模具工厂里铜公的数控编程问题，学习本章要注意以下问题。

（1）了解EDM电火花的基本知识和电极铜公的结构特点。

（2）理解铜公加工工艺规划的特点。

（3）掌握UG型腔铣的应用要点和关键参数的设置。

（4）掌握平面铣加工参数设置的特点。

（5）掌握曲面精加工参数设置的特点。

（6）深刻理解铜公的火花位概念和加工方法。

（7）本书虽然是针对实例进行编程，但是对于软件的加工功能，要求初学者一定要自己多总结，深刻理解。

实际工作中编制刀路会考虑机床的加工效率、铜公的加工精度等很多因素，加工工步可能较多，不容易理解和掌握。但是把各章节内容反复训练，真正练熟吃透，回过头来再次练习就会感觉很容易。

2.2 铜公概述

“铜公”在教科书里称为电火花电极，是珠江三角洲地区工人师傅们对于在模具上用CNC不能加工到位的部位而设计出来的、与模具凸凹形状相反的、用于电火花加工的电极工具。因为大多是用铜制造的，而且大多数又是凸形，所以，在珠江三角洲地区的模具厂的师傅们就形象的称其为“铜公”，也写成“铜工”。把精加工用的电极称为幼公，粗加工用的电极称为粗公。因为“铜公”、“幼公”、“粗公”等词汇已经作为很多企业ISO标准文件里的正式用语，也被很多相关工作人员所理解。所以本书也把电极称为铜公，请读者阅读时注意。

限于目前的模具制造水平，加上需要注塑成型的产品形状越来越复杂，在模具上会存在大量的不易直接加工到的部位，这就需要设计和制造出大量的铜公，这也是模具制造的关键工序。作为编程人员要熟练使用编程软件进行铜公编程，才能胜任数控编程这项工作。

把铜公安装到电火花机床上，按照工作单要求校平找正，然后通电，铜公就对模具产生电火花放电而产生一定的腐蚀作用，使得被腐蚀的模具金属材料成为粉末状而脱落流到火花液里，模具材料成为型腔，而这个形状和铜公的凸凹形状正好相反，而且比铜公形状会均匀大出一定的尺寸数值，这个尺寸数值通常称为放电间隙，也习惯称为“火花位”。为了防止模具型腔尺寸过大，就有意识地将铜公的放电工作部位均匀等距缩小一个尺寸数值来制造。所以对于铜公加工来说，主要的要求就是在有效工作型面部分均匀等距偏置一个火花位，而台阶基准面部位按图加工到位。

铜公设计时为了便于加工及防止损伤模具的关键部位，通常把铜公有效型面中不直接接触模具的部位称为避空位，这部分已经在铜公上切除了一定的材料，所以数控编程时一般不需要在此处加工出火花位。

2.3 鼠标铜公数控编程

本节任务：图 2-1 所示为某鼠标面壳铜公的工作图，该铜公的作用是用来清除 CNC 加工后模时在角落处留下来的残留余量，这样的铜公又称清角铜公。本节任务就是对此铜公进行数控编程。

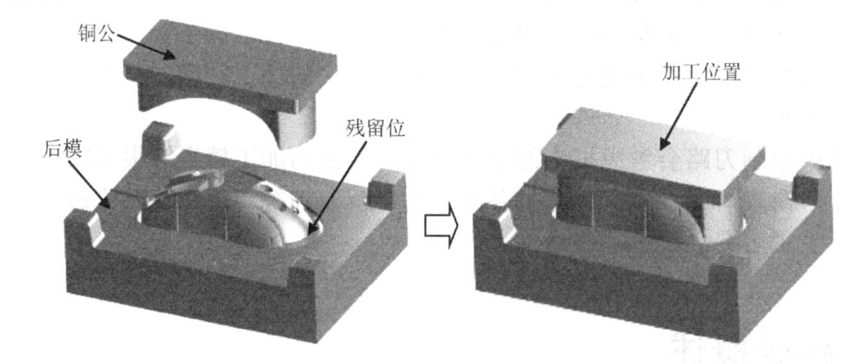

图 2-1　铜公工作图

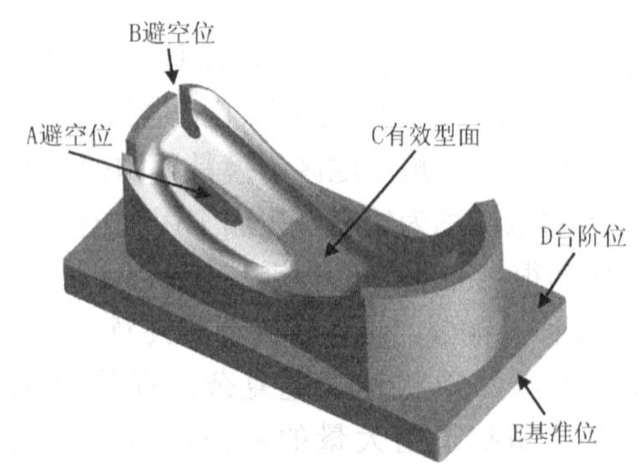

图 2-2　铜公结构图

铜公结构及加工要求：图 2-2 所示为清角铜公的结构图。A 及 B 处为避空位，此处底部可以不用加工出火花位。C 处为铜公的有效型面，精加工时需要按照图形均匀向内等距缩小一个火花位的数值，也就是说要加工出火花位。D 处为铜公的台阶位，此处按照图形加工到位，其作用是作为 EDM 加工时校正水平面的基准，同时也用于确定铜公 EDM 加工时的加工深度。E 处为周边基准位，又称四边分中基准位，此处按照图形加工到位即可。

图 2-3 所示为铜公的工程图纸。

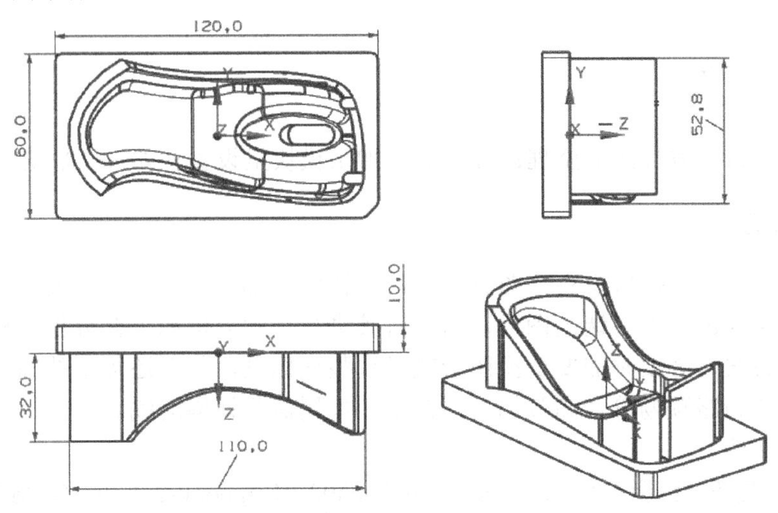

图 2-3　铜公工程图纸

材料：铜

开料尺寸：125×85×45，两件。注意开料时，相对图形单边留出 2~3mm 余量。

要求：粗公火花位为−0.25，幼公火花位为−0.1。本节先对幼公进行数控编程，然后复制文件，并修改参数，程序重新生成以后成为粗公。

2.3.1　工艺分析及刀路规划

根据铜公的加工要求，结合图纸分析，制定如下的幼公（精加工用的电极）加工工艺。

（1）刀路 K2A，型面开粗，刀具为 ED12 平底刀，加工余量为 0.2。

（2）刀路 K2B，台阶平面及四周基准面精加工（又称光刀），刀具为 ED12 平底刀，余量为−0.1。

（3）刀路 K2C，型面清角及半精加工（又称中光），刀具为 ED8 平底刀，余量为 0.1。

（4）刀路 K2D，二次清角及 A 处开粗，刀具为 ED3 平底刀，余量为 0。

（5）刀路 K2E，型面精加工，刀具为 BD6R3 球头刀，余量为−0.1。

（6）刀路 K2F，避空位精加工，刀具为 ED3 平底刀，余量为−0.1。

（7）刀路 K2G，A 处避空位倒角曲面精加工，刀具为 BD3R1.5 球头刀，余量为−0.1。

粗公（粗加工用的电极）加工工艺如下。

（1）刀路 K2H，型面开粗，刀具为 ED12 平底刀，加工余量为 0.1。

（2）刀路 K2I，台阶平面及四周基准面精加工，刀具为 ED12 平底刀，余量为−0.25。

（3）刀路 K2J，型面清角及半精加工，刀具为 ED8 平底刀，余量为−0.1。

（4）刀路 K2K，二次清角及 A 处开粗，刀具为 ED3 平底刀，余量为 0。

（5）刀路 K2L，型面精加工，刀具为 BD6R3 球头刀，余量为−0.25。

（6）刀路 K2M，避空位精加工，刀具为 ED3 平底刀，余量为–0.25。

（7）刀路 K2N，A 处避空位倒角曲面精加工，刀具为 BD3R1.5 球头刀，余量为–0.25。

2.3.2 编程准备

本节任务：（1）编程图形整理；（2）进入加工模块里设置初始加工状态。

1．图形整理

本例的铜公已经根据后模实体图设计好，并转化为 stp 文件，只需要从配套资源调出文件 ugbook-2-1.stp 即可。调出图形以后要对其进行尺寸分析和工艺分析，根据分析结果制定加工工艺方案。必要时需要变换图形或者调整坐标系，甚至还需要补辅助曲线或者辅助曲面，以便使刀路顺畅符合高效加工的需求。本例需要补辅助线。

（1）复制文件

现将本书配套资源文件 ch02\01-sample\ch02-01\ugbook-2-1.stp 复制到工作目录 C:\temp。

启动 UG NX 11.0 软件，执行【文件】|【打开】命令，在系统弹出的【打开】对话框中，选择文件类型为 STEP 文件 (*.stp)，选择图形 ugbook-2-1.stp，【选项】参数默认可以不修改，单击【确定】按钮。为了后续观察刀路更清晰，设置背景颜色为深色背景，结果如图 2-4 所示。

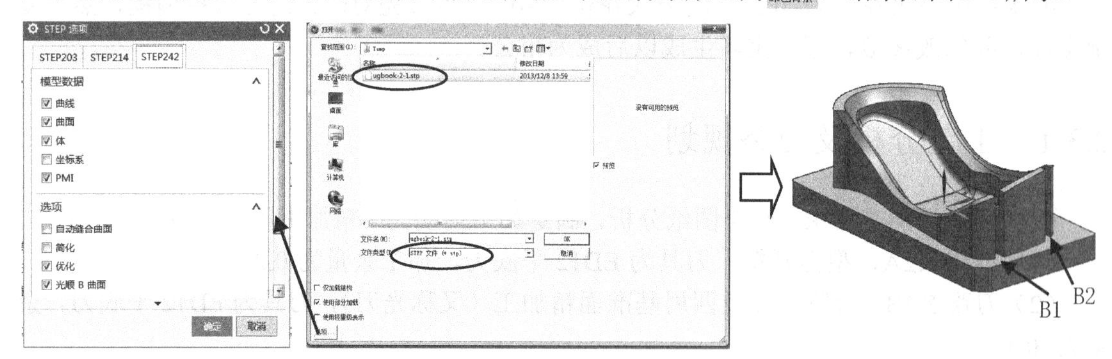

图 2-4　读取图形文件

（2）在 B1 处绘制补线

为了外形刀路顺畅，需要将台阶面的 B1 处缺口补齐曲线。

在主工具栏中执行【应用模块】|【建模】命令，进入建模模块。在导航器上方的主工具栏中执行【菜单】|【工具】|【定制】命令，系统弹出【定制】对话框，选择【选项卡/条】选项卡，选择对话框左侧的【曲线】复选框，将其显示在工具栏中。单击【关闭】按钮，如图 2-5 所示。如果这个工具条已经显示了，这一步就可以不用重复做。

在刚显示出的工具栏中单击桥接曲线按钮，系统弹出【桥接曲线】对话框，然后在图形上选择 B1 处的一侧曲线作为起始对象，再选择另外一侧的曲线作为终止对象，单击【确定】按钮，用曲线连接 B1 处的缺口，结果如图 2-6 所示。

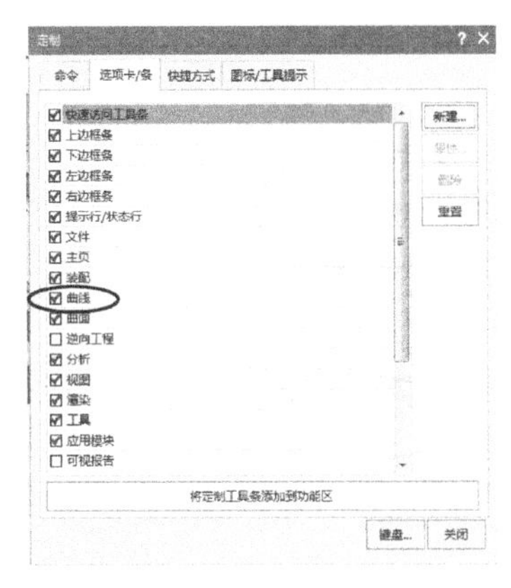

图 2-5　设置曲线工具条

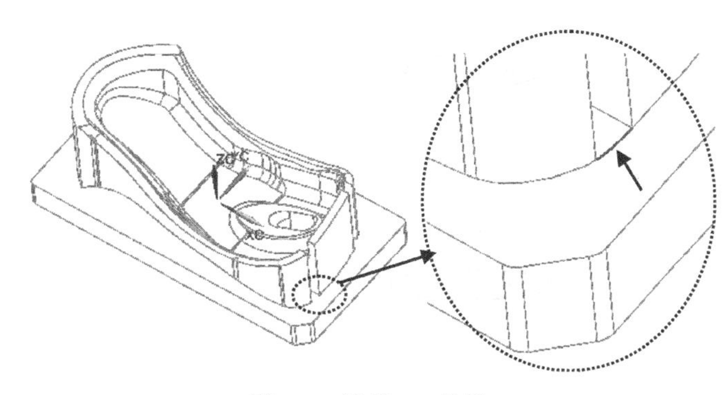
图 2-6　连接 B1 处缺口

同理，用曲线连接 B2 处的缺口，结果如图 2-7 所示。

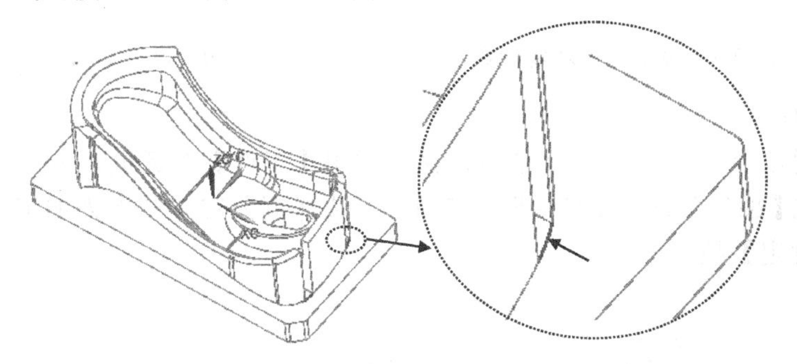
图 2-7　连接 B2 处缺口

执行【文件】|【保存】命令，或者在工具条中单击【保存】按钮将文件存盘。注意编程图形文件在 C:\temp 目录中。

2．进入加工模块

首先要进入 UG 的加工模块，然后选择环境参数、设置几何组参数、定义刀具、定义程序组名称。

（1）设置加工环境参数

在主工具条中执行【应用模块】|【加工】命令，进入加工模块 加工(N)，系统弹出【加工环境】对话框，选择 mill_contour 外形铣削模板。单击【确定】按钮，如图 2-8 所示。

（2）建立几何组

主要任务是建立加工坐标系、安全高度及毛坯体等。

① 建立加工坐标系及安全高度。

在操作导航器的空白处右击鼠标，在弹出的快捷菜单中选择【几何视图】选项，切换到几何视图。单击 MCS_MILL 前的“+”号将其展开，双击 MCS_MILL 节点，系统弹出【MCS 铣削】对话框，展开【细节】栏，设置【特殊输出】为“装夹偏置”，【装夹偏置】为“1”，单击【保存 MCS】按钮。设置【安全设置选项】为“自动平面”，【安全距离】为“20”，如图 2-9 所示，单击【确定】按钮。

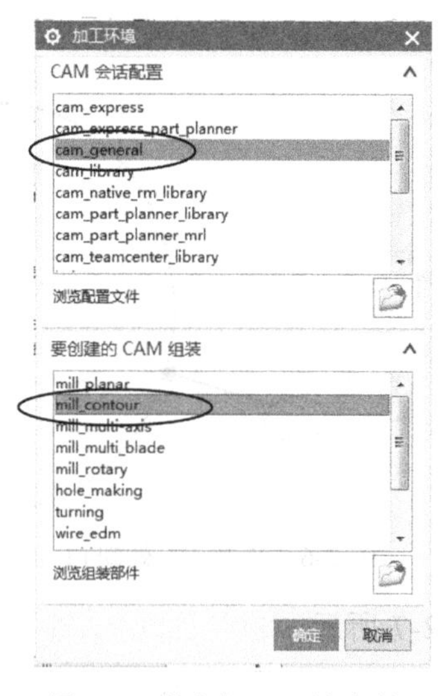

图 2-8　设定加工环境参数

图 2-9　设置加工坐标系

② 建立毛坯体。

在导航器树枝上双击 WORKPIECE 节点，系统弹出【工件】对话框，单击【指定部件】按钮，系统弹出【部件几何体】对话框，在图形区选择铜公实体图形为加工部件，如图 2-10 所示，单击【确定】按钮。

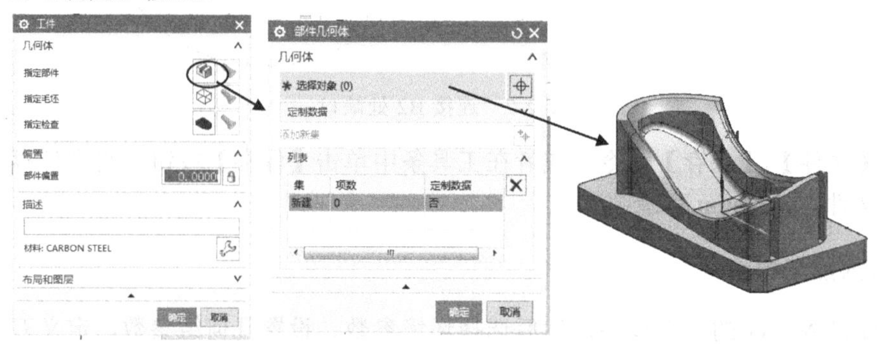

图 2-10　定义加工部件

单击【指定毛坯】按钮，系统弹出【毛坯几何体】对话框，在【类型】中选择 包容块，如图 2-11 所示，单击【确定】按钮 2 次。

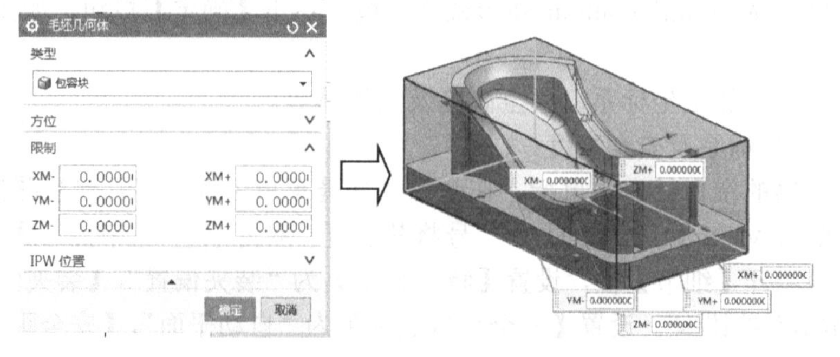

图 2-11　定义毛坯几何体

（3）在机床组中建立刀具

在导航器空白处右击鼠标，在弹出的快捷菜单中选择 机床视图，将其切换到机床视图。选择【Ceneric_Machine】右击鼠标，在弹出的快捷菜单中执行【插入】|【刀具】命令，在系统弹出的【创建刀具】对话框中，选择【刀具子类型】为 "MILL"，再输入刀具【名称】为"ED12"，单击【确定】按钮。如图 2-12 所示。

在系统弹出的【铣刀-5 参数】对话框中，输入【直径】为"12"，移动右侧滑条，显示更多参数，输入【刀具号】为"1"，【补偿寄存器】为"1"，【刀具补偿寄存器】为"1"，单击【确定】按钮，如图 2-13 所示。

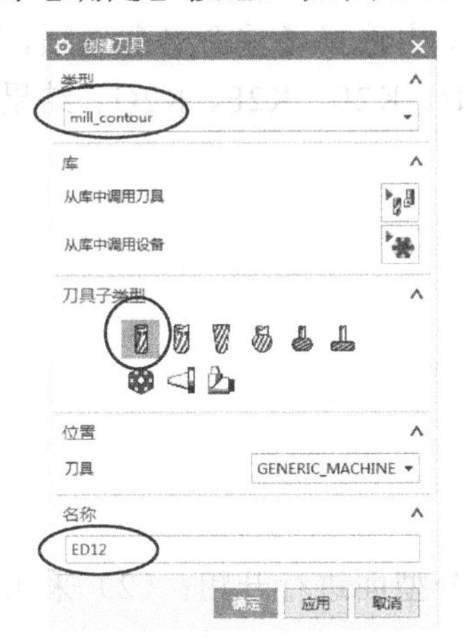

图 2-12　定义平底刀 ED12

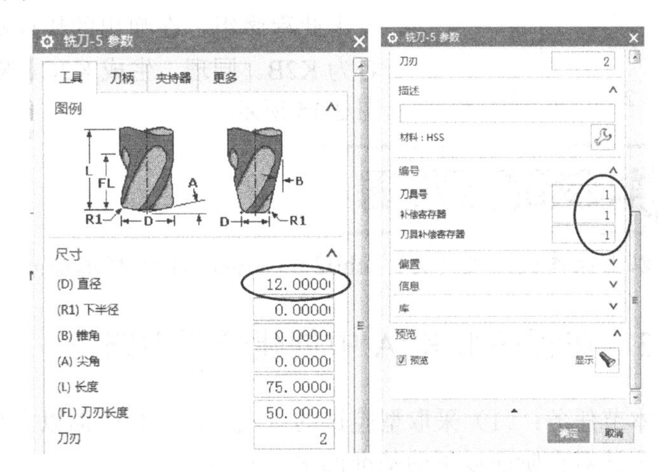

图 2-13　输入刀具参数

在导航器中，右击 ED12 节点，在弹出的快捷菜单中选择【复制】选项，再次单击鼠标右键，在弹出的快捷菜单中选择【粘贴】选项，将 ED12_COPY 改名为 ED8。双击这个节点，在弹出的【铣刀-5 参数】对话框中，输入【直径】为"8"，移动右侧滑条，显示更多参数，输入【长度】仍为"75"，【刀刃长度】为"30"，【刀具号】为"2"，【补偿寄存器】为"2"，【刀具补偿寄存器】为"2"，其余参数不变，单击【确定】按钮。

同理，创建平底刀 ED3，直径为 3，半径为 0，刀具长度为 35，刀刃长度为 8，刀具号为 3；

创建球头刀 BD6R3，直径为 6，半径为 3，刀具长度为 50，刀刃长度为 10，刀具号为 4；

创建球头刀 BD3R1.5，直径为 3，半径为 1.5，刀具长度为 35，刀刃长度为 8，刀具号为 5，如图 2-14 所示。

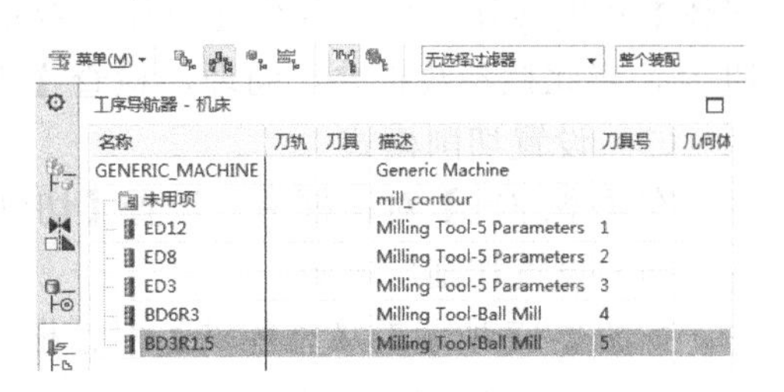

图 2-14　定义刀具

（4）建立方法组

在导航器空白处右击鼠标，在弹出的快捷菜单中选择 加工方法视图，切换到加工方法视图。可以双击粗加工、半精加工、精加工的菜单，修改余量、内外公差。本操作选择默认参数，不做修改。

（5）建立程序组

建立 7 个空的程序组，目的是为了管理编程刀路。

在导航器空白处右击鼠标，在弹出的快捷菜单中选择 程序顺序视图，切换到程序顺序视图。在导航器中已经有一个程序组 PROGRAM，右击此程序组，在弹出的快捷菜单中选择【重命名】选项，改名为 K2A。

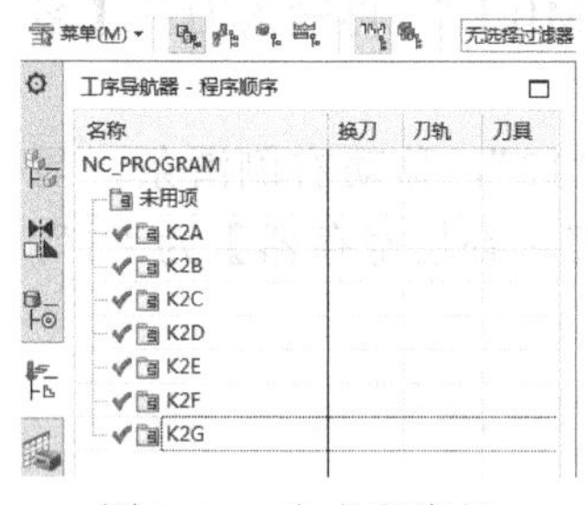
图 2-15　定义程序组

选择上述程序组 K2A，右击鼠标在弹出的快捷菜单中选择【复制】选项，再次右击上述程序组 K7A，在弹出的快捷菜单中选择【粘贴】选项，在目录树中产生了一个程序组 K2A_COPY，右击此程序组，在弹出的快捷菜单中选择【重命名】选项，改名为 K2B。同理，生成 K2C、K2D、K2E、K2F、K2G。结果如图 2-15 所示。

以上操作视频文件为：\ch02\03-video\01-编程准备.exe。

2.3.3　在程序组 K2A 中创建开粗刀路

本节任务：（1）采取型腔铣的方式对铜公台阶面以上部分型面进行开粗；（2）采用平面铣方法对台阶面以下的基准面进行开粗。

1．对铜公台阶面以上部分型面进行开粗

（1）设置工序参数

在操作导航器中选择程序组 K2A，右击鼠标在弹出的快捷菜单中执行【插入】|【工序】命令，系统进入【创建工序】对话框，【类型】选择 mill_contour，【工序子类型】选择【型腔铣】按钮，【位置】中参数按图 2-16 所示设置。

（2）检查几何体参数

在图 2-16 所示的对话框中，单击【确定】按钮，系统进入【型腔铣】对话框，单击【几何体】栏的按钮，检查各个几何体是否正确，如果没有错误，单击【几何体】栏右侧的按钮，将此栏参数折叠。同理，检查【工具】及【刀轴】参数。

（3）设置切削模式

在【型腔铣】对话框中，设置【切削模式】为 跟随周边，如图 2-17 所示。

（4）设置切削层参数

在图 2-17 所示的【型腔铣】对话框中，单击【切削层】按钮，系统弹出【切削层】对话框，设置【范围类型】为 单侧，设置【最大距离】为“1”，按 Enter 键，系统自动选择了【范围定义】栏，输入【范围深度】为“31.9”，设置【最大距离】为“1”，单击【确定】按钮，如图 2-18 所示。

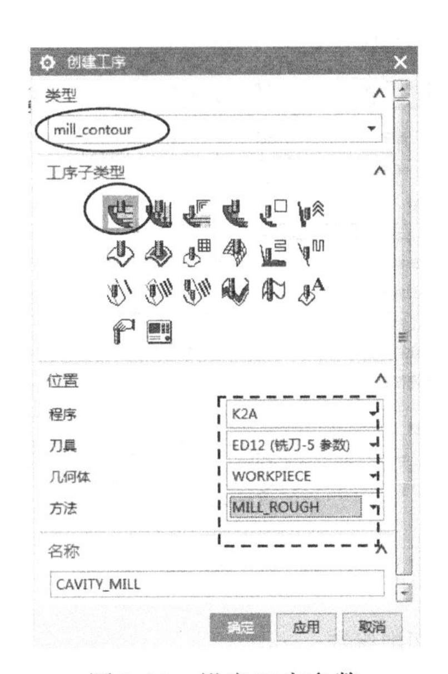

图 2-16　设定工序参数

图 2-17　设定切削模式

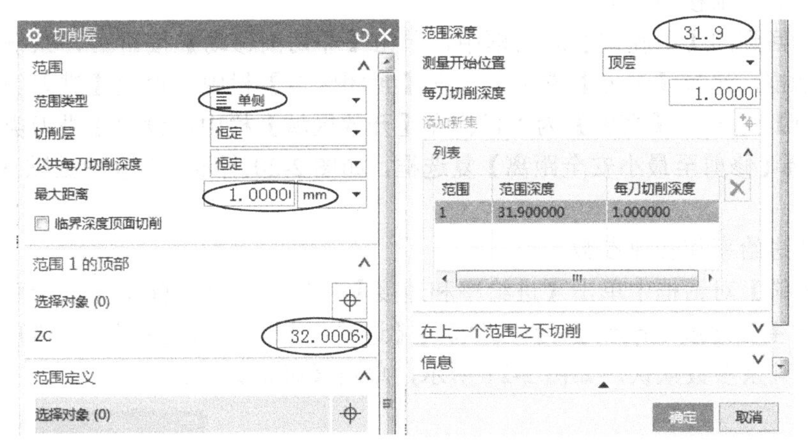

图 2-18　设定切削参数

此处【范围 1 的顶部】默认为铜公的最高位置，【范围定义】为对切削层的底部进行定义。先在图形上选择台阶面的一点，在系统显示出的【范围深度】数值为“32.00”，然后在此基础之上减去 0.1 得到 31.9。

（5）设置切削参数

在系统返回到的【型腔铣】对话框中，单击【切削参数】按钮，系统弹出【切削参数】对话框，选择【策略】选项卡，设置【刀路方向】为“向内”。

在【余量】选项卡，取消选择【使底面余量与侧面余量一致】复选框，设置【部件侧面余量】为“0.25”，【部件底面余量】为“0.1”，【内公差】为“0.03”，【外公差】为“0.03”，

如图 2-19 所示。其余参数默认，单击【确定】按钮。

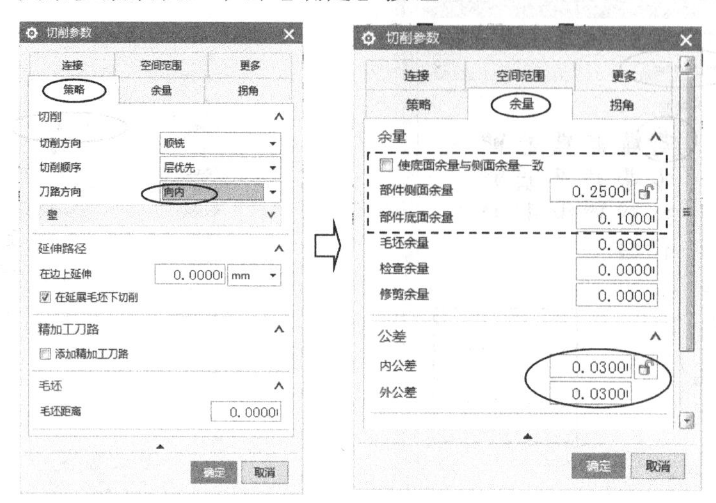

图 2-19　设置切削参数

（6）设置非切削移动参数

在系统返回到的【型腔铣】对话框中，单击【非切削移动】按钮，系统弹出【非切削移动】对话框，选择【进刀】选项卡，在【封闭区域】栏中，设置【进刀类型】为“螺旋”，【斜坡角】为 5°，【高度】为“1”；在【开放区域】栏中，设置【进刀类型】为“线性”，取消选择【修剪至最小安全距离】复选框，如图 2-20 所示。其余参数默认，单击【确定】按钮。

（7）设置进给率和转速参数

在【型腔铣】对话框中单击【进给率和速度】按钮，系统弹出【进给率和速度】对话框，设置【主轴速度（rpm）】为“2000”，【进给率】的【切削】为“1500”。单击【计算】按钮。其余参数默认，如图 2-21 所示，单击【确定】按钮。

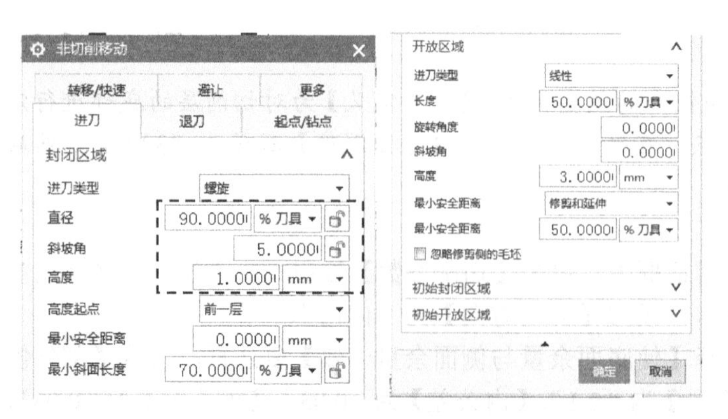

图 2-20　设置非切削移动参数

图 2-21　设置进给率和速度

（8）生成刀路

在系统返回到的【型腔铣】对话框中，单击【生成】按钮，系统计算出刀路，如图 2-22 所示，单击【确定】按钮。

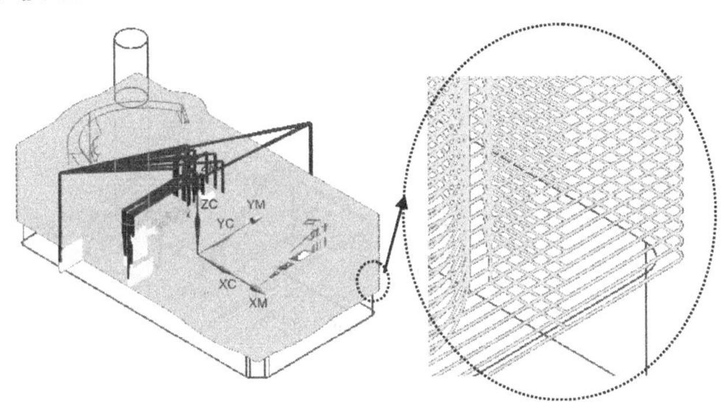

图 2-22　生成开粗刀路

2. 对铜公台阶面以下的基准面进行开粗

方法：用平面铣分层进行加工。

（1）设置工序参数

在操作导航器中选择刚生成的刀路，右击鼠标在弹出的快捷菜单中执行【插入】|【工序】命令，系统进入【创建工序】对话框，【类型】选择 mill_planar，【工序子类型】选择【平面铣】按钮，【位置】中参数按图 2-23 所示设置。

（2）指定部件边界几何参数

本例将选择铜公台阶外形线作为加工线条边界。

在图 2-23 所示的对话框中，单击【确定】按钮，系统弹出【平面铣】对话框，如图 2-24 所示。

图 2-23　设定工序参数

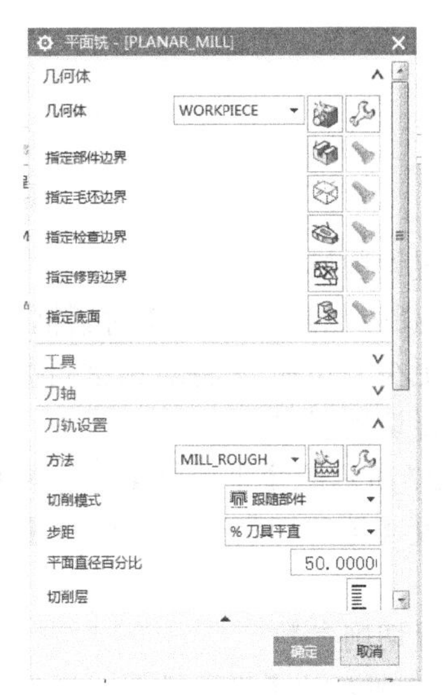

图 2-24　平面铣对话框

在图 2-24 所示的对话框中，单击【指定部件】按钮，系统弹出【边界几何体】对话框，设置【模式】为“面”，保留材料的参数【材料侧】为“内侧”，同时注意选择【忽略岛】复选框，然后在图形上选择台阶面。单击【确定】按钮，如图 2-25 所示。

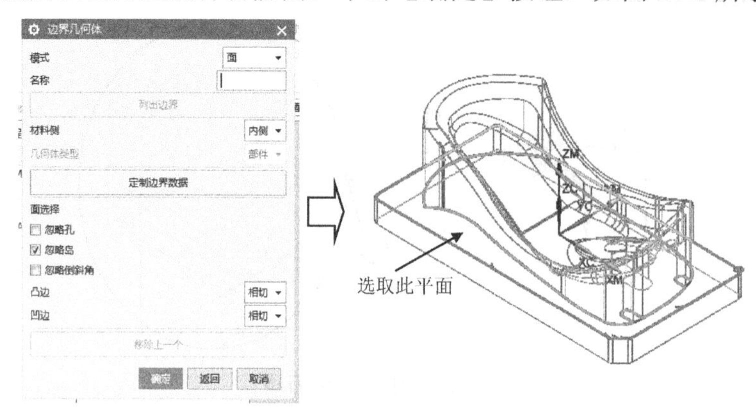

图 2-25　选取加工线条

（3）指定加工最低位置

在系统返回到的【平面铣】对话框中，单击按钮，在图形上选择底面，如图 2-26 所示。选择方法：先将鼠标指针放置在铜公侧面，停留 2~3 秒，光标处出现三个小点，然后单击鼠标左键，在系统弹出的多个图素列表框里选择各个图素，观察图形中底部的水平面变亮，再单击鼠标左键，单击【确定】按钮。

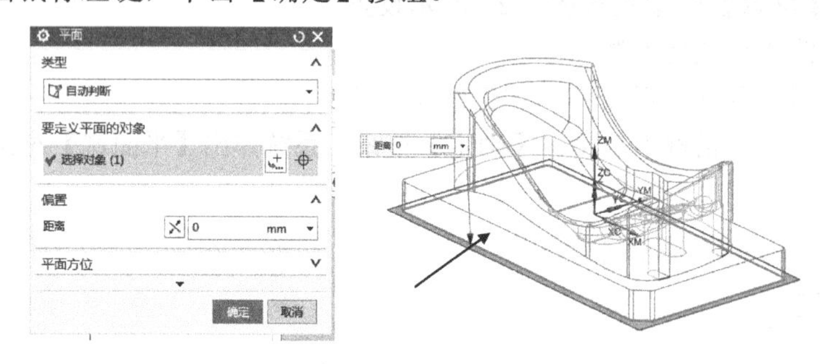

图 2-26　选取底面

（4）设置切削模式

在系统返回到的【平面铣】对话框中，设置【切削模式】为轮廓加工，单击【几何体】栏右侧的【更少】按钮将对话框折叠，如图 2-27 所示。

（5）设置切削层参数

在图 2-27 所示的【平面铣】对话框中，单击【切削层】按钮，系统弹出【切削层】对话框，设置【每刀切削深度】栏的【公共】参数为“1”，如图 2-28 所示，单击【确定】按钮。

（6）设置切削参数

在图 2-27 所示的【平面铣】对话框中，单击【切削参数】按钮，系统弹出【切削参数】对话框，选择【余量】选项卡，设置【部件余量】为“0.2”，【最终底面余量】为“0”，如图 2-29 所示。其余参数默认，单击【确定】按钮。

图 2-27　设置切削模式

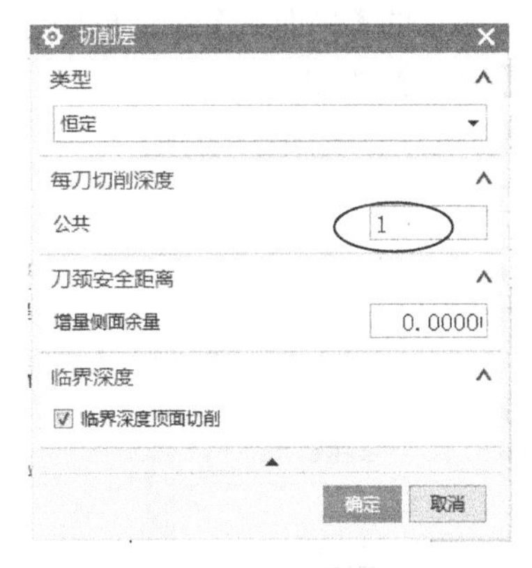

图 2-28　设定切削层参数

（7）设置非切削移动参数

在图 2-27 所示的【平面铣】对话框中，单击【非切削移动】按钮，系统弹出【非切削移动】对话框，选择【进刀】选项卡，设置【封闭区域】的【进刀类型】为“与开放区域相同”，【开放区域】的【进刀类型】为“线性”，参数如图 2-30 所示。

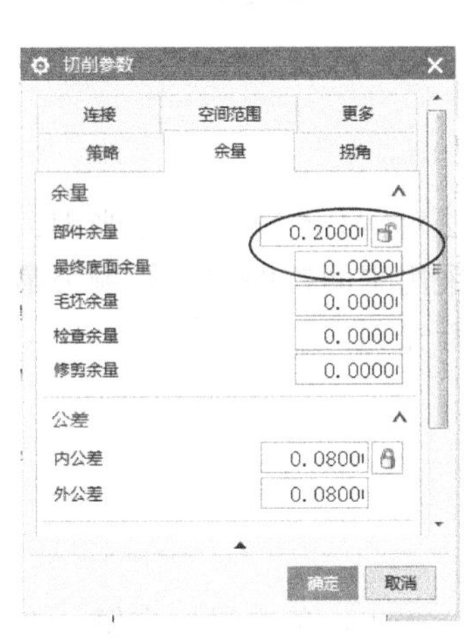

图 2-29　设置切削参数

图 2-30　设置非切削移动参数

切换到【转移/快速】选项卡，设置【区域内】的【转移类型】为“直接”，如图 2-31 所示。设置该参数的目的是减少不必要的提刀动作，提高效率。

其余参数默认，单击【确定】按钮。

（8）设置进给率和转速参数

在图 2-27 所示的【平面铣】对话框中，单击【进给率和速度】按钮，系统弹出【进给率和速度】对话框，设置【主轴速度（rpm）】为“2000”，【进给率】的【切削】为“1500”。其余参数默认，与图 2-21 所示相同，单击【确定】按钮。

（9）生成刀路

在图 2-27 所示的【平面铣】对话框中，单击【生成】按钮，系统计算出刀路，如图 2-32 所示，单击【确定】按钮。

图 2-31　设置转移参数

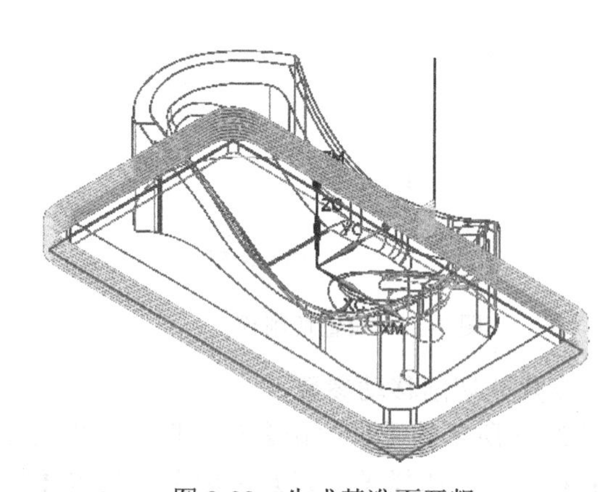

图 2-32　生成基准面开粗

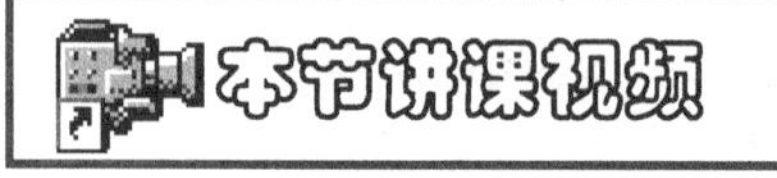

以上操作视频文件为：\ch02\03-video\02-在程序组 K2A 中创建开粗刀路.exe

2.3.4　在程序组 K2B 中创建平面精加工

本节任务：创建 4 个刀路。（1）采取型腔铣的方法对铜公台阶面进行光刀；（2）采用平面铣的方法对台阶面以下的基准面进行光刀；（3）采用平面铣的方法对铜公最大外形进行光刀；（4）采用平面铣的方法对铜公顶部水平面进行光刀。

1．对铜公台阶面进行光刀

方法：复制刀路，修改参数。

（1）复制刀路

在导航器中选择程序组 K2A 里第 1 个刀路 CAVITY_MILL，单击鼠标右键，在弹出的快捷菜单中选择【复制】，再选择程序组 K2B，再次右击鼠标，在弹出的快捷菜单中选择【内部粘贴】，结果如图 2-33 所示。

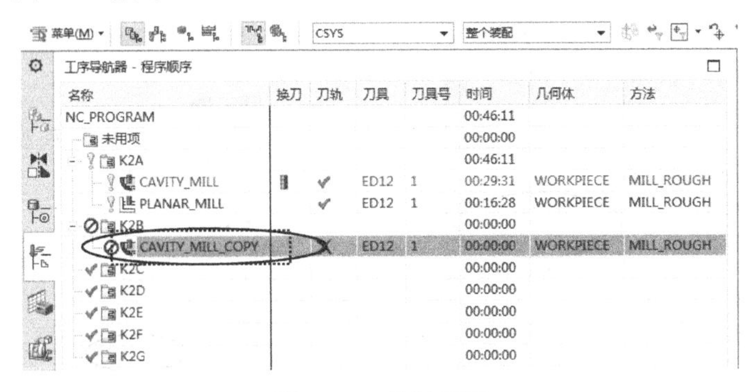

图 2-33　复制刀路

（2）设置切削层参数

双击刚生成的刀路 CAVITY_MILL_COPY，系统弹出【型腔铣】对话框，从其中单击【切削层】按钮，系统弹出【切削层】对话框，设置【范围类型】为 单侧，设置【最大距离】为“10”按 Enter 键，在【范围 1 的顶部】栏中输入【ZC】为“1”，在【范围定义】栏中，单击【选择对象（1）】按钮，在图形区选择铜公的台阶面，单击【确定】按钮，如图 2-34 所示。

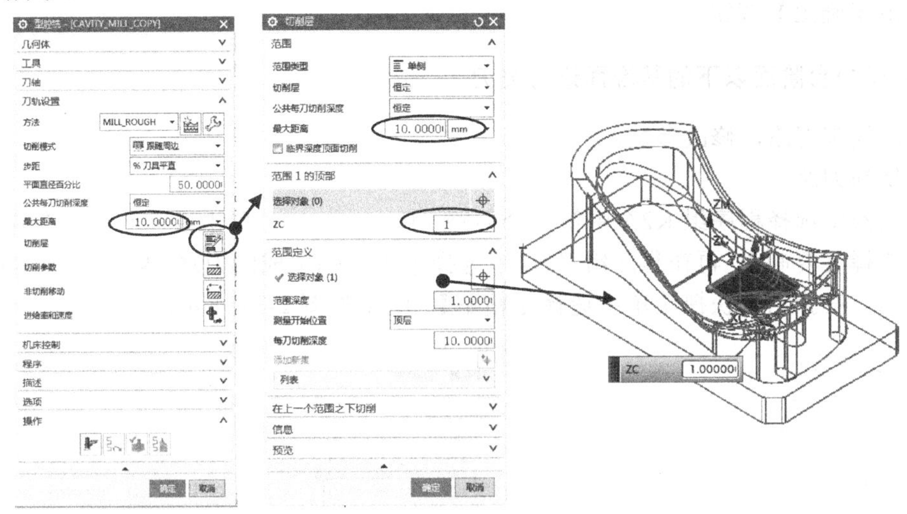

图 2-34　设置切削层参数

（3）设置切削参数

在系统弹出的【型腔铣】对话框中，单击【切削参数】按钮，系统弹出【切削参数】对话框，在【余量】选项卡，设置【部件侧面余量】为“0.3”，【部件底面余量】为“0”，如图 2-35 所示。其余参数不做修改，单击【确定】按钮。

（4）设置进给率和转速参数

在【型腔铣】对话框中单击【进给率和速度】按钮，系统弹出【进给率和速度】对话框，修改【进给率】的【切削】为“150”。其余参数不做修改，如图 2-36 所示，单击【确定】按钮。

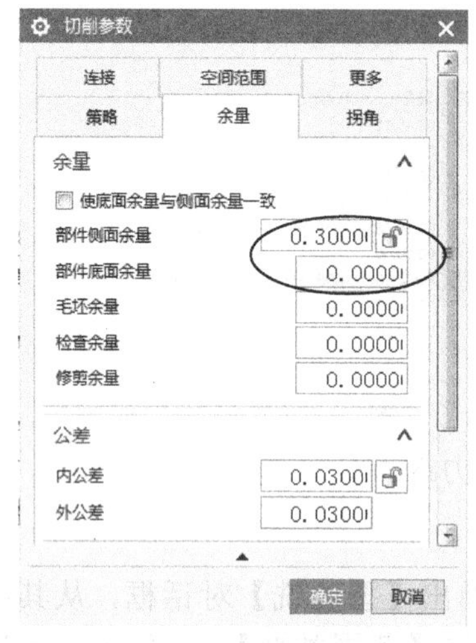

图 2-35 设置切削参数

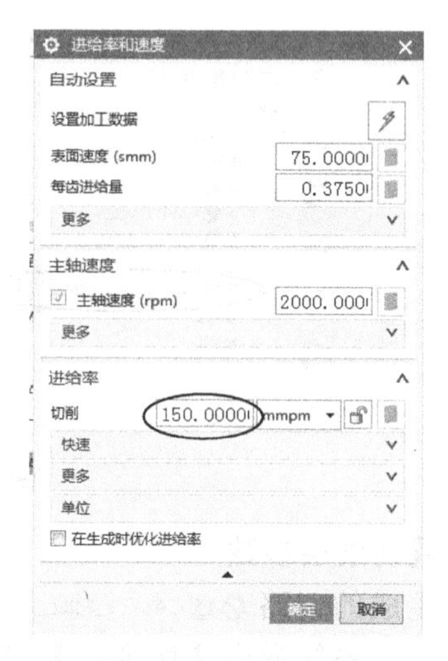

图 2-36 设置进给率

（5）生成刀路

在系统返回到的【型腔铣】对话框中单击【生成】按钮，系统计算出刀路，如图 2-37 所示，单击【确定】按钮。

2．对铜公台阶面以下的基准面进行光刀

方法：复制刀路，修改参数。

（1）复制刀路

在导航器中选择程序组 K2A 中第 2 个刀路 PLANAR_MILL，单击鼠标右键，在弹出的快捷菜单中选择【复制】，再在程序组 K2B 中选择第 1 步刚生成的刀路 CAVITY_MILL_COPY，再次右击鼠标，在弹出的快捷菜单中选择【粘贴】，结果如图 2-38 所示。

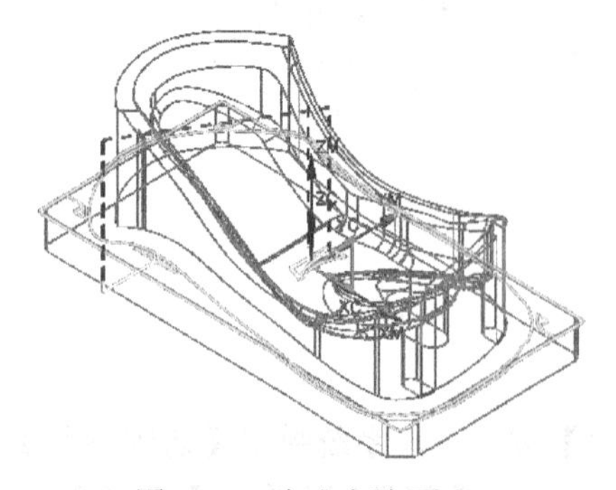

图 2-37 生成台阶面光刀

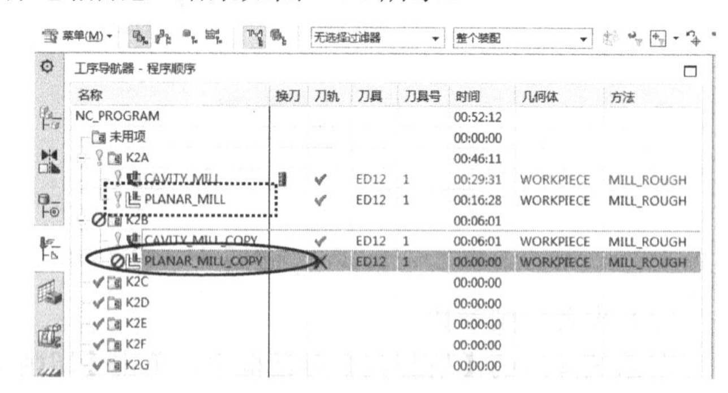

图 2-38 复制刀路

（2）设置切削方式参数

双击刚生成的刀路 PLANAR_MILL_COPY，系统弹出【平面铣】对话框，在【刀轨设置】栏中设置【步距】方式为“恒定”，【最大距离】为“0.1”，【附加刀路】为“1”。这样实际执

行时就会有2圈刀路来切削铜公的四周基准面，每一刀路进刀距离为0.1，如图2-39所示。

（3）设置切削层参数

在【平面铣】对话框单击【切削层】按钮，系统弹出【切削层】对话框，设置【类型】为“仅底面”，如图2-40所示，单击【确定】按钮。

（4）设置切削参数

在系统弹出的【平面铣】对话框中，单击【切削参数】按钮，系统弹出【切削参数】对话框，在【余量】选项卡，修改【部件余量】为“0”，设置【内公差】为“0.01”，【外公差】为“0.01”，如图2-41所示。其余参数不做修改，单击【确定】按钮。

图2-39 设置切削方式参数

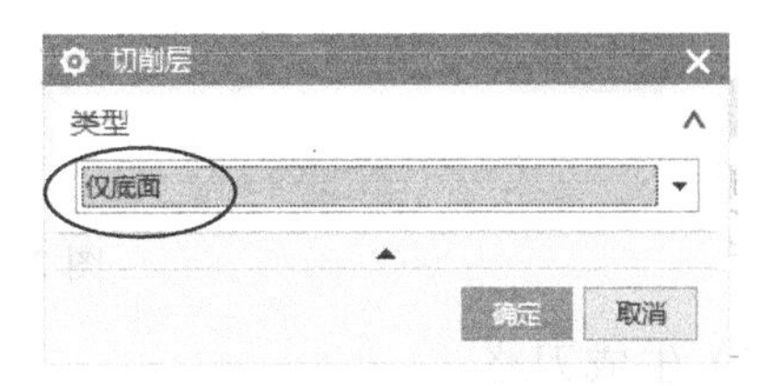

图2-40 设置切削层参数

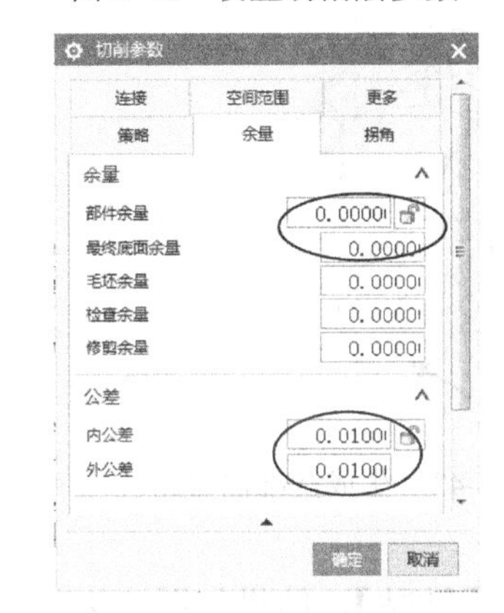

图2-41 修改切削参数

（5）设置非切削移动参数

在图2-39所示的【平面铣】对话框中，单击【非切削移动】按钮，系统弹出【非切削移动】对话框，选择【进刀】选项卡，设置【封闭区域】的【进刀类型】为“与开放区域相同”，【开放区域】的【进刀类型】为“圆弧”，【半径】为“5”。其余参数如图2-42左图所示。

切换到【起点/钻点】选项卡，设置【重叠距离】为“0.3”，目的是消除接刀痕。在【区域起点】栏中单击【选择点】栏的【指定点】按钮，然后选择台阶面一点作为进刀点，如图2-42所示。

（6）设置进给率和转速参数

在【型腔铣】对话框中单击【进给率和速度】按钮，系统弹出【进给率和速度】对话框，修改【进给率】的【切削】为“150”。其余参数不做修改，与图2-36所示相同，单击【确定】按钮。

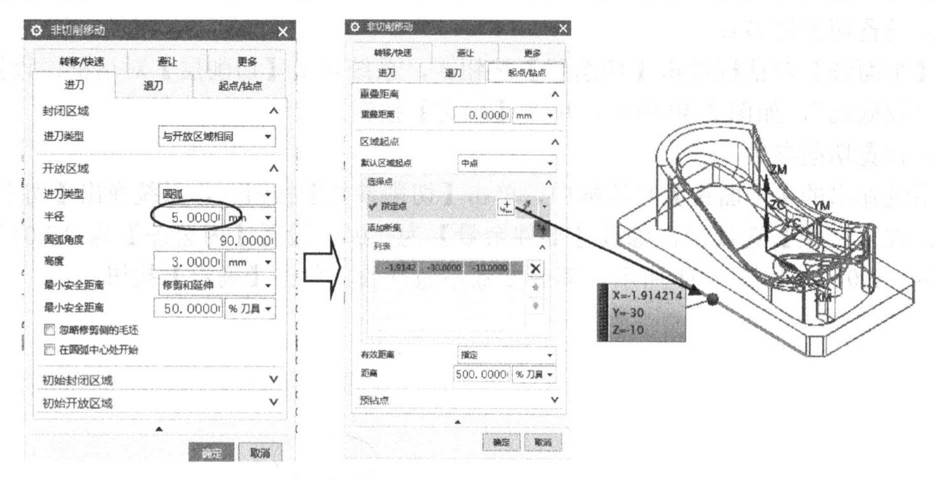

图 2-42　设置进刀方式

（7）生成刀路

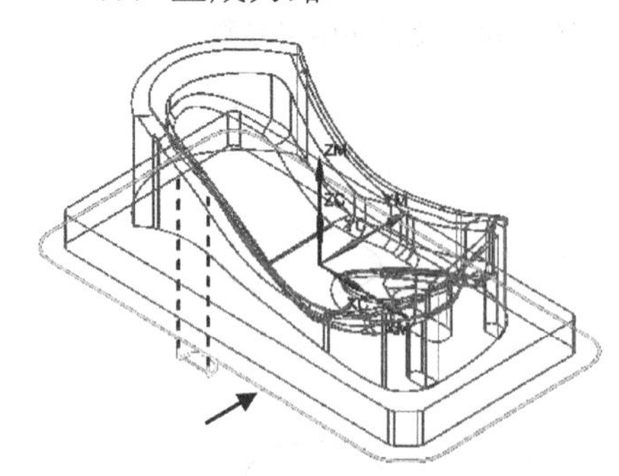

图 2-43　生成基准面刀路

在系统返回到的【平面铣】对话框中单击【生成】按钮，系统计算出刀路，如图 2-43 所示，单击【确定】按钮。

3. 对铜公型面最大外形进行光刀

方法：复制刀路，修改参数。

（1）复制刀路

在导航器中选择程序组 K2B 的第 2 个刚生成的刀路 PLANAR_MILL_COPY，单击鼠标右键，在弹出的快捷菜单中选择【复制】，再次右击鼠标，在弹出的快捷菜单中选择【粘贴】，结果如图 2-44 所示。

图 2-44　复制刀路

（2）重新选择加工线条

双击刚生成的刀路 PLANAR_MILL_COPY_COPY，系统弹出【平面铣】对话框，单击【几何体】右侧的【更多】按钮展开菜单，单击【指定部件】按钮，系统弹出【编辑边界】

对话框，单击【移除】按钮，把之前的加工线条删除。系统切换到【边界几何体】对话框，设置【模式】为“曲线/边”，系统切换到【创建边界】对话框，【类型】选择“封闭”，保留材料的参数【材料侧】为“内侧”，如图 2-45 所示。

图 2-45　设置选取加工线条方式

然后在图形上用“一个线接着一个线”的方式顺序选择铜公台阶面上最大外形线，单击【确定】按钮，如图 2-46 所示。

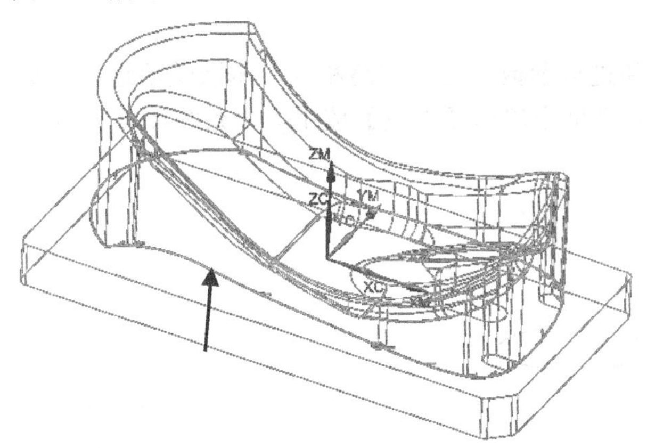

图 2-46　选择加工线条

因为该铜公型面最大外形线上有两条补的曲线，如果采取成链等方式选择会遇到困难，为了操作简便，推荐使用“一个线接着一个线”的笨办法，这样可以很容易选择加工线条。实际工作中可能会遇到更复杂的线条，请结合图形的具体情况，灵活对待。

（3）设置切削方式参数

在系统返回到的【平面铣】对话框中，设置【附加刀路】数值为“2”。因为铜公外形开粗时已经有 0.25 的加工余量，加上还要加工出−0.1 的火花位，所以本次刀路的切削量将是 0.35，为了切削均匀，就需要加工 3 圈。

（4）重新指定最低加工位置

在【平面铣】对话框中单击按钮，在图形上选择台阶面为最低平面位置，如图 2-47 所示，单击【确定】按钮。

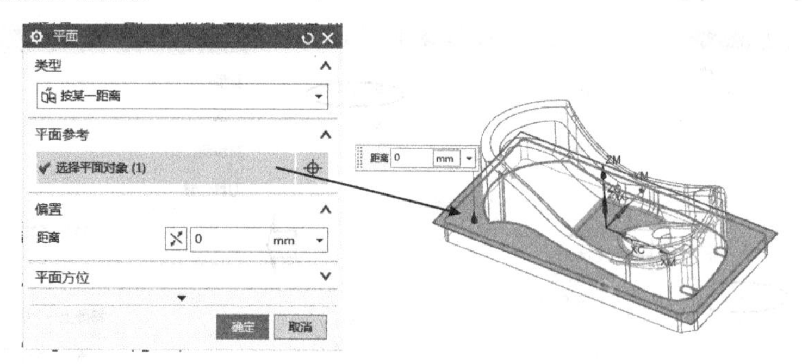

图 2-47　选取台阶面

（5）设置切削参数

在系统弹出的【平面铣】对话框中，单击【切削参数】按钮，系统弹出【切削参数】对话框，在【余量】选项卡，修改【部件余量】为“–0.1”，如图 2-48 所示。其余参数不做修改，单击【确定】按钮。

（6）生成刀路

非切削运动参数和进给参数与之前刀路相同，本次继承这些参数不再重复设置。在系统返回的【平面铣】对话框中单击【生成】按钮，系统计算出刀路，如图 2-49 所示，单击【确定】按钮。

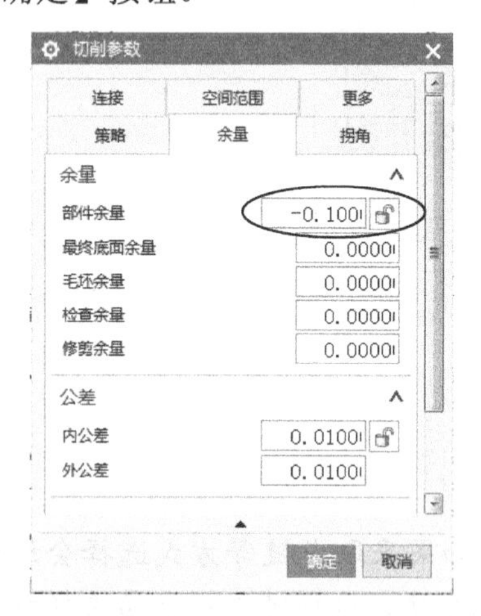

图 2-48　设置切削参数

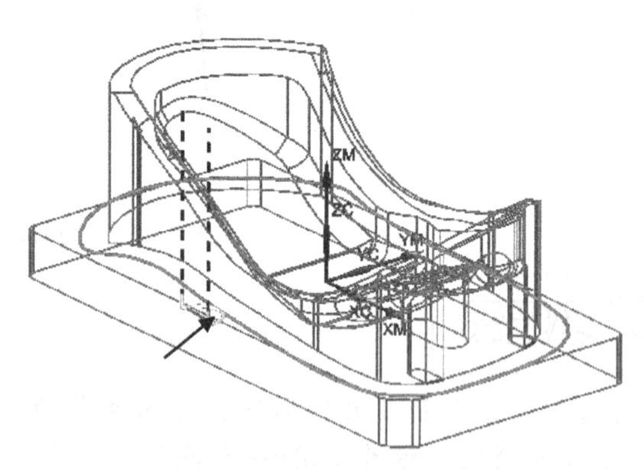

图 2-49　铜公最大外形光刀

4．对铜公顶部水平面进行光刀

方法：复制刀路，修改参数。

（1）复制刀路

在导航器中选择程序组 K2B 的第 3 个刚生成的刀路 PLANAR_MILL_COPY_COPY，单击鼠标

右键，在弹出的快捷菜单中选择【复制】，再次右击鼠标，在弹出的快捷菜单中选择【粘贴】，结果如图 2-50 所示。

工序导航器 - 程序顺序

名称	换刀	刀轨	刀具	刀具号	时间	几何体	方法
NC_PROGRAM					00:59:45		
未用项					00:00:00		
K2A					00:46:11		
CAVITY_MILL		✔	ED12	1	00:29:31	WORKPIECE	MILL_ROUGH
PLANAR_MILL		✔	ED12	1	00:16:28	WORKPIECE	MILL_ROUGH
K2B					00:13:33		
CAVITY_MILL_COPY		✔	ED12	1	00:06:01	WORKPIECE	MILL_ROUGH
PLANAR_MILL_COPY		✔	ED12	1	00:03:21	WORKPIECE	MILL_ROUGH
PLANAR_MILL_COP...		✔	ED12	1	00:04:11	WORKPIECE	MILL_ROUGH
PLANAR_MILL_COP...		✘	ED12	1	00:00:00	WORKPIECE	MILL_ROUGH
K2C					00:00:00		

图 2-50 复制刀路

（2）重新选择加工线条

双击刚生成的刀路 PLANAR_MILL_COPY_COPY_...，系统弹出【平面铣】对话框，单击【几何体】右侧的【更多】按钮展开菜单，单击【指定部件】按钮，系统弹出【编辑边界】对话框，单击【移除】按钮，把之前的加工线条删除。系统切换到【边界几何体】对话框，设置【模式】为“曲线/边”，系统切换到【创建边界】对话框，【类型】选择“开放”，【材料侧】为“右”。然后在图形上选择铜公顶部水平面的线条，如图 2-51 所示。单击【确定】按钮 3 次，返回到【平面铣】对话框。

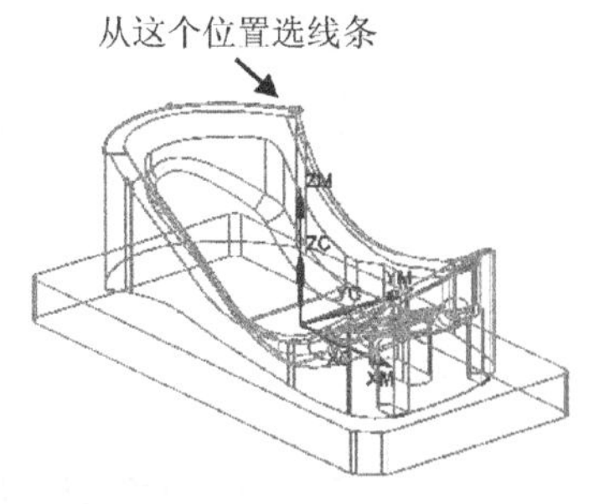

图 2-51 选取加工线条

小提示

这部分内容有些学员可能会选错线条。请多尝试几次，除了书本介绍的方法外，再尝试其他方式。

（3）重新指定最低加工位置

在【平面铣】对话框中单击按钮，在图形上选择顶部水平面，如图 2-52 所示，单击【确定】按钮。

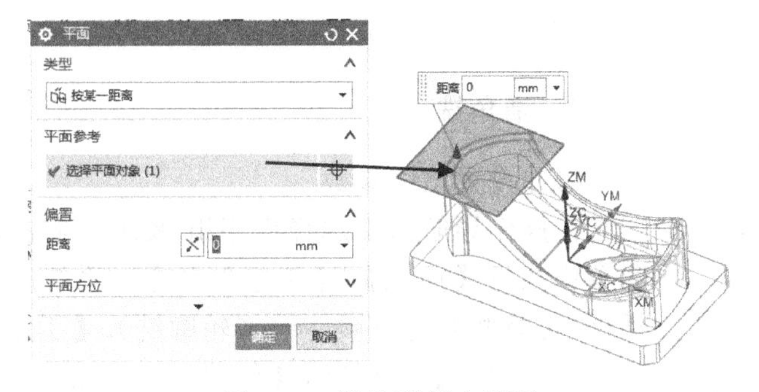

图 2-52 选取顶部水平面

（4）设置切削方式参数

在系统返回到的【平面铣】对话框中，设置【附加刀路】数值为“1”。

（5）设置切削参数

在系统弹出的【平面铣】对话框中，单击【切削参数】按钮，系统弹出【切削参数】对话框，在【余量】选项卡，修改【部件余量】为“–1.0”，【最终底面余量】为“–0.1”，如图 2-53 所示，单击【确定】按钮。

（6）生成刀路

在系统返回到的【平面铣】对话框中单击【生成】按钮，系统计算出刀路，如图 2-54 所示，单击【确定】按钮。

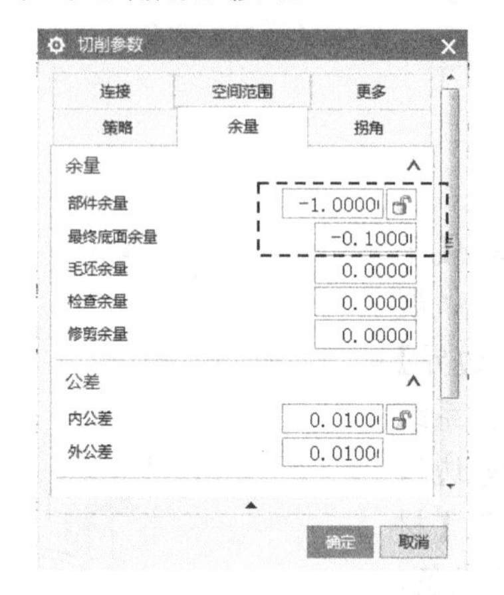

图 2-53　设置切削参数

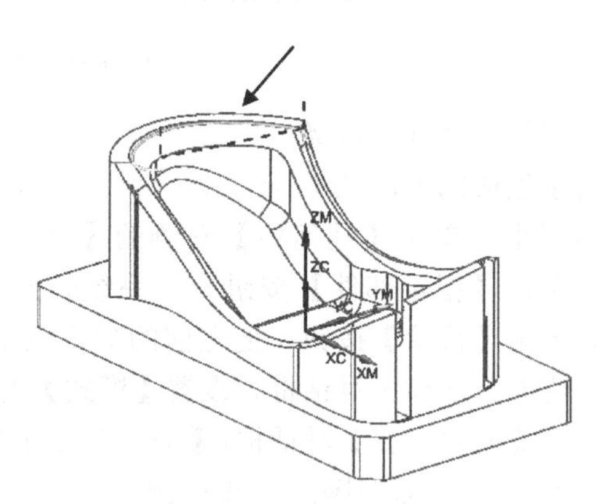

图 2-54　铜公顶部光刀水平

以上操作视频文件为：\ch02\03-video\03-在程序组 K2B 里创建平面精加工.exe。

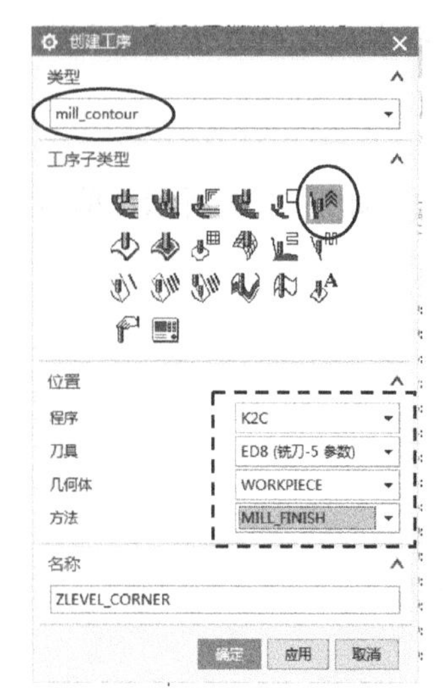

图 2-55　设定工序参数

2.3.5　在程序组 K2C 中创建清角及半精加工

本节任务：创建 2 个刀路。（1）采取深度加工拐角铣（又称角落等高轮廓铣）的方式对型面进行清角；（2）对型面进行半精加工（又称中光）。

1. 清角铣

（1）设置工序参数

在操作导航器中选择程序组 K2C，右击鼠标在弹出的快捷菜单中执行【插入】|【工序】命令，系统进入【创建工序】对话框，【类型】选择 mill_contour（轮廓铣），【工序子类型】选择【深度加工拐角铣】按钮，【位置】中参数按图 2-55 所示设置。

（2）选择几何体参数

在图 2-55 所示对话框中单击【确定】按钮，系统弹出【深度加工拐角】对话框，单击【指定切削区域】按钮，系统弹出【切削区域】对话框，在铜公图上选择加工曲面，如图 2-56 所示。单击【确定】按钮，同时检查【工具】应该为“ED8”，刀轴为“+ZM 轴”。

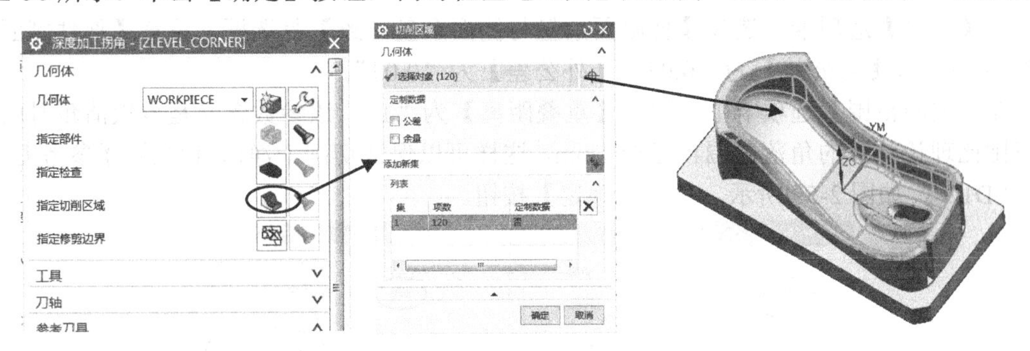

图 2-56　选取加工面

（3）设置参考刀具等参数

在【深度加工拐角】对话框中，单击【参考刀具】右侧的下三角符号，在弹出的刀具列表选项中选择ED12 (铣刀-5 参数)。设置【陡峭空间范围】为“无”，设置该参数的目的是在平缓的区域也进行清角加工。设置层深的【最大距离】为“0.2”，如图 2-57 所示。

（4）设置切削层参数

在图 2-57 所示的【深度加工拐角】对话框中单击【切削层】按钮，系统弹出【切削层】对话框，设置【范围类型】为单侧，检查【最大距离】应该为“0.2”，按 Enter 键，系统自动选择了【范围定义】栏，输入【范围深度】为“32.0006”。这些参数是系统依据选择的加工曲面定义的，符合加工要求，如图 2-58 所示。单击【确定】按钮。

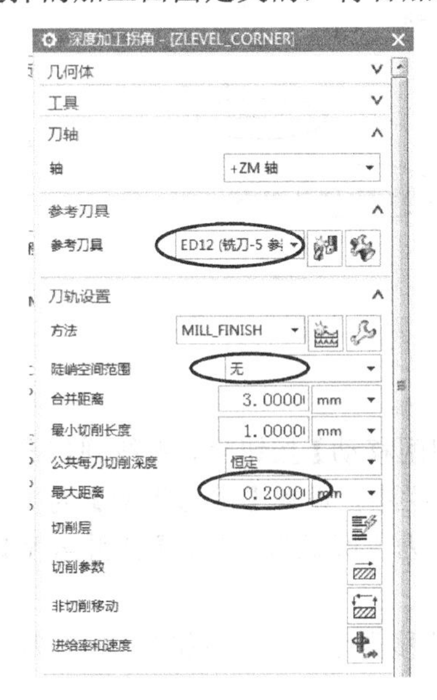

图 2-57　设定参考参数

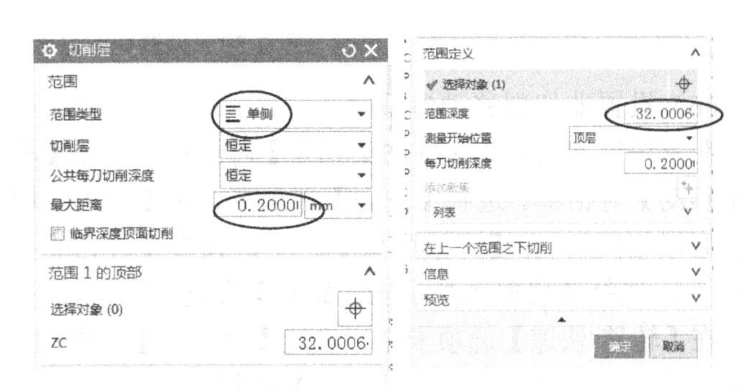

图 2-58　设置切削层参数

（5）设置切削参数

在系统返回到的【深度加工拐角】对话框中单击【切削参数】按钮，系统弹出【切削参数】对话框，选择【策略】选项卡，设置【刀路方向】为“混合”，【切削顺序】为“始终深度优先”。在【连接】选项卡中设置【层到层】为“直接对部件进刀”。

在【余量】选项卡，选择【使底面余量与侧面余量一致】复选框，设置【部件侧面余量】为“0.3”，【内公差】为“0.03”，【外公差】为“0.03”。

在【空间范围】选项卡中，检查【重叠距离】为“1”，该参数含义是本次清角时的切削范围比理论计算的角落范围再延伸 1mm，这样可以保持切削干净而且平稳。【参考刀具】为“ED12”，如图 2-59 所示。单击【确定】按钮。

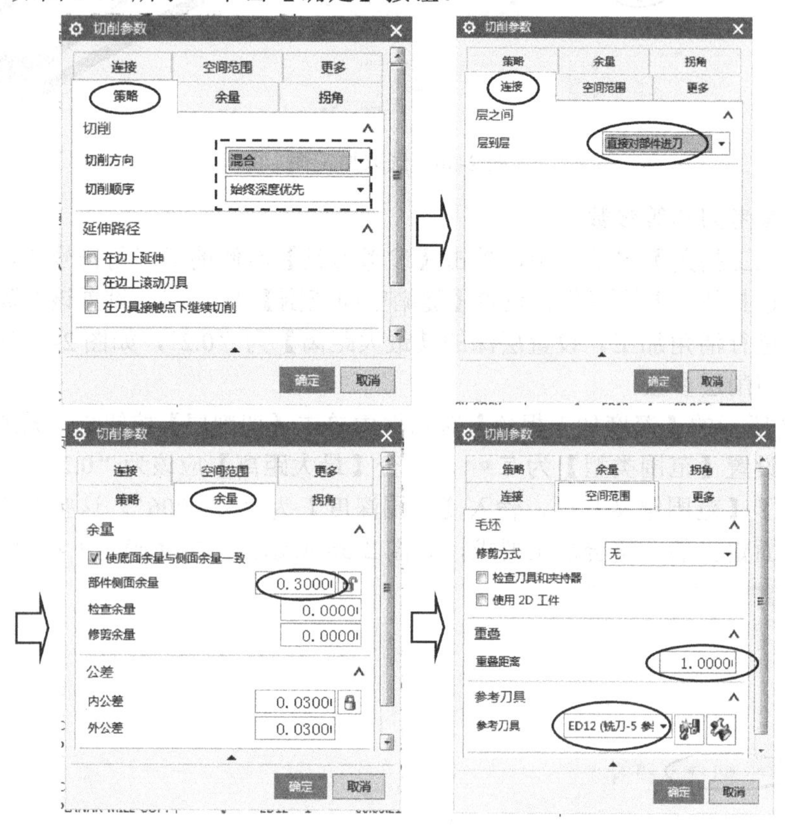

图 2-59　设置切削参数

（6）设置非切削移动参数

在系统返回到的【深度加工拐角】对话框中单击【非切削移动】按钮，系统弹出【非切削移动】对话框。选择【进刀】选项卡，在【封闭区域】栏中，设置【进刀类型】为“与开放区域相同”。在【开放区域】栏中，设置【进刀类型】为“圆弧”，设置【圆弧角度】为 45°，选择【修剪至最小安全距离】复选框。

在【转移/快速】选项卡中，设置【区域内】栏中的【转移类型】为“直接”，如图 2-60 所示。其余参数默认，单击【确定】按钮。

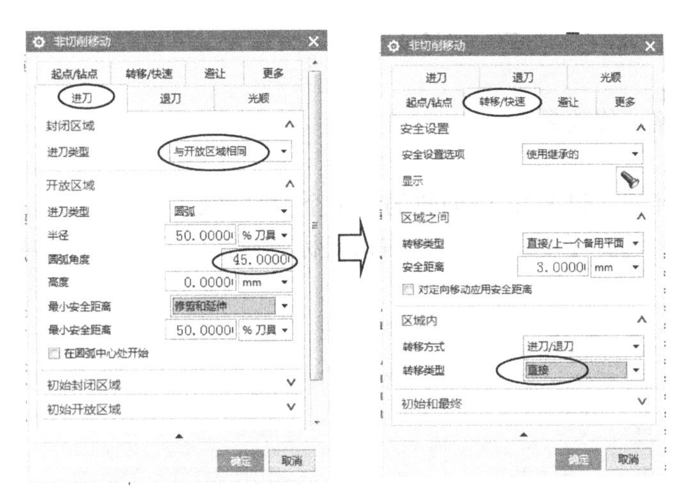

图 2-60　设置非切削移动参数

设置区域内的【转移类型】为"直接"，设置该参数的目的是减少不必要的提刀，提高加工效率。但是，此处一定要在第（7）步以 G01 的方式进行，如果以 G00 方式运动可能会出现过切现象。

（7）设置进给率和转速参数

在系统返回到的【深度加工拐角】对话框中单击【进给率和速度】按钮，系统弹出【进给率和速度】对话框，设置【主轴速度（rpm)】为"2200"，【进给率】的【切削】为"1200"。单击【计算】按钮。展开【更多】栏，设置【移刀】和【离开】为切削速度的 100%。这样设置参数的目的是在 NC 程序中以 G01 的方式进行移刀和离开，如图 2-61 所示，单击【确定】按钮。

（8）生成刀路

在系统返回到的【深度加工拐角】对话框中单击【生成】按钮，系统计算出刀路，如图 2-62 所示，单击【确定】按钮。

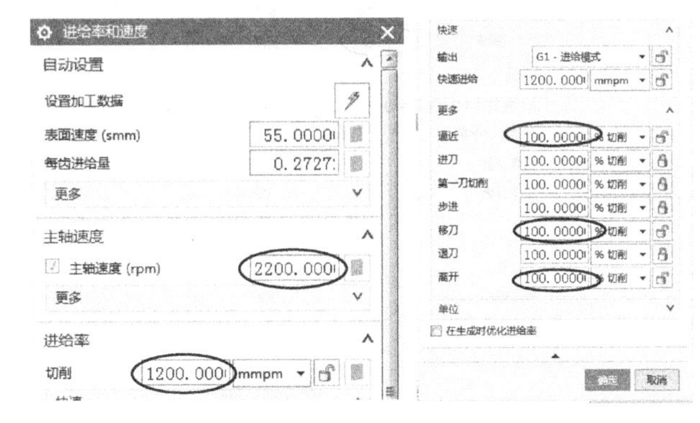

图 2-61　设置转速和进给率

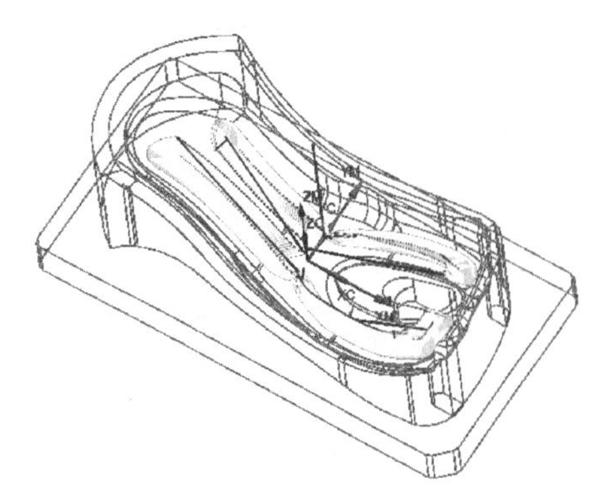

图 2-62　生成清角刀路

2．型面中光

方法：复制刀路，修改参数。

（1）复制刀路

在导航器中选择程序组 K2C 中创建的第 1 个刀路 ZLEVEL_CORNER ，单击鼠标右键，在弹出的快捷菜单中选择【复制】，再次右击鼠标，在弹出的快捷菜单中选择【粘贴】，结果如图 2-63 所示。

图 2-63　复制刀路

（2）设置参考刀具及层深参数

双击刚生成的刀路 ZLEVEL_CORNER_COPY ，系统弹出【深度加工拐角】对话框，单击【参考刀具】右侧的下三角符号，在弹出的刀具列表选项中选择 NONE 。设置层深参数的【最大距离】为“0.15”，如图 2-64 所示。

（3）设置切削参数

在【深度加工拐角】对话框中，单击【切削参数】按钮，系统弹出【切削参数】对话框，在【余量】选项卡，设置【部件侧面余量】为“0.1”，如图 2-65 所示。其余参数不做修改，单击【确定】按钮。

图 2-64　修改参考刀具等参数

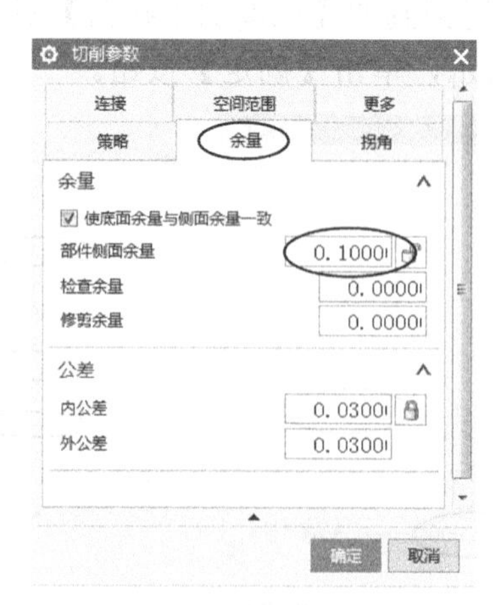

图 2-65　修改余量参数

（4）设置进给率和转速参数

在【深度加工拐角】对话框中单击【进给率和速度】按钮，系统弹出【进给率和速度】对话框，修改【进给率】的【切削】为“1500”，如图 2-66 所示。其余参数不做修改，单击【确定】按钮。

（5）生成刀路

在系统返回到的【深度加工拐角】对话框中单击【生成】按钮，系统计算出刀路，如图 2-67 所示，单击【确定】按钮。

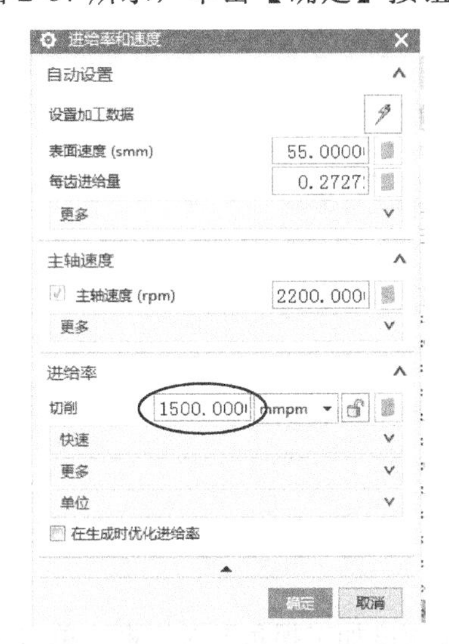

图 2-66　修改进率参数

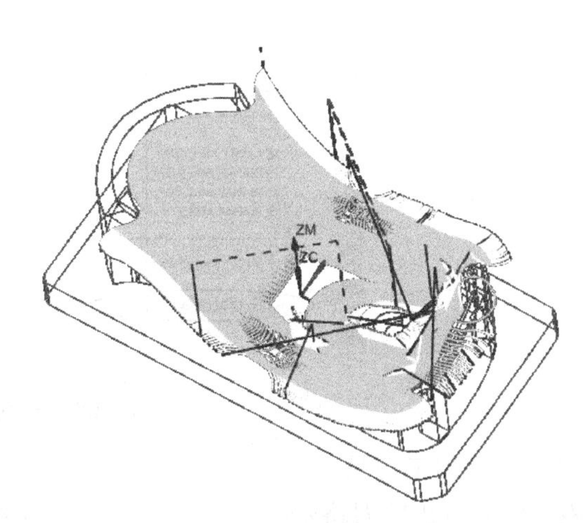

图 2-67　型面中光刀路

在 UG 的【创建工序】对话框中虽然有很多类型的刀路，但是、这两种刀路实质上是相同的，只不过系统已经把相应的参数事先设置好了。本例第 2 个刀路，还可以用【深度加工轮廓】来创建刀路，只不过缺少了【参考刀具】的选项。编程时要灵活运用。

以上操作视频文件为：\ch02\03-video\04-在程序组 K2C 中创建清角及半精加工.exe。

2.3.6　在程序组 K2D 中创建二次清角刀路

本节任务：创建 3 个刀路。（1）采取深度加工拐角铣（又称角落等高轮廓铣）的方法对型面进行清角；（2）用型腔铣对图 2-2 所示的型面 A 处孔位进行开粗；（3）对图 2-2 所示的 B 处避空位进行开粗。

1．型面二次开粗

方法：复制刀路，修改参数。

（1）复制刀路

在导航器中选择程序组 K2C 里创建的第 1 个刀路 ZLEVEL_CORNER ，单击鼠标右键，在弹出的快捷菜单中选择【复制】，再选择程序组 K2D，再次右击鼠标，在弹出的快捷菜单中选择【内部粘贴】，结果如图 2-68 所示。

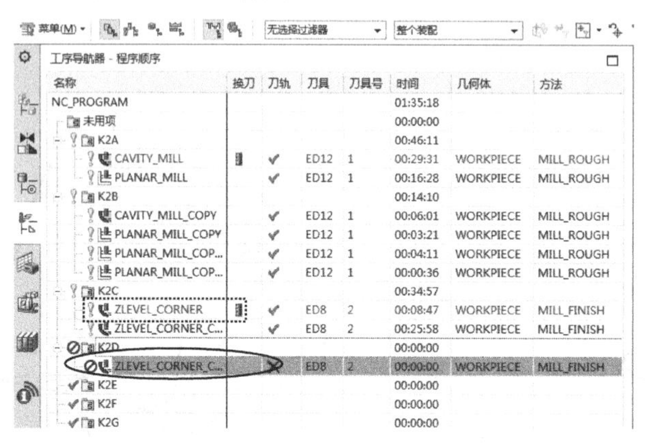

图 2-68　复制刀路

（2）设置加工刀具

双击刚复制出的刀路 ZLEVEL_CORNER_COPY_1 ，系统弹出【深度加工拐角】对话框，单击【工具】右侧的更多按钮展开对话框，单击【刀具】右侧的下三角符号，在弹出的刀具列表选项中选择 ED3 (铣刀-5 参数)，如图 2-69 所示。单击【工具】右侧的更多按钮，折叠对话框。

（3）设置参考刀具及层深参数

在【深度加工拐角】对话框中，单击【参考刀具】右侧的下三角符号，在弹出的刀具列表选项中选择 ED8 (铣刀-5 参数)。设置层深参数的【最大距离】为“0.1”，如图 2-70 所示。

图 2-69　修改刀具

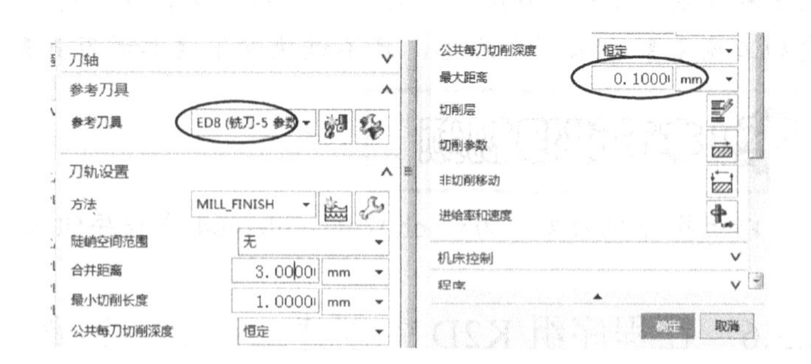

图 2-70　修改参数刀具等参数

（4）设置切削参数

在【深度加工拐角】对话框中，单击【切削参数】按钮，系统弹出【切削参数】对话框，在【余量】选项卡，设置【部件侧面余量】为“0.15”，如图 2-71 所示。其余参数不做修改，单击【确定】按钮。

（5）设置进给率和转速参数

在【深度加工拐角】对话框中单击【进给率和速度】按钮，系统弹出【进给率和速度】对话框，修改【进给率】的【切削】为“1000”。其余参数不做修改，如图 2-72 所示，单击【确定】按钮。

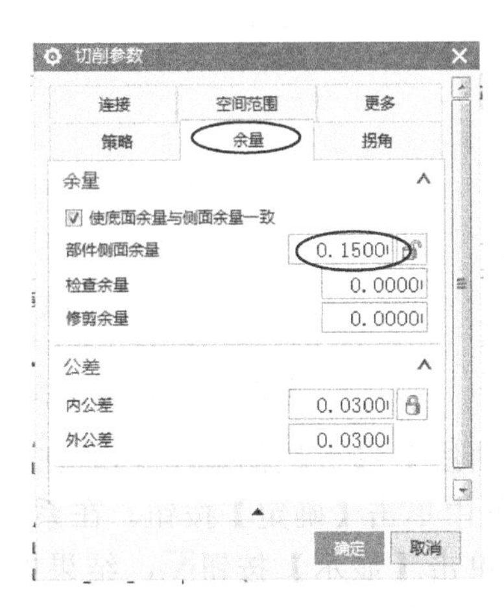

图 2-71　修改余量参数

图 2-72　设置进给率参数

（6）生成刀路

在系统返回到的【深度加工拐角】对话框中单击【生成】按钮，系统计算出刀路，如图 2-73 所示，单击【确定】按钮。

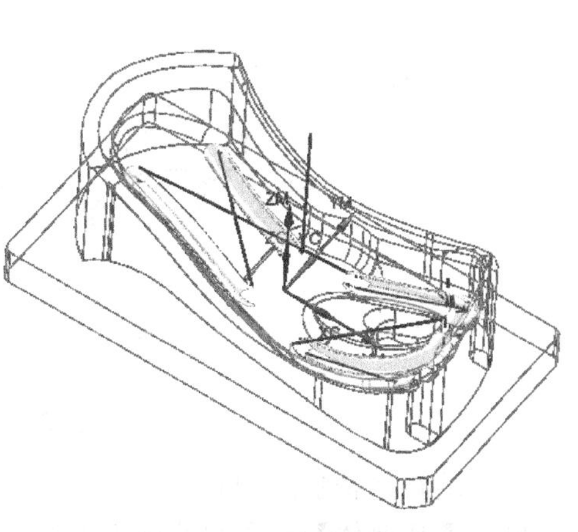

图 2-73　二次清角刀路

2. 孔位开粗

方法：复制型腔铣刀路并修改参数。

（1）复制刀路

在导航器中选择程序组 K2A 的第 1 个刀路 CAVITY_MILL，单击鼠标右键，在弹出的快捷菜单中选择【复制】，再选择程序组 K2D，再次右击鼠标，在弹出的快捷菜单中选择【内部粘贴】，结果如图 2-74 所示。

（2）选择修剪边界

双击刚复制出来的刀路 CAVITY_MILL_COPY_1，系统弹出【型腔铣】对话框，单击【几何体】栏右侧的【更多】按钮展开对话框，然后单击【指定修剪边界】按钮，系统弹出【修剪边界】对话框，在【选择方法】栏中选择【曲线边界】选项，【修剪侧】栏中选择【外侧】复选框，在【平面】栏中选择【指定】单选按钮，选取平面为 ZC，单击【确定】按钮，如图 2-75 所示。

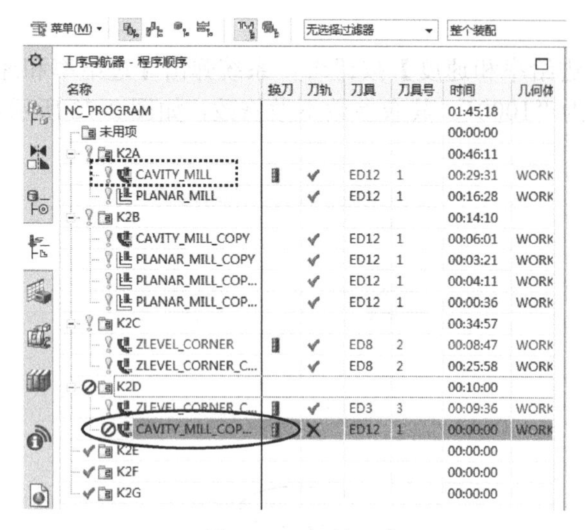

图 2-74　复制刀路

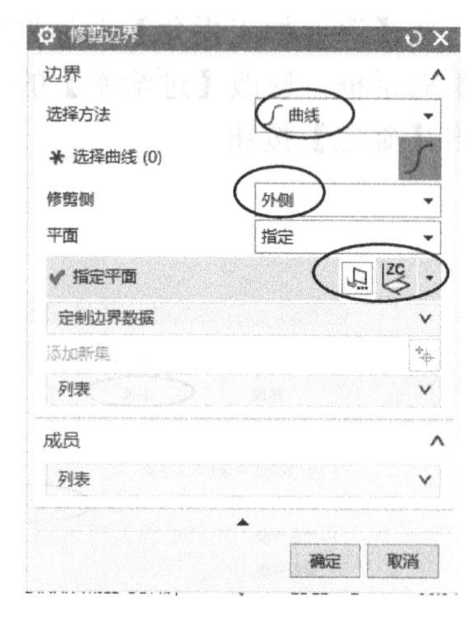

图 2-75　选取边界参数

再次在【修建边界】对话框中，选取【选择曲线】参数栏的，然后在图形上选择孔边缘曲线，在系统返回到【修剪边界】对话框中单击【确定】按钮。在系统返回到的【型腔铣】对话框中的【指定修剪边界】栏中单击【显示】按钮，结果如图 2-76 所示。

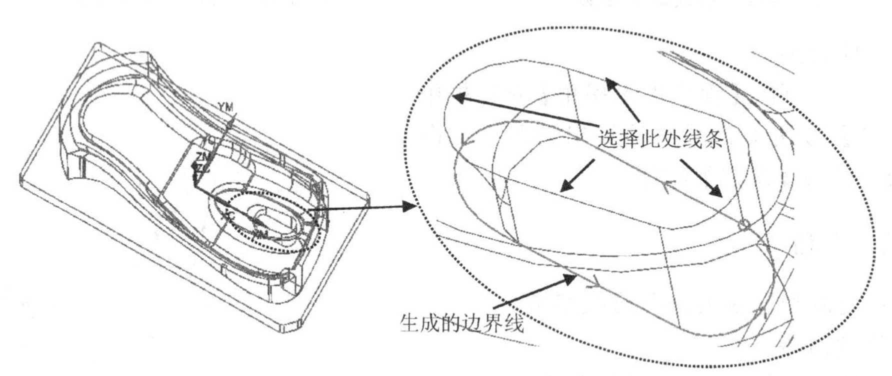

图 2-76　创建修剪边界

（3）重新选择加工刀具

单击【几何体】栏右侧的【更少】按钮展开对话框。单击【刀具】右侧的下三角符号，在弹出的刀具列表选项中选择 ED3 (铣刀-5 参数)。设置层深参数【最大距离】为“0.15”，如图 2-77 所示。

（4）定义切削层

在【型腔铣】对话框中单击【切削层】按钮，系统弹出【切削层】对话框，设置【范围类型】为“单侧”，在【范围 1 的顶部】栏中输入【ZC】为“17.3”，在【范围定义】栏中，单击【选择对象（1）】按钮，在图形区选择孔底部一点，这时注意【范围深度】为“17.3”，单击【确定】按钮，如图 2-78 所示。

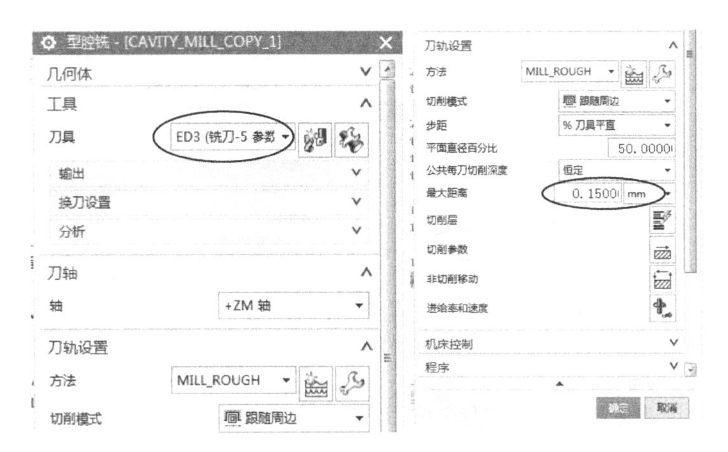

图 2-77　选取加工刀具

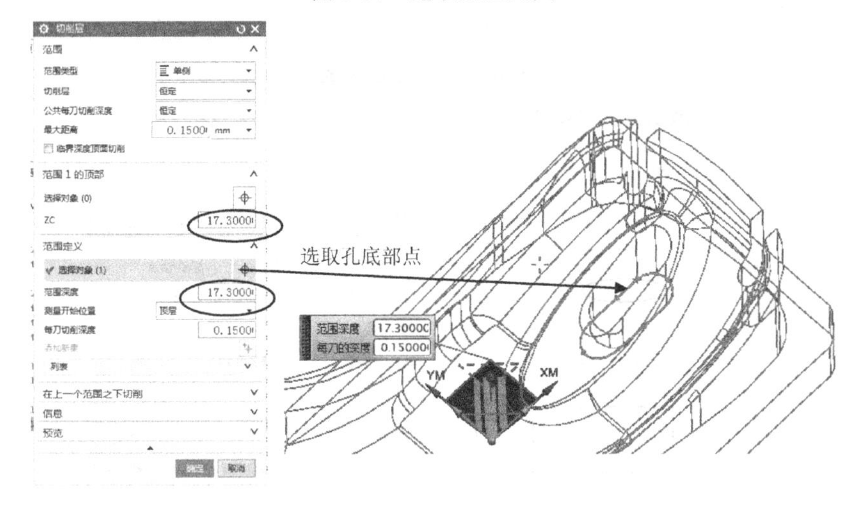

图 2-78　定义切削层

（5）设置切削参数

在系统弹出的【型腔铣】对话框中，单击【切削参数】按钮，系统弹出【切削参数】对话框，在【余量】选项卡，设置【部件侧面余量】为“0.1”，【部件底面余量】为“0”。

在【空间范围】选项卡中，单击【参考刀具】栏右侧的下三角符号，在弹出的刀具列表里选择ED12 (铣刀-5 参数)，如图 2-79 所示，单击【确定】按钮。

（6）设置非切削移动参数

在系统返回的【型腔铣】对话框中单击【非切削移动】按钮，系统弹出【非切削移动】对话框，选择【进刀】选项卡，在【封闭区域】栏中，设置【进刀类型】为“螺旋”，【斜坡角】为 5°，【高度】为“1”；在【开放区域】栏中，设置【进刀类型】为“圆弧”，设置【半径】为“2”，【圆弧角度】为 45°。

在【转移/快速】选项卡中，设置【区域内】栏中的【转移类型】为“直接”，如图 2-80 所示。其余参数默认，单击【确定】按钮。

图 2-79　设定切削参数

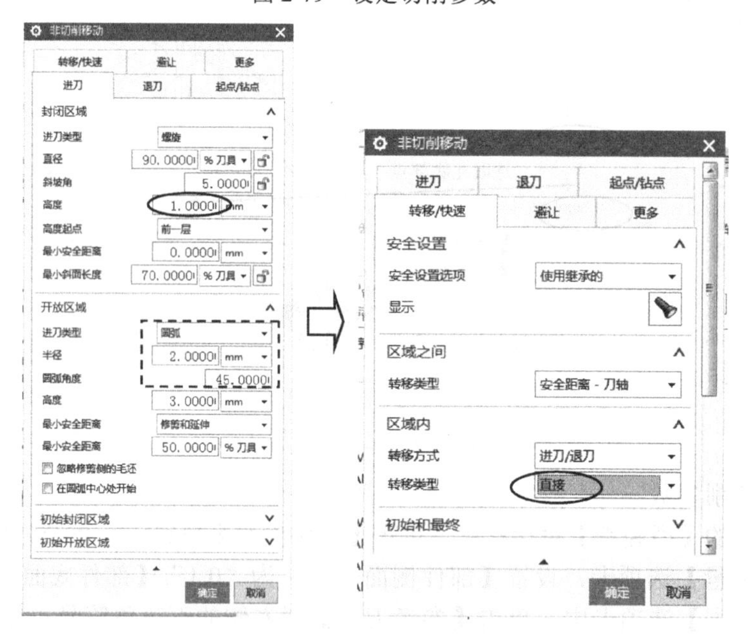

图 2-80　设定非切削移动参数

（7）设置进给率和转速参数

在【型腔铣】对话框中单击【进给率和速度】按钮，系统弹出【进给率和速度】对话框，设置【主轴速度（rpm）】为“2200”，【进给率】的【切削】为“1000”，单击【计算】按钮。展开【更多】栏，设置【移刀】和【退刀】为切削速度的 100%，如图 2-81 所示，单击【确定】按钮。

（8）生成刀路

在系统返回的【型腔铣】对话框中单击【生成】按钮，系统计算出刀路，如图 2-82 所示，单击【确定】按钮。

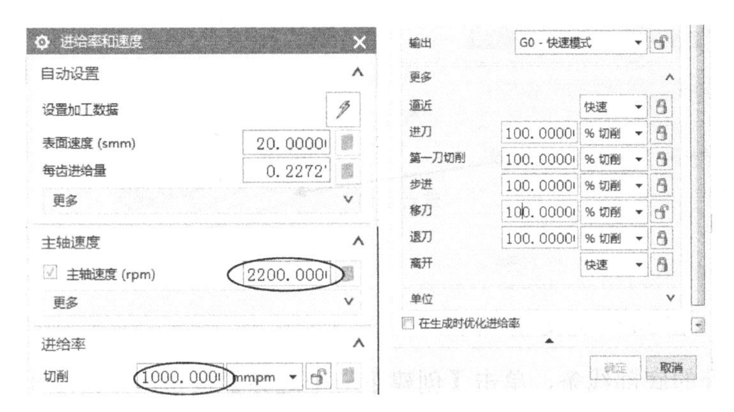

图 2-81　转速及进给率

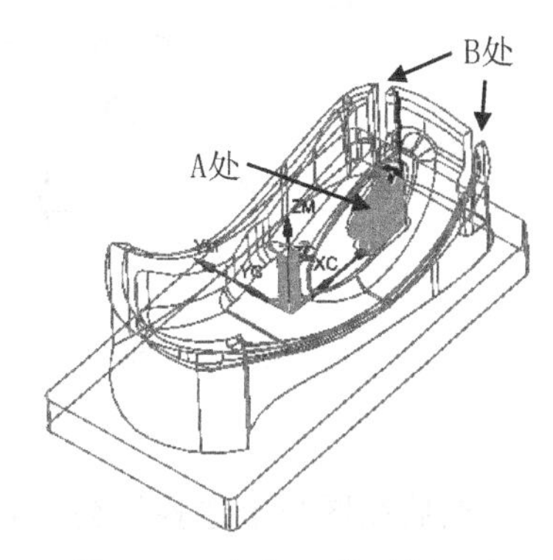

图 2-82　生成 A 孔开粗刀路

3. 对 B 处避空位进行开粗

方法是：采用平面铣进行开粗加工。

（1）复制刀路

在导航器中选择程序组 K2B 的第 4 个刀路 PLANAR_MILL_COPY_COPY_COPY，单击鼠标右键，在弹出的快捷菜单中选择【复制】，再选择 K2D 程序组，再次右击鼠标，在弹出的快捷菜单中选择【内部粘贴】，结果如图 2-83 所示。

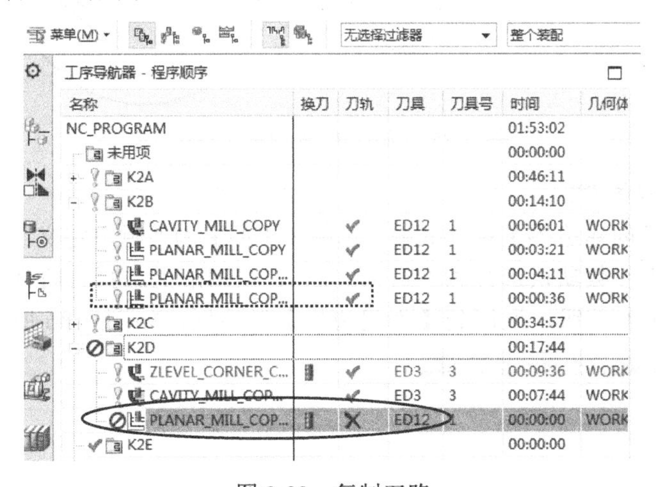

图 2-83　复制刀路

（2）选择加工线条 B1

双击刚复制的刀路 PLANAR_MILL_COPY_COPY_COPY_COPY，系统弹出【平面铣】对话框，单击【几何体】右侧的【更多】按钮 展开菜单，单击【指定部件】按钮，系统弹出【编辑边界】对话框，单击【移除】按钮，把之前的加工线条删除。系统切换到【边界几何体】对话框，设置【模式】为“曲线/边”，系统切换到【创建边界】对话框，【类型】选择“开放”，【材料侧】为“右”，选择【平面】为“用户定义”，系统弹出【平面】对话框，其【类型】参数默认选择为“自动判断”，在图形上选择台阶面，输入【距离】为“26.2”，单击【确定】按钮，返回到【创建边界】对话框，如图 2-84 所示。

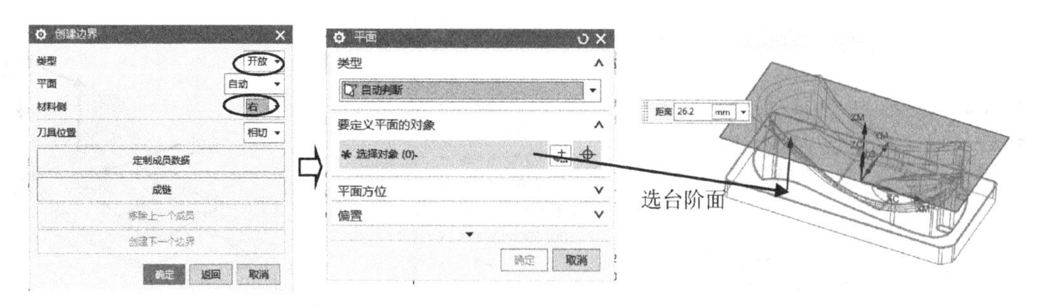

图 2-84　定义用户平面

然后在图形上选择铜公 B1 处的底部线条，单击【创建下一个边界】按钮，如图 2-85 所示。

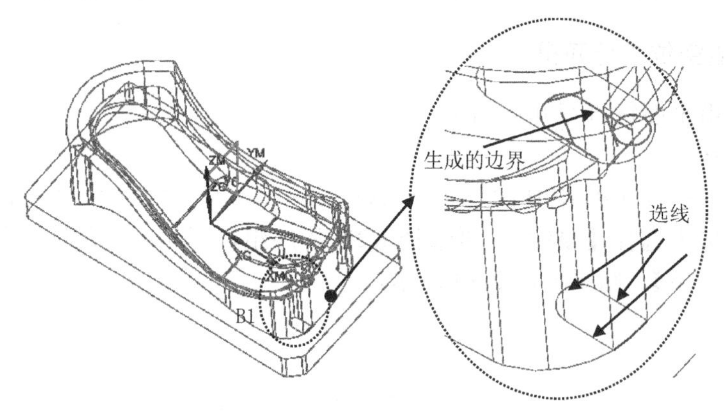

图 2-85　选择 B1 处的加工线条

（3）选择加工线条 B2

在系统返回到【创建边界】对话框中，选择【平面】为“用户定义”，系统弹出【平面】对话框，其【类型】参数默认选择为“自动判断”，在图形上选择台阶面，输入【距离】为“29.6”，单击【确定】按钮，返回到【创建边界】对话框，如图 2-86 所示。

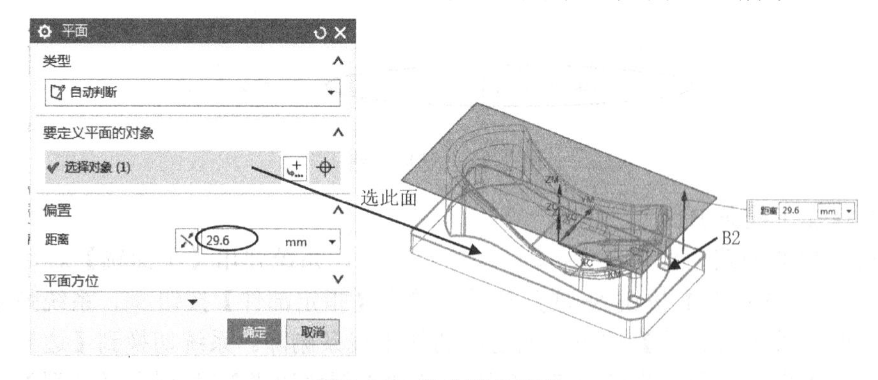

图 2-86　定义用户平面

然后在图形上选择铜公 B2 处的底部线条，单击【确定】按钮 2 次，如图 2-87 所示。

（4）指定最低加工位置

在【平面铣】对话框中单击按钮，系统弹出【平面】对话框，其【类型】参数默认选择为“自动判断”，在图形上选择台阶面，输入【距离】为“12.6”，单击【确定】按钮，返回到【创建边界】对话框，如图2-88所示。

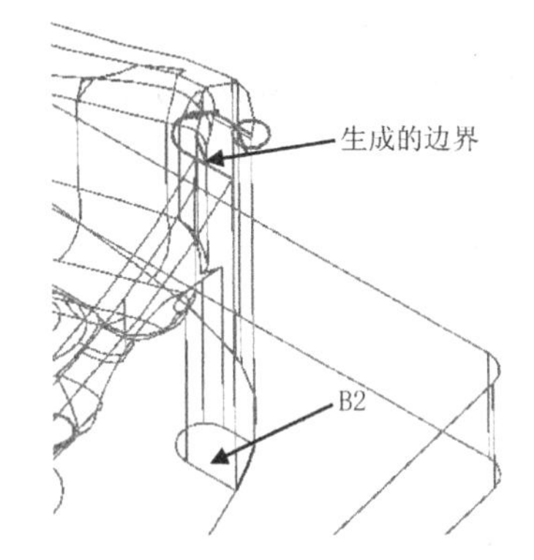

图2-87 选取B2处的加工线条

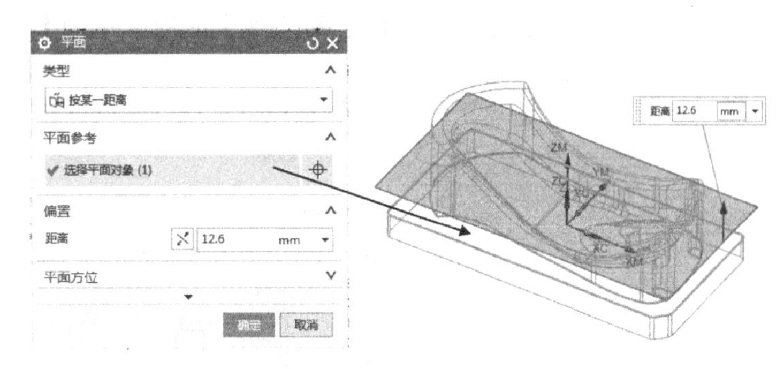

图2-88 定义加工最低位置平面

（5）设置刀具及切削方式参数

在系统返回到的【平面铣】对话框中，设置【工具】为ED3 (铣刀-5 参数)，【附加刀路】数值为“0”。目的是在水平方向内生成一条刀路。

（6）设置切削层参数

在【平面铣】对话框中单击【切削层】按钮，系统弹出【切削层】对话框，设置【类型】为“恒定”，【公共】参数为“0.15”，如图2-89所示，单击【确定】按钮。

（7）设置切削参数

在系统弹出的【平面铣】对话框中，单击【切削参数】按钮，系统弹出【切削参数】对话框，在【余量】选项卡，修改【部件余量】为“0.1”，【最终底面余量】为“0”，如图2-90所示，单击【确定】按钮。

图2-89 设定层深参数

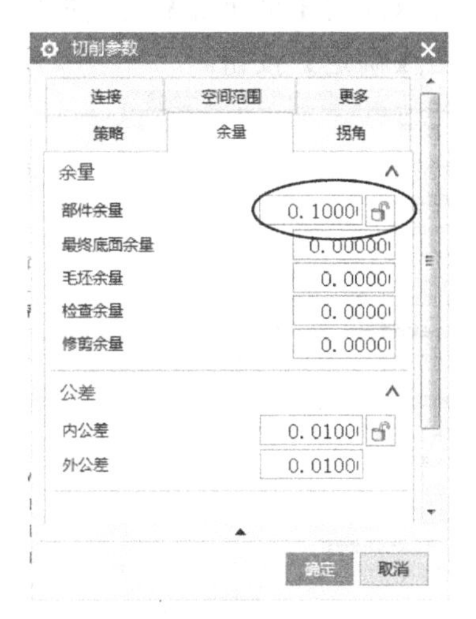

图2-90 设定切削参数

（8）设置非切削移动参数

在系统弹出的【平面铣】对话框中，单击【非切削移动】按钮，系统弹出【非切削移动】对话框，在【进刀】选项卡中，设置【开放区域】的【进刀类型】为“线性”，【高度】为“0”。在【起点/钻点】选项卡中，设置【重叠距离】为“0”，在【选择点】栏中展开对话框，单击【删除】按钮将之前定义的进刀点删除，采取系统自动方式进刀，如图 2-91 所示。同时注意检查【转移/快速】选项卡中的【区域内】的【转移类型】为“直接”，单击【确定】按钮。

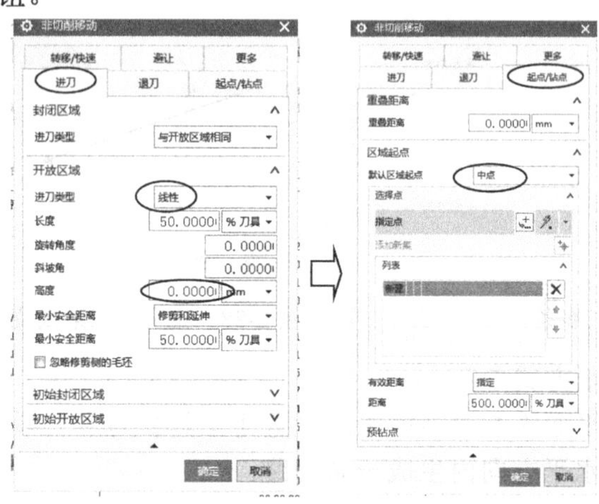

图 2-91　设定非切削移动参数

（9）设置进给率和转速参数

在系统返回的【平面铣】对话框中单击【进给率和速度】按钮，系统弹出【进给率和速度】对话框，设置【主轴速度（rpm）】为“2200”，【进给率】的【切削】为“1000”。单击【计算】按钮，如图 2-92 所示，单击【确定】按钮。

（10）生成刀路

在系统返回的【平面铣】对话框中单击【生成】按钮，系统计算出刀路，如图 2-93 所示，单击【确定】按钮。

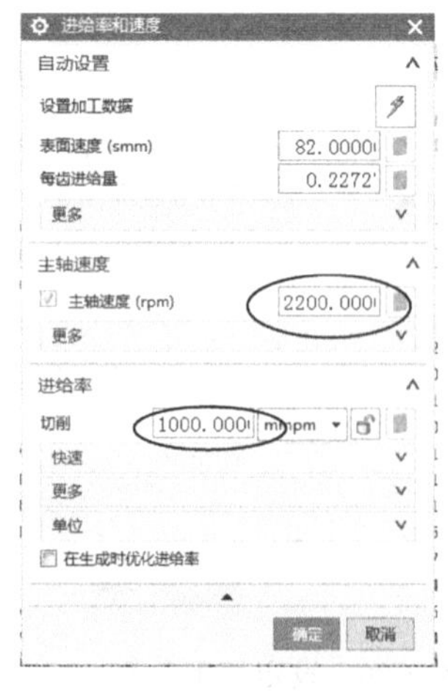

图 2-92　设置转速和进给率

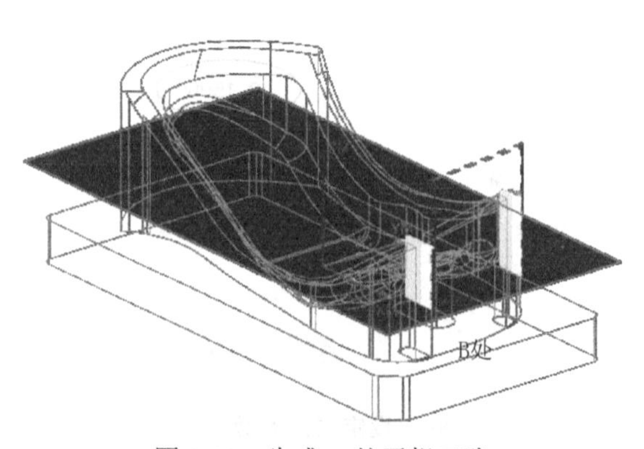

图 2-93　生成 B 处开粗刀路

有些铜公的避空位不一定完全按照图形加工。根据本例模具与铜公的装配图来分析，台阶面以上至 12.6mm 的位置已经避空过度了，即使留出铜材料也不会影响 EMD 加工。加上 ED3 平底刀的刀锋也不够长，所以本例编程时的最低位置为 12.6。今后如果遇到小刀具编程时，要特别留意刀具的直身位长度及刀锋长，确保编程时所用的刀具确实存在。

本节讲课视频

以上操作视频文件为：\ch02\03-video\05-在程序组 K2D 里创建二次清角刀路.exe。

2.3.7 在程序组 K2E 中创建型面光刀

本节任务：（1）采取轮廓区域的方式对铜公顶部外侧曲面光刀；（2）对内侧顶部曲面光刀；（3）对内侧曲面的陡峭部分进行光刀；（4）对内侧曲面的平稳部分进行光刀。

1. 对铜公顶部外侧曲面光刀

（1）设置工序参数

在操作导航器中选择程序组 K2E，右击鼠标在弹出的快捷菜单中执行【插入】|【工序】命令，系统进入【创建工序】对话框，【类型】选择 mill_contour，【工序子类型】选择【轮廓区域】按钮，【位置】中参数按图 2-94 所示设置。

单击【确定】按钮。系统弹出【区域轮廓铣】对话框，如图 2-95 所示。

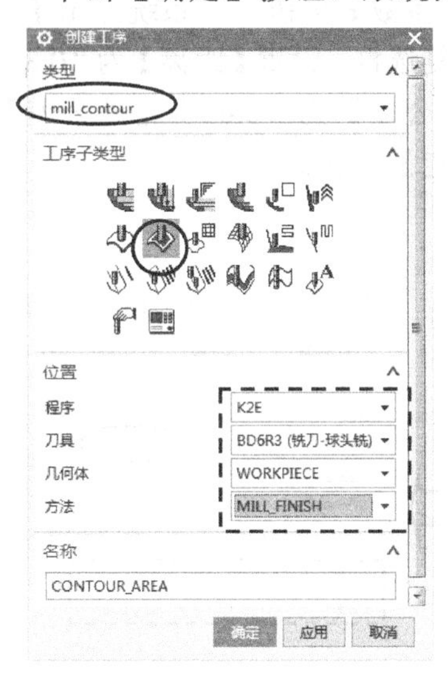

图 2-94 创建曲面加工工序

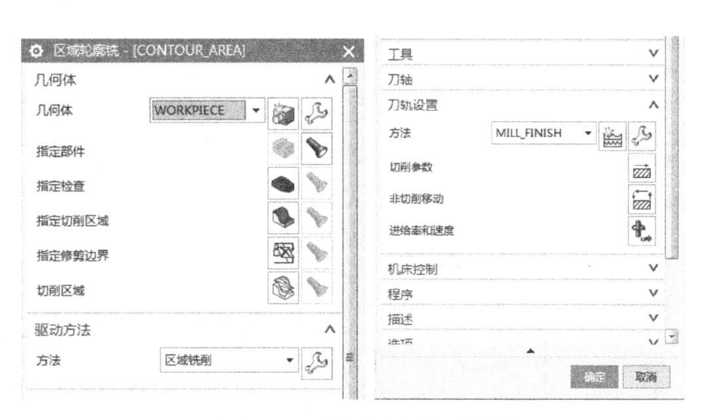

图 2-95 区域轮廓铣对话框

（2）选择加工曲面

在图 2-95 所示的【区域轮廓铣】对话框中单击【指定切削区域】按钮，系统弹出【切削区域】对话框，在图形上选择铜公顶部外侧的加工曲面，如图 2-96 所示，单击【确定】按钮。

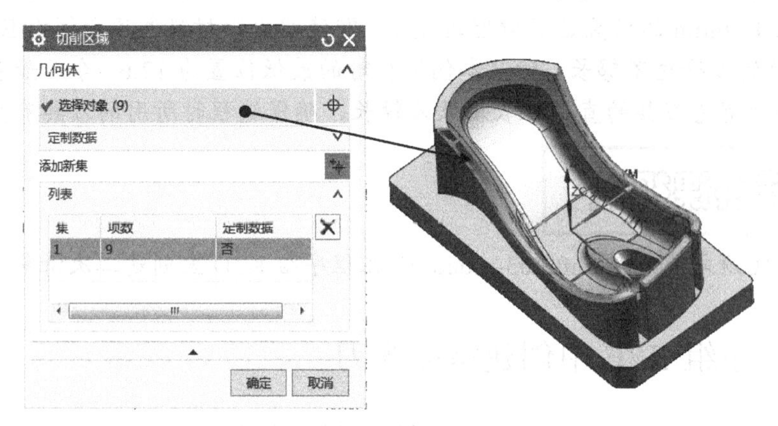

图 2-96　选取加工曲面

（3）设置切削驱动方法参数

在系统返回的【区域轮廓铣】对话框中，检查【区域方法】栏中系统已经自动设置【方法】为“区域铣削”，单击【编辑】按钮，系统弹出【区域铣削驱动方法】对话框，设置【切削模式】为跟随周边，设置【步距】为“残余高度”，【最大残余高度】设置为“0.001”，【步距已应用】设置为“在部件上”，如图 2-97 所示。这样设置参数的目的是生成的刀路是 3D 等距方式，可以使曲面加工均匀，单击【确定】按钮。

（4）设置切削参数

在图 2-95 所示的【区域轮廓铣】对话框中，单击【切削参数】按钮，系统弹出【切削参数】对话框，在【策略】选项卡中，勾选【在边上延伸】复选框，设置【距离】为“0.3”。

在【余量】选项卡，设置【部件余量】为“-0.1”，【内公差】为“0.01”，【外公差】为“0.01”，如图 2-98 所示。其余参数不做修改，单击【确定】按钮。

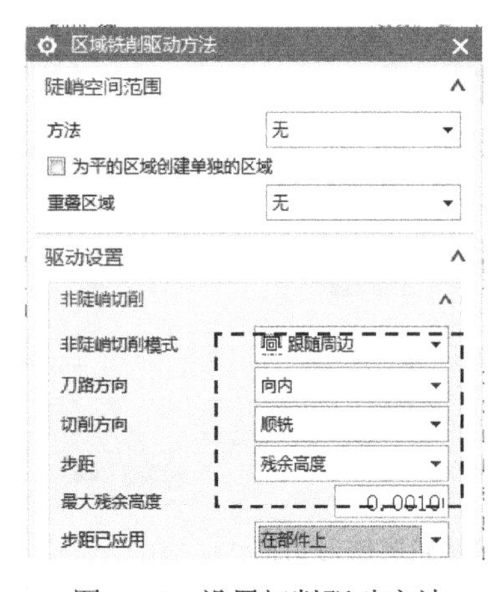

图 2-97　设置切削驱动方法

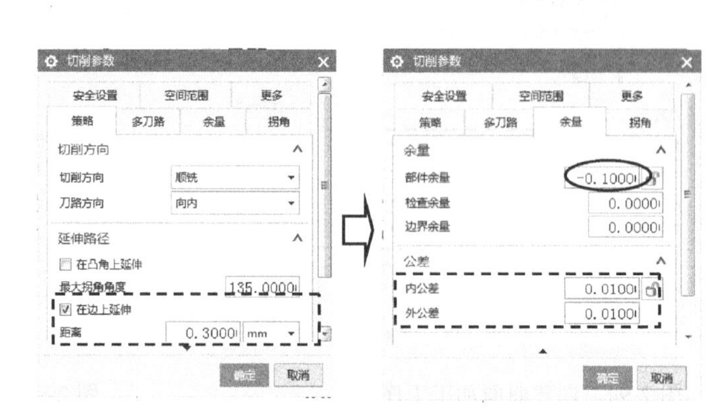

图 2-98　设置切削参数

（5）设置非切削移动参数

在系统弹出的【区域轮廓铣】对话框中，单击【非切削移动】按钮，系统弹出【非切削移动】对话框，在【进刀】选项卡中，设置【开放区域】的【进刀类型】为“圆弧-平行于刀轴”，【圆弧角度】为45°，如图2-99所示，单击【确定】按钮。

（6）设置进给率和转速参数

在系统返回到的【区域轮廓铣】对话框中单击【进给率和速度】按钮，系统弹出【进给率和速度】对话框，设置【主轴速度（rpm）】为“3500”，【进给率】的【切削】为“1500”。单击【计算】按钮，如图2-100所示，单击【确定】按钮。

图2-99　设置非切削移动参数

图2-100　设置转速和进给率

（7）生成刀路

在系统返回的【区域轮廓铣】对话框中单击【生成】按钮，系统计算出刀路，如图2-101所示，单击【确定】按钮。

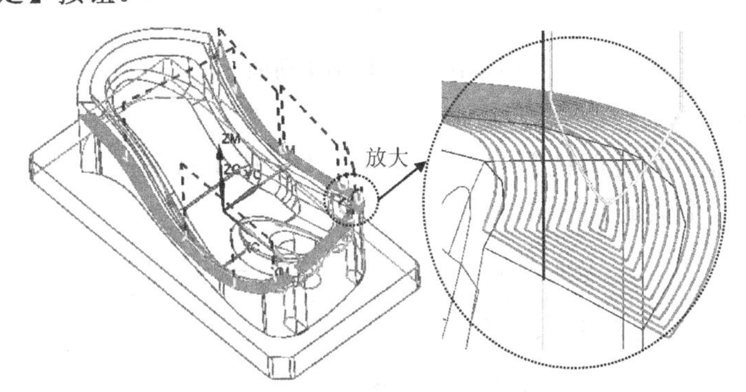

图2-101　生成顶部光刀刀路

2. 对内侧顶部曲面光刀

方法：复制刀路，重新选择曲面。

（1）复制刀路

在导航器中选择程序组 K2E 里刚生成的第 1 个刀路 CONTOUR_AREA，单击鼠标右键，在弹出的快捷菜单中选择【复制】，再选择程序组 K2E，再次右击鼠标，在弹出的快捷菜单中选择【内部粘贴】，结果如图 2-102 所示。

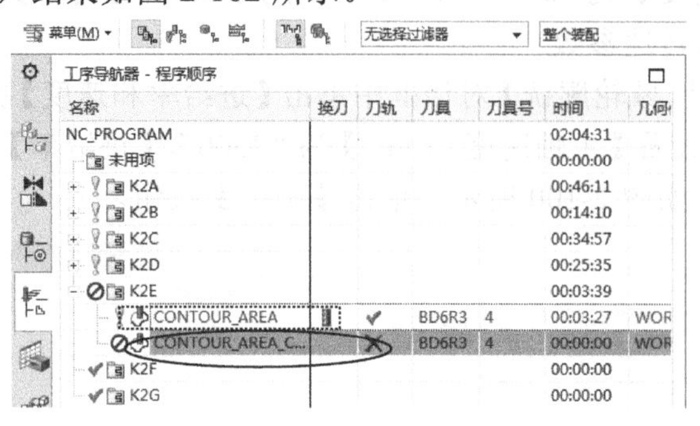

图 2-102　复制刀路

（2）重新选择加工曲面

双击刚复制的刀路 CONTOUR_AREA_COPY，在系统弹出的【区域轮廓铣】对话框中，单击【指定切削区域】按钮，系统弹出【切削区域】对话框，先在【列表】栏中单击【删除】按钮将之前的曲面删除，然后在图形上选择铜公顶部内侧的加工曲面，如图 2-103 所示，单击【确定】按钮。

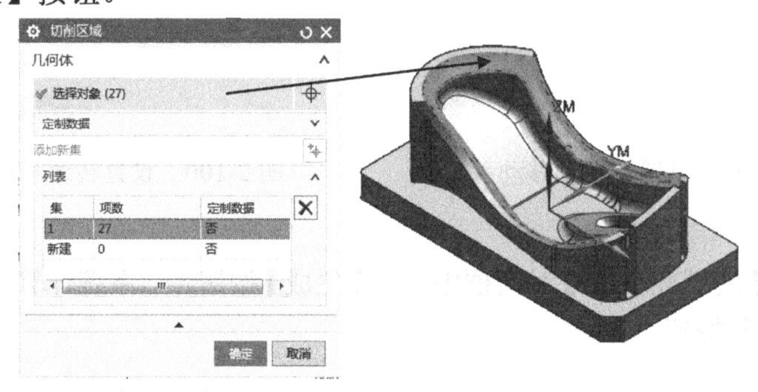

图 2-103　选取加工曲面

（3）生成刀路

在系统返回的【区域轮廓铣】对话框中单击【生成】按钮，系统计算出刀路，如图 2-104 所示。单击【确定】按钮。

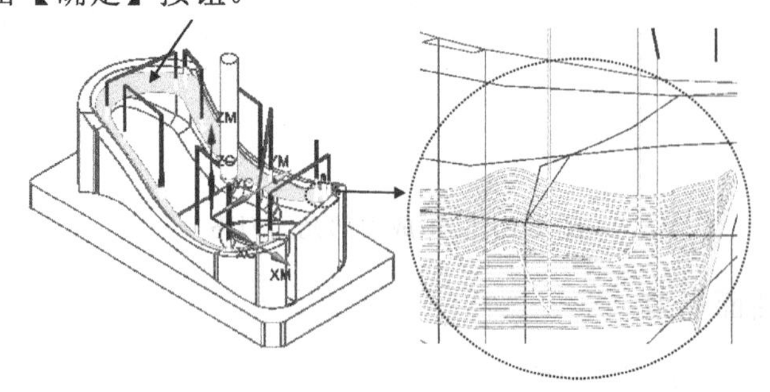

图 2-104　生成内侧光刀刀路

3．对内侧曲面的陡峭部分进行光刀

方法是用深度加工轮廓（又称等高铣）的陡峭曲面加工功能。

（1）设置工序参数

在操作导航器中选择程序组 K2E，右击鼠标在弹出的快捷菜单中执行【插入】|【工序】命令，系统进入【创建工序】对话框，【类型】选择 mill_contour，【工序子类型】选择【深度加工轮廓】按钮，【位置】中参数按图 2-105 所示设置。

单击【确定】按钮，系统弹出【深度轮廓加工】对话框，如图 2-106 所示。

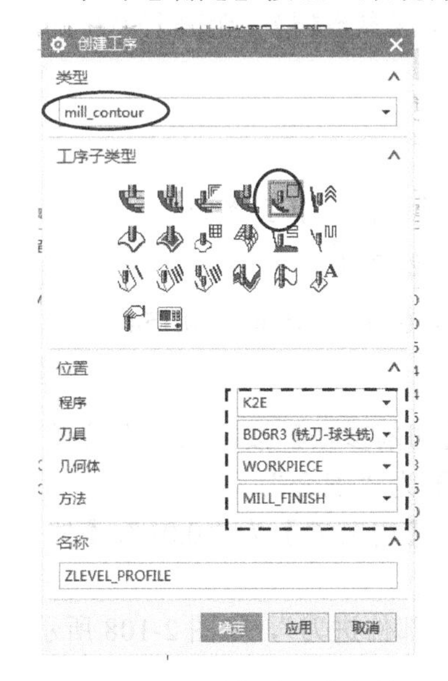

图 2-105　设置创建工序参数

图 2-106　深度轮廓加工对话框

（2）选择加工曲面

在图 2-106 所示的【深度轮廓加工】对话框中，单击【指定切削区域】按钮，系统弹出【切削区域】对话框，在图形上选择铜公内侧加工曲面，如图 2-107 所示，单击【确定】按钮。

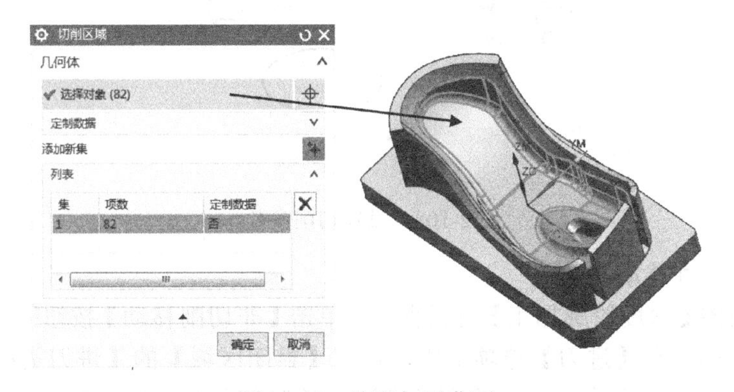

图 2-107　选取加工曲面

针对该铜公图形内侧曲面具有互相相切的特点，先选择其中一个曲面，在所选曲面上显示的中单击下三角符号，在弹出的下拉列表里选择 相切面，这样就可以把相应的曲面选上。

（3）设置陡峭参数和层深参数

在系统返回的【深度轮廓加工】对话框中，设置【陡峭空间范围】为“仅陡峭的”，【角度】为 65°。这个参数的目的是仅加工坡度大于 65° 的陡峭曲面，而坡度小于 65° 的平缓曲面部分则不加工。再设置【每刀的公共深度】为“恒定”，层深参数【最大距离】为“0.15”。

本例球头刀加工曲面，步距是根据残留高度 0.001 来计算的。计算公式为

$$L = 2\sqrt{R^2 - (R-h)^2} = 2\sqrt{2Rh - h^2} \approx 2\sqrt{2Rh}$$

式中 L 为步距；R 为球刀半径；h 为残留高度。本例 R=3，h=0.001，计算 L=0.154。

（4）设置切削参数

在图 2-106 所示的【深度轮廓加工】对话框中，单击【切削参数】按钮，系统弹出【切削参数】对话框，在【策略】选项卡，设置【切削方向】为“混合”。

在【余量】选项卡，设置【部件侧面余量】为“–0.1”，【内公差】为“0.01”，【外公差】为“0.01”。

在【连接】选项卡，设置【层到层】过渡方式为“直接对部件进刀”，如图 2-108 所示。其余参数不做修改，单击【确定】按钮。

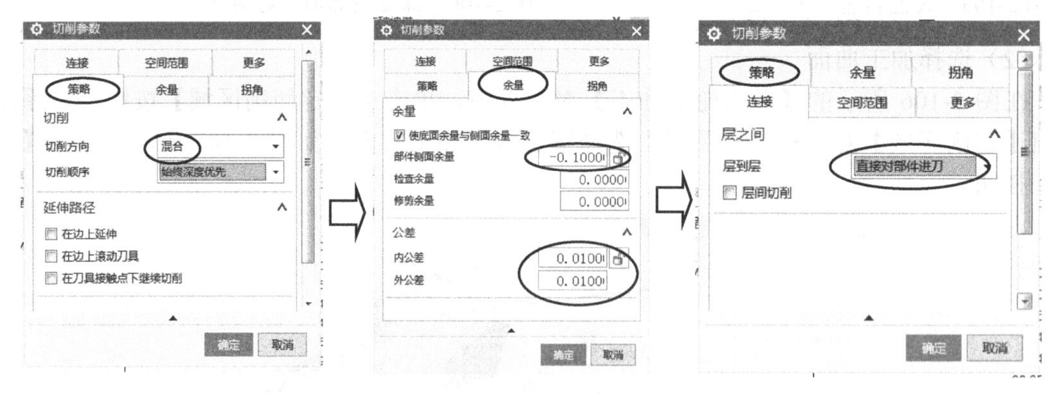

图 2-108　设置切削参数

（5）设置非切削移动参数

在系统弹出的【深度轮廓加工】对话框中，单击【非切削移动】按钮，系统弹出【非切削移动】对话框，在【进刀】选项卡中，设置【封闭区域】的【进刀类型】为“与开放区域相同”。在【开放区域】栏中，设置的【进刀类型】为“圆弧”，【半径】为刀具直径的

50%,【圆弧角度】为 45°。

在【转移/快速】选项卡中，设置【转移类型】为“直接”，如图 2-109 所示，单击【确定】按钮。

图 2-109　设置非切削移动参数

（6）设置进给率和转速参数

在系统返回到的【深度轮廓加工】对话框中单击【进给率和速度】按钮，系统弹出【进给率和速度】对话框，设置【主轴速度（rpm）】为“3500”,【进给率】的【切削】为“1500”。单击【计算】按钮，与图 2-100 所示相同，单击【确定】按钮。

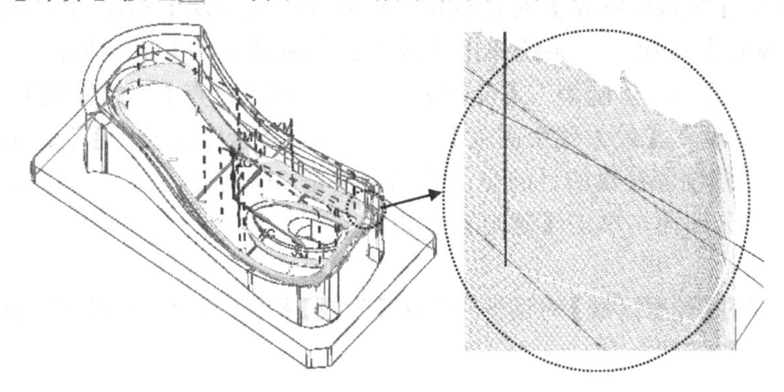

图 2-110　生成陡峭面光刀刀路

（7）生成刀路

在系统返回的【区域轮廓铣】对话框中单击【生成】按钮，系统计算出刀路，如图 2-110 所示，单击【确定】按钮。

4．对内侧曲面的平稳部分进行光刀

方法：复制刀路，重新选择加工曲面。

（1）复制刀路

在导航器中选择程序组 K2E 的第 2 个刀路 CONTOUR_AREA_COPY，单击鼠标右键，在弹出的快捷菜单中选择【复制】，再选择程序组 K2E，再次右击鼠标，在弹出的快捷菜单中选择【内部粘贴】，结果如图 2-111 所示。

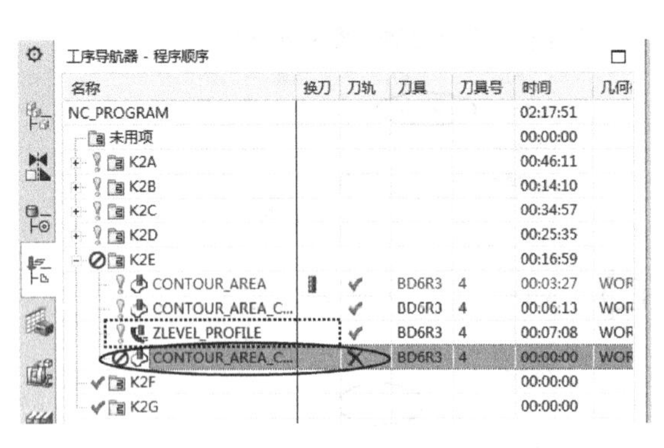

图 2-111　复制刀路

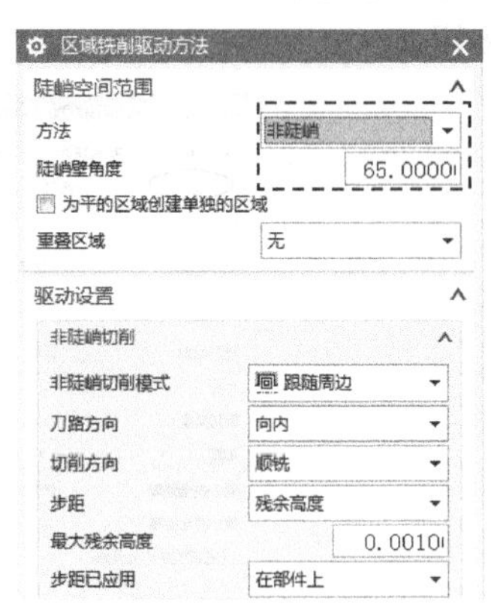

图 2-112　修改驱动参数

（2）重新选择加工曲面

双击刚复制的刀路 CONTOUR_AREA_COPY_COPY，在系统弹出的【轮廓区域】对话框中，单击【指定切削区域】按钮，系统弹出【切削区域】对话框，先在【列表】栏中单击【删除】按钮将之前的曲面删除，然后在图形上选择铜公内侧的加工曲面，与图 2-107 所示相同，单击【确定】按钮。

（3）修改驱动参数

在系统返回的【区域轮廓铣】对话框中，检查【区域方法】栏中的【方法】为“区域铣削”，单击【编辑】按钮，系统弹出【区域铣削驱动方法】对话框，在【陡峭空间范围】栏中设置【方法】为“非陡峭”，【陡角】为 65°。同时检查【切削模式】为跟随周边，【步距】为“残余高度”，【最大残余高度】为“0.001”，【步距已应用】为“在部件上”，如图 2-112 所示。这样设置参数的目的是生成的刀路是 3D 等距方式，而且仅加工坡度角为 65°以下的平稳部分曲面，单击【确定】按钮。

（4）生成刀路

在系统返回到的【轮廓区域】对话框中单击【生成】按钮，系统计算出刀路，如图 2-113 所示，单击【确定】按钮。

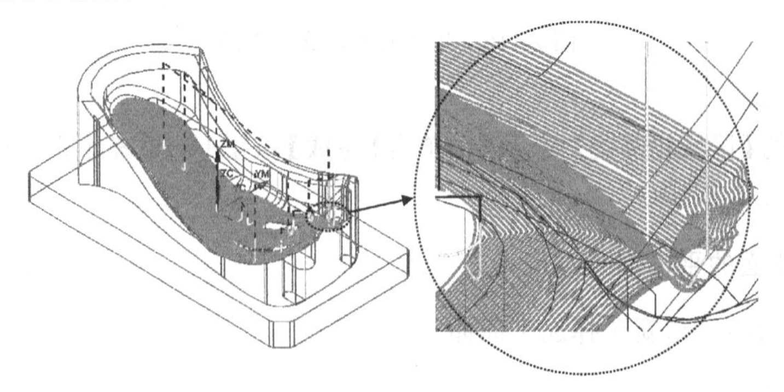

图 2-113　生成平缓曲面光刀刀路

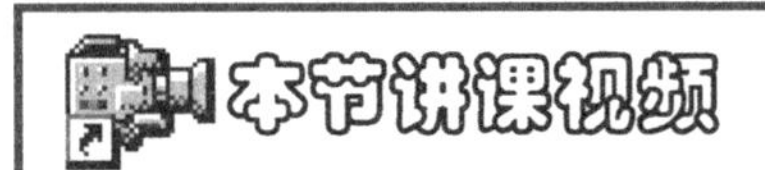

以上操作视频文件为：\ch02\03-video\06-在程序组 K2E 里创建型面光刀.exe。

2.3.8 在程序组 K2F 中创建避空位精加工

本节任务：创建 2 个刀路分别是。（1）对图 2-2 所示 B 处避空位光刀；（2）采取平面铣对 A 处孔位光刀。

1．对图 2-2 所示 B 处避空位光刀

方法：复制刀路，修改参数。

（1）复制刀路

在导航器中选择程序组 K2D 的第 3 个平面铣刀路，这是对图 2-2 的 B 处避空位进行了开粗的刀路 PLANAR_MILL_COPY_COPY_COPY_COPY，单击鼠标右键，在弹出的快捷菜单中选择【复制】，再选择 K2F 程序组，再次右击鼠标，在弹出的快捷菜单中选择【内部粘贴】，结果如图 2-114 所示。

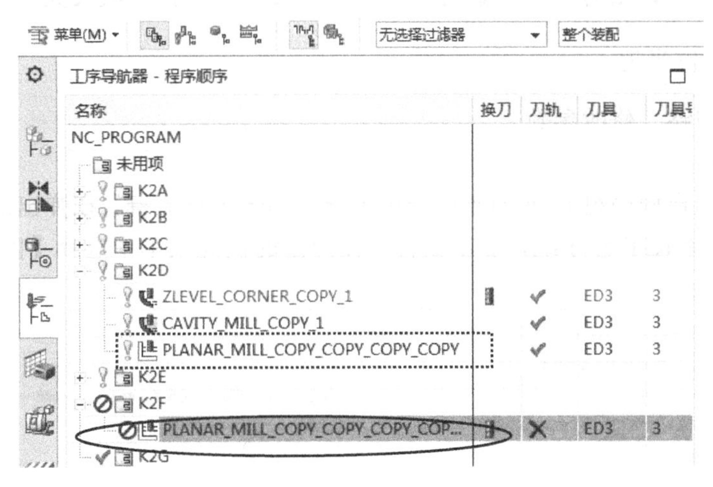

图 2-114 复制刀路

（2）设置切削参数

在系统弹出的【平面铣】对话框中，单击【切削参数】按钮，系统弹出【切削参数】对话框，在【余量】选项卡，修改【部件余量】为“–0.1”，如图 2-115 所示。其余参数不做修改，单击【确定】按钮。

（3）生成刀路

在系统返回的【平面铣】对话框中单击【生成】按钮，系统计算出刀路，如图 2-116 所示，单击【确定】按钮。

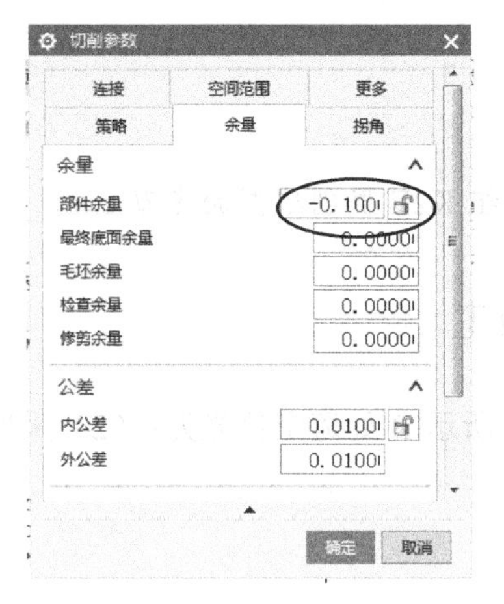

图 2-115　修改余量参数

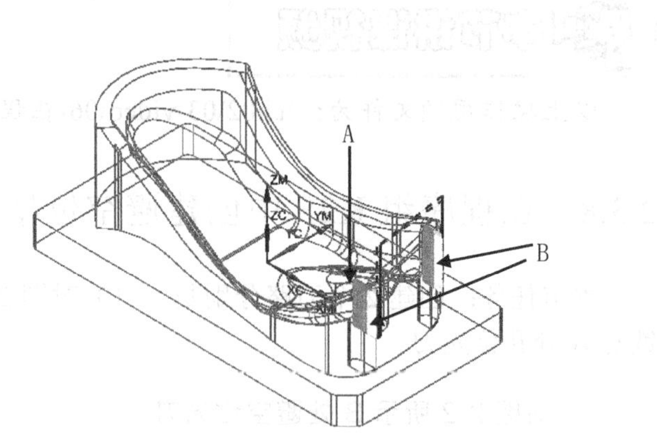

图 2-116　避空位 B 处光刀

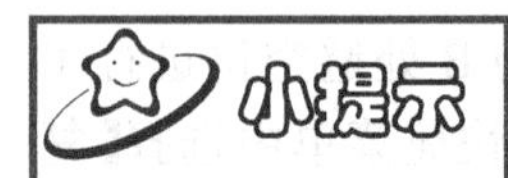

注意这个刀路是层优先方式加工的，跳刀比较多，也不影响加工。为了减少跳刀，可以在【切削参数】对话框的【策略】选项卡中的【切削顺序】参数设置为“深度优先”。

2. 对 A 处孔位光刀

方法：复制刀路，修改参数。

（1）复制刀路

在导航器中选择程序组 K2F 的刚生成的刀路，单击鼠标右键，在弹出的快捷菜单中选择【复制】，再选择 K2F 程序组，右击鼠标，在弹出的快捷菜单中选择【内部粘贴】，结果如图 2-117 所示。

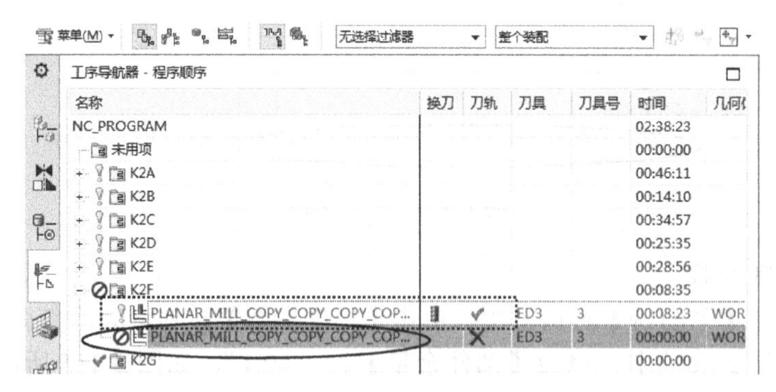

图 2-117　复制刀路

（2）重新选择加工线条

双击刚复制生成的刀路，系统弹出【平面铣】对话框，单击【几何体】右侧的【更多】按钮 展开菜单，单击【指定部件】按钮，系统弹出【编辑边界】对话框，单击【移除】按钮 2 次，把之前的 2 条加工线条删除。系统切换到【边界几何体】对话框，注意系

统自动设置【模式】为“面”，设置保留材料的参数【材料侧】为“外侧”。选择A处孔位的底面，如图2-118所示。

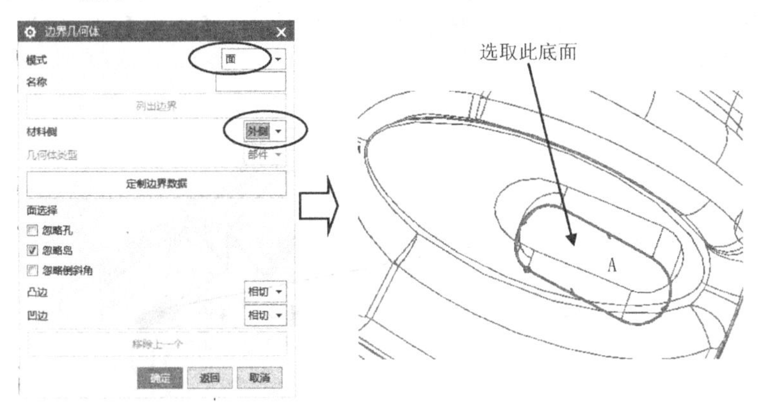

图2-118 选取底面作为边界

单击【确定】按钮，在系统返回的【编辑边界】对话框中，选择【平面】为“用户定义”，系统弹出【平面】对话框，其【类型】参数默认选择为“自动判断”，在图形上选择台阶面，输入【距离】为“17.13”，如图2-119所示。

图2-119 定义加工平面

单击【确定】按钮，返回到【创建边界】对话框，单击【下一步】按钮，加工线条的位置随着改变，如图2-120所示，单击【确定】按钮。

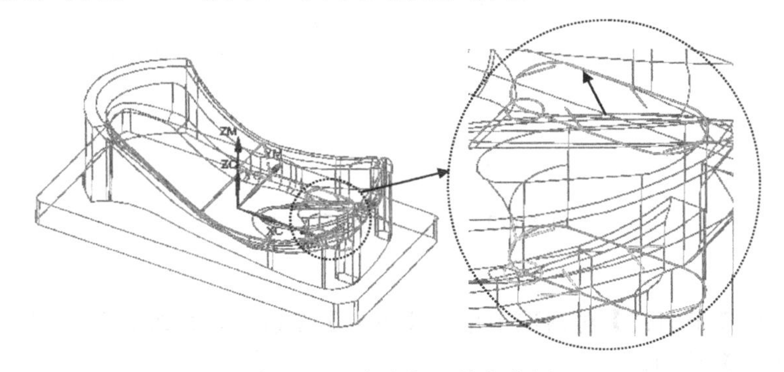

图2-120 定义加工线条位置

（3）重新指定最低加工位置

在【平面铣】对话框中单击按钮，系统弹出【平面】对话框，其【类型】参数默认选择为“自动判断”，然后在图形上选择A处孔位的底面，【距离】为“0”，如图2-121所示，单击【确定】按钮。

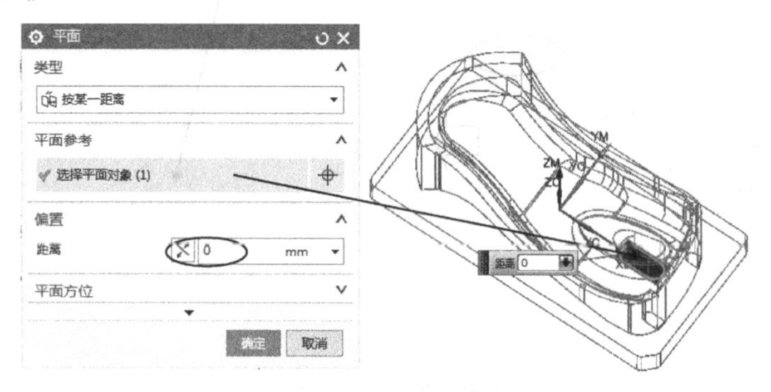

图2-121　选取底部平面

（4）设置非切削移动参数

在【平面铣】对话框中，单击【非切削移动】按钮，系统弹出【非切削移动】对话框，选择【进刀】选项卡，设置【封闭区域】的【进刀类型】为“与开放区域相同”，【开放区域】的【进刀类型】为“圆弧”，【半径】为“2”。

切换到【起点/钻点】选项卡，设置【重叠距离】为“0.3”，目的是消除接刀痕，如图2-122所示。同时检查在【转移/快速】选项卡中【区域内】栏的【转移类型】为“直接”。

图2-122　设置非切削移动参数

（5）生成刀路

在系统返回的【平面铣】对话框中单击【生成】按钮，系统计算出刀路，如图2-123所示，单击【确定】按钮。

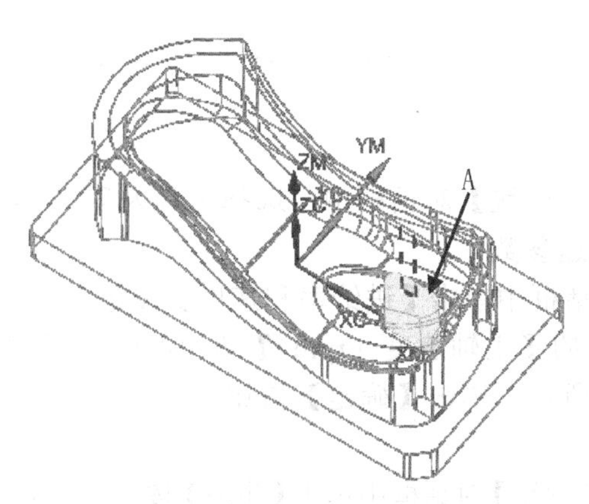

图 2-123　生成 A 处孔位光刀刀路

以上操作视频文件为：\ch02\03-video\07-在程序组 K2F 里创建避空位精加工.exe。

2.3.9　在程序组 K2G 中创建 A 处孔倒角面光刀

本节任务：创建 1 个刀路是对图 2-2 所示的 A 处孔位进行光刀。

方法：复制刀路，修改参数。

（1）复制刀路

在导航器中选择程序组 K2E 的第 1 个刀路 CONTOUR_AREA，单击鼠标右键，在弹出的快捷菜单中选择【复制】，再选择程序组 K2G，再次右击鼠标，在弹出的快捷菜单中选择【内部粘贴】，结果如图 2-124 所示。

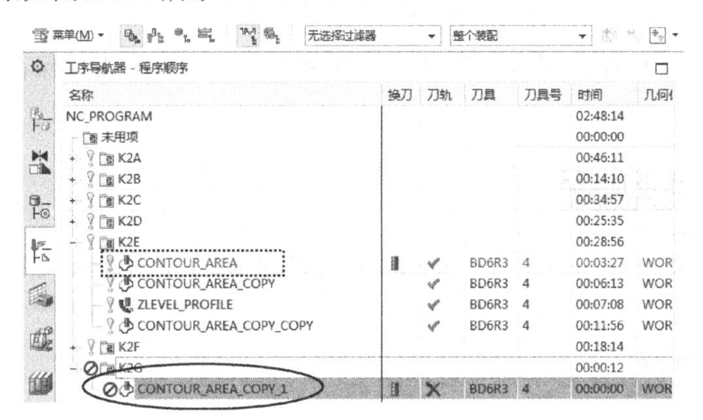

图 2-124　复制刀路

（2）重新选择加工曲面

双击刚复制的刀路 CONTOUR_AREA_COPY_1，在系统弹出的【区域轮廓铣】对话框中，单击【指定切削区域】按钮，系统弹出【切削区域】对话框，先在【列表】栏中单击【移除】

按钮将之前的曲面删除，然后在图形上选择 A 处孔位的倒角曲面，如图 2-125 所示，单击【确定】按钮。

（3）重新选择刀具

在系统弹出的【区域轮廓铣】对话框中，选择工具为BD3R1.5 (铣刀-5 参数)。

（4）设置进给率和转速参数

在【区域轮廓铣】对话框中单击【进给率和速度】按钮，系统弹出【进给率和速度】对话框，修改【进给率】的【主轴速度（rpm)】为“4500”，【切削】为“1000”。其余参数不做修改，如图 2-126 所示，单击【确定】按钮。

（5）生成刀路

在系统返回的【区域轮廓铣】对话框中单击【生成】按钮，系统计算出刀路，如图 2-127 示，单击【确定】按钮。

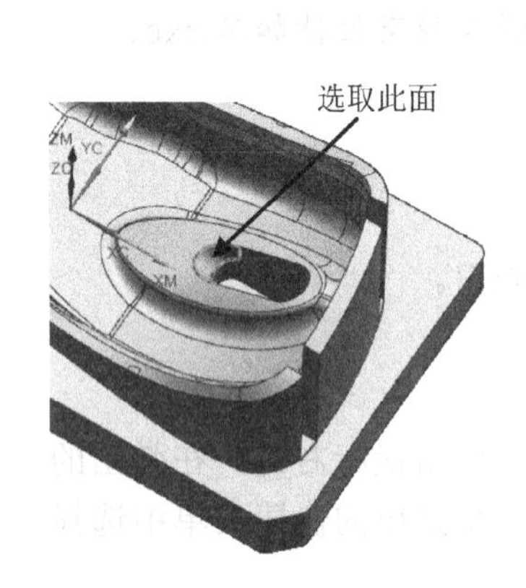

图 2-125　选取加工面

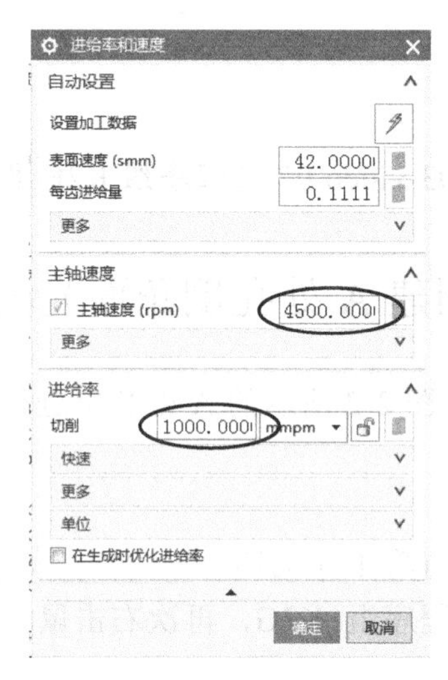

图 2-126　设置转速及进给率

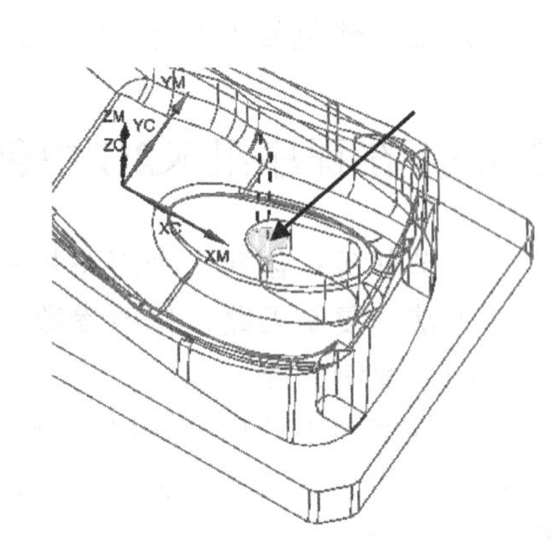

图 2-127　倒角曲面光刀

执行【文件】|【保存】|【保存】命令，或者在工具条中单击【保存】按钮将文件存盘。

本节讲课视频

以上操作视频文件为：\ch02\03-video\08-在程序组 K2G 中创建 A 处孔倒角面光刀.exe。

2.3.10　粗公编程

粗公就是用来进行电火花粗加工的电极铜公。粗公和幼公的差别就是有效型面的等距收缩量不同，即火花位数值不同，而编程所用的图形是相同的。对于结构简单、加工程序较少的铜公可以在一个图形上进行编程，一般是先对幼公编程，然后复制刀路修改余量参数重新生成就成为粗公程序。本例由于程序较多，采取复制编程文件的方法进行，即将幼公编程文件复制成为另外一个编程文件，然后修改这个新文件里的程序组名称、修改余量等参数进行编程，这样可以简化编程步骤。

1. 复制文件

在 Windows 的资源管理器中选择第 2.3.9 节存盘文件“ugbook-2-1_stp.prt”，复制成为“ugbook-2-1_stp - 副本.prt”，修改文件名成为“ugbook-2-1_stp-1.prt”。

这一步也可以在 UG 界面中通过执行主菜单的【文件】|【另存为】命令，输入新的文件名。

2. 修改程序组名称

打开粗公文件 ugbook-2-1_stp-1.prt，进入加工模块。在左侧的导航器中，右击第一个程序组 K2A，在弹出的快捷菜单中选择【重命名】，修改程序组名称为 K2H。同理修改其他程序组的名称，如图 2-128 所示。

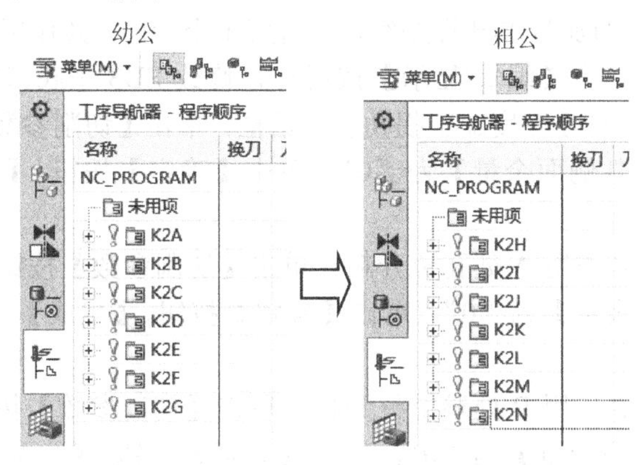

图 2-128　修改程序组名称

3. 修改刀路 K2H

单击程序组 K2H 前的加号展开程序组，双击选择第 1 个刀路，其作用是型腔开粗，单击【切削参数】按钮，选择【余量】选项卡，修改【部件侧面余量】为“0.1”，单击【确定】按钮、【生成】按钮，单击【确定】按钮。

第 2 个刀路不用修改。

4. 修改刀路 K2I

单击程序组 K2I 前的加号展开程序组，第 1 个及第 2 个刀路不用修改。

双击选择第 3 个刀路，其作用是外形光刀，单击【切削参数】按钮，选择【余量】选项卡，修改【部件侧面余量】为“–0.25”，单击【确定】按钮、【生成】按钮。单击【确定】按钮。

双击选择第 4 个刀路，其作用是顶面光刀，单击【切削参数】按钮，选择【余量】选项卡，修改【最终底面余量】为“–0.25”，单击【确定】按钮、【生成】按钮，单击【确定】按钮。

5．修改刀路 K2J

单击程序组 K2J 前的加号展开程序组，双击第 1 个刀路，其作用是清角，单击【工具】栏右侧的更多按钮，单击【编辑/显示】按钮，修改 ED8 平底刀的【直径】为“7.8”，单击【确定】按钮，返回到【深度加工拐角】对话框，余量为 0.3 不变，单击【生成】按钮，单击【确定】按钮。

双击第 2 个刀路，系统弹出【深度加工拐角】对话框，单击【切削参数】按钮，选择【余量】选项卡，修改【部件侧面余量】为“0”，单击【确定】按钮、【生成】按钮。单击【确定】按钮。因为 ED8 刀具的直径已经修改为 7.8，而编程余量为 0，本刀路加工完成后铜公的余量就是–0.1。

6．修改刀路 K2K

单击程序组 K2K 前的加号展开程序组，双击第 1 个刀路，其作用是清角，单击【工具】栏右侧的更多按钮，单击【编辑/显示】按钮，修改 ED3 平底刀的【直径】为“2.8”，单击【确定】按钮，返回到【深度加工拐角】对话框，单击【切削参数】按钮，选择【余量】选项卡，修改【部件侧面余量】为“0”，单击【确定】按钮、【生成】按钮，单击【确定】按钮。

双击第 2 个刀路，其作用 A 处孔位开粗，单击【切削参数】按钮，选择【余量】选项卡，修改【部件侧面余量】为“0”，单击【确定】按钮、【生成】按钮，单击【确定】按钮。

双击第 3 个刀路，其作用 B 处避空位开粗，单击【切削参数】按钮，选择【余量】选项卡，修改【部件侧面余量】为“0”，单击【确定】按钮、【生成】按钮，单击【确定】按钮。

7．修改刀路 K2L

单击程序组 K2L 前的加号展开程序组，双击第 1 个刀路，其作用是顶部外侧曲面光刀，单击【驱动方法】栏的【编辑】按钮，修改【最大残余高度】为“0.002”，单击【确定】按钮。系统返回到【轮廓区域】对话框，单击【切削参数】按钮，选择【余量】选项卡，修改【部件侧面余量】为“–0.25”，单击【确定】按钮、【生成】按钮，单击【确定】按钮。

同理，对第 2 个和第 4 个刀路也这样修改。

双击第 3 个刀路，其作用是型腔陡峭曲面光刀，修改层深参数【最大距离】为“0.2”，单击【切削参数】按钮，选择【余量】选项卡，修改【部件侧面余量】为“–0.25”，单击【确定】按钮、【生成】按钮，单击【确定】按钮。

8．修改刀路 K2M

单击程序组 K2M 前的加号展开程序组，双击第 1 个刀路，其作用 B 处避空位光刀，单击【切削参数】按钮，选择【余量】选项卡，修改【部件侧面余量】为“–0.15”，单击【确定】按钮、【生成】按钮。单击【确定】按钮。原为ED3刀具的直径已经修改为“2.8”，所以本刀路加工余量为“–0.25”。

同理，对第2个刀路也这样修改。

9．修改刀路K2N

单击程序组K2N前的加号展开程序组，双击第1个刀路，其作用A处孔位倒角曲面光刀，单击【切削参数】按钮，选择【余量】选项卡，修改【部件侧面余量】为“–0.25”，单击【确定】按钮、【生成】按钮，单击【确定】按钮。

执行【文件】|【保存】命令，或者在工具条中单击【保存】按钮将文件存盘。

本例粗公编程火花位为–0.25，实际在EDM加工时操作员为了保险起见一般不会在EDM机床上设置这么大的火花位，而是留出一定的精加工余量，所以在制造铜公时曲面外形不必像幼公那样精细。本例BD6R3球头刀的步距0.2就是依据残留高度0.002来计算得到的。如果铜公曲面复杂而且很大的话，甚至在精度方面还可以再粗糙一些。这样可以提高CNC加工效率而且不影响铜公的使用。

以上操作视频文件为：\ch02\03-video\09-粗公编程.exe。

2.3.11　程序检查

1．初步检查

按照以上步骤刀路生成完后就应该立即进行初步检查，可以在线框状态下沿着不同的视图观察刀路，根据一般的常识性观念来判断刀路是否有异常。如果发现刀路异常，就要从头至尾仔细检查编程过程。对于UG编程来说，常见的错误是漏选加工几何体、设错加工参数。这种方法适合于较明显的错误发现与纠正。

2．模拟检查

第1种方法还不能发现一些隐蔽性错误，可以利用UG的实体模拟。这种方法直观逼真，通过模拟检查可以发现编程工艺是否合理，加工有无出现过切、漏切等非正常情况出现。

对于本例来说，打开幼公编程图形ugbook-2-1-stp.prt，在导航器中选择第1个程序组K2A，按住Shift键选择最后一个程序组K2G的最后一个刀路，再右击鼠标，在弹出的快

捷菜单中执行【刀轨】|【确认】命令，系统弹出【刀轨可视化】对话框，选择【3D 动态】选项卡，如图 2-129 所示。

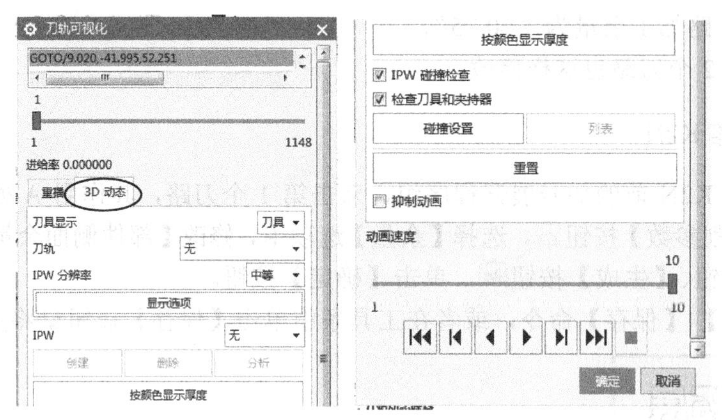

图 2-129　刀轨可视化对话框

单击【播放】按钮▶，模拟结果如图 2-130 所示，单击【确定】按钮。

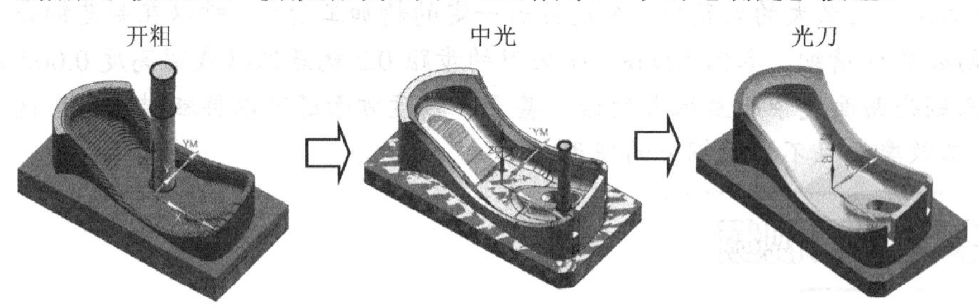

图 2-130　模拟结果

同理，可以调出粗公图形对刀路进行模拟检查。

以上操作视频文件为：\ch02\03-video\10-程序检查.exe。

2.3.12　后处理

先打开幼公图形，按照第 1 章介绍的方法安装后处理器 ugbookpost1. pui，如果已经安装了，就可以省略该步骤。

在导航器中选择程序组 K2A，在主工具栏中单击后处理按钮，系统弹出【后处理】对话框，选择安装的三轴后处理器“ugbookpost1”，在【输出文件】栏的【文件名】输入“C:\Temp\K2A”，注意系统已经设置【文件扩展名】为“nc”，【单位】为“经后处理定义”，如图 2-131 所示。

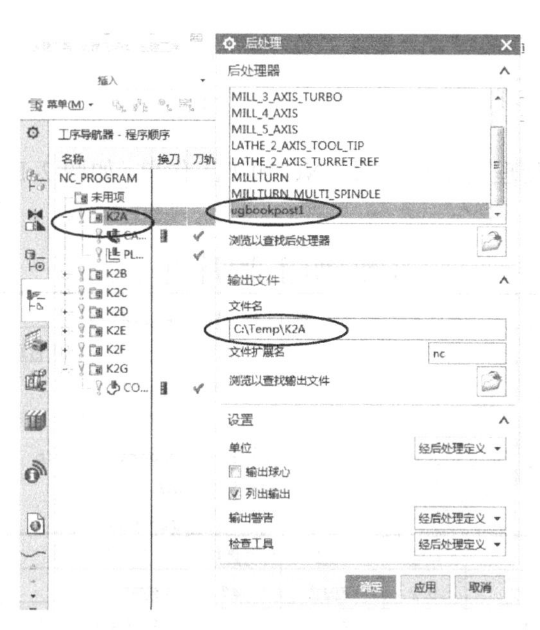

图 2-131　后处理

单击【应用】按钮，系统生成的 NC 程序显示在【信息】窗口中，如图 2-132 所示。

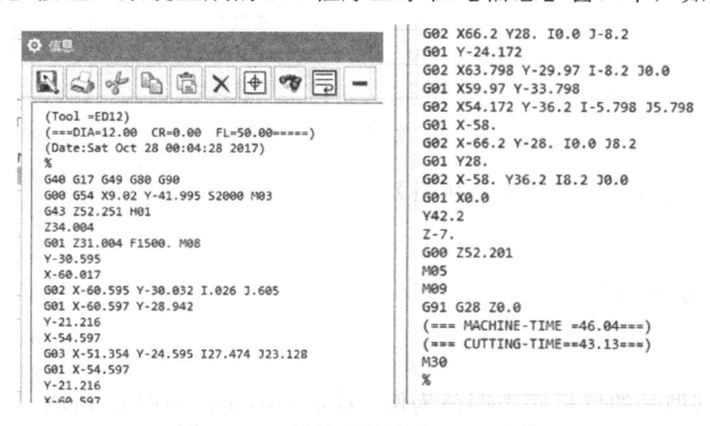

图 2-132　后处理得到的 K2A 文件

同理，后处理得到其他幼公的数控程序文件及粗公的数控程序文件。

在导航器中可以观察到，经过后处理的程序组前面的感叹号 变为对号√。如出现⊘，就需要重新生成刀路。

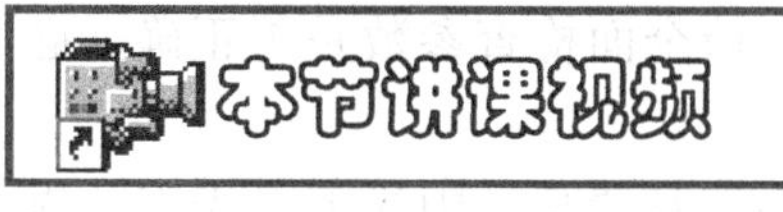

以上操作视频文件为：\ch02\03-video\11-后处理.exe。

2.3.13 填写加工工作单

根据加工要求及后处理的结果填写 CNC 加工工作单，如图 2-133 所示为幼公的数控加工程序单。

CNC加工程序单

型号		模具名称	鼠标面壳	工件名称	铜公1#幼公		
编程员		编程日期		操作员		加工日期	
				对刀方式：	四边分中		
					对顶z=32.1		
				图形名	ugbook-2-1-stp		
				材料号	铜		
				大小	125×85×45		

程序名	余量	刀具	装刀最短长	加工内容	加工时间
K2A .NC	0.2	ED12	43	型面开粗	
K2B .NC	-0.1	ED12	43	台阶及基准面光刀	
K2C .NC	0.1	ED8	32	清角及中光	
K2D .NC	-0.1	ED3	32	二次清角及A处开粗	
K2E .NC	-0.1	BD6R3	32	型面光刀	
K2F .NC	-0.1	ED3	32	避空位光刀	
K2G .NC	-0.1	BD3R1.5	32	倒角面光刀	

图 2-133 幼公的加工工作单

同理，填写粗公的程序单（此处从略）。

2.4 本章小结

本章主要以某型号的鼠标底壳铜公为例，着重介绍如何利用 UG NX11.0 来解决数控编程问题，学习时还需注意以下问题。

（1）从 UG NX 11.0 软件的加工功能来说，本例利用了型腔铣、平面铣、曲面等高轮廓铣、曲面等高清角铣、固定轴曲面轮廓铣等功能，这些都是 UG NX 11.0 的核心功能，学习者只要花一定的精力学好这几个功能就基本上掌握了该软件。

（2）由于本书的性质在于引导读者如何在实际工作中用好软件，所以没有对加工参数作很详细的解释。对于初学者多练习几遍，然后试着修改加工参数，观察刀路的变化，以深刻体会参数含义。必要时借助其他学习资料来进一步理解其含义。

（3）在练习过程中出现错误，编程的刀路和书上不同，请全面检查参数是否正确，必要时观看视频文件，以提高练习效率。

（4）铜公加工工艺编排的基本思路是大刀具开粗、较小刀具清角、中光刀、光刀。铜公光刀需要加工出负余量。但请注意平底刀加工曲面时不能直接设置负余量，这就需要作出一些特殊处理。例如编程用刀具为ED2.8而实际加工时用ED3，这样就加工出负余量，但是这并不是严格意义上的等距面而是近似的等距面，如果偏差在允许的公差范围内，基本就可以满足制模工作需要。

2.5 本章思考练习和答案提示

一、思考练习

1．实际加工铜公时，先加工幼公好还是先加工粗公好？为什么？

2．本例图2-133所示对刀参数，为什么设置参数为“四边分中 *Z*=32.1”？

3．如何用平底刀精加工铜公成为负余量？

4．根据本书配套光盘提供的图形ch02\01-sample\ch02-02\ugbook-2-2_stp.prt，如图2-134所示，进行数控编程，加工出这个铜公。要求为火花位：幼公–0.075，一个。材料：铜50×30×40。

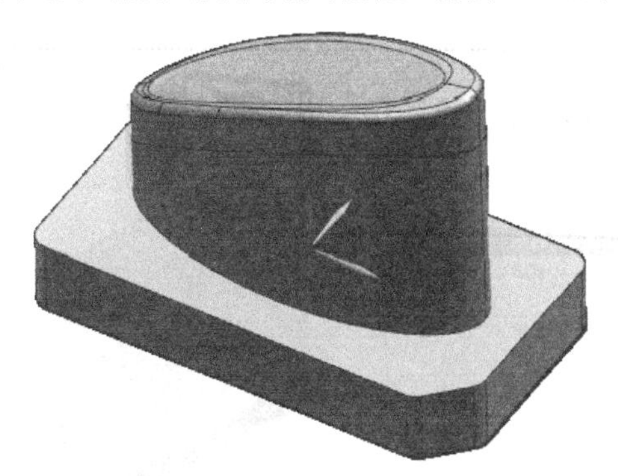

图2-134　待加工的铜公图

二、答案及提示

1．答：从使用铜公的角度来说，一般是先用粗公进行EDM粗加工，然后才用幼公进行EDM精加工。为了配合生产，而且加工程序有把握及相关人员对工作很熟练的情况下可以先加工粗公再加工幼公。

但是，如果生产任务不是非常紧急，而且在程序不是很有把握的情况下可以先加工幼公。因为幼公的火花位小，从几何外形上幼公比粗公大，先加工幼公如果出现错误，可以把该材料降低加工或把这个材料加工成粗公，如果先加工粗公出错了就很难这样做了。具体情况以工厂的工作习惯为准。

2．答：从如图2-3所示的图纸可以知道，铜公图形的顶部最高位置到台阶面的距离为32.0，而对刀参数给定 *Z*=32.1，实际上操作员在操作时是先杀平铜公材料的顶部，然后移刀到料外将刀具降低32.1作为铜公的Z方向零点的，这样就在顶部相对于图形留出0.1的余量，对于幼公来说顶部就会有0.2的余量，粗公就会有0.35的余量。

3．答：UG NX11.0在使用曲面轮廓铣、等高铣等方式进行曲面加工时，如果使用平

底刀，就不能输入负余量，但是如果平底刀设置成大于零的角半径，而且余量的绝对值小于这个角半径就可以计算刀路了，根据此原理，可以把平底刀设置成一个大于零的牛鼻刀来计算刀路。实际加工时使用平底刀，这样就可近似地加工出所需要的火花位。

另外，可以使用减去刀具半径的方法，又称骗刀法编程。就是编程时定义的平底刀半径比名义平底刀半径小于一个火花位绝对值的数值，实际加工用的刀具比编程用的刀具大就会产生过切，这个过切量就是火花位的近似值。

为了精确编程，还可以把铜公有效曲面等距离偏置一个火花位绝对值的数值，把真正形状的铜公火花位造型出来，然后对这个真实图形进行编程，余量为零就会加工出铜公。

一般情况下应该尽量用球头刀来精加工铜公。

4．编程要点提示。

本例工艺安排，是用平底刀 ED8 开粗、平底刀光刀，最后用球头刀 BD4R2 对有效型曲面进行光刀，具体如下。

（1）程序名 K1P.NC，刀具 ED8，余量为 0.2，层深参数为 0.5，刀路如图 2-135 所示。

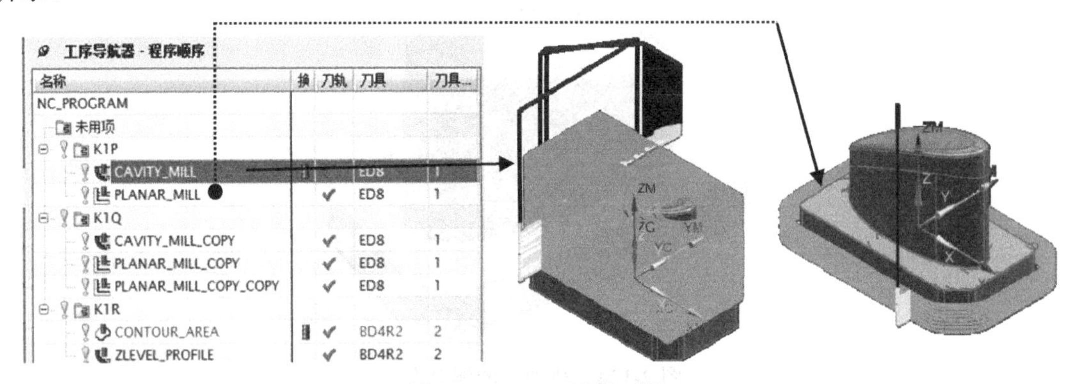

图 2-135　K1P 开粗刀路

（2）程序名 K1Q.NC，刀具 ED8，余量为–0.1，型腔铣加工台阶面层深为 0，其他外形铣光刀时进刀数为 3，每次进刀量 0.05，刀路如图 2-136 所示。

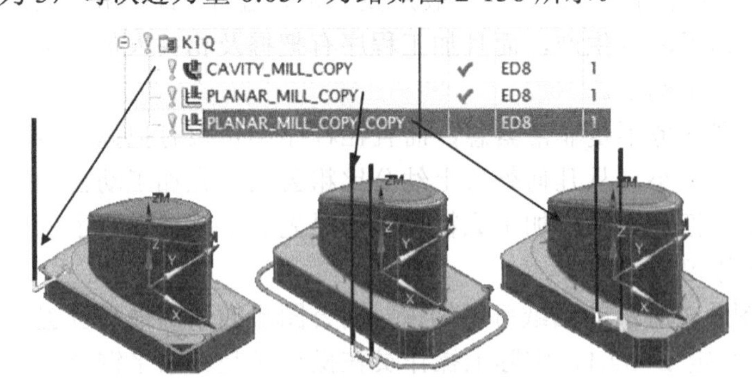

图 2-136　K1Q 光刀刀路

（3）程序名 K1R.NC，刀具 BD4R2，余量为–0.1。顶部采用轮廓铣，步距为 0.05。侧面采用仅加工陡峭面的等高铣，层深为 0.05，刀路如图 2-137 所示。

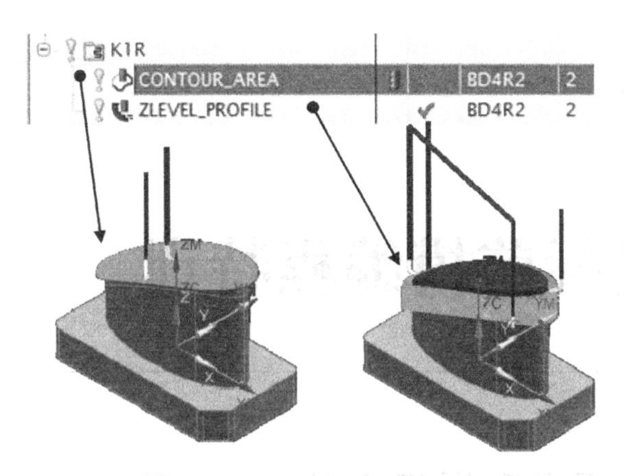

图 2-137　K1R 光刀刀路

结果可以参考完成编程的图形 ch02\02-finish\ ch02-02\ugbook-2-2_stp.prt。

鼠标前模编程特训

3.1 本章要点和学习方法

本章在第 2 章的基础上，以某鼠标面壳的前模为例，在介绍前模结构知识基础之上学习如何解决钢件模具的数控加工编程问题。学习本章要注意以下问题。

（1）了解塑胶模具前模的基本结构。

（2）理解前模加工工艺规划的特点。

（3）掌握型腔铣在加工型腔时加工参数设置的特点。

（4）掌握面铣在加工水平面时的灵活运用。

（5）掌握前模清角刀路参数设置的特点。

（6）掌握如何防范模具加工过切的基本方法。

钢件切削除了要注意刀路安全外，还要注意加工效率，同时注意刀具损耗最小。参数设置要注意发挥机床或者刀具的最大功效切合工厂实际，为此必须设计很多辅助性的清角刀路。

3.2 鼠标面壳前模结构概述

前模，在有些教科书里称为“定模”，有些模具师傅也把它称为“母模”。前模是指在产品上不可以下顶针孔、斜顶孔的那一面成型的模具模内结构部件，前模的结构如图 3-1 所示。

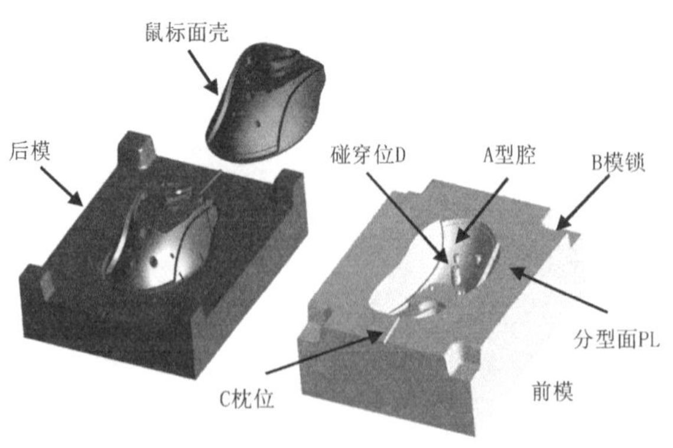

图 3-1　待加工的鼠标前模

图 3-2 所示为前模的工程图纸。

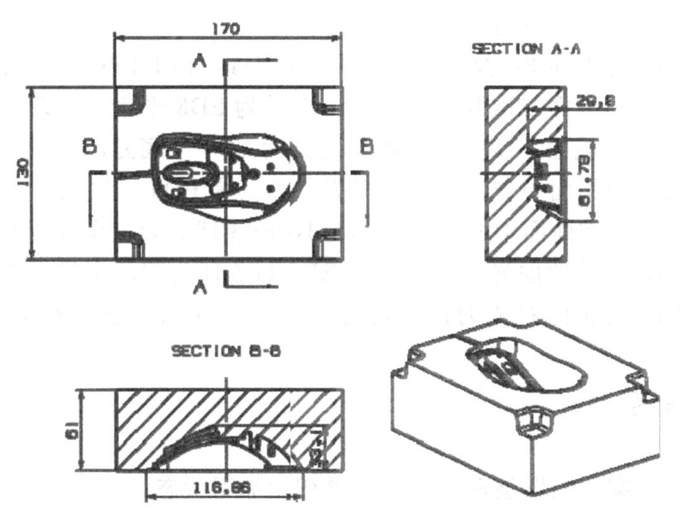

图 3-2　前模工程图纸

前模一般是产品的外观成型部分，所以制造时要保证型腔的表面粗糙度符合要求，但是型腔曲面一般都比较复杂，CNC 很难全部加工到位，这就需要在 CNC 加工不到的部位留出足够多的余量。必要时要在图形上加工不到的部位补面，确保不过切。

前模的制造工艺一般是开料、热处理、精铣六面、平磨六方、钻工艺板连接孔、安装工艺板准备 CNC 加工、CNC 数控粗铣型腔及分型面、CNC 清角、CNC 精加工分型面、EDM 电火花加工、EDW 线切割加工、后续配模（又称 Fit 模，俗称飞模）。

3.3　前模数控编程

本节任务：图 3-1 右侧图为某型号鼠标面壳的前模，要求根据本书光盘提供的模具 3D 图进行数控编程加工这个模具。

前模加工要求如下。

（1）开料尺寸：170×130×61，要求制模组精加工钢料，平磨六面。

（2）材料：钢（S136H），预硬至 HB290-330。该材料的主要化学成分为 C 0.38%，Si 0.8%，Cr 13.6%，Mn 0.5%，V 0.3%。钢材特性为热变形小，高纯度，抛光性能好，抗锈防酸能力好。多用于制造注塑 ABS、PVC、PP、PPMA 等材料的模具。

（3）加工内容：分型面 PL、模锁 B 及枕位 C，曲面光刀余量为 0，碰穿位 D 处留出余量为 0.05，胶位型腔 A 处留 0.2 余量，其余 CNC 加工不到的部分要留余量 0.2。

3.3.1　工艺分析及刀路规划

根据前模的加工要求，结合图纸分析，制定如下的加工工艺。

（1）刀路K3A，型面开粗，刀具为ED16R0.8飞刀（这种刀具刀杆直径为16，装2颗角半径为0.8的刀粒），加工余量为0.3；

（2）刀路K3B，分型面PL及模锁底部光刀，刀具为ED16R0.8飞刀，底部余量为0；

（3）刀路K3C，型腔面二次开粗及中光，刀具为ED8平底刀，余量为0.25；

（4）刀路K3D，型腔面三次开粗清角，刀具为ED4平底刀，余量为0.3；

（5）刀路K3E，模锁面中光及碰穿面光刀，刀具为ED4平底刀，余量为0.05；

（6）刀路K3F，型腔曲面中光刀，刀具为BD6R3球头刀，余量为0.2；

（7）刀路K3G，模锁曲面光刀，刀具为BD3R1.5球头刀，余量为0；

（8）刀路K3H，枕位面C光刀，刀具为BD2R1球头刀，余量为0。

3.3.2 编程准备

本节任务：（1）编程图形整理；（2）设置初始加工状态。

1. 图形整理

先将本书配套光盘的文件ch03\01-sample\ ch03-01\ugbook-3-1.stp复制到工作目录C:\temp。启动UG NX 11.0软件，执行【文件】|【打开】命令，在系统弹出的【打开】对话框中，选择文件类型为STEP文件（*.stp），选择图形文件ugbook-3-1.stp，单击【OK】按钮。设置背景颜色为深色背景，结果如图3-3所示。

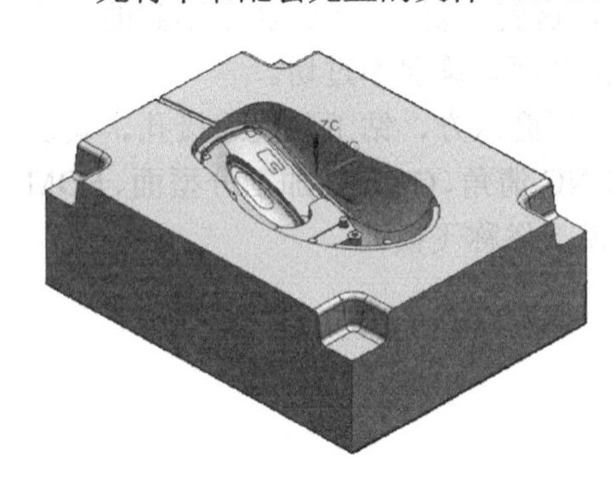

图3-3 图形输入

执行【文件】|【保存】命令，或者在工具条中单击【保存】按钮将文件存盘。注意编程图形文件名是ugbook-3-1_stp.prt。

2. 进入加工模块

首先要进入UG的制造模块，然后选择环境参数、设置几何组参数、定义刀具、定义程序组名称。

（1）设置加工环境参数

在主工具栏中执行【应用模块】|【加工】命令，进入加工模块，系统弹出【加工环境】对话框，选择mill_contour外形铣削模板，单击【确定】按钮，如图3-4所示。

（2）建立几何组

主要任务是建立加工坐标系、安全高度及毛坯体等。

① 建立加工坐标系及安全高度。

在工具栏中单击几何视图按钮，导航器切换到几何视图。单击MCS_MILL前的“+”号将其展开，双击MCS_MILL节点，系统弹出【MCS铣削】对话框，展开【细节】栏，设置【特殊输出】为“装夹偏置”，【装夹偏置】为“1”，单击【保存MCS】按钮。设置【安全设置选项】为“自动平面”，【安全距离】为“20”，如图3-5所示，单击【确定】按钮。

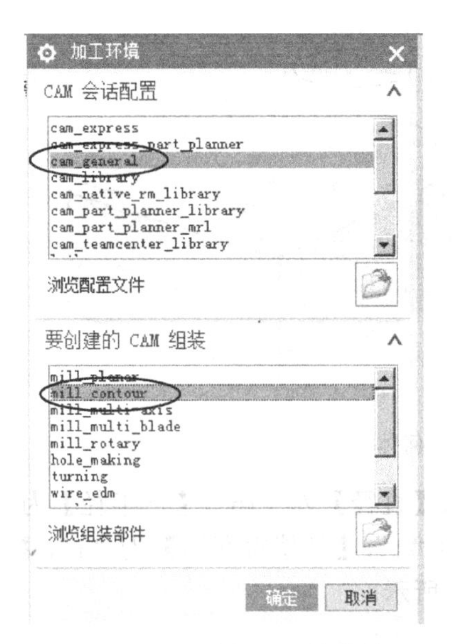

图 3-4　设定加工环境参数

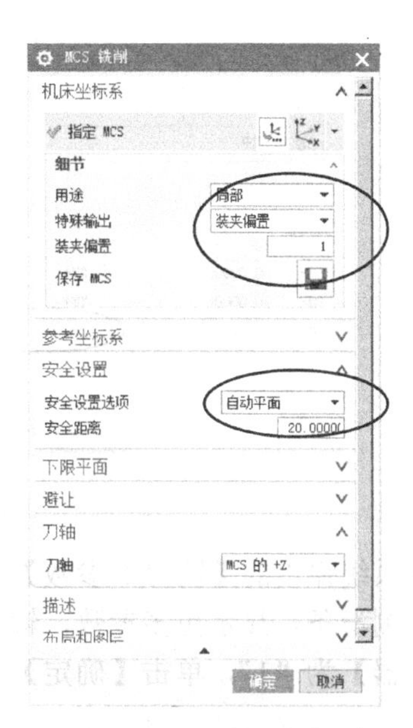

图 3-5　设置加工坐标系

② 建立毛坯体。

在导航器树枝上双击 WORKPIECE 节点，系统弹出【工件】对话框，单击【指定部件】按钮，系统弹出【部件几何体】对话框，在图形区选择前模实体图形为加工部件，如图 3-6 所示，单击【确定】按钮。

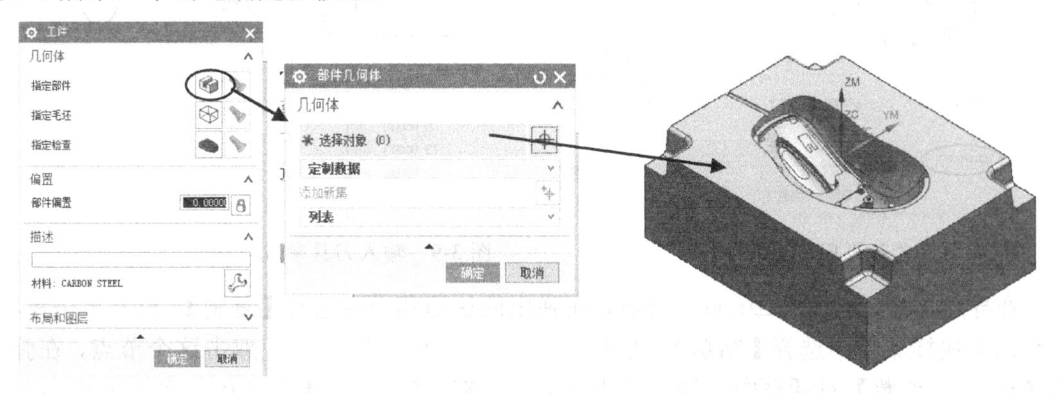

图 3-6　定义加工部件

单击【指定毛坯】按钮，系统弹出【毛坯几何体】对话框，在【类型】中选择 包容块，输入【ZM+】参数为“0.1”，该参数的目的是为了生成顶部水平面的面铣刀路，如图 3-7 所示，单击【确定】按钮两次。

（3）在机床组中建立刀具

在工具栏中单击 机床视图 按钮，切换到机床视图。选择【Ceneric_Machine】右击鼠标，在弹出的快捷菜单中执行【插入】|【刀具】命令，在系统弹出的【创建刀具】对话框中，选择【刀具子类型】为，再输入刀具【名称】为“ED16R0.8”，单击【确定】按钮，如图 3-8 所示。

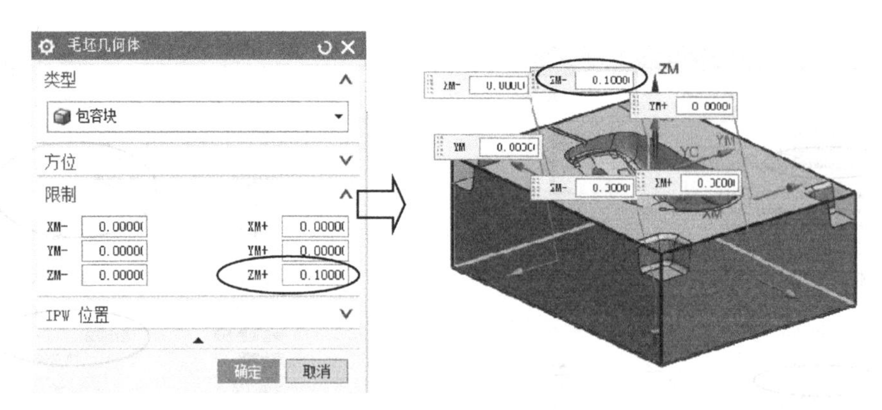

图 3-7　定义毛坯几何体

在系统弹出的【铣刀-5 参数】对话框中，输入【直径】为“16”，【下半径】为“0.8”，移动右侧滑条，显示更多参数，输入【刀具号】为“1”，【补偿寄存器】为“1”，【刀具补偿寄存器】为“1”，单击【确定】按钮，如图 3-9 所示。

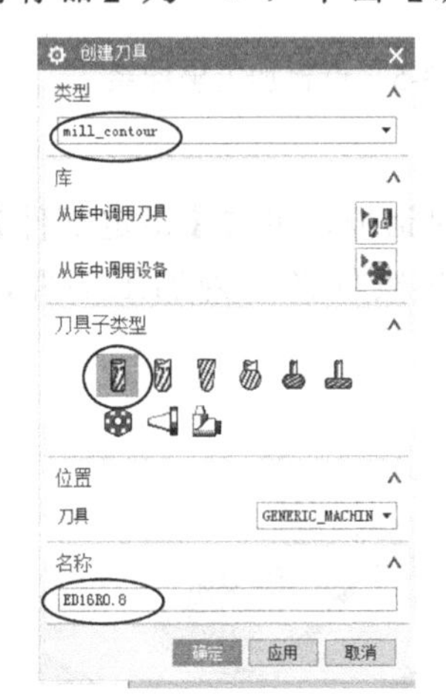

图 3-8　定义刀具 ED16R0.8

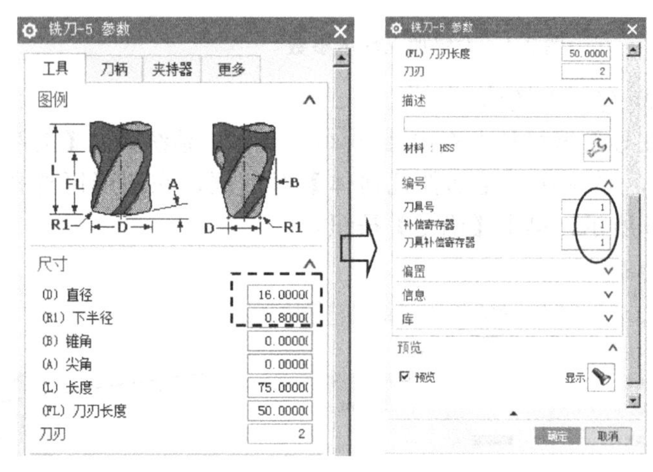

图 3-9　输入刀具参数

在导航器中，右击 ED16R0.8 节点，在弹出的快捷菜单中选择【复制】，再右单击鼠标，在弹出的快捷菜单中选择【粘贴】，将 ED16R0.8_COPY 改名为 ED8。双击这个节点，在弹出的【铣刀-5 参数】对话框中，输入【直径】为“8”，【下半径】为“0”，移动右侧滑条，显示更多参数，输入【长度】仍为“75”，【刀刃长度】为“30”，【刀具号】为“2”，【补偿寄存器】为“2”，【刀具补偿寄存器】为“2”，其余参数不变，单击【确定】按钮。

同理，创建平底刀 ED4，直径为 4，半径为 0，刀具长度为 35，刀刃长度为 8，刀具号为 3；

创建球头刀 BD6R3，直径为 6，半径为 3，刀具长度为 50，刀刃长度为 10，刀具号为 4；

创建球头刀 BD3R1.5，直径为 3，半径为 1.5，刀具长度为 35，刀刃长度为 8，刀具号为 5；

创建球头刀 BD2R1，直径为 2，半径为 1，刀具长度为 35，刀刃长度为 8，刀具号为 6，如图 3-10 所示。

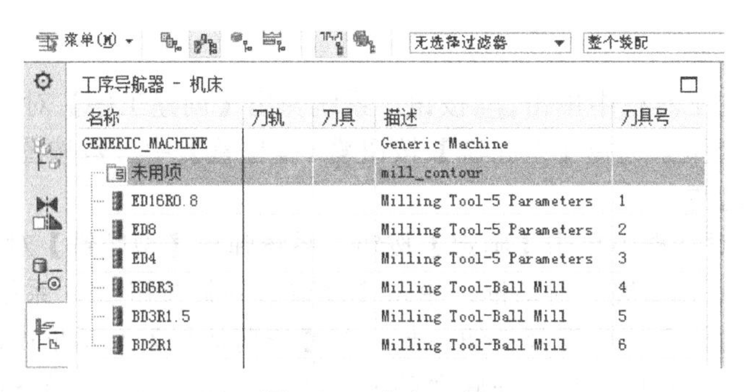

图 3-10 定义刀具

（4）建立方法组

在导航器空白处右击鼠标，在弹出的快捷菜单中选择 加工方法视图，切换到加工方法视图。可以双击粗加工、半精加工、精加工的菜单，修改余量、内外公差。本操作选择默认参数，不做修改。

（5）建立程序组

建立8个空的程序组，目的是管理编程刀路。

在工具栏中单击 程序顺序视图 按钮，切换到程序顺序视图。在导航器中已经有一个程序组PROGRAM，右击此程序组，在弹出的快捷菜单中选择【重命名】，改名为K3A。

选择上述程序组 K3A，右击鼠标在弹出的快捷菜单中选择【复制】，再次右击上述程序组K3A，在弹出的快捷菜单中选择【粘贴】，则在目录树中产生了一个程序组K3A_COPY，右击此程序组，在弹出的快捷菜单中选择【重命名】，改名为K3B。同理，生成K3C、K3D、K3E、K3F、K3G、K3H。结果如图3-11所示。

工序导航器 - 程序顺序

名称	换刀	刀轨	刀具	刀具号	时间	几何体
NC_PROGRAM					00:00:00	
未用项					00:00:00	
K3A					00:00:00	
K3B					00:00:00	
K3C					00:00:00	
K3D					00:00:00	
K3E					00:00:00	
K3F					00:00:00	
K3G					00:00:00	
K3H					00:00:00	

图 3-11 定义程序组

以上操作视频文件为：\ch03\03-video\01-编程准备.exe。

3.3.3 在程序组 K3A 中创建开粗刀路

本节任务：用型腔铣的方式对前模型面进行开粗。

（1）设置工序参数

在界面上方的主工具栏中单击创建工序按钮，系统弹出【创建工序】对话框，【类型】选择mill_contour，【工序子类型】选择【型腔铣】按钮，【位置】中参数按图3-12所示设置。

（2）设置修剪边界

在图3-12所示对话框中单击【确定】按钮，系统弹出【型腔铣】对话框，单击【几何体】栏的【更多】按钮展开对话框，单击【修剪边界】按钮，系统弹出【修剪边界】对话框，在【选择方法】栏中选择按钮面，在【修剪边界】对话框中的【修剪侧】栏选中【外侧】单选按钮，将图形旋转使底面朝上，选择底部平面，注意这时候对话框内容发生了变化，如图3-13所示。单击【确定】按钮。

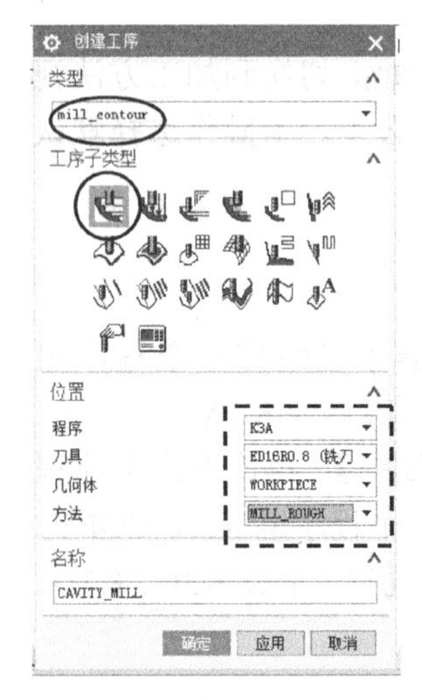

图3-12　设定工序参数

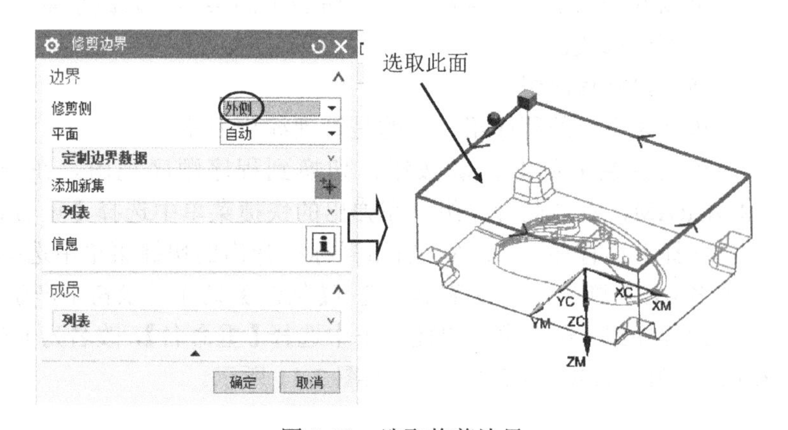

图3-13　选取修剪边界

图3-14　切削模式

检查其他几何体是否正确，如果没有错误，单击【几何体】栏右侧的按钮，将此栏参数折叠。同理，检查【工具】及【刀轴】参数。

（3）设置切削模式

在【型腔铣】对话框中，设置【切削模式】为跟随周边，如图3-14所示。

（4）设置切削层参数

在图3-14所示的【型腔铣】对话框中单击【切削层】按钮，系统弹出【切削层】对话框，设置【范围类型】为单侧，设置【最大距离】为“0.3”，按Enter键，系统自动以3.3.2节定义的毛坯顶部为切削层上部参数，即【范围1的顶部】参数【ZC】已经设置为“0.1”。注意，系统已经自动选择了定义切削层的下部参数【范围定义】，在其中输入【范围深度】为“33”，单击【确定】按钮，如图3-15所示。

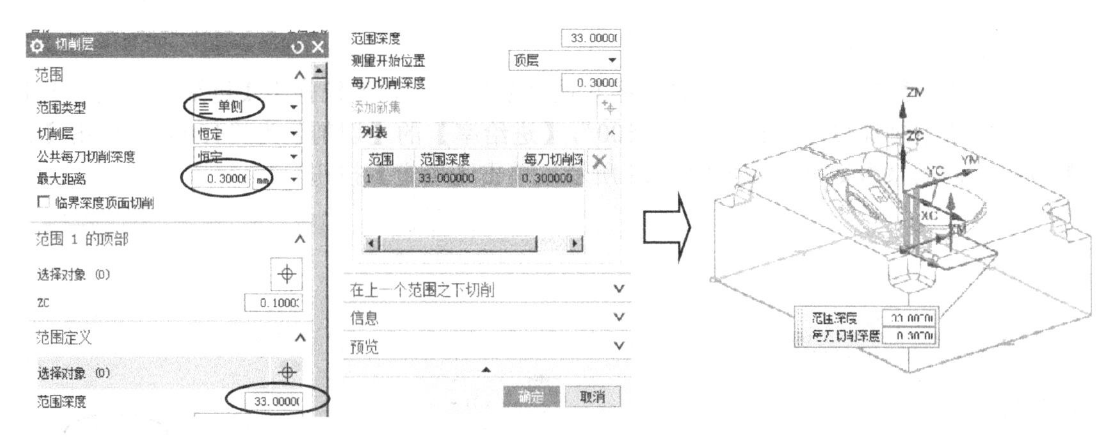

图 3-15　设定切削层

（5）设置切削参数

在系统返回到的【型腔铣】对话框中单击【切削参数】按钮，系统弹出【切削参数】对话框，选择【策略】选项卡，设置【切削顺序】为“深度优先”，【刀路方向】为“向外”。

在【余量】选项卡，取消选择【使底面余量与侧面余量一致】复选框，设置【部件侧面余量】为“0.3”，【部件底面余量】为“0.2”，【内公差】为“0.03”，【外公差】为“0.03”，如图 3-16 所示。其余参数默认，单击【确定】按钮。

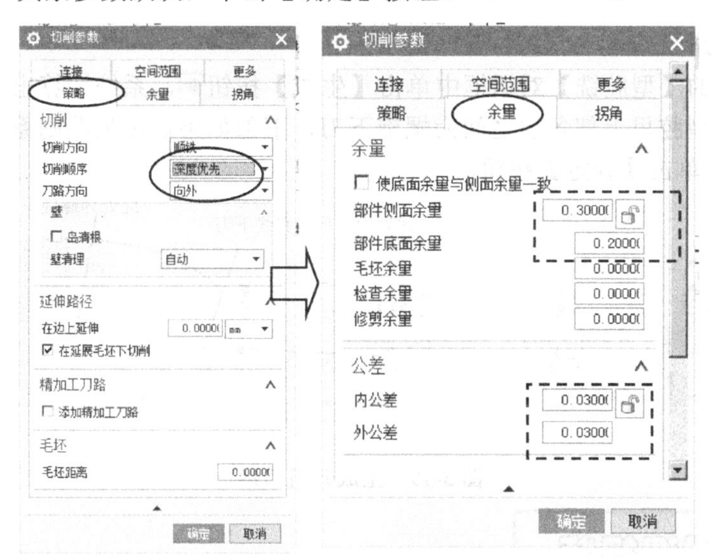

图 3-16　设定切削参数

（6）设置非切削移动参数

在系统返回到的【型腔铣】对话框中单击【非切削移动】按钮，系统弹出【非切削移动】对话框，选择【进刀】选项卡，在【封闭区域】栏中，设置【进刀类型】为“螺旋”，【斜坡角】为 3°，【高度】为“0.5”，这里注意【高度起点】为“前一层”；在【开放区域】栏中，设置【进刀类型】为“线性”，如图 3-17 所示。其余参数默认，不单击【确定】按钮。

（7）设置进给率和转速参数

在【型腔铣】对话框中单击【进给率和速度】按钮，系统弹出【进给率和速度】对话框，设置【主轴速度（rpm)】为“2500”，【进给率】的【切削】为“1500”。单击【计算】按钮。其余参数默认，如图 3-18 所示，单击【确定】按钮。

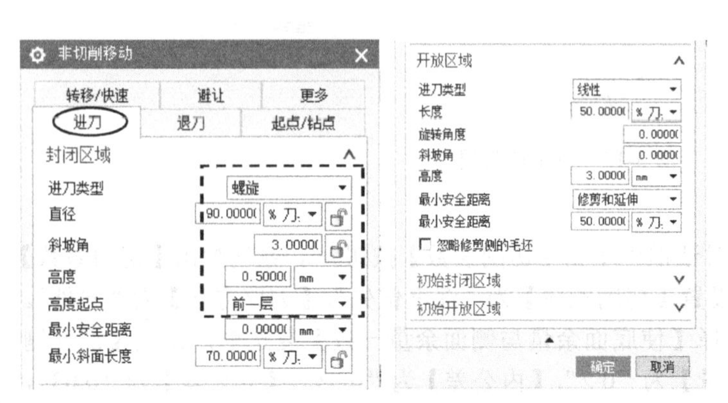

图 3-17　设定非切削移动参数

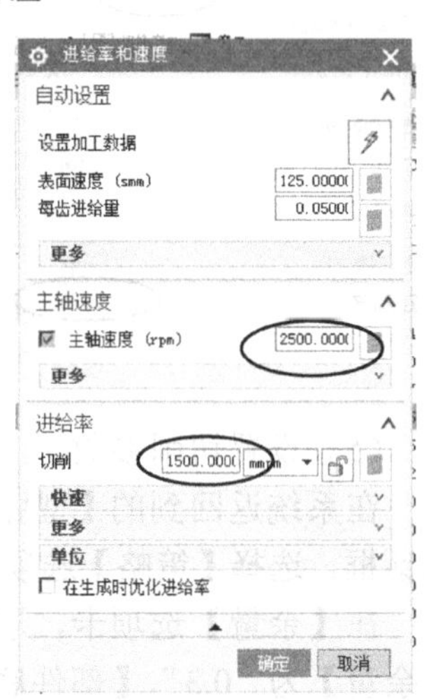

图 3-18　设定转速及进给率

（8）生成刀路

在系统返回的【型腔铣】对话框中单击【生成】按钮，系统计算出刀路，经过对刀路分析得知，在型腔里上部各层之间为螺旋下刀，下部如果螺旋失败则系统沿形状下刀，如图 3-19 所示，单击【确定】按钮。

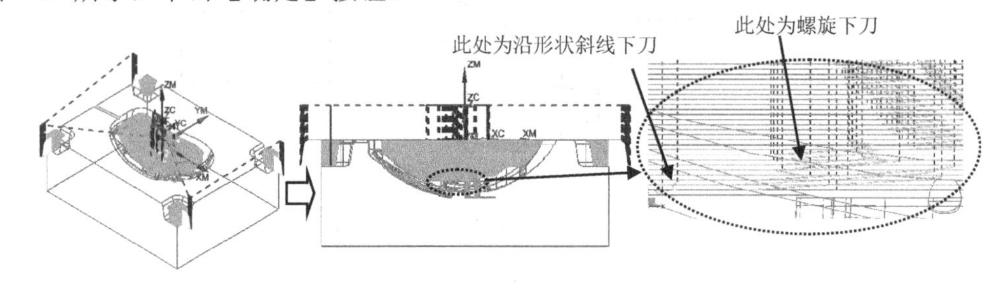

图 3-19　生成开粗刀路

以上操作视频文件为：\ch03\03-video\02-在程序组 K3A 里创建开粗刀路.exe。

3.3.4　在程序组 K3B 中创建分型面光刀

本节任务：创建 2 个刀路。（1）用面铣的方法对分型面光刀；（2）用面铣的方式对模锁底面光刀。

1. 对分型面光刀

（1）设置工序参数

在界面上方的主工具栏中单击创建工序按钮，系统弹出【创建工序】对话框，【类型】选择mill_planar，【工序子类型】选择【使用边界面铣削】按钮，【位置】中参数按图3-20所示设置。

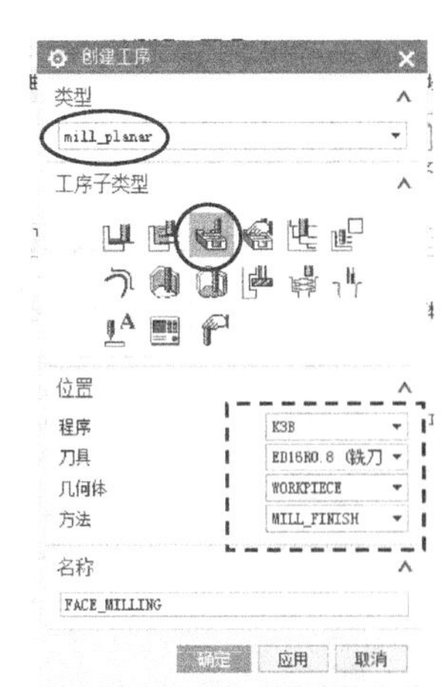

图3-20 设定工序参数

（2）指定面铣边界

在图3-20所示对话框中单击【确定】按钮，系统弹出【面铣】对话框，单击【几何体】栏的【更多】按钮展开对话框，单击【指定面边界】按钮，系统弹出【毛坯边界】对话框，在【边界】栏中选择【选择方法】为，在图形上选择水平分型面PL，注意这时【毛坯边界】对话框内容发生了变化，如图3-21所示，单击【确定】按钮。

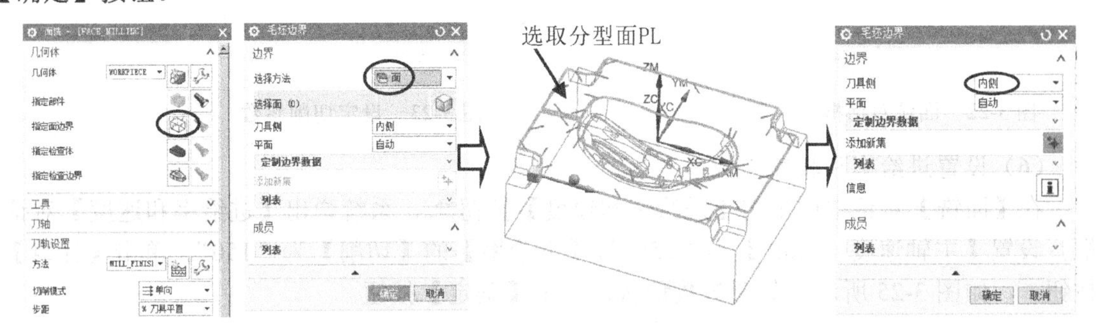

图3-21 选取面铣边界

检查其他几何体是否正确，如果没有错误，单击【几何体】栏右侧的按钮，将此栏参数折叠。同理，检查【工具】及【刀轴】参数。

（3）设置切削模式

在【面铣】对话框中，设置【切削模式】为跟随周边，【步距】为“%刀具平直”，【平面直径百分比】为50%，如图3-22所示。

（4）设置切削参数

在系统返回到的【面铣】对话框中单击【切削参数】按钮，系统弹出【切削参数】对话框，选择【策略】选项卡，设置【刀路方向】为“向内”，【刀具延展量】为刀具直径的50%。

在【余量】选项卡，检查【最终底部余量】应该为“0”，如图3-23所示。其余参数默认，单击【确定】按钮。

（5）设置非切削移动参数

在系统返回到的【面铣】对话框中单击【非切削移动】按钮，系统弹出【非切削移动】对话框，选择【进刀】选项卡，在【封闭区域】栏中，设置【进刀类型】为“与开放区域相同”；在【开放区域】栏中，设置【进刀类型】为“线性”，设置【长度】为刀具直径的50%，如图3-24所示。其余参数默认，单击【确定】按钮。

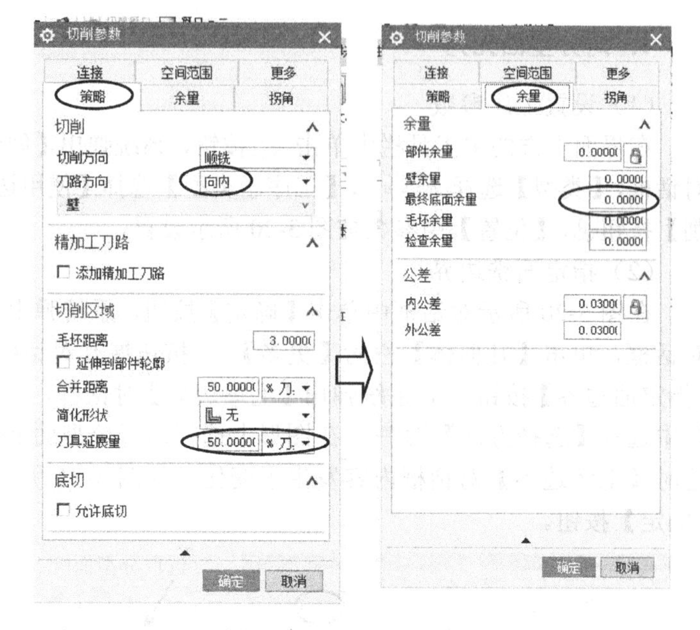

图 3-22　面铣对话框　　　　图 3-23　设定切削参数

（6）设置进给率和转速参数

在【面铣】对话框中单击【进给率和速度】按钮，系统弹出【进给率和速度】对话框，设置【主轴速度（rpm）】为“2500”，【进给率】的【切削】为“150”。单击【计算】按钮，如图 3-25 所示。其余参数默认，单击【确定】按钮。

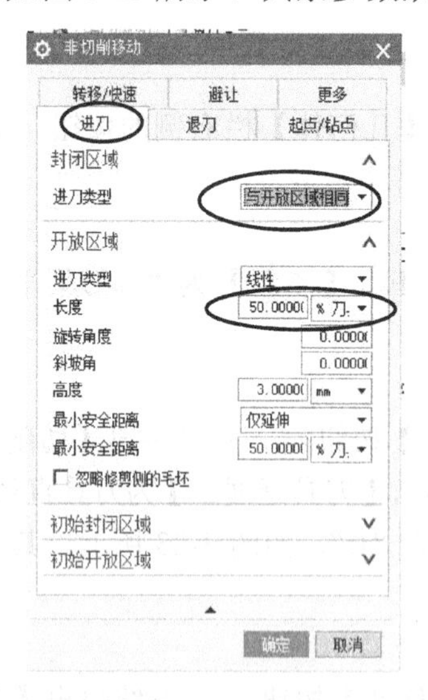

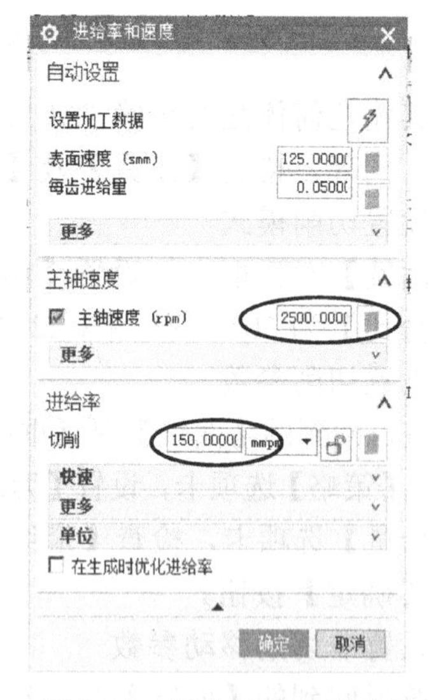

图 3-24　设定非切削移动　　　　图 3-25　设定转速及进给率

（7）生成刀路

在系统返回到的【面铣】对话框中单击【生成】按钮，系统计算出刀路，如图 3-26 所示，单击【确定】按钮。

2. 对模锁底面光刀

方法：复制刀路，修改参数。

（1）复制刀路

在导航器中选择程序组 K3B 里创建的第 1 个刀路 FACE_MILLING ，单击鼠标右键，在弹出的快捷菜单中选择【复制】，再选择程序组 K3B，再次右击鼠标，在弹出的快捷菜单中选择【内部粘贴】，结果如图 3-27 所示。

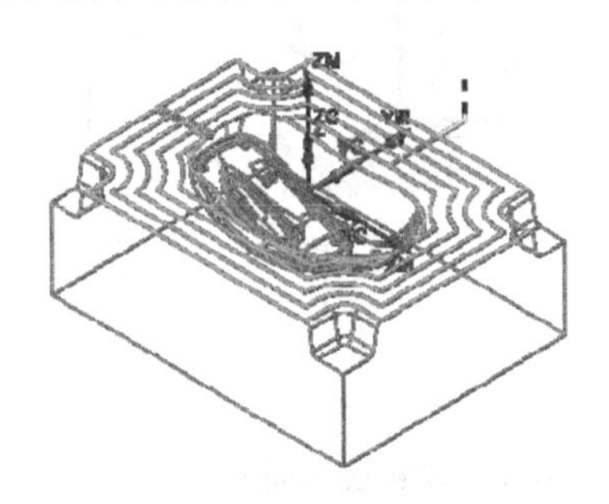

图 3-26　生成分型面光刀

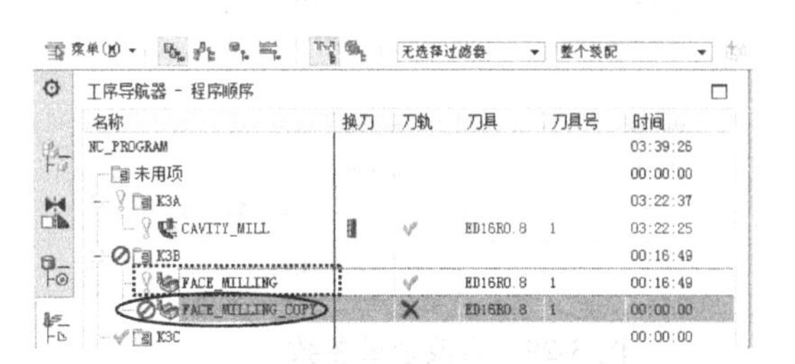

图 3-27　复制刀路

（2）选择加工边界

双击刚复制的刀路 FACE_MILLING_COPY ，系统弹出【面铣】对话框，单击【几何体】栏右侧的【更多】按钮展开对话框，从其中单击【指定面边界】按钮，系统弹出【毛坯边界】对话框，单击【列表】的按钮移除，将之前的边界删除。然后单击【添加新集】按钮，选择 4 处模锁底部水平面，注意每选择一处曲面就单击【添加新集】按钮，如图 3-28 所示，单击【确定】按钮。

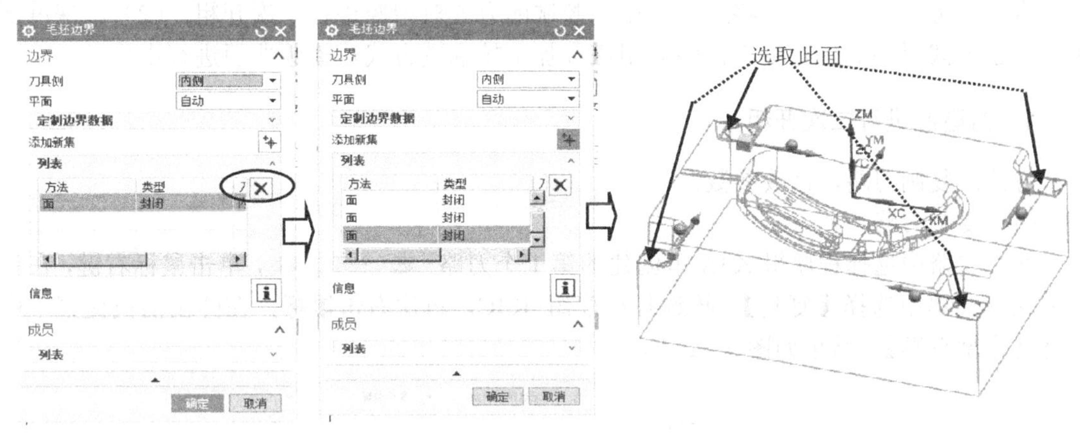

图 3-28　选取模锁底部平面

（3）设置切削参数

在系统弹出的【面铣】对话框中，单击【切削参数】按钮，系统弹出【切削参数】对话框，在【余量】选项卡，设置【部件余量】为“0.35”，【壁余量】为“0.35”，【最终底面余量】为“0”，如图 3-29 所示，单击【确定】按钮。

（4）生成刀路

在系统返回的【型腔铣】对话框中单击【生成】按钮，系统计算出刀路，如图 3-30 所示，单击【确定】按钮。

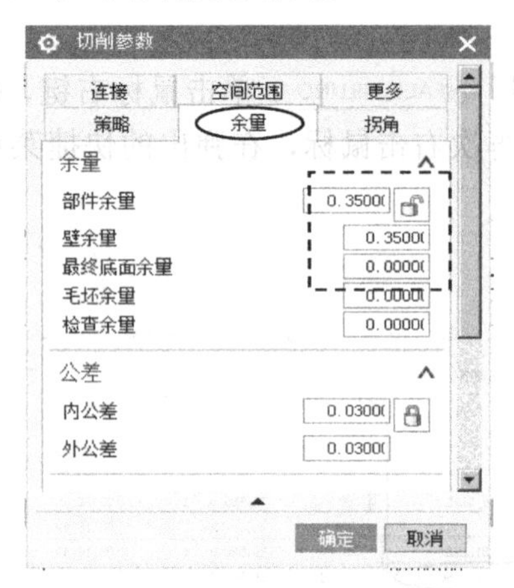

图 3-29　修改余量参数

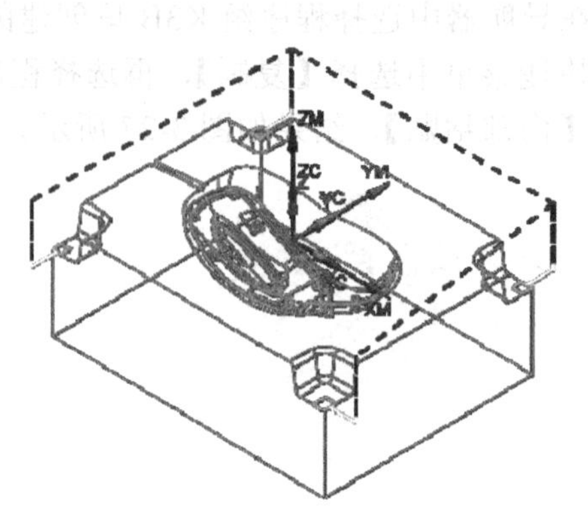

图 3-30　模锁底部面光刀

以上操作视频文件为：\ch03\03-video\03-在程序组 K3B 里创建分型面光刀.exe。

3.3.5　在程序组 K3C 中创建二次开粗

本节任务：创建 3 个刀路。（1）用型腔铣的方式对型腔进行二次开粗；（2）用深度加工轮廓铣方式对型面进行中光；（3）用深度加工轮廓铣方式对模锁曲面进行中光。

1．对型腔进行二次开粗

方法：复制刀路，修改参数。

（1）复制刀路

在导航器中选择程序组 K3A 里创建的第 1 个刀路 CAVITY_MILL，单击鼠标右键，在弹出的快捷菜单中选择【复制】，再选择程序组 K3C，再次右击鼠标，在弹出的快捷菜单中选择【内部粘贴】，结果如图 3-31 所示。

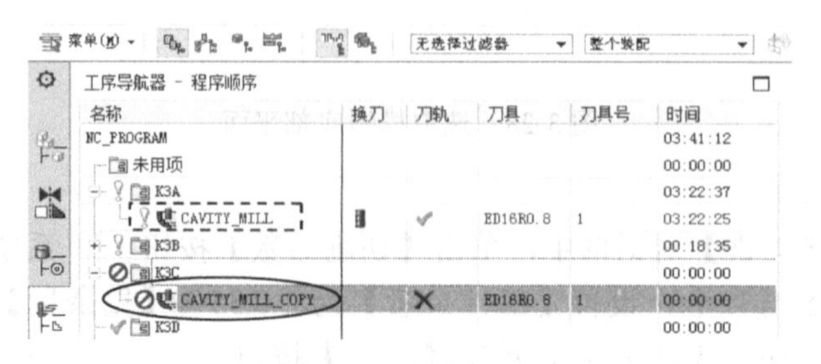

图 3-31　复制刀路

（2）修改刀具参数

双击刚复制的刀路，在弹出的【型腔铣】对话框中单击【工具】栏的【更多】按钮 展开对话框，单击【刀具】的右侧的下三角符号，在弹出的刀具列表中选择ED8 (铣刀-5 参数)。修改层深参数【最大距离】为“0.15”，如图3-32所示，单击折叠对话框。

（3）设置切削参数

在系统弹出的【型腔铣】对话框中，单击【切削参数】按钮，系统弹出【切削参数】对话框，在【余量】选项卡，选择【使底面余量与侧面余量一致】复选框，设置【部件侧面余量】为“0.35”，该数值比K3A刀路中的余量要大，使切削平稳，如图3-33所示。

（4）设置参考刀具参数

在图3-34所示的【切削参数】对话框中选择【空间范围】选项卡，单击【参考刀具】右侧的下三角符号，在弹出的刀具列表中选择ED16R0.8 (铣刀-5 参数)，设置【重叠距离】为“1”，这样可以确保刀具从残料较小位置下刀，如图3-34所示，单击【确定】按钮。

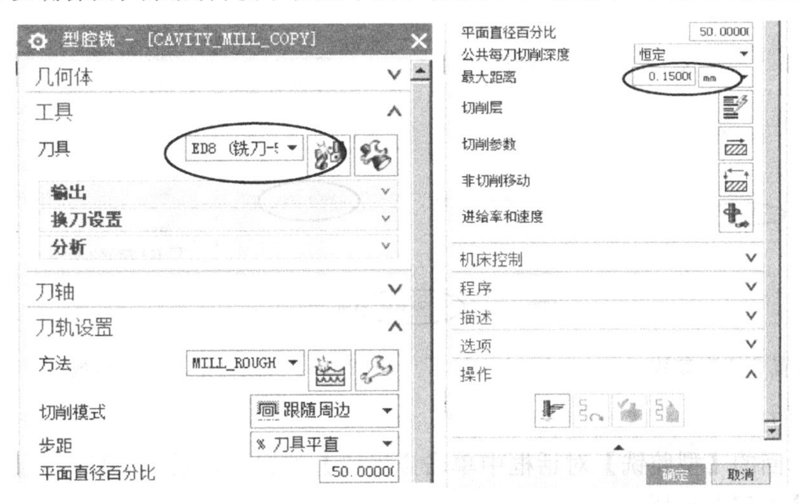

图3-32 型腔铣对话框

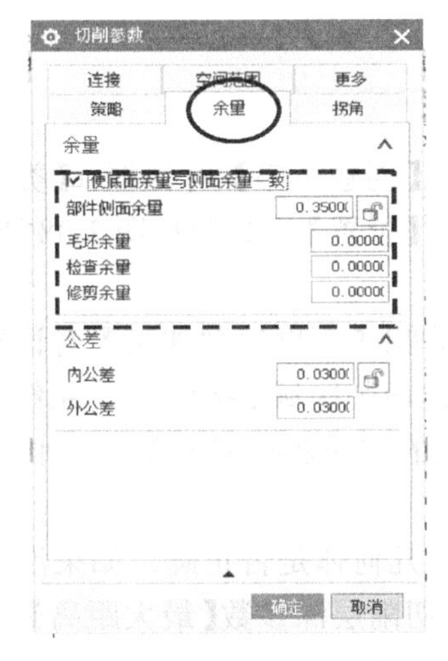

图3-33 修改余量参数

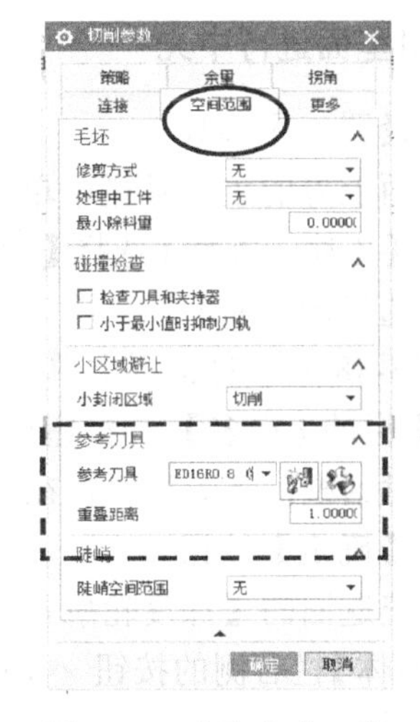

图3-34 选取参考刀具

（5）设置非切削移动参数

在系统返回的【型腔铣】对话框中单击【非切削移动】按钮，系统弹出【非切削移动】对话框，选择【快速/移动】选项卡，在【区域内】栏中设置【转移类型】为“直接”，修改该参数的目的是减少不必要的提刀，如图 3-35 所示。单击【确定】按钮。

（6）设置进给率和转速参数

在【型腔铣】对话框中单击【进给率和速度】按钮，系统弹出【进给率和速度】对话框，设置【主轴速度（rpm）】为“3500”，【进给率】的【切削】为“1200”。单击【计算】按钮。单击【更多】右侧的按钮展开对话框，设置【逼近】、【移刀】及【离开】参数均为切削进给速度的 100%，设置该参数的目的是防止在型腔内以 G00 的方式移刀，应该是以 G01 的方式移刀以确保切削安全，如图 3-36 所示，单击【确定】按钮。

图 3-35 设置非切削参数

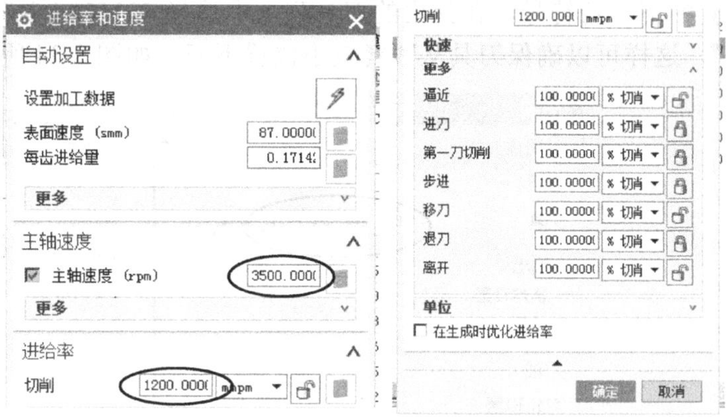

图 3-36 修改进给及转速参数

（7）生成刀路

在系统返回的【型腔铣】对话框中单击【生成】按钮，系统计算出刀路，如图 3-37 所示，单击【确定】按钮。

2. 对型面进行中光

（1）设置工序参数

在界面上方的主工具栏中单击按钮，系统弹出【创建工序】对话框，【类型】选择 mill_contour，【工序子类型】选择【深度轮廓加工】按钮，【位置】中参数按图 3-38 所示设置。

（2）选择加工曲面

在图 3-38 所示对话框中单击【确定】按钮，系统弹出【深度轮廓加工】对话框，单击【几何体】栏的【更多】按钮展开对话框，单击【指定切削区域】按钮，系统弹出【切削区域】对话框，将图形放置在俯视图状态下，用框选的方法选择型腔曲面，如图 3-39 所示，单击【确定】按钮。

在系统返回的【深度轮廓加工】对话框中检查其他几何体是否正确，如果没有错误，单击【几何体】栏右侧的按钮，将此栏参数折叠，修改切削层深参数【最大距离】为“0.15”，如图 3-40 所示。

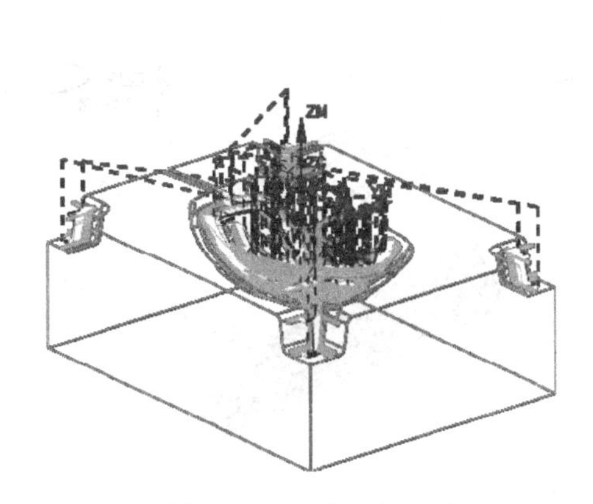

图 3-37　二次开粗刀路

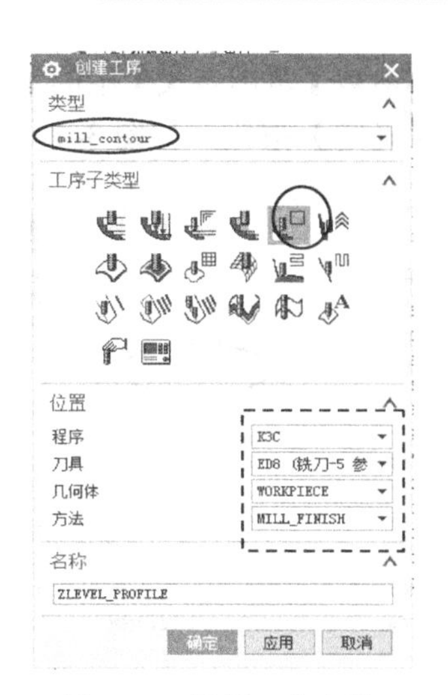

图 3-38　设置工序参数

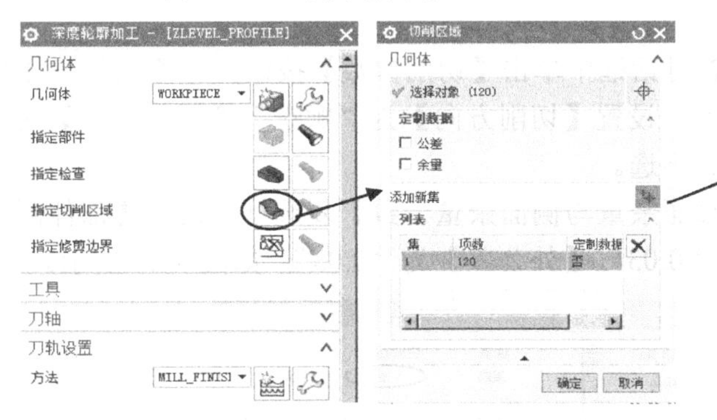

图 3-39　选取加工曲面

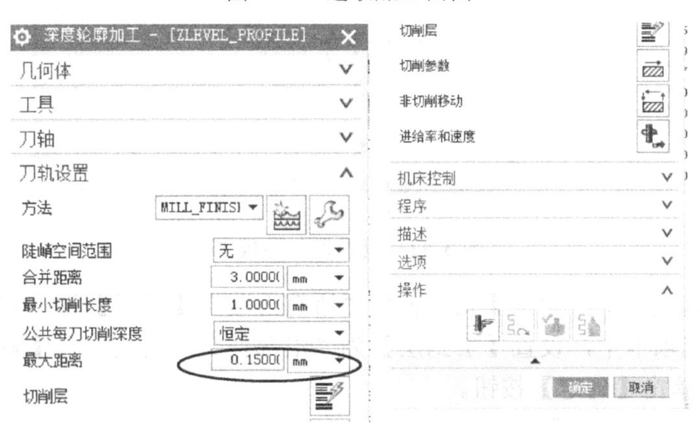

图 3-40　深度轮廓加工对话框

（3）设置切削层参数

在【深度轮廓加工】对话框中单击【切削层】按钮，系统弹出【切削层】对话框，设置【范围类型】为〔单侧〕，注意这时参数【最大距离】为“0.15”不用重复设置，系统自动以选择的曲面顶部为切削层上部参数，即【范围 1 的顶部】参数【ZC】已经设置为“0”。

将下部参数【范围定义】中的【范围深度】设置为“23.4667”，或者选择图形上的平面 A1，单击【确定】按钮，如图 3-41 所示。

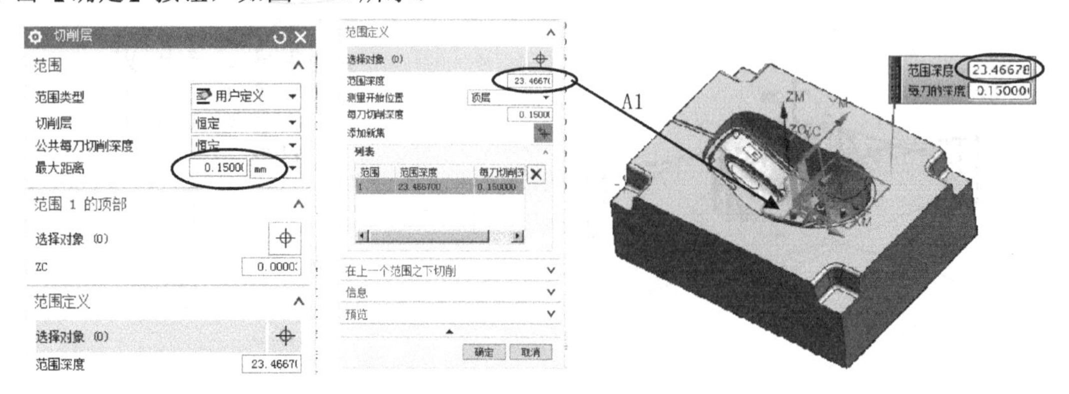

图 3-41　定义切削层

（4）设置切削参数

在系统返回的【深度轮廓加工】对话框中单击【切削参数】按钮，系统弹出【切削参数】对话框，选择【策略】选项卡，设置【切削方向】为“顺铣”，【切削顺序】为“始终深度优先”，【延伸刀轨】栏各参数不选。

在【余量】选项卡，选择【使底面余量与侧面余量一致】复选框，设置【部件侧面余量】为“0.25”，检查【内公差】为“0.03”，【外公差】为“0.03”，如图 3-42 所示。

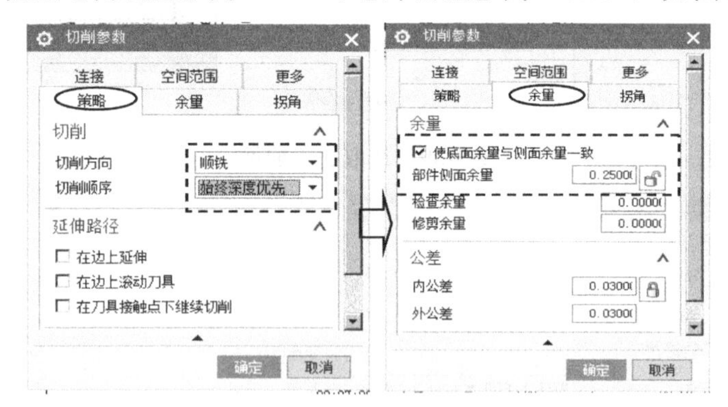

图 3-42　设置切削参数 1

在【拐角】选项卡中，设置【光顺】为“所有刀路”，【半径】为“0.3”。

在【连接】选项卡中，设置【层到层】为“沿部件交叉斜进刀”，【斜坡角】为 3°，如图 3-43 所示，单击【确定】按钮。

（5）设置非切削移动参数

在系统返回到的【深度轮廓加工】对话框中单击【非切削移动】按钮，系统弹出【非切削移动】对话框，选择【进刀】选项卡，在【封闭区域】栏中，设置【进刀类型】为“与开放区域相同”。在【开放区域】栏中，设置【进刀类型】为“圆弧”，【半径】为刀具直径的 50%，【圆弧角度】为 25°。

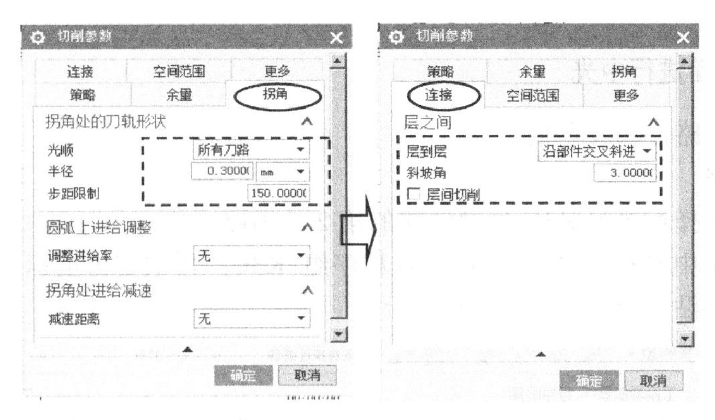

图 3-43　设置切削参数 2

在【转移/快速】选项卡中，设置【转移类型】为“直接”，如图 3-44 所示。其余参数单击【确定】按钮。

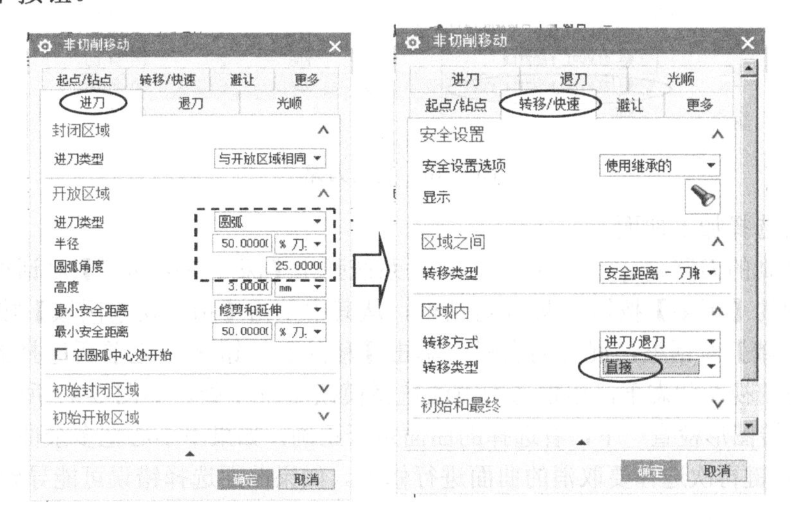

图 3-44　设置非切削移动参数

（6）设置进给率和转速参数

在【深度轮廓加工】对话框中单击【进给率和速度】按钮，系统弹出【进给率和速度】对话框，设置【主轴速度（rpm）】为“3500”，【进给率】的【切削】为“1200”。单击【计算】按钮。单击【更多】右侧的按钮展开对话框，设置【逼近】、【移刀】及【离开】参数均为切削进给速度的 100%，与图 3-36 所示相同，单击【确定】按钮。

（7）生成刀路

在系统返回的【深度轮廓加工】对话框中单击【生成】按钮，系统计算出刀路，如图 3-45 所示，单击【确定】按钮。

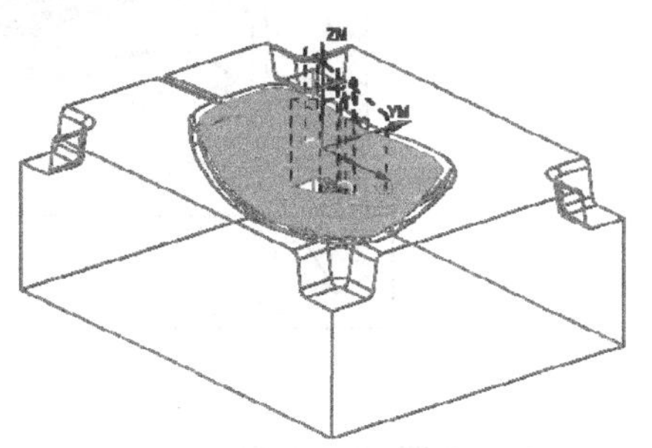

图 3-45　生成型面中光刀路

3．对模锁曲面进行中光

方法：复制刀路，修改参数。

（1）复制刀路

在导航器中选择程序组 K3C 里刚创建的第 2 个刀路 ZLEVEL_PROFILE，单击鼠标右键，在弹出的快捷菜单中选择【复制】，再选择程序组 K3C，再次右击鼠标，在弹出的快捷菜单中选择【内部粘贴】，结果如图 3-46 所示。

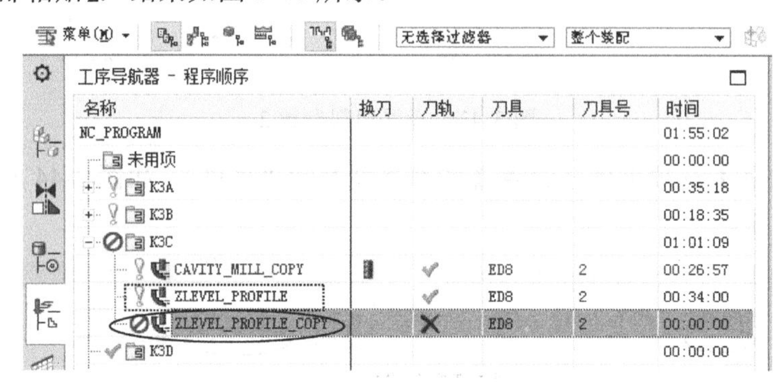

图 3-46　复制刀路

（2）重新选择加工曲面

双击刚复制的刀路 ZLEVEL_PROFILE_COPY，系统弹出【深度轮廓加工】对话框，单击【几何体】栏右侧的【更多】按钮展开对话框，从其中单击【指定切削区域】按钮，系统弹出【切削区域】对话框，展开列表栏，单击【移除】按钮将之前所选择的曲面删除。将图形放置在俯视图状态下，用框选的方法选择模锁曲面 4 处，如图 3-47 所示。单击【确定】按钮。旋转图形检查一下，看选择的曲面是否正确，如果不小心把多余曲面选择上，可以通过按 Shift 键再次选择要取消的曲面进行修改。如果曲面选择错误可能导致刀路异常。

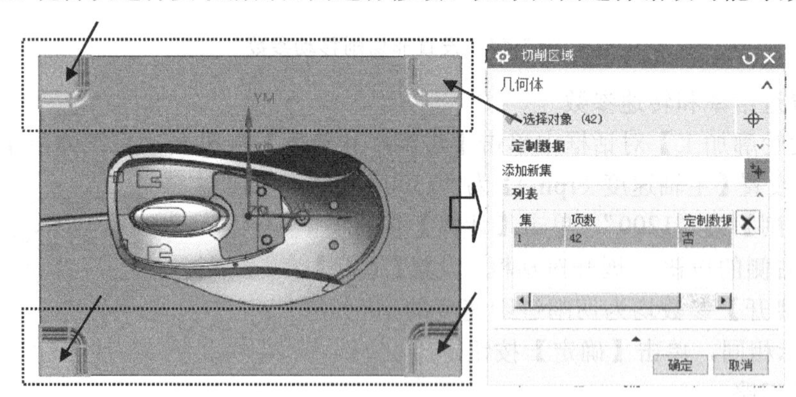

图 3-47　选取加工面

（3）设置切削参数

在系统弹出的【深度轮廓加工】对话框中，单击【切削参数】按钮，系统弹出【切削参数】对话框，选择【策略】选项卡，在【切削】栏中设置【切削方向】为“混合”，【切

削顺序】为“始终深度优先”。在【延伸刀轨】栏中，选择【在边上延伸】复选框，【距离】为“0.3”。这样设置参数可以避免不必要的提刀动作。

在【连接】选项卡中，设置【层到层】为“直接对部件进刀”，如图 3-48 所示，单击【确定】按钮。

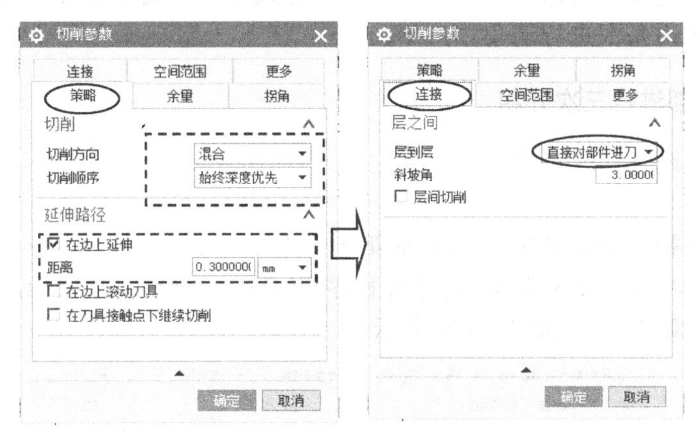

图 3-48　选取切削参数

在本例【连接】选项卡中的【层到层】选择为“直接对部件进刀”只可以用于切削量较小的情况，如果切削量很大的话可能会顶刀。另外，本例还设置了刀路延伸选项，可以保证层到层下刀时避免顶刀。

（4）生成刀路

在系统返回到的【深度轮廓加工】对话框中单击【生成】按钮，系统计算出刀路，如图 3-49 所示，单击【确定】按钮。

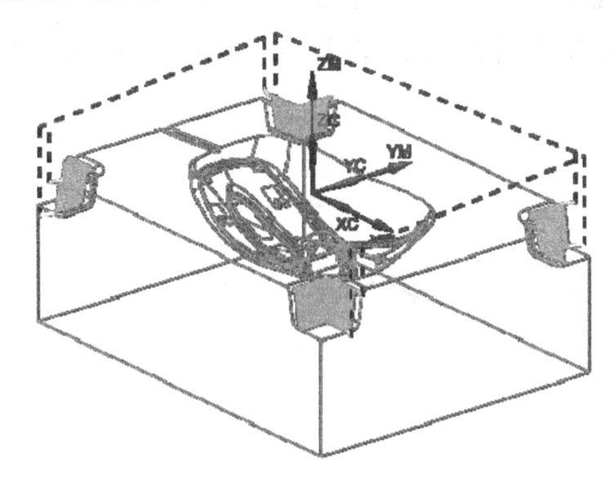

图 3-49　生成模锁中光刀路

以上操作视频文件为：\ch03\03-video\04-在程序组 K3C 中创建二次开粗.exe。

3.3.6 在程序组 K3D 中创建三次开粗清角

本节任务：创建 2 个刀路。（1）用型腔铣的方式对型腔底部进行三次开粗；（2）用深度加工拐角铣方式对型面进行清角。

1. 对型腔底部进行三次开粗

方法：复制刀路，修改参数。

（1）复制刀路

在导航器中选择程序组 K3C 里创建的第 1 个刀路 CAVITY_MILL_COPY ，单击鼠标右键，在弹出的快捷菜单中选择【复制】，再选择程序组 K3D，再次右击鼠标，在弹出的快捷菜单中选择【内部粘贴】，结果如图 3-50 所示。

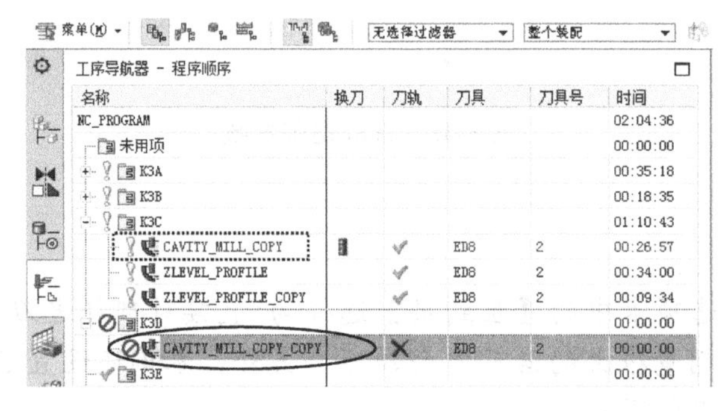

图 3-50 复制刀路

（2）修改刀具

双击刚复制出来的刀路，在弹出的【型腔铣】对话框中单击【工具】栏的【更多】按钮 展开对话框，单击【刀具】的右侧的下三角符号，在弹出的刀具列表中选择 ED4 (铣刀-5 参数) 。修改层深参数【最大距离】为“0.1”，如图 3-51 所示，单击 按钮折叠对话框。

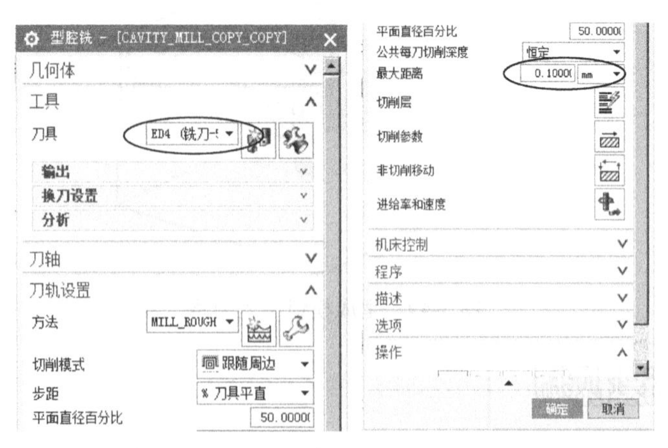

图 3-51 型腔铣对话框

（3）修改切削层参数

在图 3-51 所示的【型腔铣】对话框中单击【切削层】按钮，系统弹出【切削层】对话框，检查【范围类型】已经设为单侧，单击【范围 1 的顶部】栏的【选择对象】按钮，然后在图形上选择 A1 平面，注意系统已经修改了【ZC】为“–23.4667”。其余参数默认，单击【确定】按钮，如图 3-52 所示。

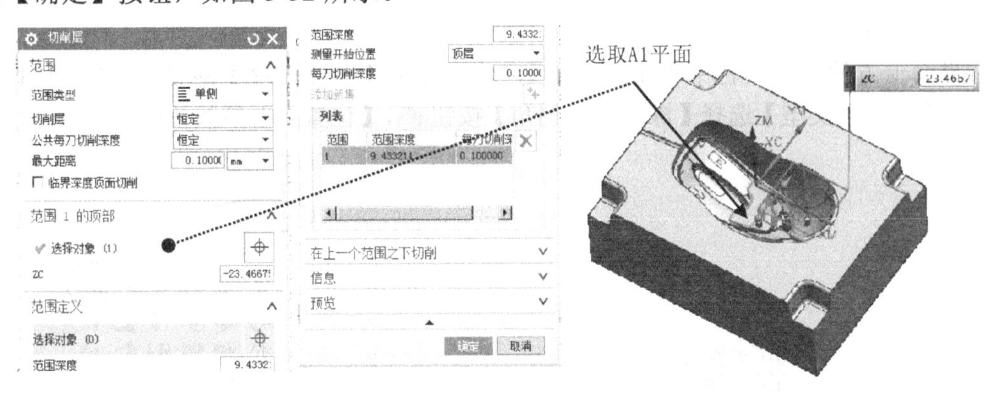

图 3-52　定义加工范围

（4）设置参考刀具参数

在图 3-51 所示的对话框中单击【切削参数】按钮，系统弹出【切削参数】对话框，选择【空间范围】选项卡，单击【参考刀具】右侧的下三角符号，在弹出的刀具列表里选择“NONE”，如图 3-53 所示，单击【确定】按钮。

（5）设置进给率和转速参数

在【型腔铣】对话框中单击【进给率和速度】按钮，系统弹出【进给率和速度】对话框，修改【主轴速度（rpm）】为“4500”，【进给率】的【切削】为“1200”，其余参数默认，如图 3-54 所示，单击【确定】按钮。

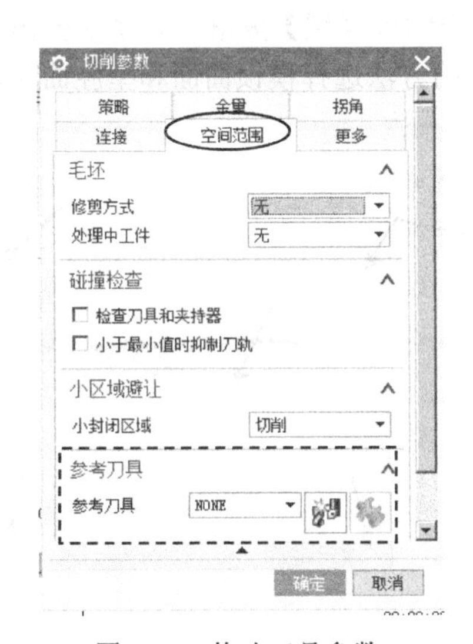

图 3-53　修改刀具参数

图 3-54　修改转速

（6）生成刀路

在系统返回到的【型腔铣】对话框中单击【生成】按钮，系统计算出刀路，如图 3-55 所示，单击【确定】按钮。

2．对型面进行清角

（1）设置工序参数

在界面上方的主工具栏中单击 按钮，系统弹出【创建工序】对话框，【类型】选择 mill_contour，【工序子类型】选择【深度加工拐角】按钮，【位置】中参数按图 3-56 所示设置。

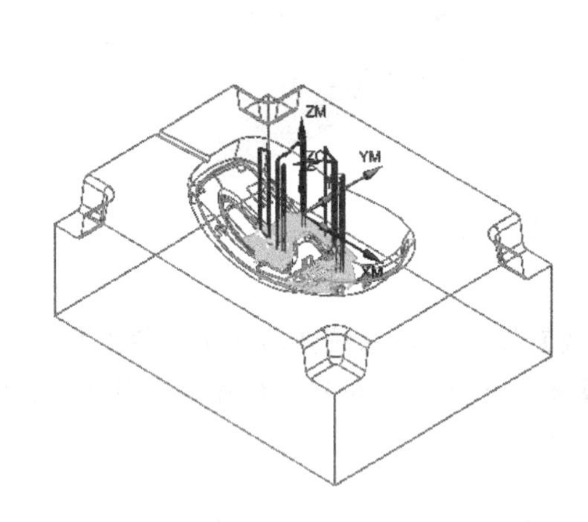

图 3-55　生成三次开粗刀路

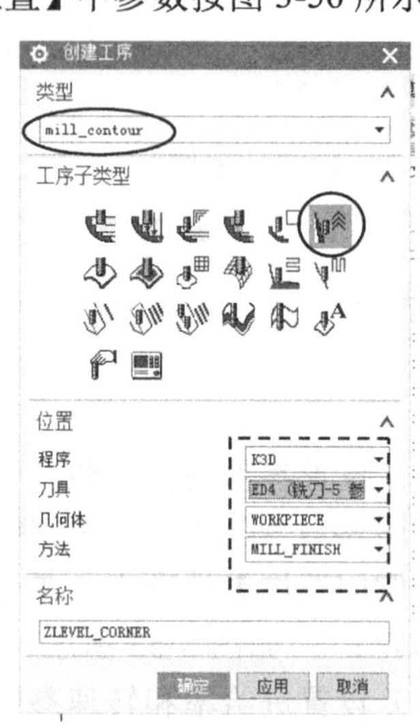

图 3-56　设置工序参数

（2）选择加工曲面

在图 3-56 所示对话框中单击【确定】按钮，系统弹出【深度加工拐角】对话框，单击【几何体】栏的【更多】按钮展开对话框，单击【指定切削区域】按钮，系统弹出【切削区域】对话框，将图形放置在俯视图状态下，用框选的方法选择模锁曲面和型腔曲面，如图 3-57 所示，单击【确定】按钮。

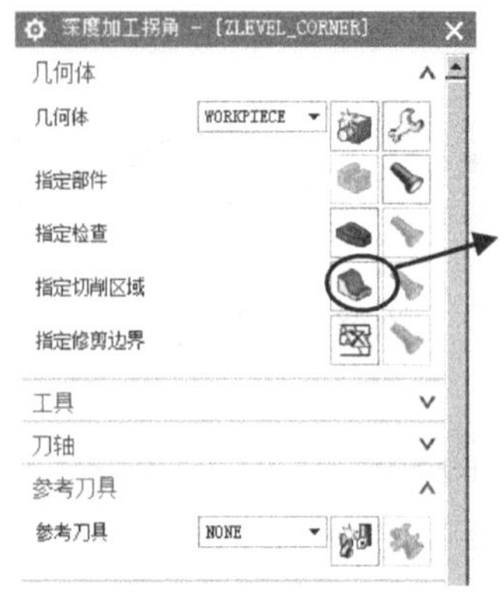

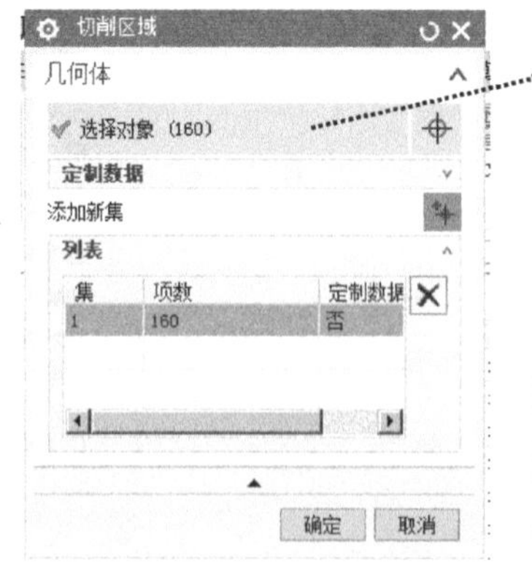

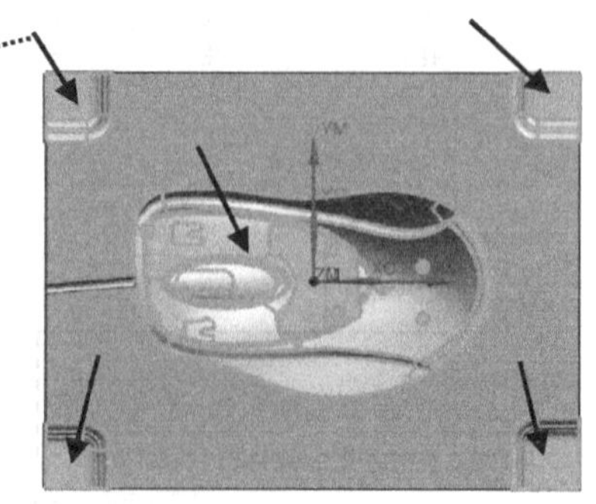

图 3-57　选取加工曲面

（3）设置参考刀具等参数

在系统返回到的【深度加工拐角】对话框中单击【几何体】栏右侧的按钮^，将此栏参数折叠。选择【参考刀具】为ED8 (铣刀-5 参数)，设置【陡峭空间范围】为“无”，修改切削层深参数【最大距离】为“0.1”，如图 3-58 所示。

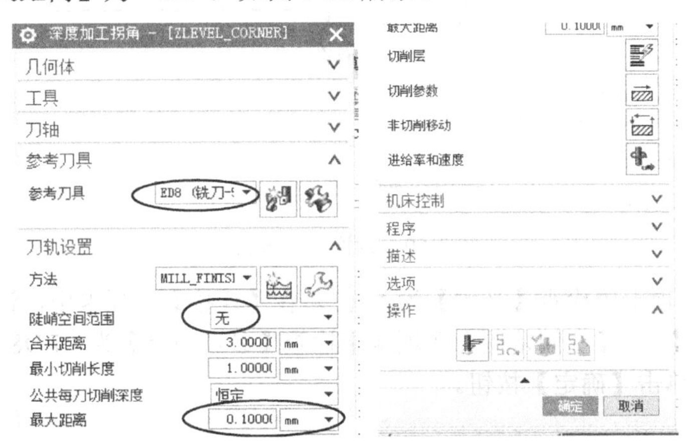

图 3-58　深度加工拐角对话框

（4）设置切削层参数

在【深度加工拐角】对话框中单击【切削层】按钮，系统弹出【切削层】对话框，设置【范围类型】为单侧，检查已经设置层深参数【每刀深度】为“0.1”，【范围 1 的顶部】参数【ZC】已经设置为“0”。将下部参数【范围定义】中的【范围深度】设置为“32.5”，单击【确定】按钮，如图 3-59 所示。

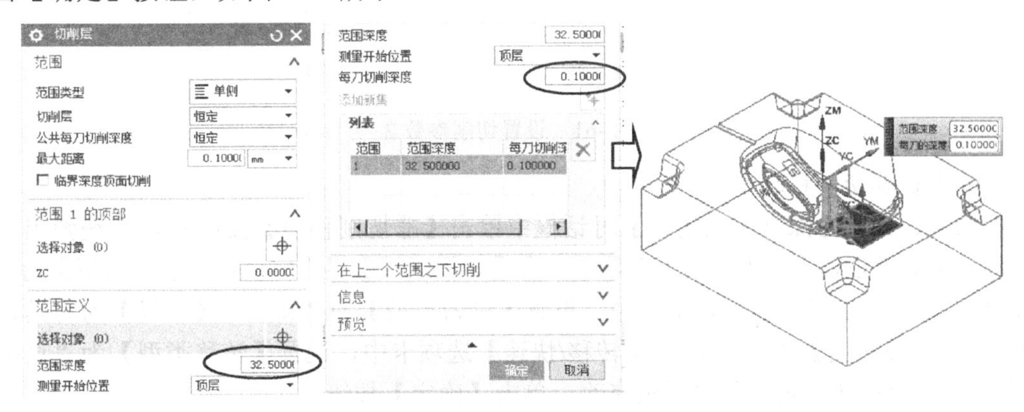

图 3-59　修改切削层参数

（5）设置切削参数

在系统返回的【深度加工拐角】对话框中单击【切削参数】按钮，系统弹出【切削参数】对话框，选择【策略】选项卡，设置【切削方向】为“混合”，【切削顺序】为“始终深度优先”，【延伸刀轨】栏各参数不选。

在【余量】选项卡，选择【使底面余量与侧面余量一致】复选框，设置【部件侧面余量】为“0.3”，检查【内公差】为“0.03”，【外公差】为“0.03”，如图 3-60 所示。

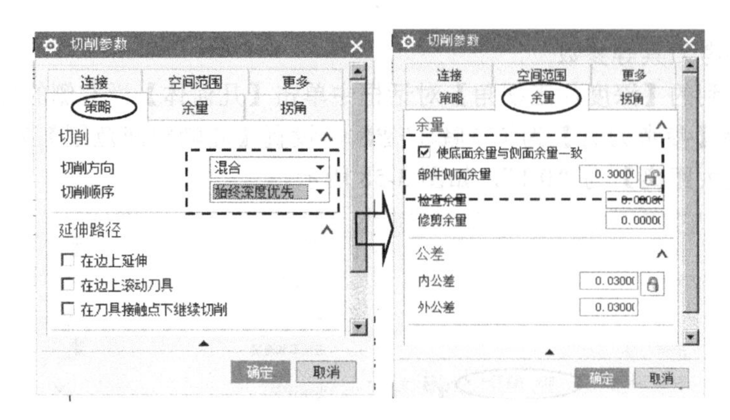

图 3-60　设置切削参数 1

在【拐角】选项卡中检查【光顺】为“无”。在【连接】选项卡中，设置【层到层】为“直接对部件进刀”；在【空间范围】选项卡中检查【参考刀具】为“ED8（铣刀-5 参数）”，如图 3-61 所示，单击【确定】按钮。

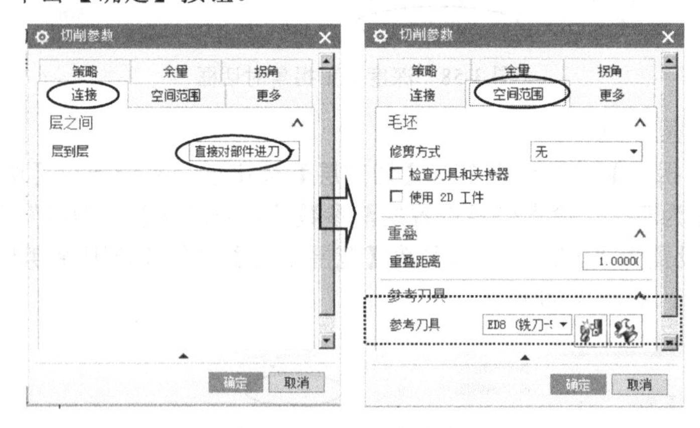

图 3-61　设置切削参数 2

（6）设置非切削移动参数

在系统返回的【深度加工拐角】对话框中单击【非切削移动】按钮，系统弹出【非切削移动】对话框，选择【进刀】选项卡，在【封闭区域】栏中，设置【进刀类型】为“与开放区域相同”。在【开放区域】栏中，设置【进刀类型】为“圆弧”，【半径】为刀具直径的 50%，【圆弧角度】为 25°，在【转移/快速】选项卡中，设置【转移类型】为“直接”，与图 3-44 所示相同。其余参数不做修改，单击【确定】按钮。

（7）设置进给率和转速参数

在【深度加工拐角】对话框中单击【进给率和速度】按钮，系统弹出【进给率和速度】对话框，设置【主轴速度（rpm）】为“4500”，【进给率】的【切削】为“1200”。单击【计算】按钮。单击【更多】右侧的按钮展开对话框，设置【逼近】、【移刀】及【离开】参数均为切削进给速度的 100%，如图 3-62 所示，单击【确定】按钮。

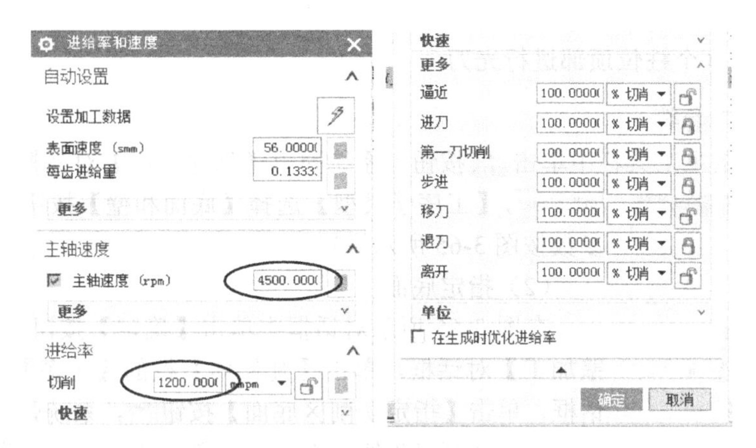

图 3-62　设置进给率和转速

（8）生成刀路

在系统返回到的【深度加工拐角】对话框中单击【生成】按钮，系统计算出刀路，如图 3-63 所示，单击【确定】按钮。

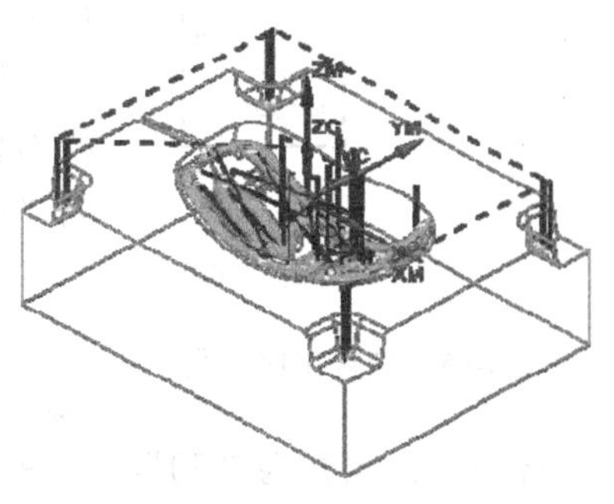

图 3-63　生成清角刀路

以上操作视频文件为：\ch03\03-video\05-在程序组 K3D 中创建三次开粗清角.exe。

3.3.7　在程序组 K3E 中创建碰穿面光刀

本节任务：创建 6 个刀路对图 3-64 所示的部位进行加工。（1）用面铣的方法对 A2 处 3 个柱位顶部进行光刀；（2）对 A3 处的 2 个柱位顶部光刀；（3）用面铣方法对 A4 处平面进行光刀；（4）用面铣方法对 A5 处平面进行光刀；（5）用深度加工轮廓铣方法对 A6 处型腔曲面进行光刀；（6）用深度加工轮廓铣方法对 A7 处柱位曲面进行光刀。

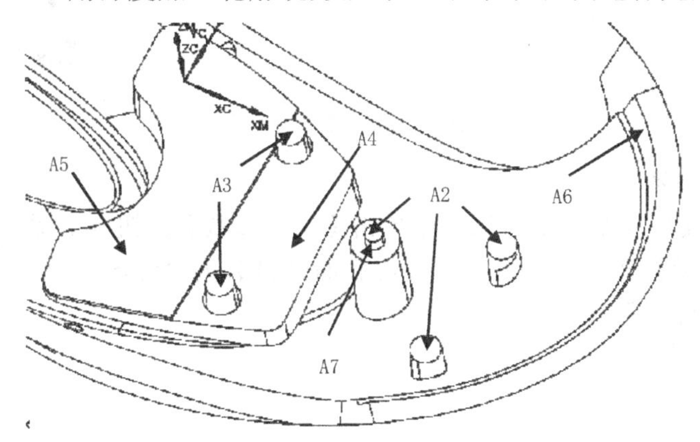

图 3-64　K3E 程序加工部位

1. 对 A2 处 3 个柱位顶部进行光刀

（1）设置工序参数

在界面上方的主工具栏中单击按钮，系统弹出【创建工序】对话框，【类型】选择mill_planar，【工序子类型】选择【底面和壁】按钮，【位置】中参数按图 3-65 所示设置。

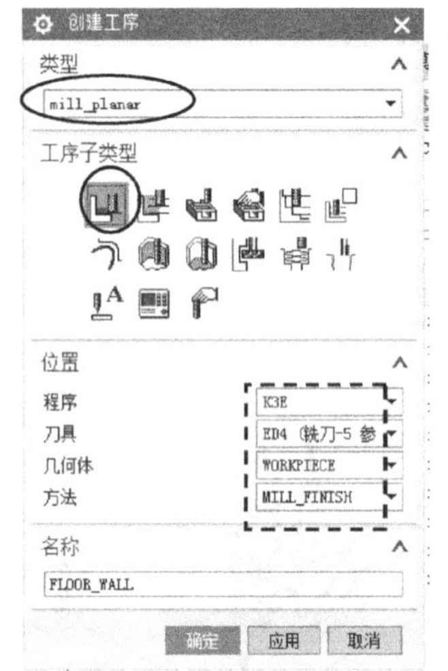

图 3-65 设置工序参数

（2）指定底面

在图 3-65 所示对话框中单击【确定】按钮，系统弹出【底壁加工】对话框，单击【几何体】栏的【更多】按钮展开对话框，单击【指定切削区底面】按钮，系统弹出【切削区域】对话框，选择 A2 处 3 个柱位顶部的水平面，如图 3-66 所示，单击【确定】按钮。

检查其他几何体是否正确，如果没有错误，单击【几何体】栏右侧的按钮，将此栏参数折叠。同理，检查【工具】应该为"ED4"，【刀轴】应该为"垂直第一个面"。

（3）设置切削模式

在【底壁加工】对话框中，设置【切削区域空间范围】为"底面"，【切削模式】为跟随部件，【步距】为"%刀具平直"，【平面直径百分比】为"50"，如图 3-67 所示。

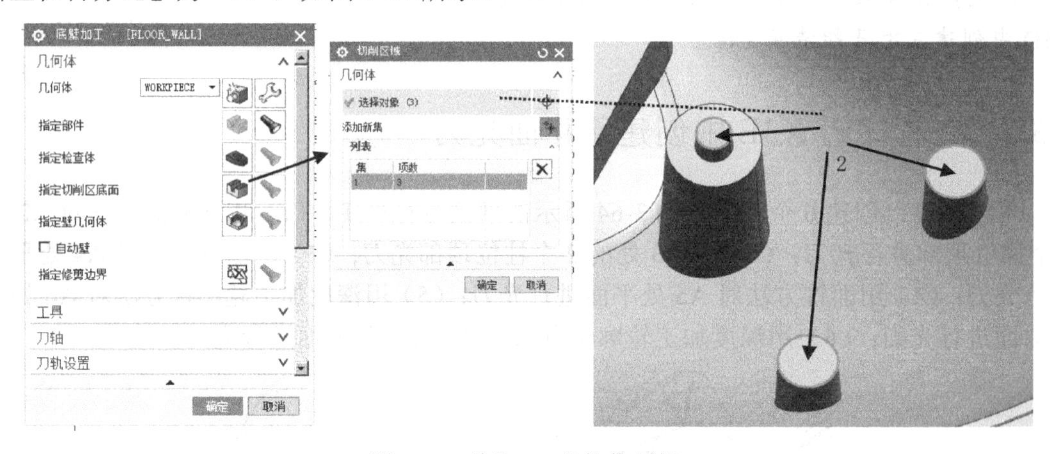

图 3-66 选取 A2 处柱位顶部

（4）设置切削参数

在系统返回的【底壁加工】对话框中单击【切削参数】按钮，系统弹出【切削参数】对话框，选择【余量】选项卡，设置【最终底面余量】为"0.05"，如图 3-68 所示。其余参数默认，单击【确定】按钮。

此处【最终底面余量】为"0.05"，这样就在底部留出余量，有利于模具装配。

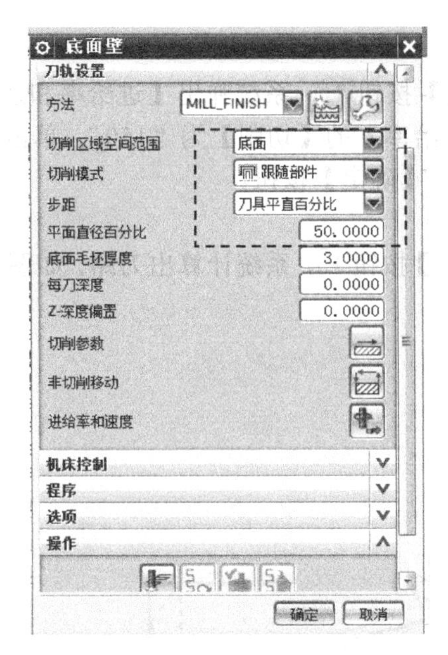

图 3-67 刀轨设置

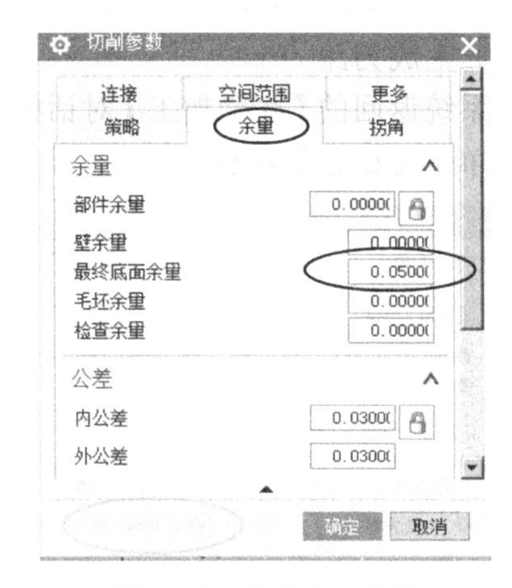

图 3-68 设置余量参数

（5）设置非切削移动参数

在系统返回的【底壁加工】对话框中单击【非切削移动】按钮，系统弹出【非切削移动】对话框，选择【进刀】选项卡，在【封闭区域】栏中，设置【进刀类型】为“与开放区域相同”；在【开放区域】栏中，设置【进刀类型】为“线性”，设置【长度】为“3”。

在【起点/钻点】选项卡中单击【区域起点】栏的【选择点】按钮，在弹出的【点】对话框中输入【X】为“31”，【Y】为“-2”，【Z】为“0”。单击【确定】按钮。目的是修改进刀点位置，使刀具从比较宽敞的区域下刀，以确保安全，结果如图 3-69 所示。其余参数默认，单击【确定】按钮。

图 3-69 设置非切削移动参数

（6）设置进给率和转速参数

在【底壁加工】对话框中单击【进给率和速度】按钮，系统弹出【进给率和速度】对话框，设置【主轴速度（rpm）】为“4500”，【进给率】的【切削】为“150”。单击【计算】按钮，如图 3-70 所示。其余参数默认，单击【确定】按钮。

（7）生成刀路

在系统返回的【底壁加工】对话框中单击【生成】按钮，系统计算出刀路，如图 3-71 所示，单击【确定】按钮。

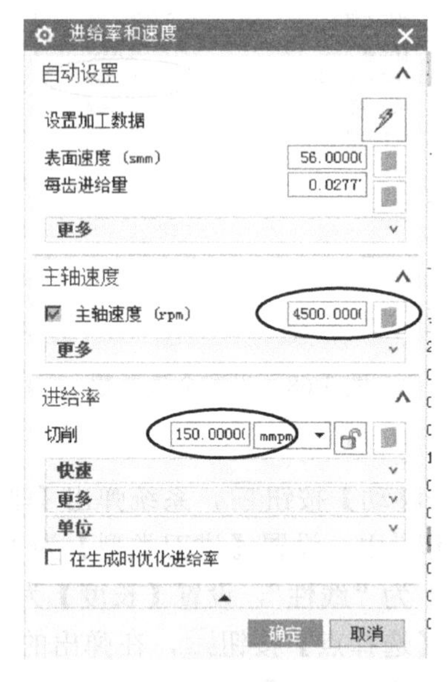

图 3-70 设置进给率和转速

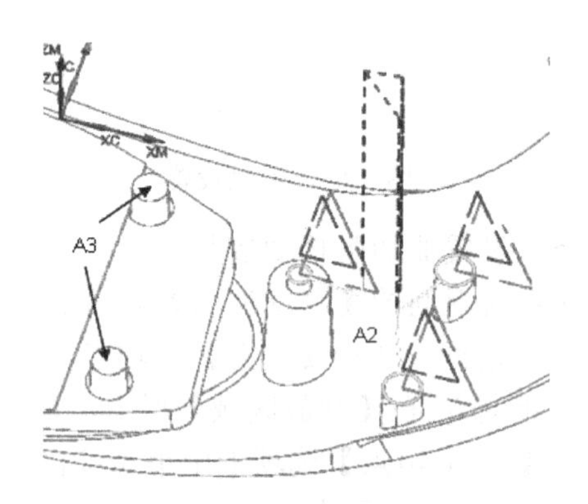

图 3-71 生成 A2 柱位光刀

2．对 A3 处的 2 个柱位顶部光刀

方法：复制刀路，修改参数。

（1）复制刀路

在导航器中选择程序组 K3E 的刀路 FLOOR_WALL，单击鼠标右键，在弹出的快捷菜单中选择【复制】，再选择程序组 K3E，再次右击鼠标，在弹出的快捷菜单中选择【内部粘贴】，结果如图 3-72 所示。

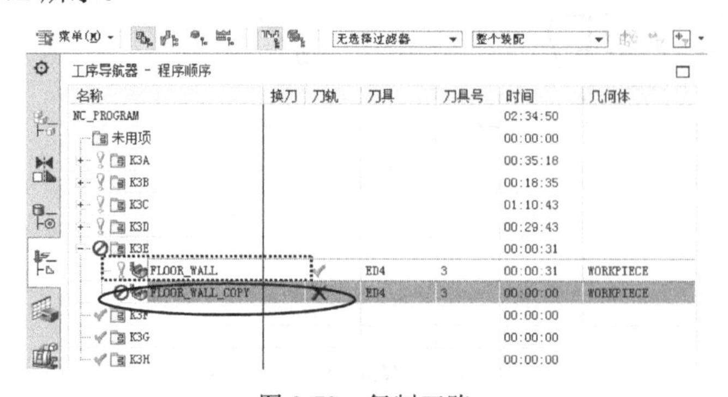

图 3-72 复制刀路

（2）选择加工底面

双击刚复制的刀路 FLOOR_WALL_COPY，系统弹出【底壁加工】对话框，单击【几何体】栏右侧的【更多】按钮展开对话框，从其中单击【指定切削区底面】按钮，系统弹出【切削区域】对话框，单击【移除】按钮，将之前的面删除。选择 A3 处 2 个柱位顶部的水平面，如图 3-73 所示，单击【确定】按钮。

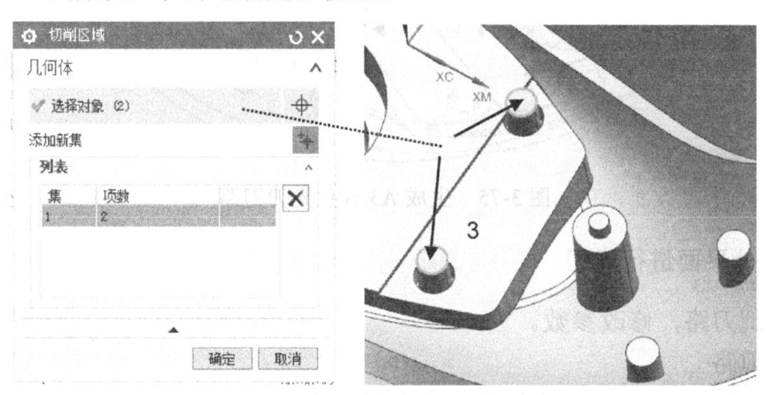

图 3-73　选取加工面

（3）设置非切削移动参数

在系统返回的【底壁加工】对话框中单击【非切削移动】按钮，系统弹出【非切削移动】对话框，在【起点/钻点】选项卡中展开【选择点】对话框，在图形上的点坐标浮动对话框中输入【X】为“–3”，【Y】为“0”，【Z】为“0”。在【非切削移动】对话框中单击【确定】按钮，如图 3-74 所示。

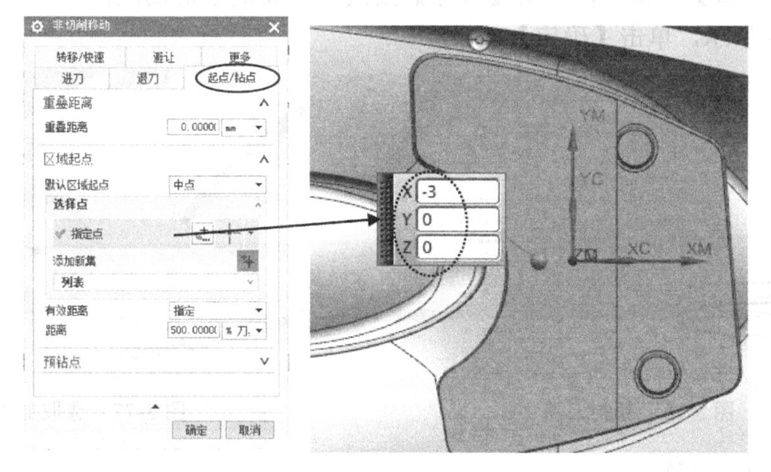

图 3-74　修改进刀点

（4）生成刀路

在系统返回的【底壁加工】对话框中单击【生成】按钮，系统计算出刀路，如图 3-75 所示，单击【确定】按钮。

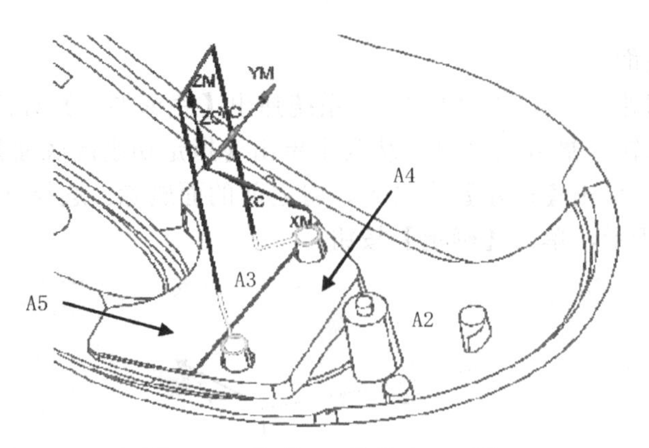

图 3-75　生成 A3 柱位光刀刀路

3. 对 A4 处平面进行光刀

方法：复制刀路，修改参数。

（1）复制刀路

在导航器中选择程序组 K3E 的第 2 个刀路 FLOOR_WALL_COPY，单击鼠标右键，在弹出的快捷菜单中选择【复制】，再选择程序组 K3E，再次右击鼠标，在弹出的快捷菜单中选择【内部粘贴】，结果如图 3-76 所示。

（2）选择加工底面

双击刚复制的刀路 FLOOR_WALL_COPY_COPY，系统弹出【底壁加工】对话框，单击【几何体】栏右侧的【更多】按钮展开对话框，从其中单击【指定切削区底面】按钮，系统弹出【切削区域】对话框，单击【移除】按钮，将之前的面删除。选择 A4 处的水平面，如图 3-77 所示，单击【确定】按钮。

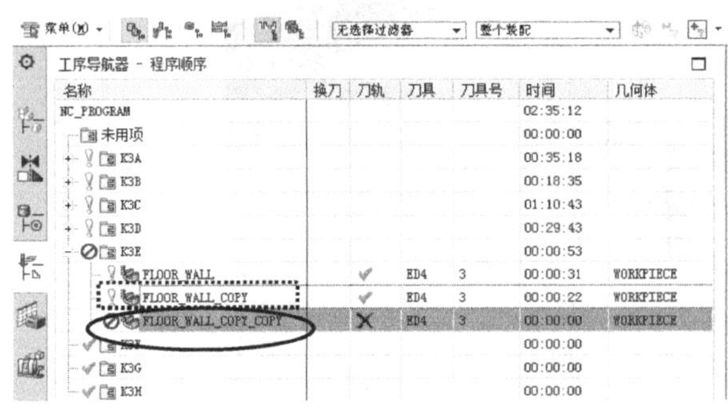

图 3-76　复制刀路

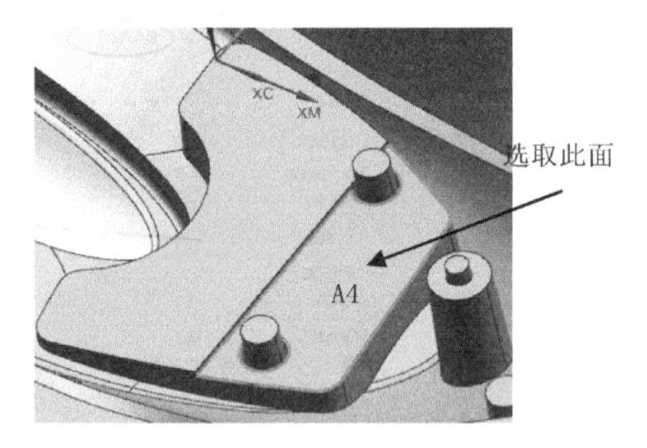

图 3-77　选取加工面 A4

（3）选择壁几何体

在【底壁加工】对话框中单击【指定壁几何体】按钮，系统弹出【壁几何体】对话框，选择如图 3-78 所示的曲面。单击【确定】按钮，折叠【几何体】对话框。

（4）设置切削模式

在【底壁加工】对话框中，检查设置【切削区域空间范围】为“底面”，【切削模式】为跟随周边，【步路】为“%刀具平直”，【平面直径百分比】为“50”，如图 3-79 所示。

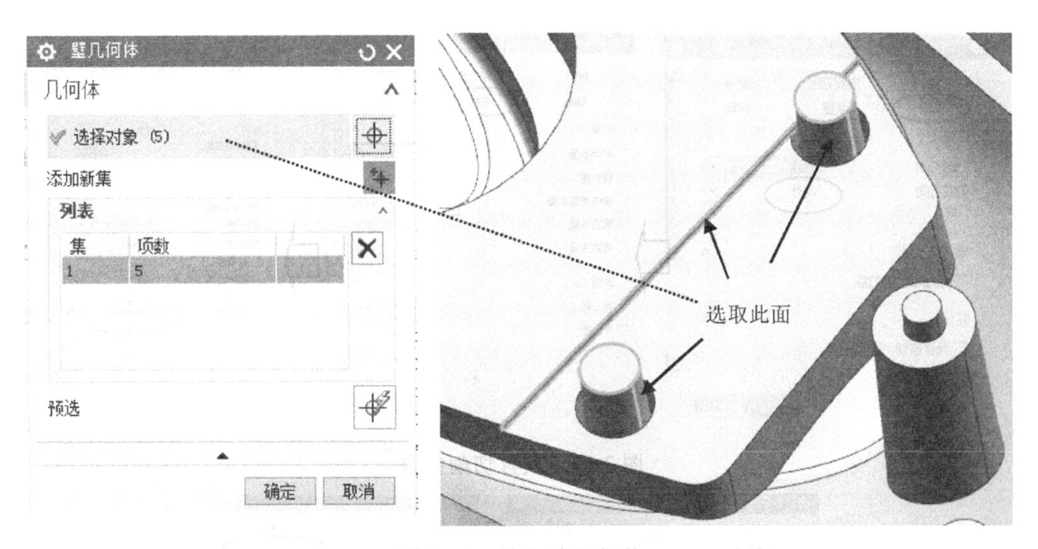

图 3-78　选取壁几何体

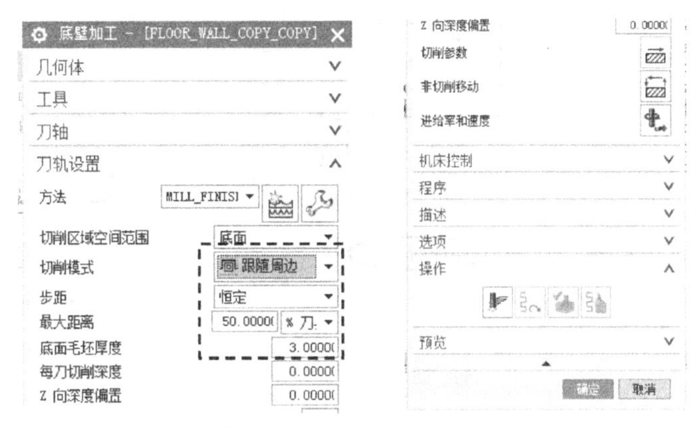

图 3-79　修改切削模式

（5）设置切削参数

在系统返回的【底壁加工】对话框中单击【切削参数】按钮，系统弹出【切削参数】对话框，选择【策略】选项卡，设置【刀路方向】为“向外”。

选择【余量】选项卡，设置【部件余量】为“0.3”,【壁余量】为“0.3”,【最终底面余量】为“0”，如图 3-80 所示，其余参数默认。

选择【空间范围】选项卡，设置【刀具延展量】为刀具直径的 70%，如图 3-80 所示，单击【确定】按钮。

（6）设置非切削移动参数

在系统返回的【底壁加工】对话框中单击【非切削移动】按钮，系统弹出【非切削移动】对话框，在【进刀】选项卡中，设置【斜坡角】为 3°，设置【开放区域】的【进刀类型】为“与封闭区域相同”。

在【起点/钻点】选项卡中展开【选择点】的【列表】对话框，单击【移除】按钮将之前的进刀点删除。单击【确定】按钮，如图 3-81 所示。

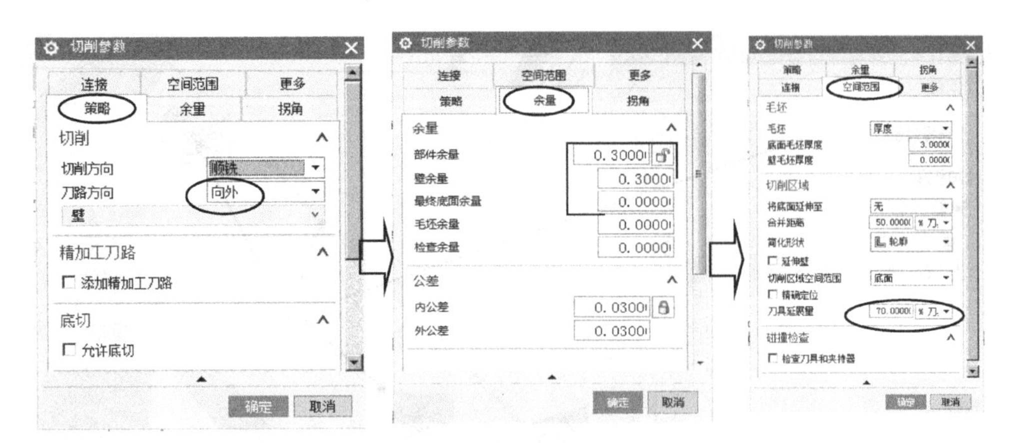

图 3-80　设置切削参数

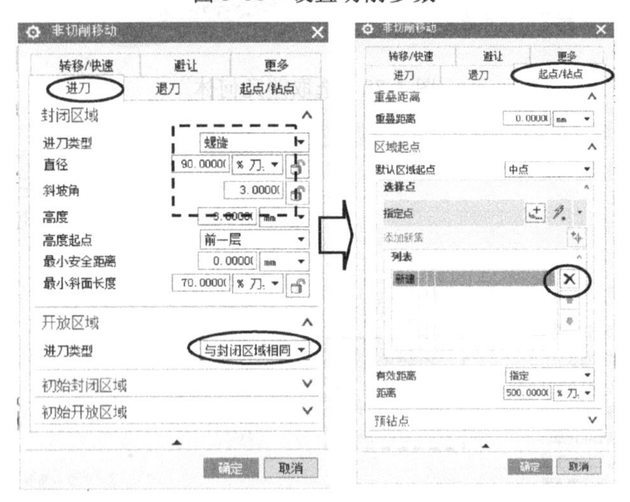

图 3-81　设置非切削移动参数

（7）生成刀路

在系统返回的【底壁加工】对话框中单击【生成】按钮，系统计算出刀路，如图 3-82 所示。单击【确定】按钮。注意这里螺旋下刀的距离有点长，可以通过修改图 3-81【非切削移动】对话框中的进刀【高度起点】为“当前层”来改善。

4. 对 A5 处平面进行光刀

方法：复制刀路，修改参数。

（1）复制刀路

在导航器中选择程序组 K3E 里的刚创建的第 3 个刀路 FLOOR_WALL_COPY_COPY，单击鼠标右键，在弹出的快捷菜单中选择【复制】，再选择程序组 K3E，再次右击鼠标，在弹出的快捷菜单中选择【内部粘贴】，结果如图 3-83 所示。

（2）选择加工底面

双击刚复制的刀路 FLOOR_WALL_COPY_COPY_COPY，系统弹出【底壁加工】对话框，单击【几何体】栏右侧的【更多】按钮展开对话框，从其中单击【指定切削区底面】按钮，系统弹出【切削区域】对话框，单击【移除】按钮，将之前的面删除。选择 A5 处的水平面，如图 3-84 所示，单击【确定】按钮。

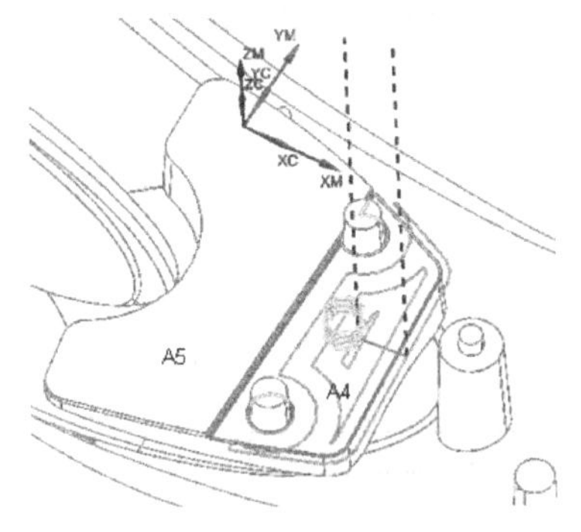

图 3-82　水平面 A4 光刀

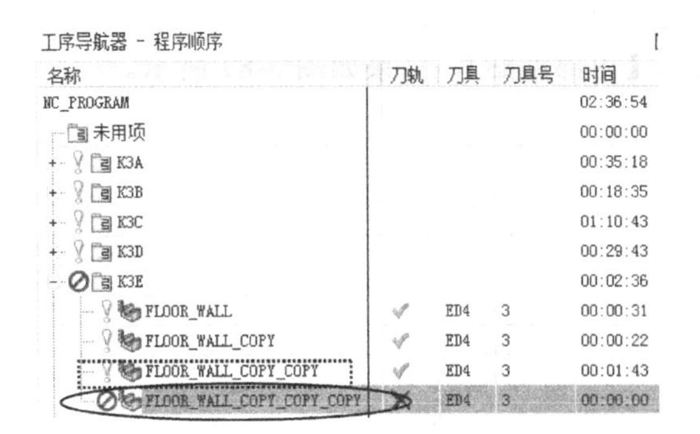

图 3-83　复制刀路

（3）选择壁几何体

在【底壁加工】对话框中单击【指定壁几何体】按钮，系统弹出【壁几何体】对话框，单击【移除】按钮，将之前的面删除，再选择如图 3-85 所示的柱位曲面，单击【确定】按钮，折叠【几何体】对话框。

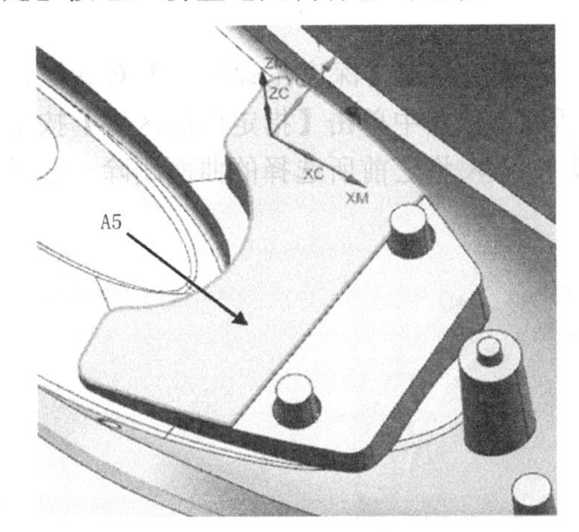

图 3-84　选择 A5 处平面

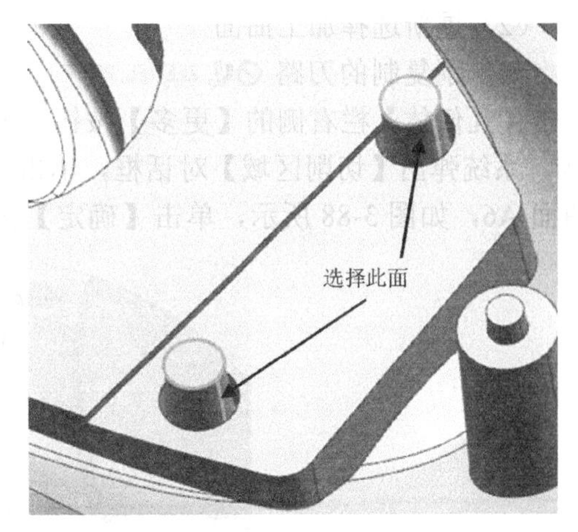

图 3-85　选择壁几何体

此处还可以不用删除之前的曲面，而是按住 Shift 键的同时选择不需要的曲面。

（4）生成刀路

在系统返回的【底壁加工】对话框中单击【生成】按钮，系统计算出刀路，如图 3-86 所示，单击【确定】按钮。

5. 对 A6 处型腔曲面进行光刀

方法：复制刀路，修改参数。

（1）复制刀路

在导航器中选择程序组 K3C 的第 3 个刀路 ZLEVEL_PROFILE_COPY，单击鼠标右键，在弹出的快捷菜单中选择【复制】，再选择程序组 K3E，再次右击鼠标，在弹出的快捷菜单中选择【内部粘贴】，结果如图 3-87 所示。

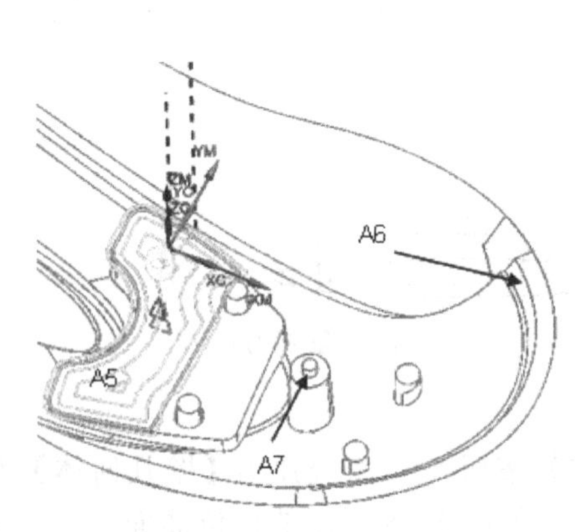

图 3-86　生成 A5 处平面光刀

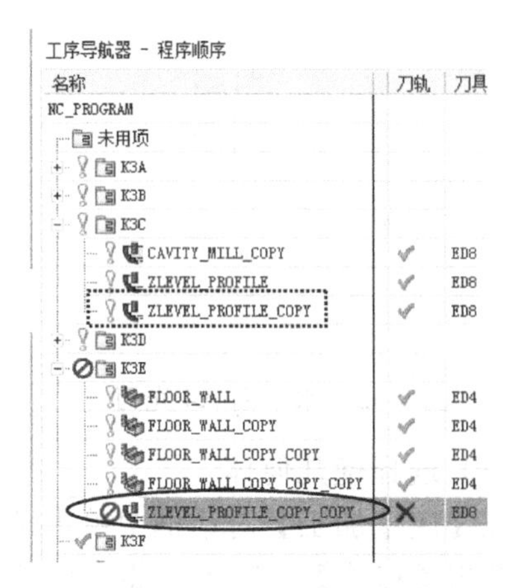

图 3-87　复制刀路

（2）重新选择加工曲面

双击刚复制的刀路 ZLEVEL_PROFILE_COPY_COPY，系统弹出【深度轮廓加工】对话框，单击【几何体】栏右侧的【更多】按钮展开对话框，从中单击【指定切削区域】按钮，系统弹出【切削区域】对话框，单击【移除】按钮将之前所选择的曲面删除。选择曲面 A6，如图 3-88 所示，单击【确定】按钮。

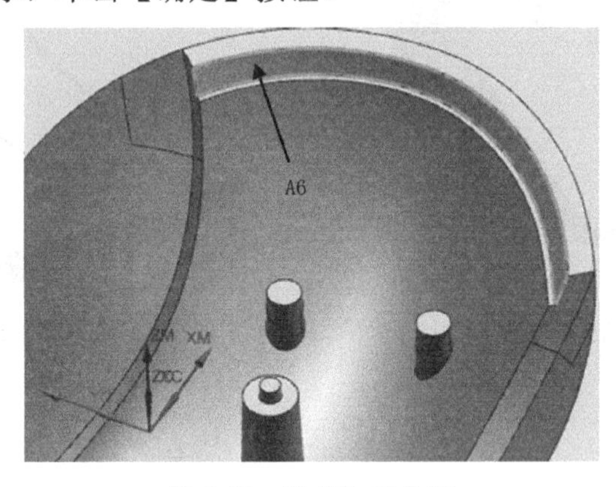

图 3-88　选择加工曲面

（3）修改刀具

在【深度轮廓加工】对话框中单击【工具】栏的【更多】按钮展开对话框，单击【刀具】的右侧的下三角符号，在弹出的刀具列表中选择 ED4 (铣刀-5 参)。修改层深参数【最大距离】为“0.05”，如图 3-89 所示，单击按钮折叠对话框。

（4）设置切削层参数

在【深度轮廓加工】对话框中单击【切削层】按钮，系统弹出【切削层】对话框，

检查【范围类型】为☰单侧，【最大距离】为“0.05”，修改【范围 1 的顶部】参数【ZC】为“0”。选择定义切削层的下部参数【范围定义】，输入【范围深度】为“2.5125”，如图 3-90 所示，单击【确定】按钮。

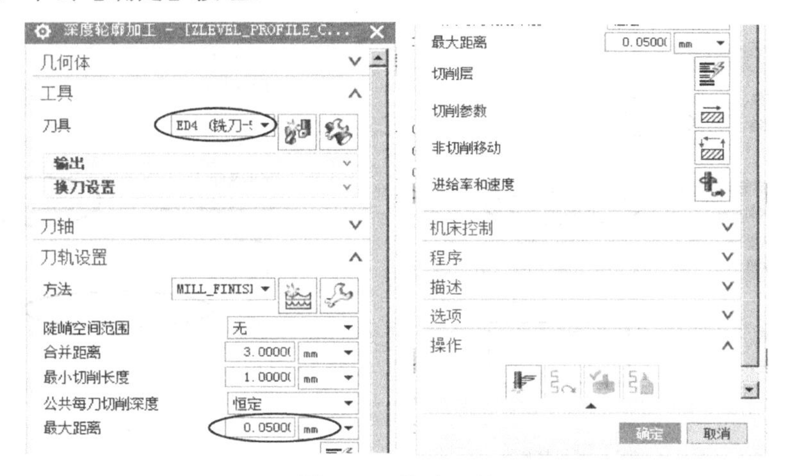

图 3-89 修改刀具

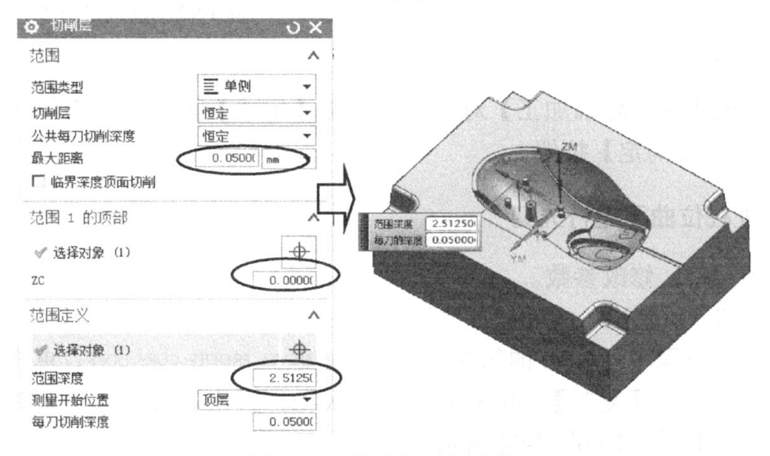

图 3-90 修改切削层参数

此处还可以通过抓取图形上的特征点来确定切削层范围参数。

（5）设置切削参数

在系统弹出的【深度轮廓加工】对话框中，单击【切削参数】按钮，系统弹出【切削参数】对话框，选择【余量】选项卡，选择【使底面余量与侧面余量一致】复选框，设置【部件侧面余量】为“0”，【内公差】为“0.01”，【外公差】为“0.01”，如图 3-91 所示。单击【确定】按钮。

（6）设置进给率和转速参数

在【深度轮廓加工】对话框中单击【进给率和速度】按钮，系统弹出【进给率和速度】对话框，修改【主轴速度（rpm)】为“4500”,【进给率】的【切削】为“500”。单击【计算】按钮，如图 3-92 所示，单击【确定】按钮。

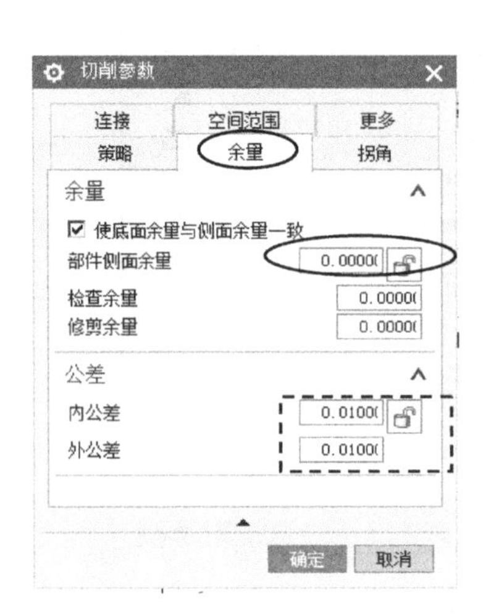

图 3-91　修改余量参数

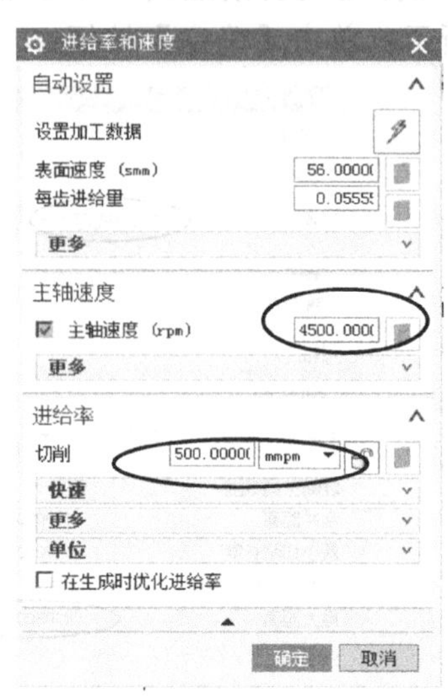

图 3-92　修改进给率及转速

（7）生成刀路

在系统返回的【深度轮廓加工】对话框中单击【生成】按钮，系统计算出刀路，如图 3-93 所示，单击【确定】按钮。

6．对 A7 处柱位曲面进行光刀

方法：复制刀路，修改参数。

（1）复制刀路

在导航器中选择程序组 K3E 的第 5 个刀路 ZLEVEL_PROFILE_COPY_COPY，单击鼠标右键，在弹出的快捷菜单中选择【复制】，再选择程序组 K3E，再次右击鼠标，在弹出的快捷菜单中选择【内部粘贴】，结果如图 3-94 所示。

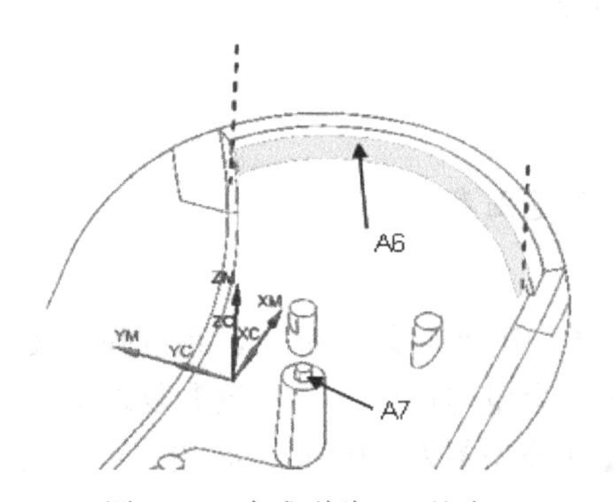

图 3-93　生成型腔 A6 处光刀

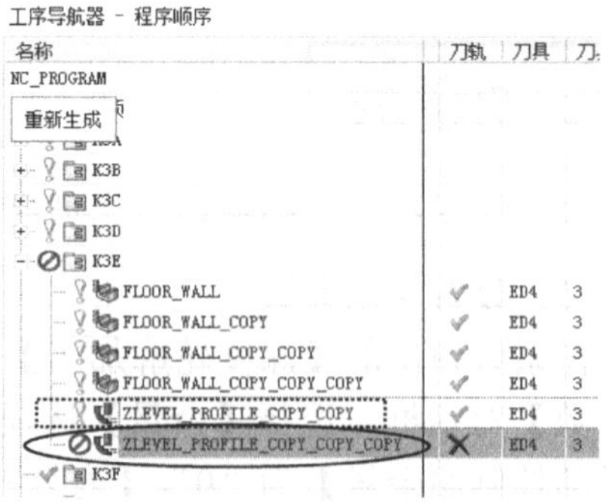

图 3-94　复制刀路

（2）重新选择加工曲面

双击刚复制的刀路 ZLEVEL_PROFILE_COPY_COPY_COPY，系统弹出【深度轮廓加工】对话框，单击【几何体】栏右侧的【更多】按钮 展开对话框，从其中单击【指定切削区域】按钮，系统弹出【切削区域】对话框，单击【移除】按钮将之前所选择的曲面删除。选择柱位曲面A7，如图3-95所示，单击【确定】按钮。

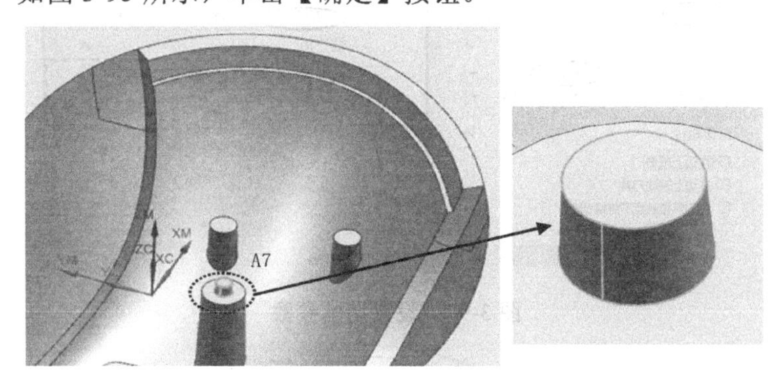

图3-95　选择加工曲面

（3）设置切削层参数

在【深度轮廓加工】对话框中单击【切削层】按钮，系统弹出【切削层】对话框，检查【范围类型】为单侧，【最大距离】为“0.05”，修改【范围1的顶部】参数【ZC】为“–13.7785”。选择定义切削层的下部参数【范围定义】，输入【范围深度】为“1.5075”，如图3-96所示，单击【确定】按钮。

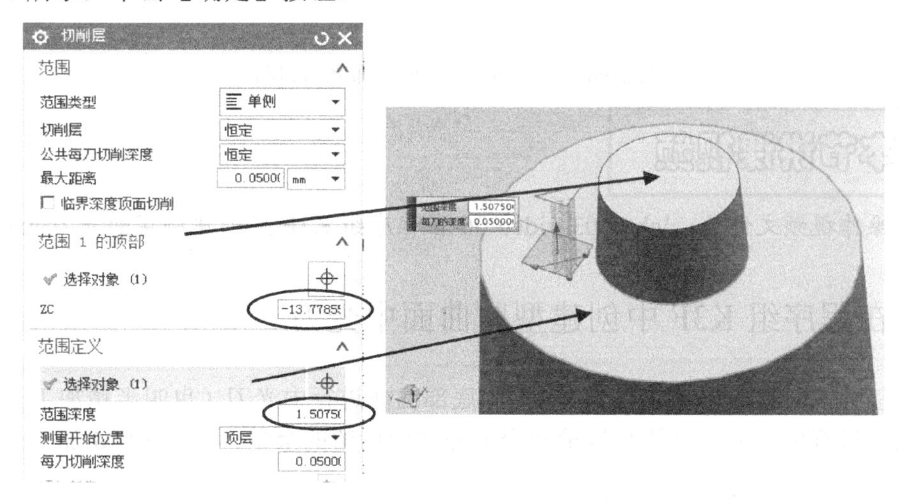

图3-96　设置切削层参数

（4）设置切削参数

在系统弹出的【深度轮廓加工】对话框中，单击【切削参数】按钮，系统弹出【切削参数】对话框，选择【策略】选项卡，设置【切削方向】为“顺铣”。选择【连接】选项卡，设置【层到层】为“沿部件斜进刀”，【斜坡角】为3°，如图3-97所示，单击【确定】按钮。

（5）生成刀路

在系统返回的【深度轮廓加工】对话框中单击【生成】按钮，系统计算出刀路，如

图 3-98 所示，单击【确定】按钮。

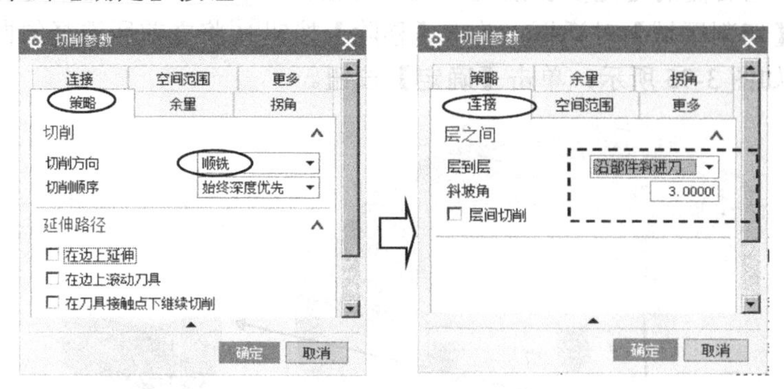

图 3-97　设置切削参数

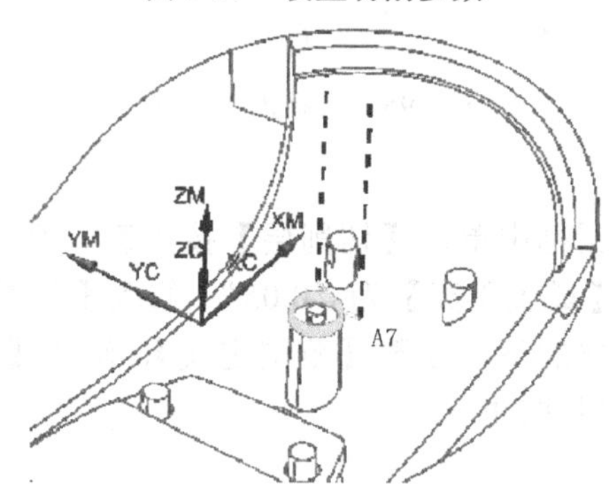

图 3-98　生成 A7 处柱位曲面光刀刀路

以上操作视频文件为：\ch03\03-video\06-在程序组 K3E 里创建碰穿面光刀.exe。

3.3.8　在程序组 K3F 中创建型腔曲面中光刀

本节任务：创建 2 个刀路。(1) 对型腔底部曲面进行中光刀（也叫半精加工）；(2) 对型腔侧曲面进行中光刀。目的是尽量减少型腔曲面所留的余量，提高 EDM 加工效率。

1．对型腔底部曲面进行中光刀

方法：采取轮廓区域加工。

(1) 设置工序参数

在界面上方的主工具栏中单击创建工序按钮，系统弹出【创建工序】对话框，【类型】选择 mill_contour，【工序子类型】选择【区域轮廓铣】按钮，【位置】中参数按图 3-99 所示设置。

(2) 选择加工曲面

在图 3-99 所示对话框中单击【确定】按钮，系统弹出【区域轮廓铣】对话框，单击【几何体】栏的【更多】按钮展开对话框，如图 3-100 所示。

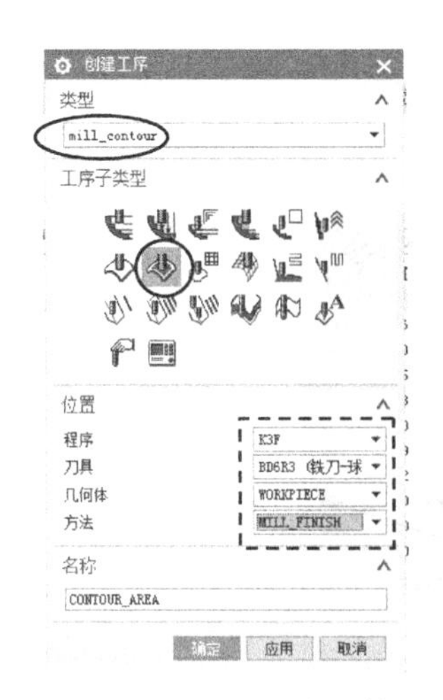

图 3-99 设置工序参数

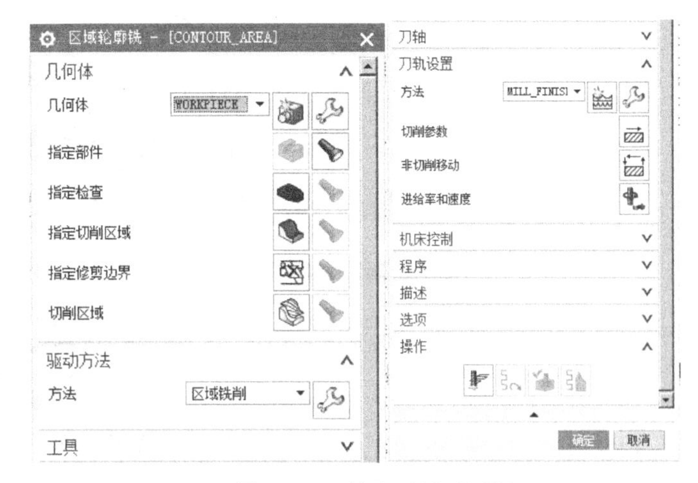

图 3-100 轮廓区域对话框

单击【指定切削区域】按钮，系统弹出【切削区域】对话框，选择型腔底部曲面A8，如图 3-101 所示，单击【确定】按钮。

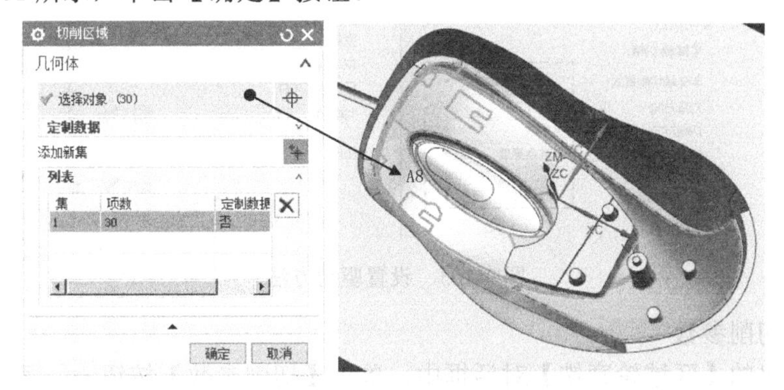

图 3-101 选取加工曲面

此处型腔曲面还可以采取曲面具有相切的特点进行，先选择其中一个曲面，单击曲面上显示的按钮，在弹出的一系列选项里选择 相切面 选项。

（3）选择检查曲面

在系统返回的【区域轮廓铣】对话框中，单击【指定检查】按钮，系统弹出【检查几何体】对话框，在图形区右击鼠标，将弹出的过滤方式设置为"面"，然后选择如图 3-102 所示的曲面，单击【确定】按钮。

（4）设置驱动方法

在系统弹出的【区域轮廓铣】对话框中，单击【驱动方法】的【编辑】按钮，系统弹出【区域铣削驱动方法】对话框，设置【非陡峭切削模式】为 跟随周边，【刀路方向】为"向外"，【切削方向】为"顺铣"，【步距】为"残余高度"，【最大残余高度】为"0.01"，【步距已应用】为"在部件上"，如图 3-103 所示，单击【确定】按钮。

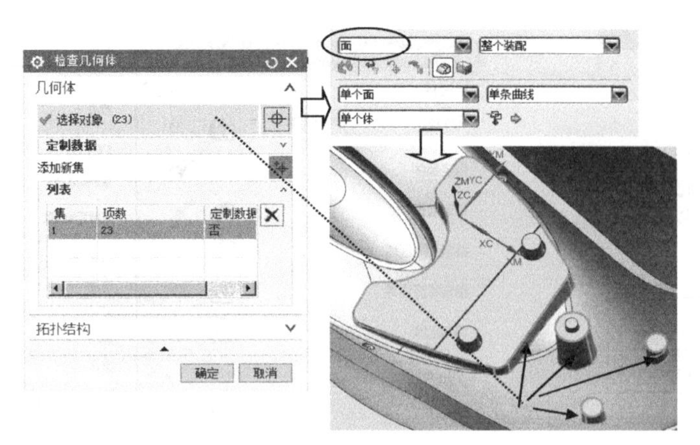

图 3-102　选取检查面

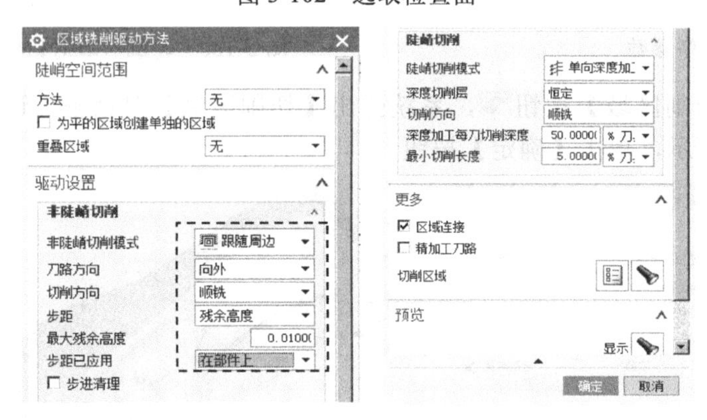

图 3-103　设置驱动方法

（5）设置切削参数

在系统弹出的【区域轮廓铣】对话框中，单击【切削参数】按钮，系统弹出【切削参数】对话框，选择【余量】选项卡，设置【部件余量】为“0.2”，【检查余量】为“0.3”。

选择【安全设置】选项卡，设置【过切时】为“退刀”，【检查安全距离】为“0.3”，如图 3-104 所示，单击【确定】按钮。

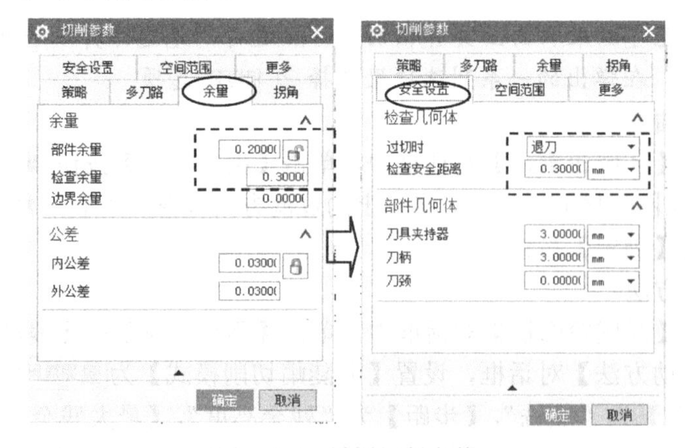

图 3-104　设置切削参数

对于本例，特别要留意设置【过切时】为“退刀”，如果设置其他参数如“跳刀”或“警告”，可能会出现过切现象。更详细的讨论在第 3.4 节展开。另外还请注意软件里的“退刀”和“跳刀”翻译不准确，两者字面意思刚好与实际功能相反。这种情况请读者注意。

（6）设置进给率和转速参数

在【区域轮廓铣】对话框中单击【进给率和速度】按钮，系统弹出【进给率和速度】对话框，设置【主轴速度（rpm）】为“4000”，【进给率】的【切削】为“1500”。单击【计算】按钮，如图 3-105 所示。其余参数默认，单击【确定】按钮。

（7）生成刀路

在系统返回到的【区域轮廓铣】对话框中单击【生成】按钮，系统计算出刀路，如图 3-106 所示，单击【确定】按钮。

图 3-105 设置进给率和转速

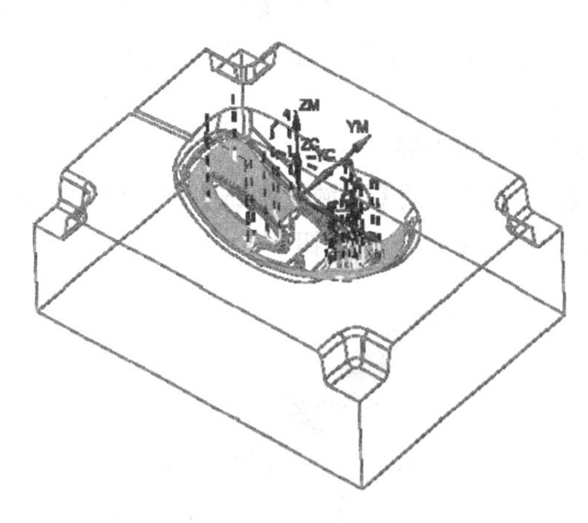

图 3-106 生成中光刀路

2. 对型腔侧曲面进行中光刀

方法：复制刀路，重选曲面。

（1）复制刀路

在导航器中选择程序组 K3F 的刚创建的刀路 CONTOUR_AREA，单击鼠标右键，在弹出的快捷菜单中选择【复制】，再选择程序组 K3F，再次右击鼠标，在弹出的快捷菜单中选择【内部粘贴】，结果如图 3-107 所示。

（2）选择加工曲面

双击刚复制的刀路 CONTOUR_AREA_COPY，系统弹出【区域轮廓铣】对话框，单击【几何体】栏右侧的【更多】按钮展开对话框，从其中单击【指定切削区域】按钮，系统弹出【切削区域】对话框，单击【移除】按钮，将之前的面删除。在图形上用相切方式选择型腔侧曲面 A9，如图 3-108 所示，单击【确定】按钮。

工序导航器 - 程序顺序

名称	刀轨	刀具	刀具号	时间
NC_PROGRAM				02:50:15
未用项				00:00:00
K3A				00:35:18
K3B				00:18:35
K3C				01:10:43
K3D				00:29:43
K3E				00:12:13
K3F				00:03:44
CONTOUR_AREA	✔	BD6R3	4	00:03:32
CONTOUR_AREA_COPY	✘	BD6R3	4	00:00:00

图 3-107　复制刀路

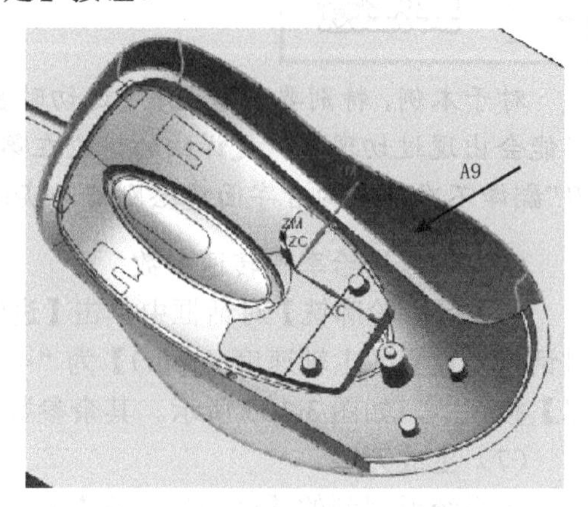

图 3-108　选择加工曲面

（3）选择检查曲面

在系统返回的【区域轮廓铣】对话框中，单击【指定检查】按钮，系统弹出【检查几何体】对话框，单击【移除】按钮，将之前的面删除。在图形区右击鼠标，将弹出的过滤方式设置为“面”，然后用相切方式选择如图 3-109 所示的曲面 A10，单击【确定】按钮。

（4）生成刀路

在系统返回的【区域轮廓铣】对话框中单击【生成】按钮，系统计算出刀路，如图 3-110 所示，单击【确定】按钮。

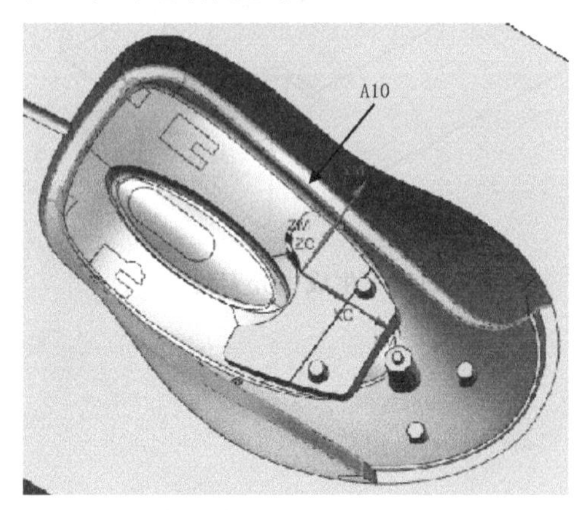

图 3-109　选择检查曲面

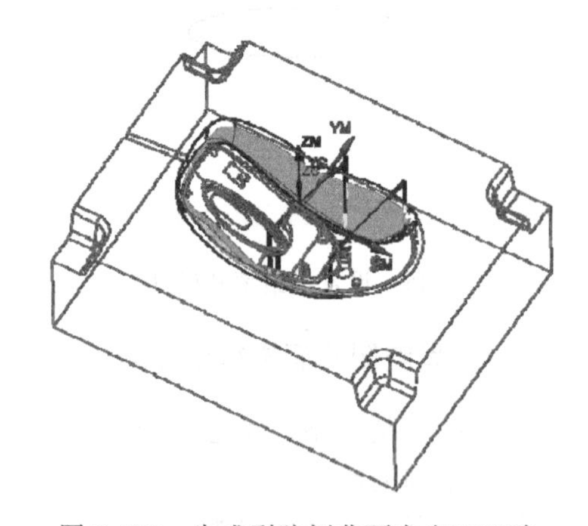

图 3-110　生成型腔侧曲面中光刀刀路

以上操作视频文件为：\ch03\03-video\07-在程序组 K3F 里创建型腔曲面中光刀.exe。

3.3.9 在程序组 K3G 中创建模锁曲面光刀

本节任务：用复制刀路修改参数的方法，对模锁曲面进行光刀。

（1）复制刀路

用导航器选择程序组 K3F 中刚创建的刀路 CONTOUR_AREA_COPY，单击鼠标右键，在弹出的快捷菜单中选择【复制】，再选择程序组 K3G，再次右击鼠标，在弹出的快捷菜单中选择【内部粘贴】，结果如图 3-111 所示。

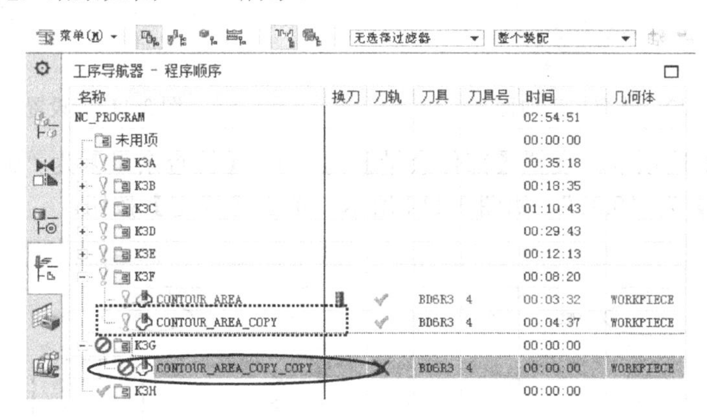

图 3-111 复制刀路

（2）选择加工曲面

双击刚复制的刀路 CONTOUR_AREA_COPY_COPY，系统弹出【区域轮廓铣】对话框，单击【几何体】栏右侧的【更多】按钮展开对话框，从其中单击【指定切削区域】按钮，系统弹出【切削区域】对话框，单击【移除】按钮，将之前的面删除。在图形上用框选的方式选择模锁曲面 B1、B2、B3 及 B4，如图 3-112 所示，单击【确定】按钮。

（3）删除检查曲面

在系统返回的【区域轮廓铣】对话框中，单击【指定检查】按钮，系统弹出【检查几何体】对话框，单击【移除】按钮，将之前所选择的面删除，单击【确定】按钮。

（4）设置驱动方法

在系统弹出的【区域轮廓铣】对话框中，单击【驱动方法】的【编辑】按钮，系统弹出【区域铣削驱动方法】对话框，修改【最大残余高度】为“0.003”，如图 3-113 所示，单击【确定】按钮。

（5）重新选择刀具

在系统弹出的【区域轮廓铣】对话框中单击【工具】栏的【更多】按钮展开对话框，单击【刀具】的右侧的下三角符号，在弹出的刀具列表中选择 BD3R1.5 (铣刀-5 参数)。

（6）设置切削参数

在系统弹出的【区域轮廓铣】对话框中，单击【切削参数】按钮，系统弹出【切削参数】对话框，选择【策略】选项卡，选择【在边上延伸】复选框，设置【距离】为“0.3”。

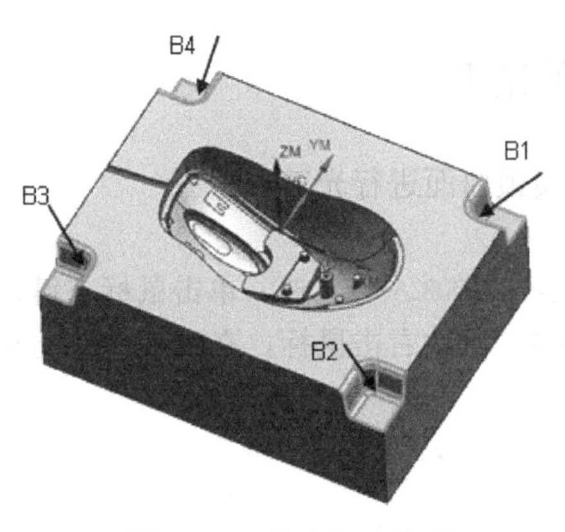

图 3-112　选取加工曲面

图 3-113　设置驱动方法

选择【余量】选项卡，设置【部件余量】为“0”，【检查余量】为“0”，【内公差】为“0.01”，【外公差】为“0.01”，如图 3-114 所示，单击【确定】按钮。

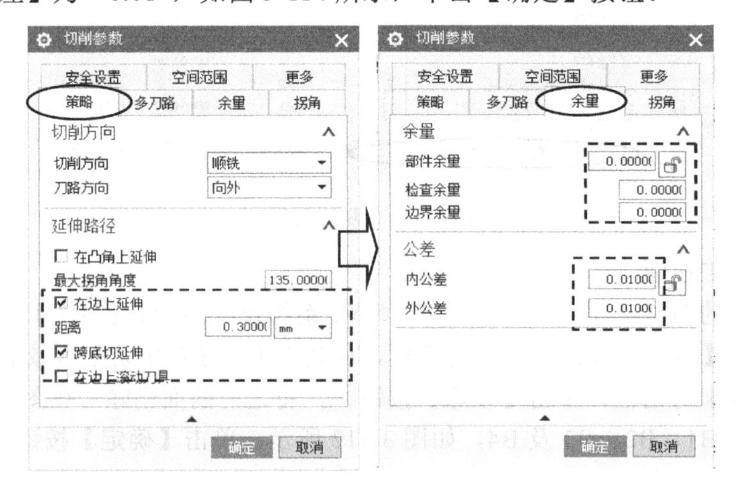

图 3-114　设置切削参数

（7）设置进给率和转速参数

在【区域轮廓铣】对话框中单击【进给率和速度】按钮，系统弹出【进给率和速度】对话框，设置【主轴速度（rpm）】为“4000”，修改【进给率】的【切削】为“1000”。单击【计算】按钮，如图 3-115 所示。其余参数默认，单击【确定】按钮。

（8）生成刀路

在系统返回的【区域轮廓铣】对话框中单击【生成】按钮，系统计算出刀路，如图 3-116 所示，单击【确定】按钮。

以上操作视频文件为：\ch03\03-video\08-在程序组 K3G 中创建模锁曲面光刀.exe。

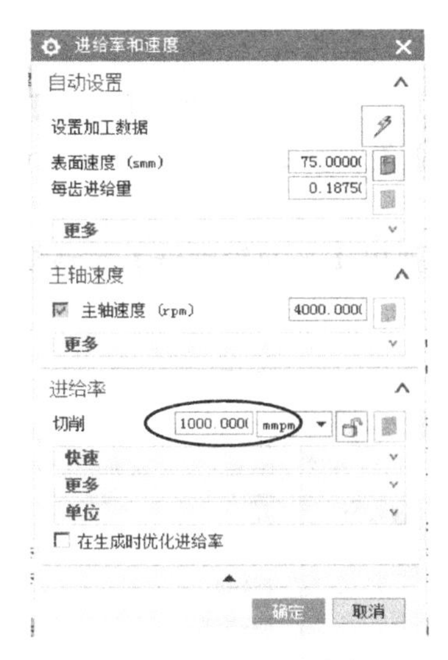

图 3-115　修改进给率

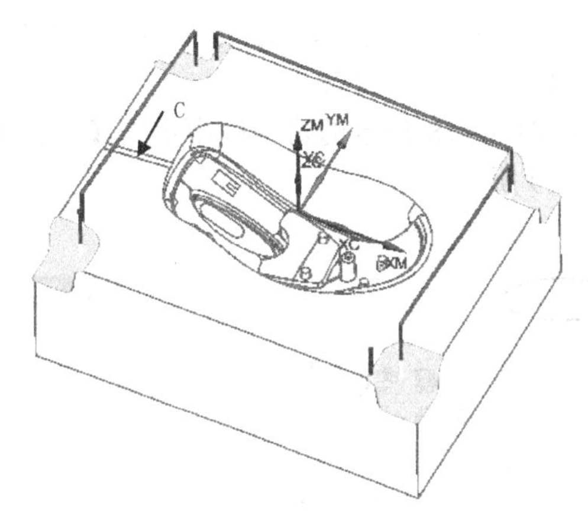

图 3-116　生成模锁光刀

3.3.10　在程序组 K3H 中创建枕位面 C 光刀

本节任务：创建 2 个刀路。（1）用平面铣方法对半圆枕位面开粗；（2）用轮廓铣方法对 C 处枕位面光刀。

1．对半圆枕位面开粗

（1）创建加工线条

从主菜单中执行【插入】|【派生曲线】|【抽取虚拟曲线】命令，系统弹出【抽取虚拟曲线】对话框，在图形上选择枕位 C 曲面，这时图形生成一条直线就是该圆柱的轴线，如图 3-117 所示，单击【确定】按钮。

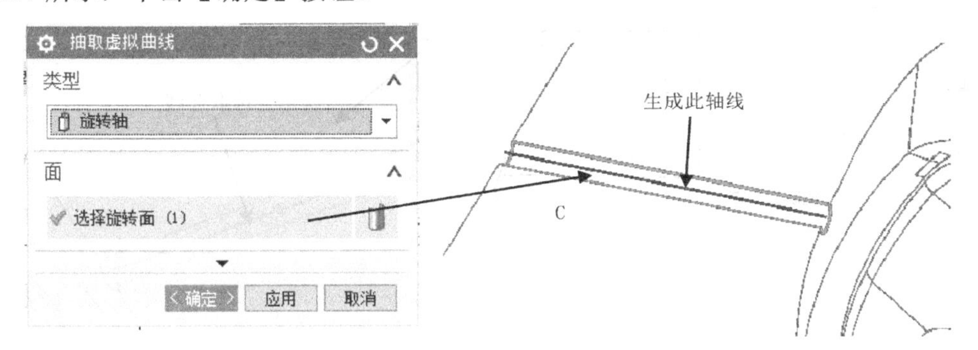

图 3-117　创建加工线

（2）分析圆弧半径

从主菜单中执行【分析】|【测量】|【简单半径】命令，在图形上选择枕位 C 曲面，测量结果得知其半径为 1.441mm。在弹出的【简单半径】对话框中单击【确定】按钮。

（3）设置工序参数

在界面上方的主工具栏中单击创建工序按钮，系统弹出【创建工序】对话框，【类型】选择mill_planar，【工序子类型】选择【平面铣轮廓】按钮，【位置】中参数按图 3-118 所示设置。

（4）选择加工线条

在图 3-118 所示的对话框中单击【确定】按钮，系统弹出【平面轮廓铣】对话框，如图 3-119 所示。

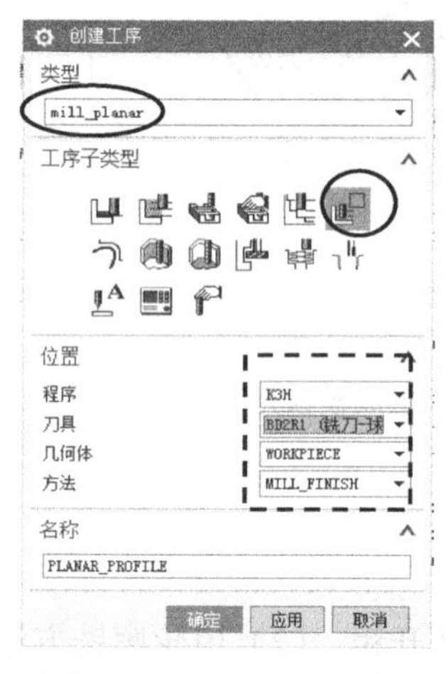

图 3-118　设置工序参数

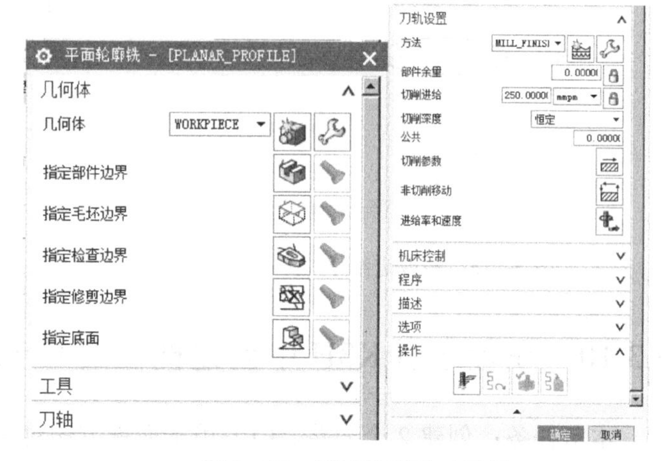

图 3-119　平面轮廓铣对话框

单击【指定部件边界】按钮，系统弹出【边界几何体】对话框，选择【模式】为“曲线/边”；系统弹出【创建边界】对话框，设置【类型】为“开放”，【平面】为“用户定义”，系统弹出【平面】对话框选择模具的 PL 分型面，【距离】设置为 0，单击【确定】按钮系统返回到【创建边界】对话框；设置【材料侧】为“左”，【刀具位置】为“对中”。单击【确定】按钮 2 次，这时注意在图形上就创建了边界线，如图 3-120 所示。

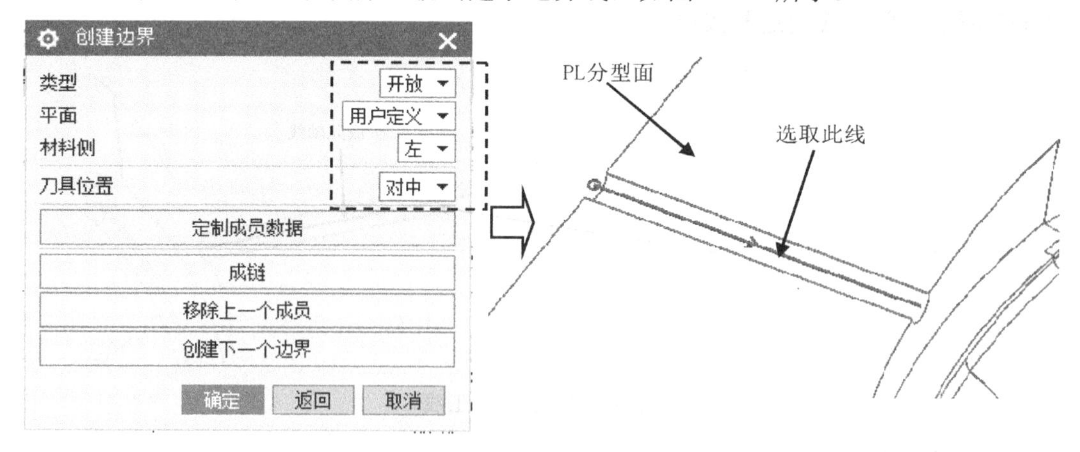

图 3-120　选取加工线条

（5）指定底面

在图 3-120 所示对话框中单击【确定】按钮，系统返回到【平面轮廓铣】对话框。单击【指定底面】按钮，系统弹出【平面】对话框，选择图形的PL分型面，输入【距离】为“–1.441”，如图3-121所示，单击【确定】按钮。

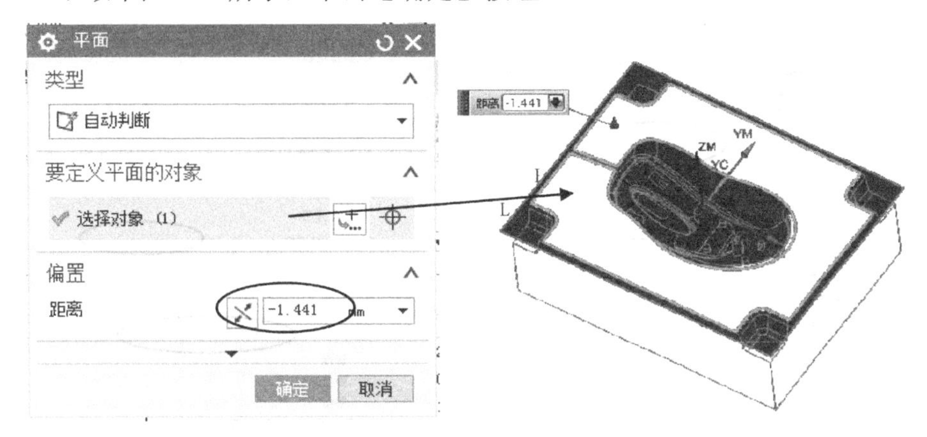

图3-121　指定底面

（6）设置刀轨参数

在系统返回的【平面轮廓铣】对话框，设置【切削进给】为“100”，层深参数【公共】为“0.05”，如图3-122所示，单击【确定】按钮。

（7）设置切削参数

在【平面轮廓铣】对话框中单击【切削参数】按钮，系统弹出【切削参数】对话框，选择【策略】选项卡，选择【切削方向】为“混合”，如图3-123所示。

图3-122　设置刀轨参数

图3-123　设置切削参数

（8）设置非切削移动参数

在系统返回的【平面轮廓铣】对话框中单击【非切削移动】按钮，系统弹出【非切削移动】对话框，选择【进刀】选项卡，在【封闭区域】栏中，设置【进刀类型】为“与开放区域相同”；在【开放区域】栏中，设置【进刀类型】为“线性”，设置【长度】为刀具直径的50%，如图3-124所示。其余参数默认，单击【确定】按钮。

（9）设置进给率和转速参数

在【平面轮廓铣】对话框中单击【进给率和速度】按钮，系统弹出【进给率和速度】

对话框，设置【主轴速度（rpm)】为“4500”,【进给率】的【切削】为“100”。单击【计算】按钮，如图 3-125 所示。其余参数默认，单击【确定】按钮。

图 3-124　设置非切削移动参数

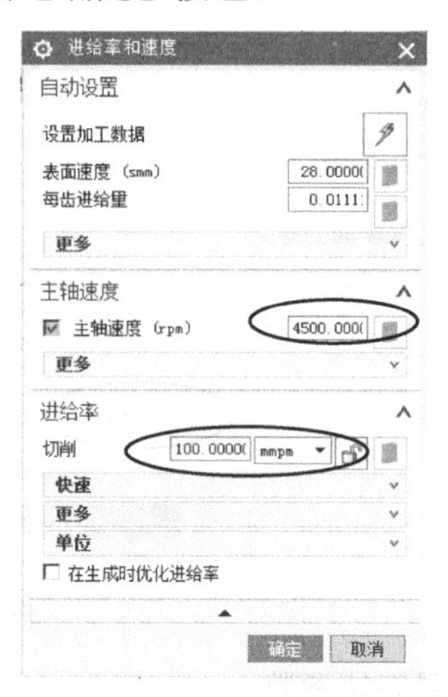

图 3-125　设置进给率及转速

（10）生成刀路

在系统返回的【平面轮廓铣】对话框中单击【生成】按钮，系统计算出刀路，如图 3-126 所示，单击【确定】按钮。这个刀路仅仅是个开粗，下面将进行精加工。

2．对 C 处枕位面光刀

方法：复制刀路，修改参数。

（1）复制刀路

在导航器中选择程序组 K3G 里创建的刀路 CONTOUR_AREA_COPY_COPY，单击鼠标右键，在弹出的快捷菜单中选择【复制】，再选择程序组 K3H，再次右击鼠标，在弹出的快捷菜单中选择【内部粘贴】，结果如图 3-127 所示。

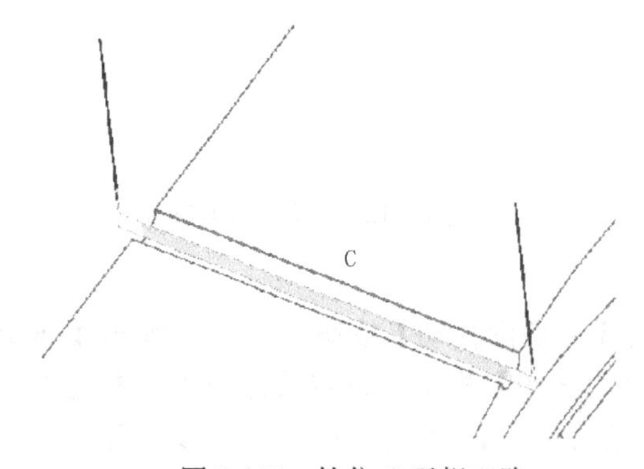

图 3-126　枕位 C 开粗刀路

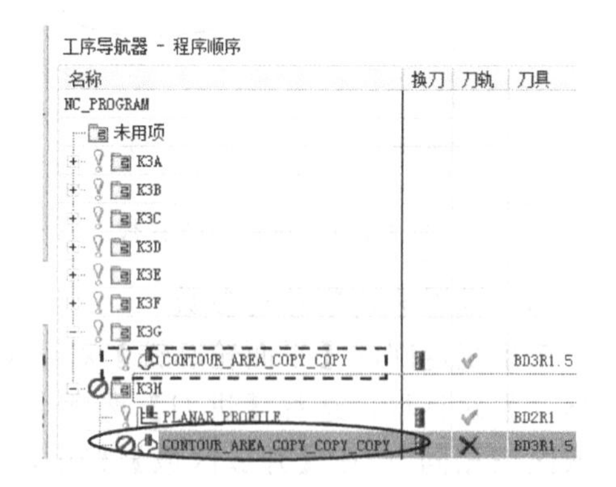

图 3-127　复制刀路

（2）选择加工面

双击刚复制的刀路 CONTOUR_AREA_COPY_COPY_COPY，系统弹出【区域轮廓铣】对话框，单击【几何体】栏右侧的【更多】按钮展开对话框，从其中单击【指定切削区域】按钮，系统弹出【切削区域】对话框，单击【移除】按钮，将之前的面删除。在图形上选择半圆枕位面C，如图3-128所示，单击【确定】按钮。

（3）设置驱动方法

在系统弹出的【区域轮廓铣】对话框中，单击【驱动方法】的【编辑】按钮，系统弹出【区域铣削驱动方法】对话框，修改【步距】为“恒定”,【最大距离】为“0.03”，如图3-129所示，单击【确定】按钮。

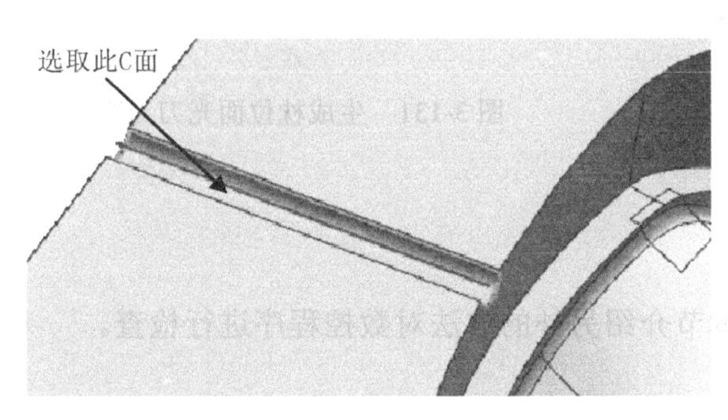

图3-128 选取加工面

图3-129 修改步距参数

（4）修改刀具

在系统弹出的【区域轮廓铣】对话框中单击【工具】栏的【更多】按钮展开对话框，单击【刀具】的右侧的下三角符号，在弹出的刀具列表中选择 BD2R1 (铣刀-5 参数) 。

（5）设置切削参数

在系统弹出的【区域轮廓铣】对话框中单击【切削参数】按钮，系统弹出【切削参数】对话框，选择【策略】选项卡，修改刀路延伸【距离】为“1.5”，如图3-130所示。

（6）设置进给率和转速参数

在【区域轮廓铣】对话框中单击【进给率和速度】按钮，系统弹出【进给率和速度】对话框，设置【主轴速度（rpm）】为“4500”,【进给率】的【切削】为“100”。单击【计算】按钮。其余参数默认，与图3-125所示相同。单击【确定】按钮。

（7）生成刀路

在系统返回的【区域轮廓铣】对话框中单击【生成】按钮，系统计算出刀路，如图3-131所示，单击【确定】按钮。

（8）文件存盘

在主菜单中执行【文件】|【保存】命令，或者在工具条中单击【保存】按钮将文件存盘。

以上操作视频文件为：\ch03\03-video\09-在程序组K3H里创建枕位面C光刀.exe。

图 3-130　修改切削参数

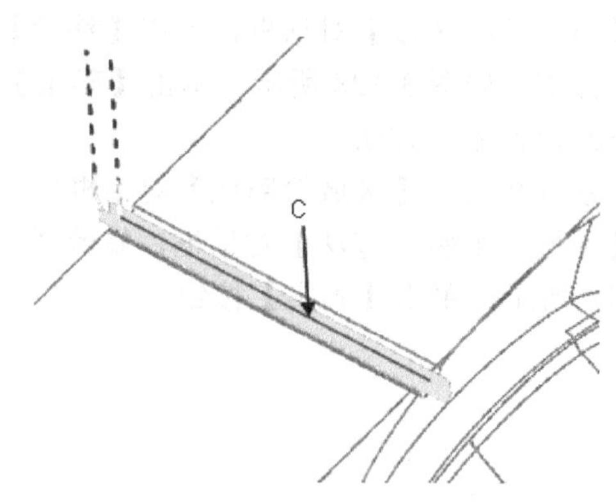

图 3-131　生成枕位面光刀刀路

3.3.11　程序检查

除了前几章介绍的检查方法外，本节介绍另外的方法对数控程序进行检查。

1. 过切检查

对于形状比较复杂的工件完成数控编程后，可以对此进行过切检查。

在导航器中，先选择 K3A 程序组里的第 1 个刀路，按住 Shift 键，再选择最后一个刀路，右击鼠标，在弹出的快捷菜单中执行【刀轨】|【过切检查】命令，系统弹出【过切和碰撞检查】对话框，如图 3-132 所示。

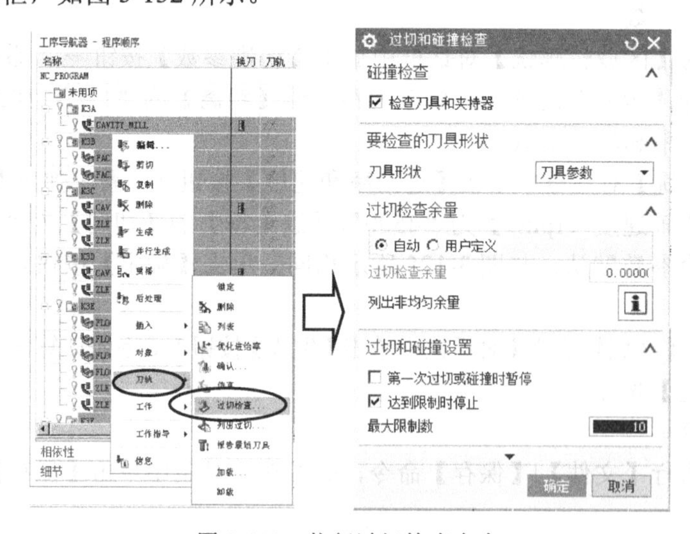

图 3-132　执行过切检查命令

单击【确定】按钮，系统弹出【过切检查】对话框，如图 3-133 所示。

单击【对所有工序继续】按钮，系统将继续进行检查，完成后系统显示出检查结果，如图 3-134 所示。本例检查结果为“未发现过切运动”。如发现有过切就会在信息里说明。据此

可以详细检查出错位置，应该采取方法纠正刀路。单击【关闭】按钮 X ，关闭信息框。

图 3-133　过切检查对话框

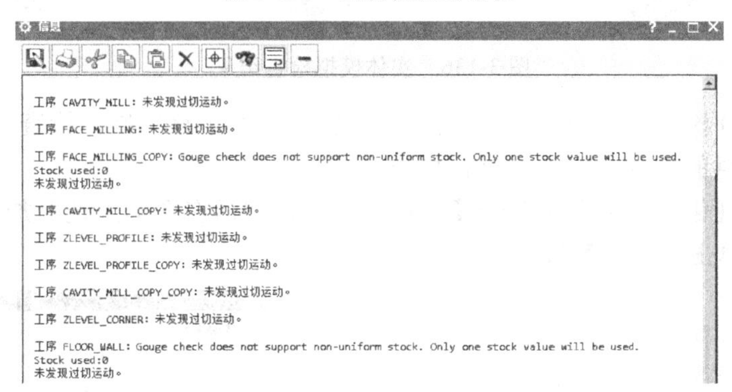

图 3-134　检查结果

这种方法检查程序系统运行速度快，很实用。可以每完成一个刀路就立即进行检查。特别是对那些复杂刀路，更应该善用此方法进行检查。

2. 实体 3D 模拟检查

在导航器中选择第 1 个程序组 K3A，按住 Shift 键选择最后 1 个程序组 K3H 的最后一个刀路，在工具栏中单击 按钮，系统弹出【刀轨可视化】对话框，选择【3D 动态】选项卡，如图 3-135 所示。

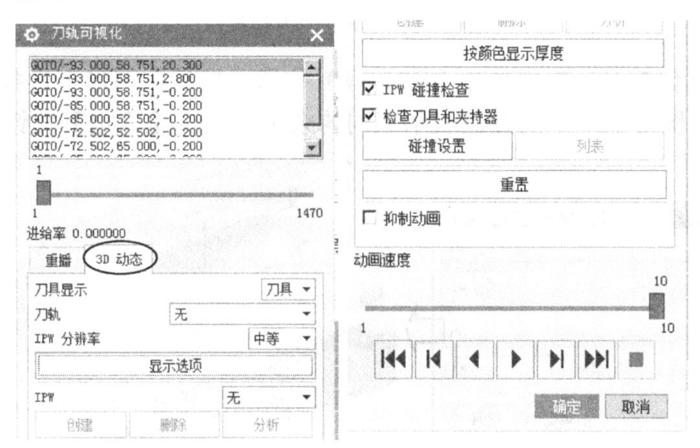

图 3-135　刀轨可视化对话框

在工具栏中选择显示方式为【带边着色】。单击【播放】按钮，模拟结果如图 3-136 所示，单击【确定】按钮。

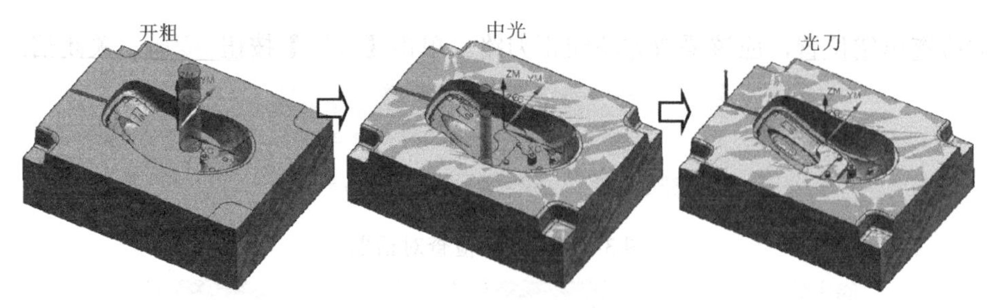

图 3-136　实体模拟检查结果

分析结果：3D 检查图形除了可以对自由旋转、放大及平移等操作检查结果仔细观察外，还可以用系统提供的各种分析工具进行检查。

在【刀轨可视化】对话框中单击【分析】按钮，然后在图形上选择加工部位，结果如图 3-137 所示，单击【关闭】按钮。

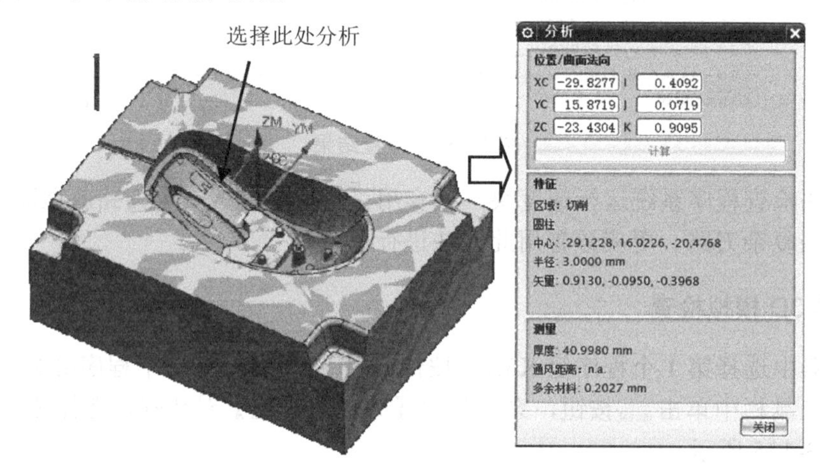

图 3-137　分析加工结果

在【刀轨可视化】对话框中单击 按颜色显示厚度 按钮，然后在图形上选择加工部位，结果如图 3-138 所示，图形上不同的颜色表示不同的余量，单击【确定】按钮 2 次。

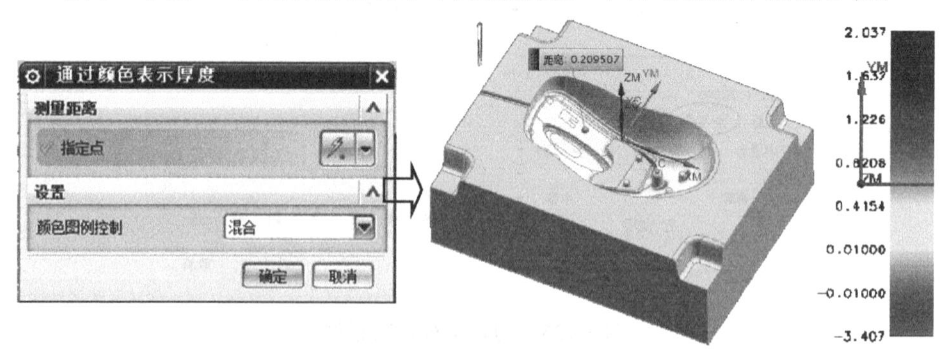

图 3-138　用颜色表示加工余量

通过分析得知该刀路正常。

以上操作视频文件为：\ch03\03-video\10-程序检查.exe。

3.3.12 后处理

在导航器中选择程序组 K3A，在主工具栏中单击后处理按钮，系统弹出【后处理】对话框，选择安装的三轴后处理器“ugbookpost1”，在【输出文件】栏的【文件名】输入“C:\Temp\k3a”，注意系统已经设置【文件扩展名】为“nc”，【单位】为“经后处理定义”，如图 3-139 所示。

单击【应用】按钮，系统生成的 NC 程序显示在【信息】窗口中，如图 3-140 所示。

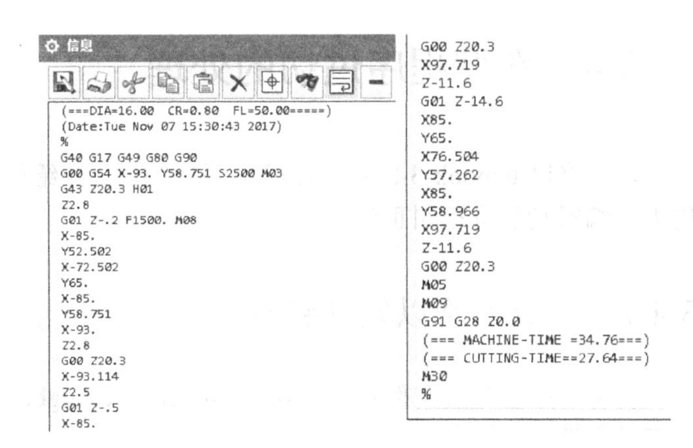

图 3-139　后处理　　　　图 3-140　数控程序 K3A

同理，后处理得到的其他数控程序文件。

在新机床的控制器有关数字格式的规定中，如果小数点前边都是 0，即绝对值小于 1 的小数，小数点前的 0 可以省略，例如，图 3-140 左图所示倒数第 2 行的“Z-.5”就等于“Z-0.5”，机床能够正常读入和执行。

以上操作视频文件为：\ch03\03-video\11-后处理.exe。

3.3.13 填写加工工作单

图 3-141 所示为前模的数控程序单。

CNC加工程序单

型号		模具名称	鼠标面壳	工件名称	前模		
编程员		编程日期		操作员		加工日期	
				对刀方式：	四边分中		
					对顶z=0.1		
				图形名	ugbook-3-1-stp		
				材料号	S136H		
				大小	170×130×61		

程序名	余量	刀具	装刀最短长	加工内容	加工时间
K3A .NC	0.3	ED16R0.8	35	型腔开粗	
K3B .NC	0	ED16R0.8	15	分型面光刀	
K3C .NC	0.25	ED8	35	二次开粗	
K3D .NC	0.3	ED4	35	三次开粗	
K3E .NC	0.05	ED4	35	碰穿面光刀	
K3F .NC	0.2	BD6R3	35	型腔中光	
K3G .NC	0	BD3R1.5	15	模锁曲面光刀	
K3H .NC	0	BD2R1	10	枕位面光刀	

图 3-141　数控程序工作单

3.4　数控程序过切的处理

本节将以 ugbook-3-2_stp.prt 编程图形为例，介绍如何对发现有过切错误的数控程序采用刀轨编辑功能进行纠正处理。

3.4.1　检查刀路以发现错误

将本书配套光盘文件 ch03\01-sample\ch03-02\ugbook-3-1.stp 复制到工作目录 C:\temp。打开该文件。

在导航器的 K3F 程序组中右击第 1 个刀路 CONTOUR_AREA，在弹出的快捷菜单中执行【刀轨】|【过切检查】命令，系统弹出【过切和碰撞检查】对话框，选择【第一次过切或碰撞时暂停】复选框，如图 3-142 所示。

图 3-142　设置检查参数

单击【确定】按钮，系统检查出第 1 次过切部位，并弹出【过切警告】信息框，如图 3-143 所示。

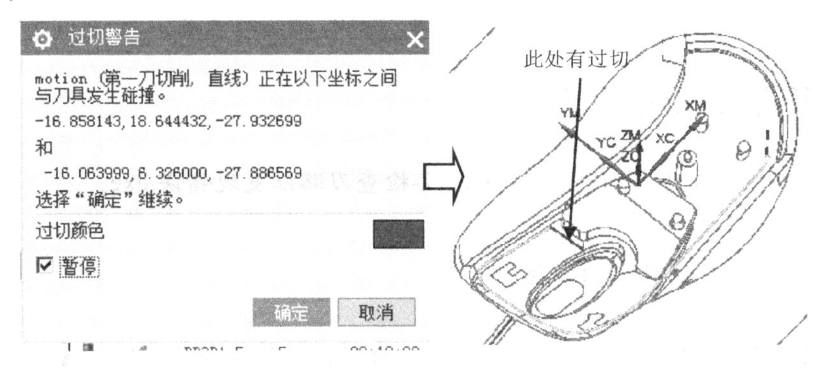

图 3-143 检查出的第 1 次错误

在【过切警告】信息框中单击【确定】按钮，系统检查出第 2 次过切部位，并弹出【过切警告】信息框，如图 3-144 所示。同样的方法，系统可以显示后续的错误。

图 3-144 检查出的第 2 次过切错误

最后单击【确定】按钮，最后显示出全部检查结果【信息】对话框，如图 3-145 所示，关闭这个对话框。

图 3-145 检查结果

任何数控编程软件都不是十全十美的，UG 也不例外，本刀路就是在【切削参数】里中设置【过切时】为“跳过”而引起的过切错误。对于软件可能会出现计算错误的情况，

作为编程员要给予高度重视，不可以盲目迷信任何数控编程软件，如果不加分析直接用于实际加工就可能会导致工件过切。为了弥补这些过失，UG 提供了功能强大的纠正功能，作为编程员要灵活运用这些功能，确保正式生产的数控编程正确。

以上操作视频文件为：\ch03\03-video\12-检查刀路以发现错误.exe。

3.4.2 刀轨编辑以纠正错误

右击 K3F 的第 1 个刀路 CONTOUR_AREA ，在弹出的快捷菜单中执行【刀轨】|【编辑】命令，系统弹出【刀轨编辑器】对话框，如图 3-146 所示。

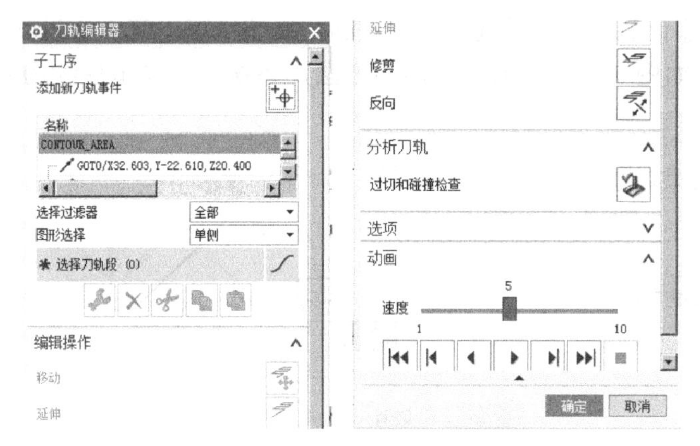

图 3-146　刀轨编辑器对话框

在【分析刀轨】栏中单击【过切检查】按钮，系统弹出【过切检查】对话框，系统自动选择【安全距离】栏的【指定平面】按钮，在图形上选择 PL 平面为安全高度，如图 3-147 所示。

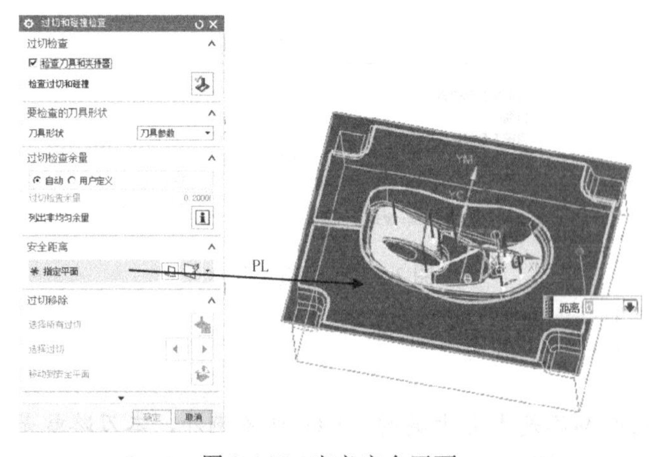

图 3-147　定义安全平面

在【过切检查】对话框中单击【过切检查】按钮，单击【选择所有过切】按钮，如图 3-148 所示。

再单击【移动到安全平面】按钮，结果如图 3-149 所示。

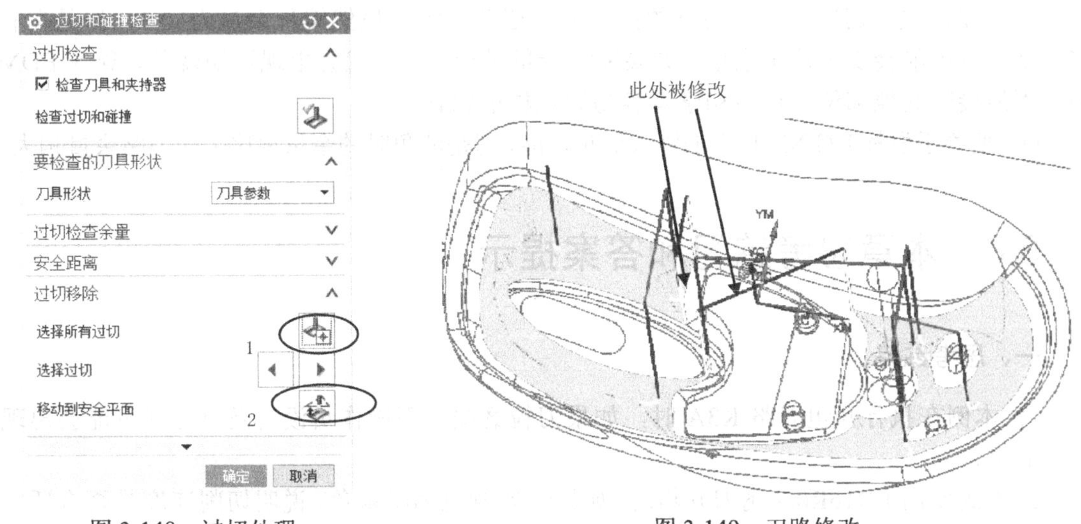

图 3-148　过切处理　　　　图 3-149　刀路修改

观察刀轨图形发现错误的刀轨已经被修改了。单击【确定】按钮 2 次。注意，在导航器的 CONTOUR_AREA 的状态为 。

在主菜单中执行【文件】|【保存】命令，或者在工具条中单击【保存】按钮将文件存盘。

以上操作视频文件为：\ch03\03-video\13-刀轨编辑以纠正错误.exe。

3.5　本章小结

本章主要以某型号的鼠标底壳前模为例，介绍如何利用 UG NX 11.0 来解决前模的数控编程问题，学习时还需注意以下问题。

（1）前模加工工艺编排的基本思路仍是大刀具开粗、较小刀具清角、中光刀、光刀。

（2）首先要理解模具结构，分清模具特殊结构部位，针对不同的部位采取不同的加工方式。

（3）PL 分型面一般要精细加工。因为这部分关系到与后模的配合问题，直接影响模具的装配精度，如果这部分出现过切，就会导致注塑时产生漏胶（俗称“走坡峰”），CNC 加工不到的部位就要留出足够多的余量以便 EDM 电火花进一步加工。

（4）前模的胶位部分一般结构复杂，很难一次性加工到位，为此，也要从模具制造的

整体工艺上考虑，在 CNC 加工不到的位置留出足够多的余量以便能够进行 EDM 加工。尤其是有些产品要求表面是火花纹更应该留更多的余量。

（5）前模钢件加工要防止过切现象出现，CNC 粗加工时余量至少大于 0.3，因为开粗时加工速度很快，切削量大，刀具的振动大、摆动也大，虽然编程余量为 0.3，但是在有些局部部位可能会少于这个余量。如果编程余量过少，可能就会出现过切现象，导致 EDM 加工不能接顺其他部位，很多初学者容易犯这样的错误。

（6）要善于发挥 UG NX 11.0 的强大清角功能，但是清角时的余量要比上一刀路余量稍大。

3.6 本章思考练习和答案提示

一、思考练习

1．本例在执行开粗刀路 K3A 时，如果刀粒磨损，而操作员没有及时更换可能会出现哪些后果？

2．本例使用 ED16R0.8 飞刀开粗时，如果铁屑颜色为暗褐色，说明切削速度是否合适？

3．本例的 K3E 刀路里对圆柱顶部进行加工时，为什么要在碰穿表面留出 0.05 的余量？详见图 3-68 所示。

4．根据本书配套光盘提供的图形 ch03\01-sample\ch03-03\ugbook-3-3_stp.prt（图 3-150）进行数控编程，加工出这个前模。材料为钢 S136H。

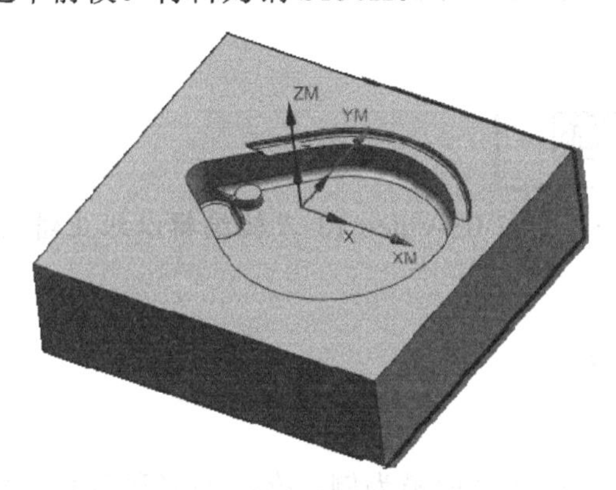

图 3-150 待加工的前模

二、答案及提示

1．答：K3A 开粗程序使用的是 ED16R0.8 飞刀，这种刀具装有两个角半径为 0.8 的刀粒，加工过切中如果刀粒已经磨损，而操作员却没有及时更换，会出现声音异常，这时的切削刃严重变形，导致实际上切削半径增大，切削变成挤压工件，可能会导致模具过切。

2．答：有经验的操作员会根据开粗时的声音及铁屑的颜色来判断切削速度是否合适，如果使用 ED16R0.8 飞刀开粗时铁屑颜色为暗褐色，说明切削速度合适。否则就要适当调节转速或者进率的倍率开关，选择一个合适的切削参数。

3．答：因为任何机械加工都是近似加工，加上机床及刀具系统都有一定的误差，如果将加工碰穿面的编程余量设置为0.05，可以在此处留出一定余量以消除加工误差，这些多余的余量由模具师傅在装配模具时修配。如果不留余量可能会导致降低分型面重新返工。

4．提示：本例型腔部分底部要加工到位，侧面留出0.2余量，碰穿面留出0.05余量，枕位部分留出0.2余量。编程要点具体如下。

（1）程序K3J.NC，采用型腔铣方式加工，刀具为ED16R0.8飞刀，侧面余量为0.3，底面余量为0.2，步距为刀具直径的50%，层深为0.25，刀路如图3-151所示。

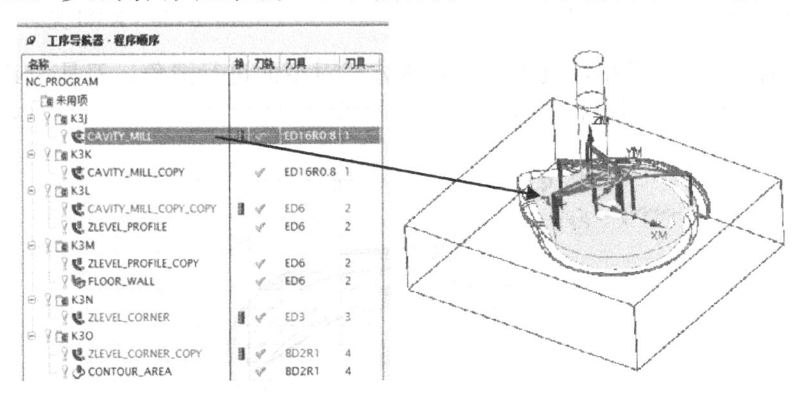

图3-151　开粗刀路K3J

（2）程序K3K.NC，采用型腔铣方式对底部光刀，刀具为ED16R0.8飞刀，侧面余量为0.35，底面余量为0，步距为刀具直径的50%，刀路如图3-152所示。

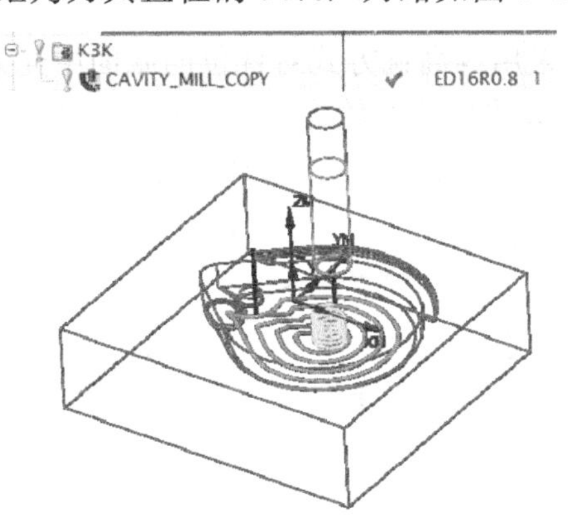

图3-152　底部光刀刀路K3K

（3）程序K3L.NC：①采用型腔铣方式对型腔面清角，刀具为ED6平底刀，侧面余量为0.35，底面余量为0.2，层深为0.08。②采用等高铣方式进行中光，余量为0.15，层深为0.1。如图3-153所示。

（4）程序K3M.NC：①采用等高铣方式对枕位面底面光刀，刀具为ED6平底刀，侧面余量为0.25，底面余量为0。②采用面铣方式对柱位底部，底部余量为0.05。如图3-154所示。

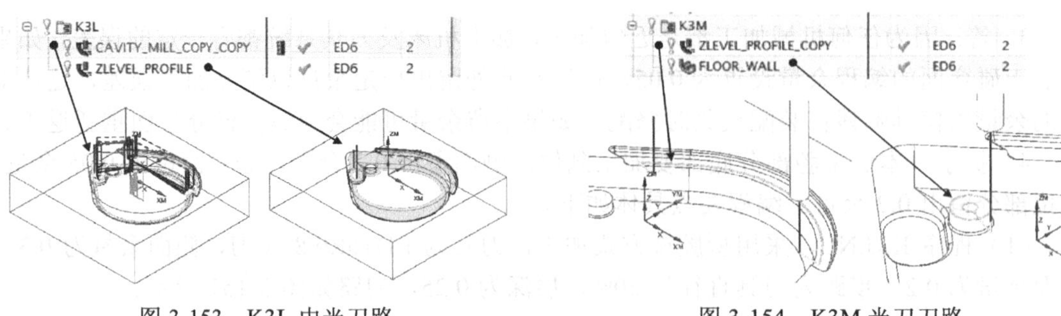

图 3-153　K3L 中光刀路　　图 3-154　K3M 光刀刀路

（5）程序 K3N.NC，采用深度加工拐角铣方式对型面进行清角，刀具为 ED3 平底刀，余量 0.2，层深为 0.05，如图 3-155 所示。

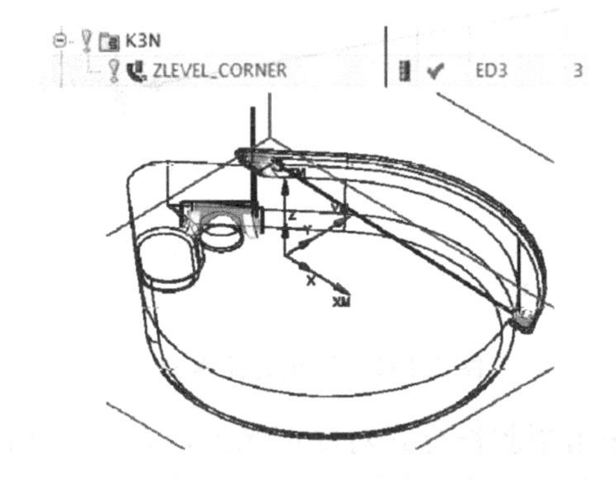

图 3-155　K3N 清角刀路

（6）程序 K3O.NC：①采用等高铣方式对枕位面底面中光刀，刀具为 BD2R1 球头刀，余量为 0.1，层深为 0.05。②采用曲面轮廓铣方式对枕位面光刀，余量为 0，内外公差为 0.01，步距以残留高度 0.001 来计算，如图 3-156 所示。

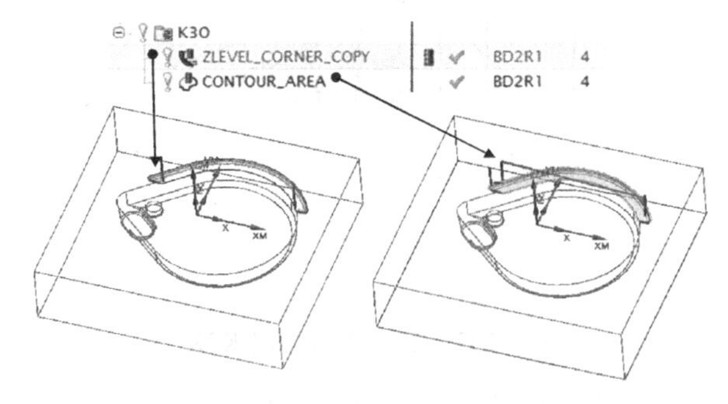

图 3-156　枕位面光刀刀路

结果可以参考完成编程的图形文件 ch03\02-finish\ch03-03\ugbook-3-3_stp.prt。

第4章

鼠标后模编程特训

4.1 本章要点和学习方法

本章将在前几章学习的基础上，以鼠标面壳为例，进一步学习如何用 UG NX 11.0 来解决后模的数控编程问题。学习时请注意以下问题。

（1）学习后模编程时补面的处理原则及方法。

（2）学习型腔铣在后模开粗时设置参数的方法。

（3）进一步学习水平分型面精加工的方法。

（4）学习清角刀路的应用。

请初学者先照书本步骤进行，直到能独立完成并理解加工参数的含义为止，以便能够灵活解决实际工作中可能遇到的类似问题。

4.2 鼠标面壳后模结构概述

后模在有些教科书里称为“动模”，有些模具师傅也把它称为“公模”。一般是产品的背面成型面，除了产品本身的结构外还可以在后模加工顶针孔、斜顶孔及行位槽等切除后模材料的结构，后模的结构通常比前模复杂，图 4-1 所示为鼠标面壳的后模。

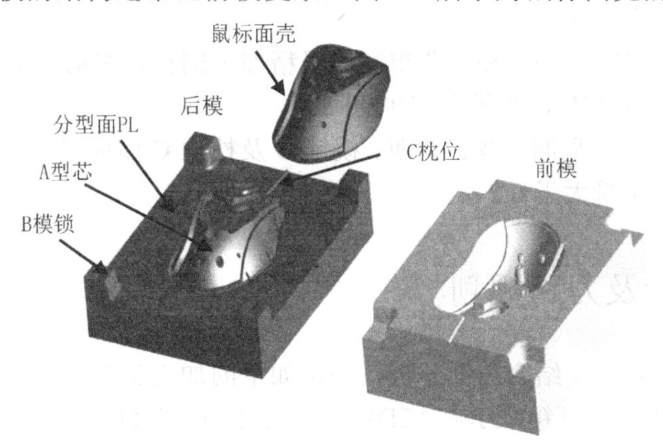

图 4-1　待加工的鼠标后模

图 4-2 所示为后模的工程图纸。

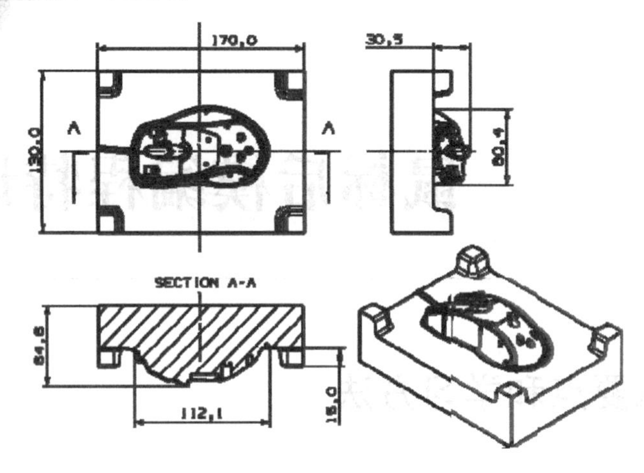

图 4-2　后模工程图

后模往往还需要柱位、扣位及与其他塑胶产品装配所需要的止口等部位，所以制造时要保证这些部位位置的准确性，而对表面粗糙度的要求没有前模高。

后模的制造工艺一般是开料、热处理、精铣六面、平磨六方、线切割加工孔位、钻工艺板连接孔、安装工艺板准备 CNC 加工、CNC 数控粗铣型芯及分型面、CNC 清角、CNC 精加工分型面、EDM 电火花清角、EDW 线切割加工斜顶孔、后续配模。

与前模图相比，后模的烂面及缺口很多，在编程前要对后模的曲面进行补面和修改，这样才能使加工平稳。

4.3　后模数控编程

本节任务：图 4-1 左侧图为某鼠标面壳的后模，要求根据模具 3D 图进行数控编程来加工这个模具。

后模加工要求如下所述。

（1）开料尺寸：170×130×65，要求制模组精加工钢料，平磨六面。

（2）材料：钢（S136H），预硬至 HB290-330。

（3）加工内容：PL 分型面、型芯曲面、模锁 B 及枕位 C 曲面光刀余量为 0，其余 CNC 加工不到的部分要留余量大于 0.2。

4.3.1　工艺分析及刀路规划

根据后模的加工要求，结合图纸分析，制定如下的加工工艺。

（1）刀路 K4A，型芯面开粗，刀具为 ED16R0.8 飞刀，加工余量为侧面 0.3，底部余量为 0.2;

（2）刀路 K4B，分型面 PL 及模锁顶部光刀，刀具为 ED16R0.8 飞刀，侧面余量为 0.35，

底部余量为0；

（3）刀路K4C，型芯面二次开粗及中光刀，刀具为ED8平底刀，余量为0.15；

（4）刀路K4D，型芯面及模锁面光刀，刀具为ED8平底刀，余量为0；

（5）刀路K4E，孔位开粗及清角，刀具为ED3平底刀，余量为0.2；

（6）刀路K4F，型芯曲面光刀，刀具为BD6R3球头刀，余量为0。

4.3.2 编程准备

本节任务：（1）图形输入；（2）后模补面；（2）设置初始加工状态。

1．图形输入

将本书配套光盘的文件 ch04\01-sample\ch04-01\ugbook-4-1.stp 复制到工作目录C:\temp。启动UG NX 11.0软件，执行【文件】|【打开】命令，在系统弹出的【打开】对话框中，选择文件类型为STEP 文件 (*.stp)，选择图形文件ugbook-4-1.stp，单击【OK】按钮。设置背景颜色为 实色背景，结果如图4-3所示。

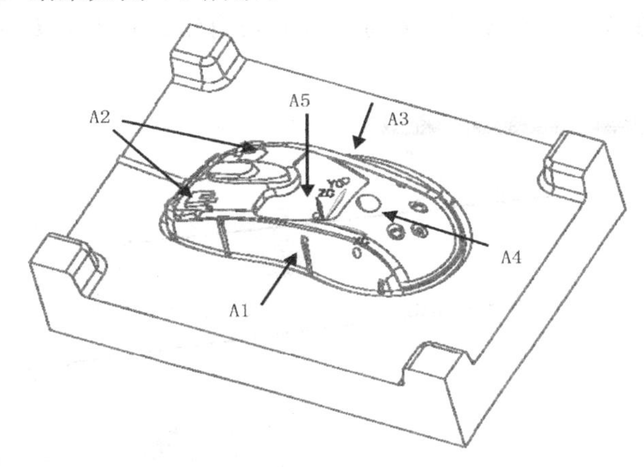

图4-3 待补面位置

在主工具栏中执行【应用模块】|【建模】命令，这样系统就进入建模模块 建模(M)...。选择实体图形，执行【编辑】|【移动对象】命令，或者执行快捷键Ctrl+T，将图形沿着X轴，旋转点为（0, 0, 0）进行旋转180°。如果界面上的曲面工具条没有显示的话，可以在工具栏的空白处右击鼠标，在弹出的快捷菜单中选择【曲面】，将曲面的工具条显示出来。

本例已经提供了模具工程图，实际工作中如果没有工程图，编程员需要利用UG的测量工具对图形进行大小分析和结构分析从而做到心中有数。

2．使用直纹面创建后模补面

（1）创建补面A1-1

将如图4-4所示的A1-1处放大，本操作将以A1-1-1和A1-1-2为构图线条来创建直纹面。只需要创建PL以上部分的曲面就可以，因为PL面以下部分留给EDM电火花加工，

CNC 不加工。

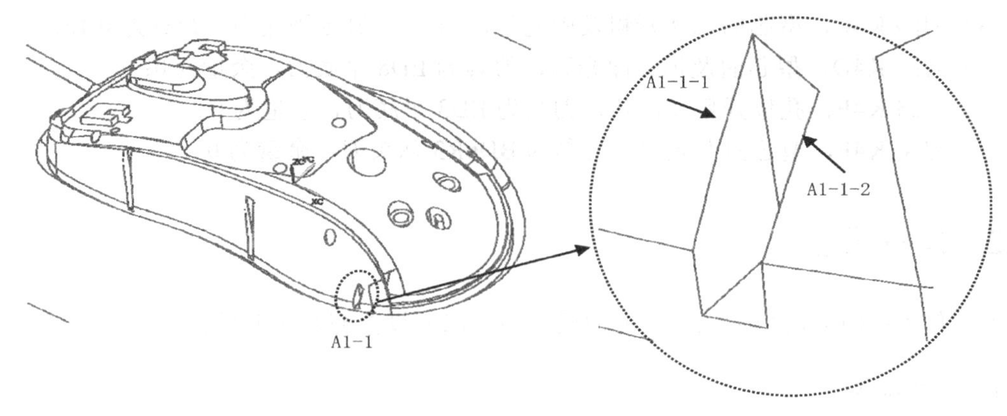

图 4-4　补面 A1-1

在主工具栏中【曲面】|【更多】里单击直纹按钮，或者在主菜单中执行【插入】|【网格曲面】|【直纹】命令，在系统弹出的【直纹】对话框中，单击【截面线串 1】的【选择曲线或点（1）】按钮，然后在图形上选择 A1-1-1 线条，再单击【截面线串 2】的【选择曲线（1）】按钮，然后在图形上选择 A1-1-2 线条，检查没有错误就单击【确定】按钮，如图 4-5 所示。

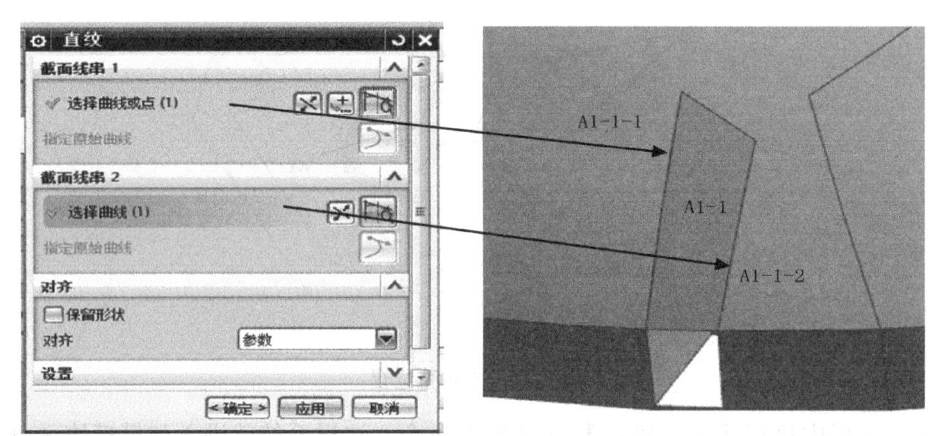

图 4-5　创建直纹面 A1-1

观察图形上显示的创建曲面，如有褶皱的话，说明所选的线条方向不一致，只需要单击两个线条的其中一个线条的【调整方向】按钮，就可以消除褶皱。

（2）创建补面 A1-2

将如图 4-6 所示的 A1-2 处放大，与第（1）步方法相同，以 A1-2-1 和 A1-2-2 为构图线条来创建直纹面。

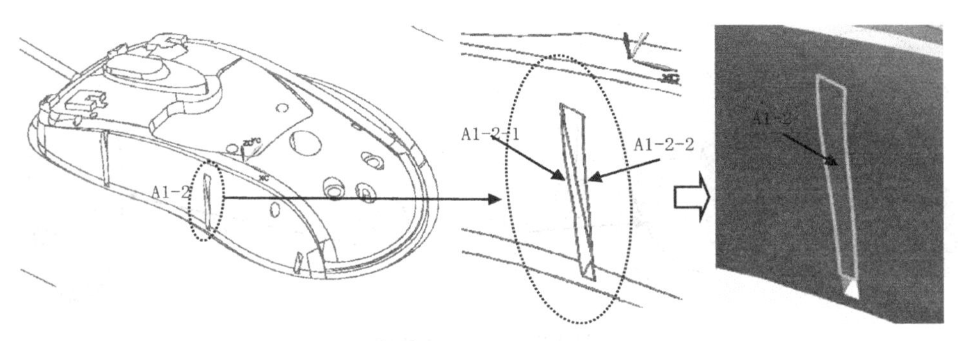

图 4-6　补面 A1-2

（3）创建补面 A1-3 及 A1-4

与第（1）步方法相同，创建 A1 侧面的直纹面 A1-3 及 A1-4，如图 4-7 所示。

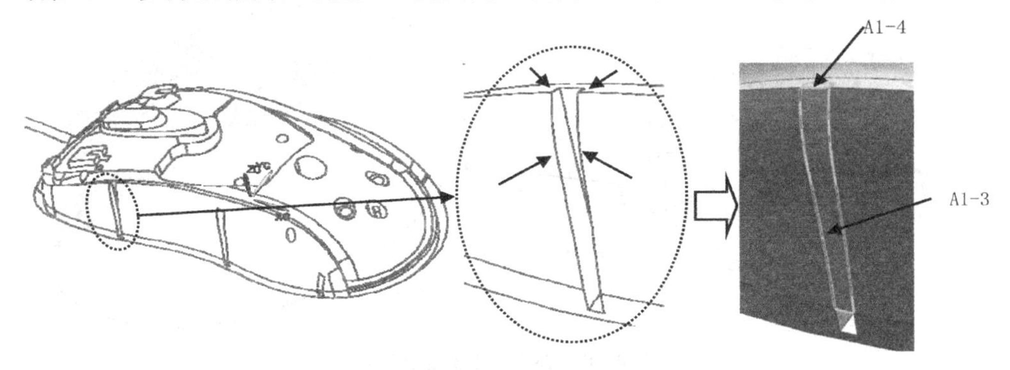

图 4-7　补面 A1-3 及 A1-4

（4）创建补面 A2-1 及 A2-2

与第（1）步方法相同，创建 A2 侧面的直纹面 A2-1 及 A2-2，如图 4-8 所示。

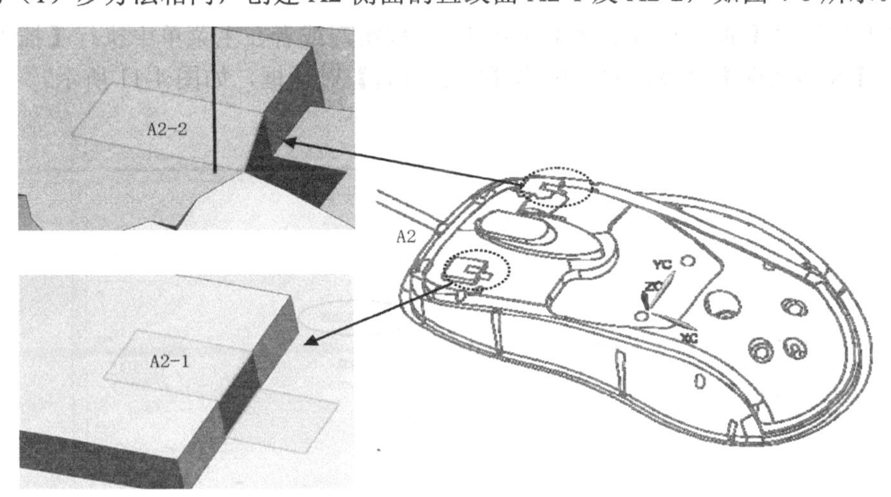

图 4-8　补面 A2-1 及 A2-2

（5）创建 A3 处补面 A3-1、A3-2 及 A3-3

与第（1）步方法相同，创建 A3 侧面的直纹面 A3-1、A3-2 及 A3-3，如图 4-9 所示。

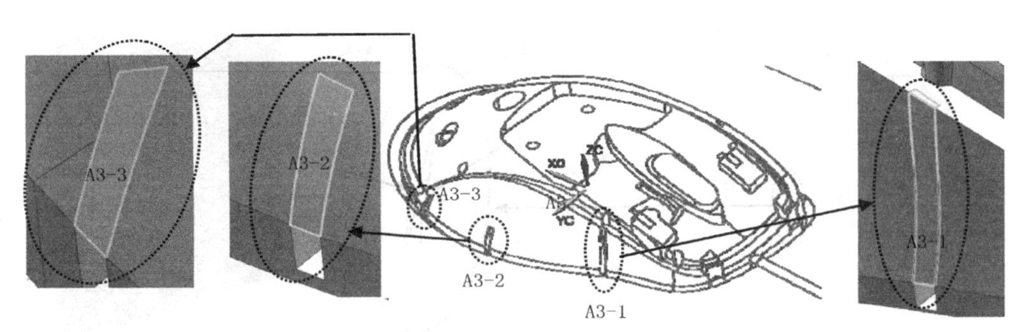

图 4-9　在 A3 处补面

（6）创建 A2 处补面 A2-3 及 A2-4

与第（1）步方法相同，创建 A2 侧面的直纹面 A2-3 及 A2-4，如图 4-10 所示。

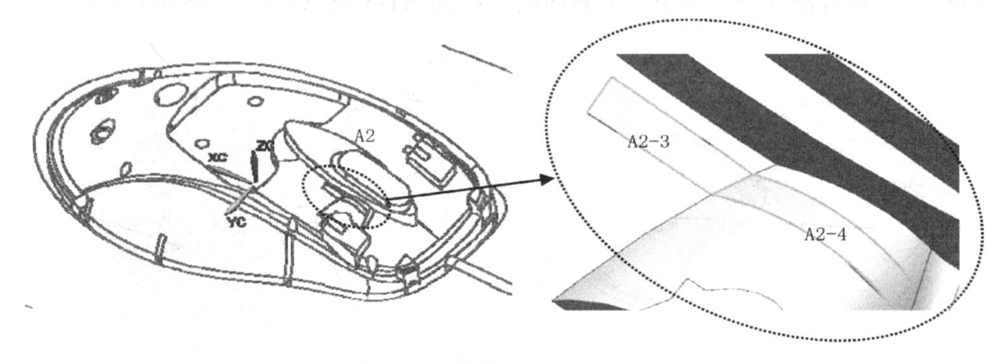

图 4-10　补面 A2-3 及 A2-4

3．使用 N 边曲面创建后模补面

（1）创建 A1-5 补面

在主工具栏中【曲面】|【更多】里单击 按钮，或者在主菜单中执行【插入】|【网格曲面】|【N 边曲面】命令，系统弹出【N 边曲面】对话框，如图 4-11 所示。

图 4-11　N 边曲面对话框

在图形上选择如图 4-12 所示的孔边线，单击【应用】按钮,这样就可以不要退出这个

对话框继续进行其他曲面的创建。

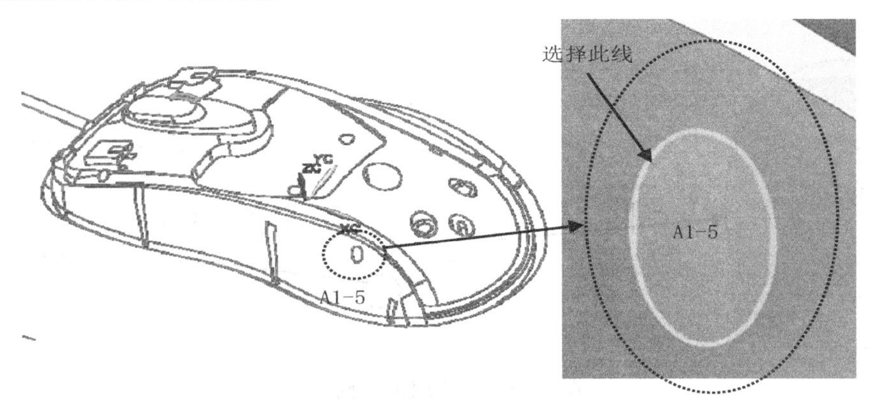

图 4-12　创建补面 A1-5

（2）补 A2 处孔表面

与第（1）步方法相同，创建 A2 侧面的孔位的 N 边曲面 A2-5、A2-6 及 A2-7，如图 4-13 所示。注意，先创建 A2-5 曲面再根据这个曲面边界线和原有后模孔的边界线来创建 A2-6 曲面。

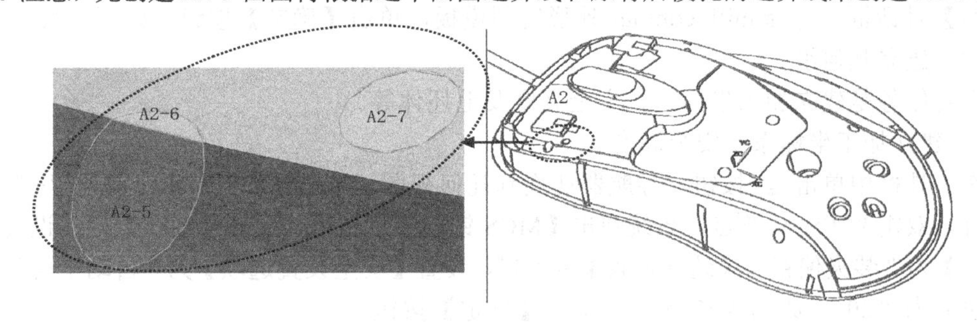

图 4-13　在 A2 侧面补孔面

（3）补 A4 处孔表面

与第（1）步方法相同，创建 A4 侧面的孔位的 N 边曲面 A4-1、A4-2、A4-3、A4-4 及 A4-5，如图 4-14 所示。注意，创建这些曲面时要先选择后模表面为约束面。

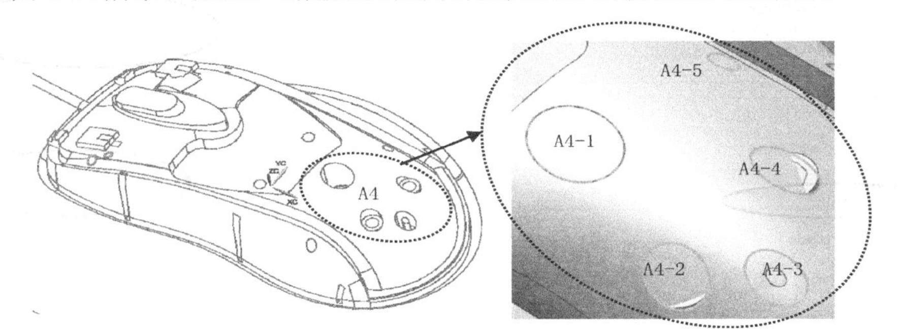

图 4-14　在 A4 处补面

（4）补 A3 处孔表面

与第（1）步方法相同，创建 A3 侧面的孔位的 N 边曲面 A3-4、A3-5、A3-6 及 A3-7，

如图 4-15 所示。注意创建这些曲面时，要先创建 A3-4 再创建 A3-5；先创建 A3-6 再创建 A3-7 曲面。

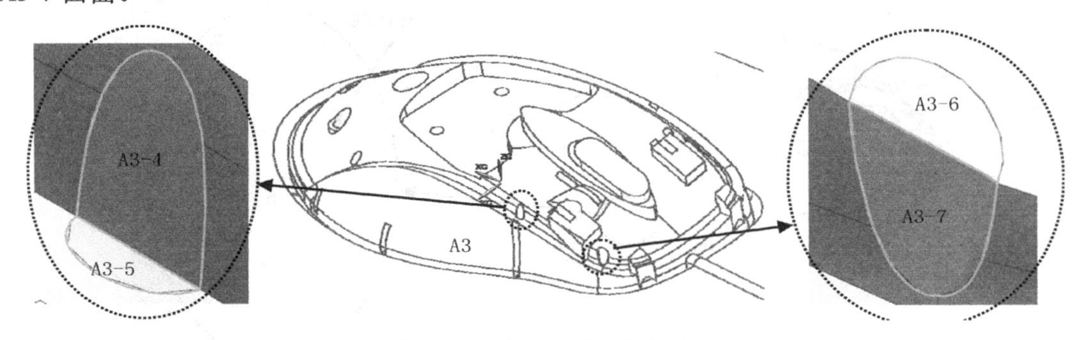

图 4-15　在 A3 侧面补孔面

4．进入加工模块

（1）设置加工环境参数

在工具条中执行【应用模块】|【加工】命令，进入加工模块 加工(N)，系统弹出【加工环境】对话框，选择 mill_contour 外形铣削模板，单击【确定】按钮，如图 4-16 所示。

（2）建立几何组

主要任务是建立加工坐标系、安全高度及毛坯体等。

① 建立加工坐标系及安全高度。

在工具栏中单击 几何视图 按钮，导航器切换到几何视图。单击 MCS_MILL 前的“+”号将其展开，双击 MCS_MILL 节点，系统弹出【MCS 铣削】对话框，展开【细节】栏，设置【特殊输出】为“装夹偏置”，【装夹偏置】为“1”，设置【安全设置选项】为“自动平面”，【安全距离】为“20”，如图 4-17 所示，单击【确定】按钮。

图 4-16　设定加工环境参数

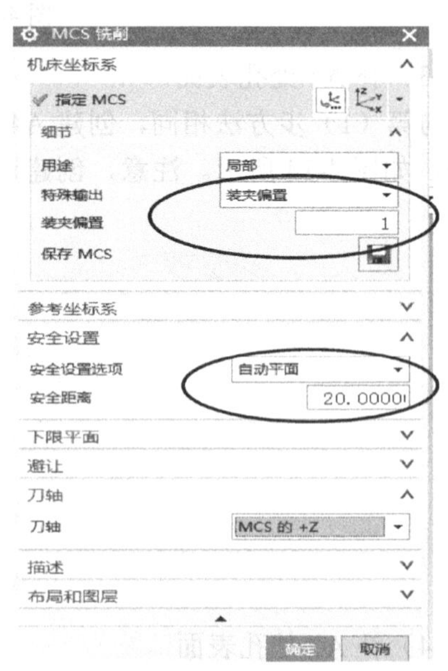

图 4-17　设置加工坐标系

② 建立毛坯体。

在导航器树枝上双击 WORKPIECE 节点，系统弹出【工件】对话框，单击【指定部件】按钮，系统弹出【部件几何体】对话框，右击鼠标在弹出的过滤器里选择过滤方式为“面”，在图形区用框选的方法选择全部曲面，包括第 2 步创建的补面，均为加工部件，如图 4-18 所示。单击【确定】按钮。

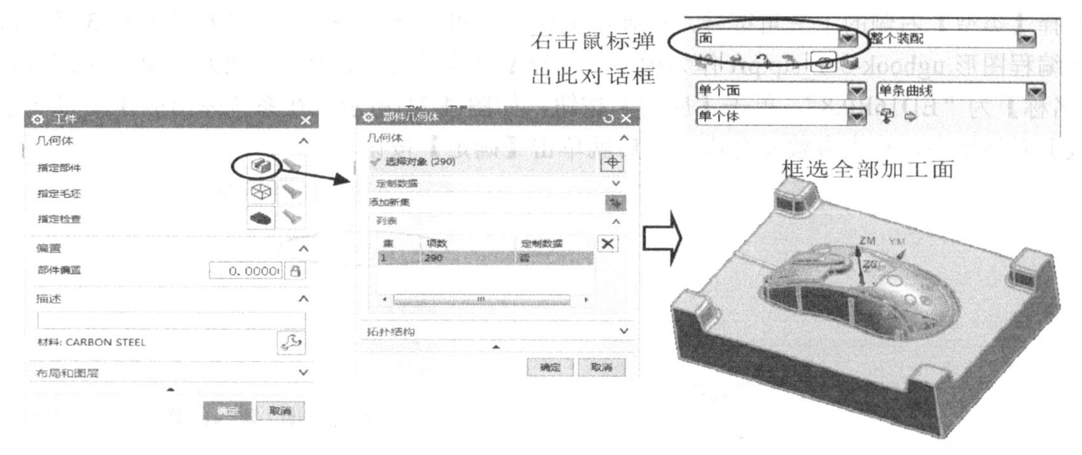

图 4-18　定义加工部件

单击【指定毛坯】按钮，系统弹出【毛坯几何体】对话框，在【类型】中选择 包容块，输入【ZM+】参数为“0.1”，该参数的目的是为了在顶部留出足够多的余量，如图 4-19 所示。单击【确定】按钮 2 次。

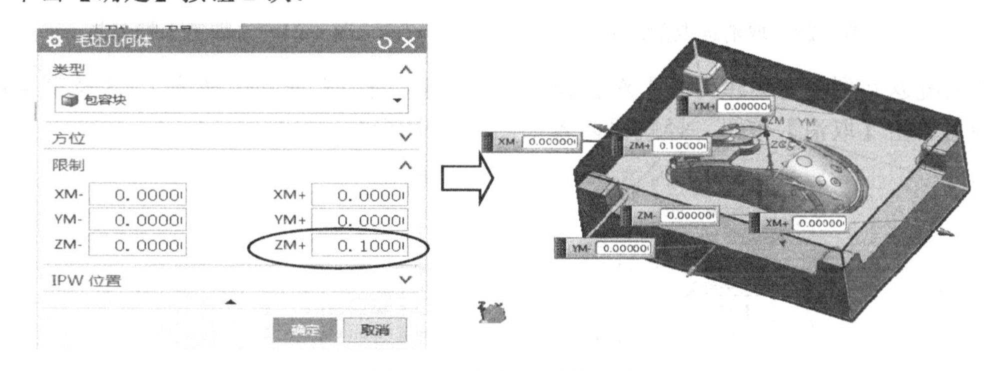

图 4-19　定义毛坯几何体

③ 建立毛坯体副本。

在导航器中，右击已经生成的毛坯体 WORKPIECE，在弹出的快捷菜单中选择【复制】，再次右击鼠标在弹出的快捷菜单中选择【粘贴】，新生成的毛坯体为 WORKPIECE_COPY。双击该节点，系统弹出【工件】对话框，单击【指定部件】按钮，系统弹出【部件几何体】对话框，右击鼠标在弹出的过滤器中选择过滤方式为“面”，左手按住 Shift 键，同时移动鼠标指针选择图 4-14 所补的 A4-1、A4-2 及 A4-4 曲面，如图 4-20 所示。单击【确定】按钮。创建该几何体的目的是为了能用 ED3 刀具对这 3 处进行开粗加工。

（3）在机床组中建立刀具

可以参考第 3 章的第 3.3.2 节相关内容，来创建刀具 ED16R0.8、ED8、ED3 及 BD6R3。这里介绍另外一种创建刀具的方法。

在工具栏中单击机床视图按钮，切换到机床视图。选择【Ceneric_Machine】右击鼠标，在弹出的快捷菜单中执行【插入】|【刀具】命令，然后在系统弹出的【创建刀具】对话框中，选择【类型】右侧的下三角符号，在弹出的快捷菜单中选择浏览...，然后选择第 3 章完成的编程图形 ugbook-3-1_stp.prt 作为模版，选择【刀具子类型】为第一把刀具，系统设置【名称】为“ED16R0.8”，单击【应用】按钮，如图 4-21 所示。在系统弹出的【铣刀-5 参数】对话框中，检查参数没有错误以后就单击【确定】按钮。

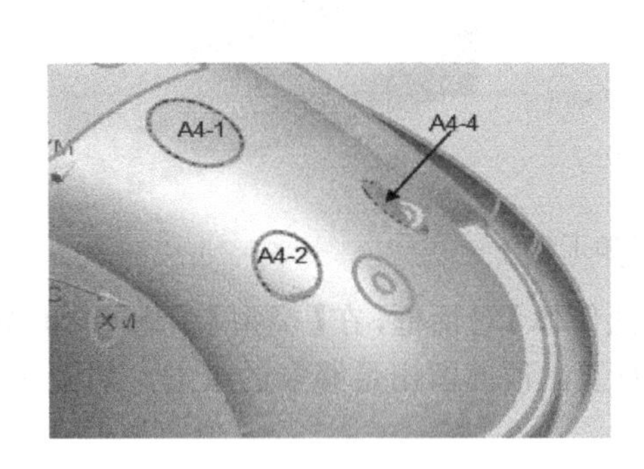

图 4-20　取消选取的曲面

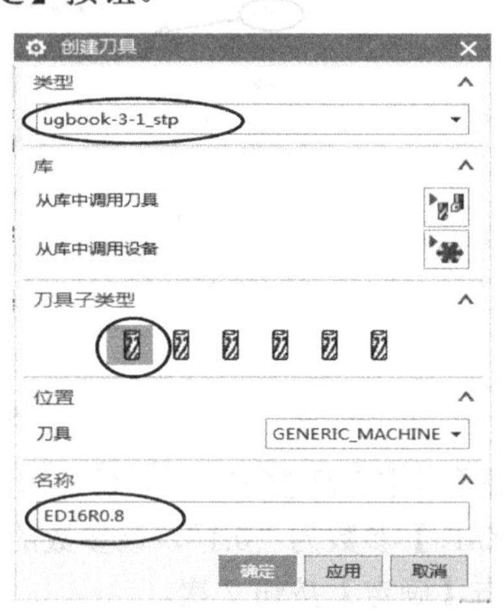

图 4-21　选取第 1 把刀具

在系统返回到的【创建刀具】对话框中，【刀具子类型】分别选择第 2、3 及第 4 把刀具。最后单击【取消】按钮，导航器内容如图 4-22 所示。

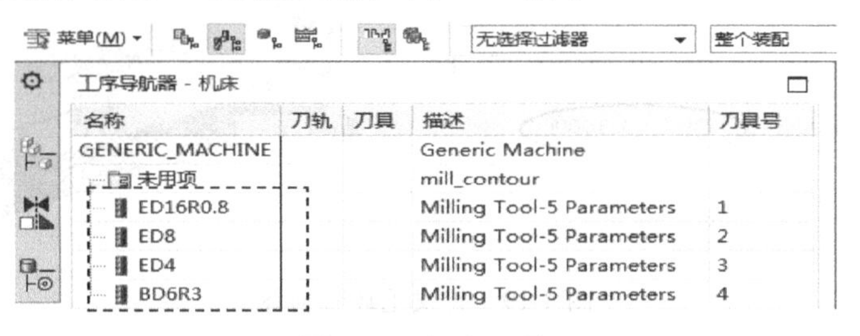

图 4-22　调出刀具

在导航器中，右击第 3 把刀具 ED4，在弹出的快捷菜单中选择【重命名】，改名为 ED3。双击这个节点，在弹出的【铣刀-5 参数】对话框中，输入【直径】为“3”，其余参数不变，单击【确定】按钮，导航器内容如图 4-23 所示。

（4）建立方法组

在导航器空白处右击鼠标，在弹出的快捷菜单中选择加工方法视图，切换到加工方法视图。可以双击粗加工、半精加工、精加工的菜单，修改余量、内外公差。本操作选择默认参数，不做修改。

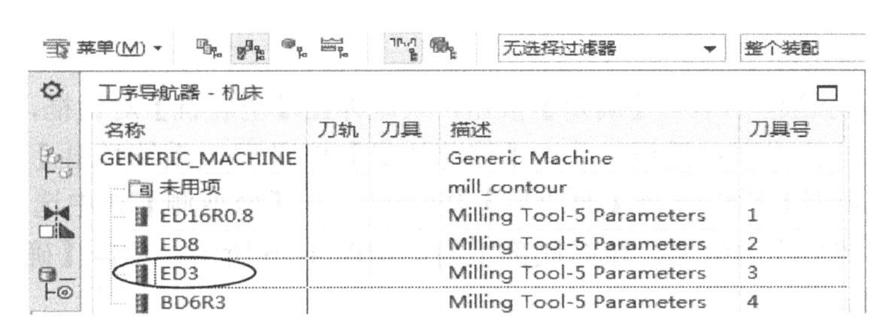

图 4-23　修改刀具

（5）建立程序组

在底部工具栏中单击程序顺序视图按钮，切换到程序顺序视图。在导航器中已经有一个程序组 PROGRAM，右击此程序组，在弹出的快捷菜单中选择【重命名】，改名为 K4A。

选择上述程序组 K4A，右击鼠标在弹出的快捷菜单中选择【复制】，再次右击上述程序组 K4A，在弹出的快捷菜单中选择【粘贴】，则在目录树中产生了一个程序组 K4A_COPY，右击此程序组，在弹出的快捷菜单中选择【重命名】，改名为 K4B。同理，生成 K4C、K4D、K4E 及 K4F，结果如图 4-24 所示。

菜单(M)　无选择过滤器　整个装配

工序导航器 - 程序顺序

名称	换刀	刀轨	刀具	刀具号	时间	几何体
NC_PROGRAM					00:00:00	
未用项					00:00:00	
K4A					00:00:00	
K4B					00:00:00	
K4C					00:00:00	
K4D					00:00:00	
K4E					00:00:00	
K4F					00:00:00	

图 4-24　创建程序组

执行【文件】|【保存】命令，或者在工具条中单击【保存】按钮将文件存盘。注意编程图形文件名是 ugbook-4-1_stp.prt。

以上操作视频文件为：\ch04\03-video\01-编程准备.exe。

4.3.3　在程序组 K4A 中创建开粗刀路

本节任务：用型腔铣的方式对后模型芯面进行开粗。

（1）设置工序参数

在界面上方的主工具栏中单击创建工序按钮，系统弹出【创建工序】对话框，【类型】选择 mill_contour，【工序子类型】选择【型腔铣】按钮，【位置】参数按图 4-25 所示设置。

（2）设置修剪边界

在 4-25 所示对话框中单击【确定】按钮，系统弹出【型腔铣】对话框，单击【几何体】栏的【更多】按钮展开对话框，单击【修剪边界】按钮，系统弹出【修剪边界】对话框，在【过滤器类型】栏中选择【面边界】按钮，在【修剪侧】栏中选中【外部】单选按钮，将图形旋转使底面朝上，选择底部平面，如图 4-26 所示，单击【确定】按钮。

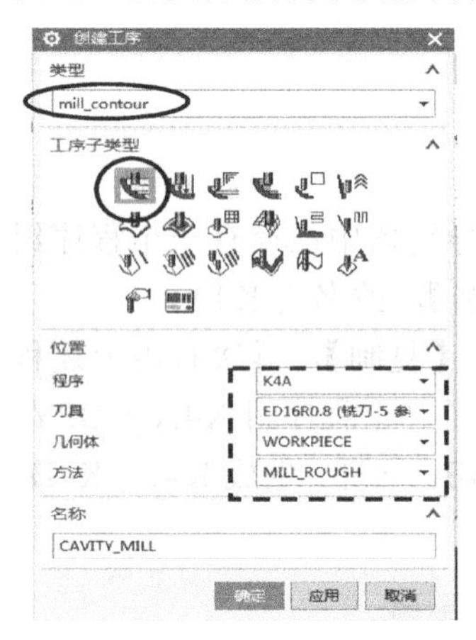

图 4-25　设定工序参数

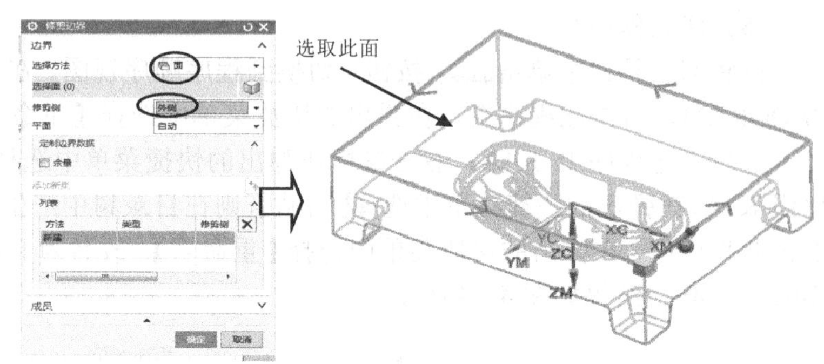

图 4-26　选取修剪边界

检查其他几何体是否正确，如果没有错误，单击【几何体】栏右侧的按钮，将此栏参数折叠。同理，检查【工具】及【刀轴】参数。

（3）设置切削模式

在【型腔铣】对话框中，设置【切削模式】为跟随周边，如图 4-27 所示。

图 4-27　设定切削模式

（4）设置切削层参数

在图 4-27 所示的【型腔铣】对话框中单击【切削层】按钮，系统弹出【切削层】

对话框，设置【范围类型】为单侧，设置【最大距离】为“0.3”，按 Enter 键，系统自动以第 4.3.2 节定义的毛坯顶部为切削层上部参数，即【范围 1 的顶部】参数【ZC】已经设置为“30.6149”。注意，系统已经自动选择了定义切削层的下部参数【范围定义】，修改【范围深度】为“30.5”，单击【确定】按钮。这样可以在 PL 面留出 0.1 余量，如图 4-28 所示。

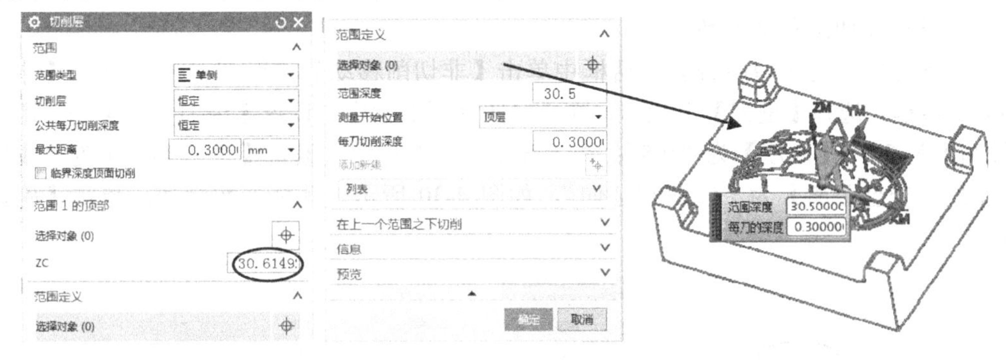

图 4-28　设定切削层

型腔铣和等高铣等都要定义切削层。切削层的定义方法除了本例介绍的方法以外，还有“自动”等选项。读者也可以尝试用其他方式来定义层。

（5）设置切削参数

在系统返回到的【型腔铣】对话框中单击【切削参数】按钮，系统弹出【切削参数】对话框，选择【策略】选项卡，设置【切削方向】为“顺铣”，【切削顺序】为“层优先”，【刀路方向】为“自动”。

在【余量】选项卡，取消选择【使底面余量与侧面余量一致】复选框，设置【部件侧面余量】为“0.3”，【部件底面余量】为“0.2”，【内公差】为“0.03”，【外公差】为“0.03”。

在【空间范围】选项卡，设置【小封闭区域】为“忽略”，【区域大小】为刀具直径的 180%。目的是在狭小区域内忽略加工，留出余量给其他工序来加工，如图 4-29 所示。其余参数默认，单击【确定】按钮。

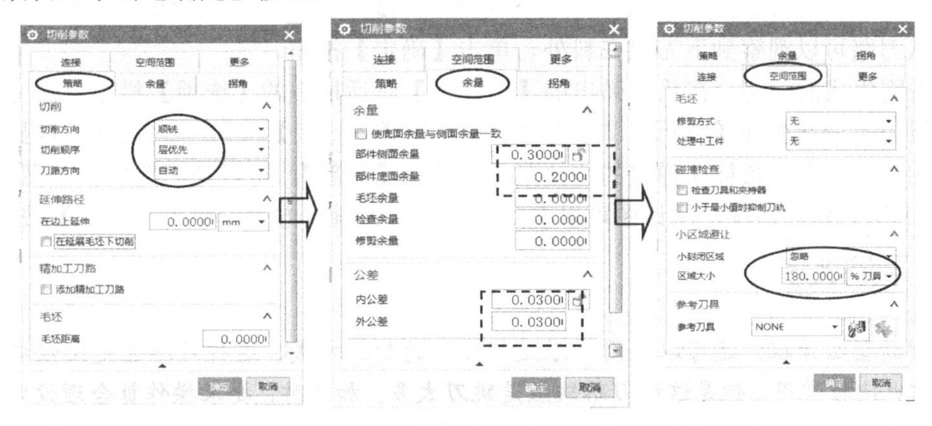

图 4-29　设定切削参数

注意【区域大小】这个参数不要按照软件默认的 200%进行，如果给的数据太大会导致刀路计算异常，很多部分加工不到容易造成安全事故。

（6）设置非切削移动参数

在系统返回到的【型腔铣】对话框中单击【非切削移动】按钮，系统弹出【非切削移动】对话框，选择【进刀】选项卡，在【封闭区域】栏中，设置【进刀类型】为“螺旋”，【斜坡角】为 3°，【高度】为“0.5”；在【开放区域】栏中，设置【进刀类型】为“线性”，设置【最小安全距离】为“修剪和延伸”，如图 4-30 所示。其余参数默认，单击【确定】按钮。

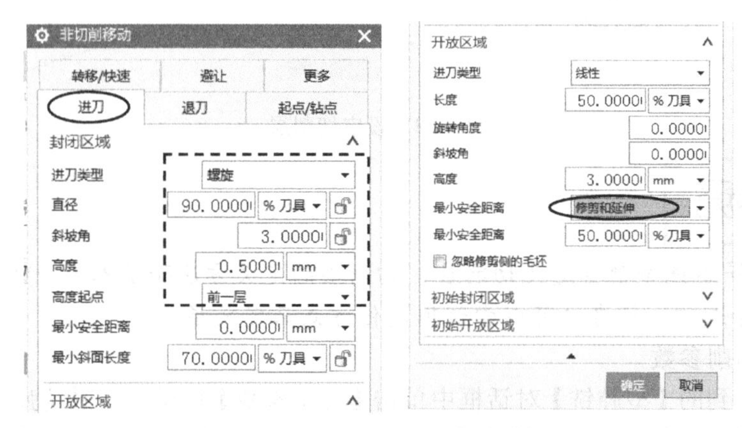

图 4-30　设定非切削移动参数

（7）设置进给率和转速参数

在【型腔铣】对话框中单击【进给率和速度】按钮，系统弹出【进给率和速度】对话框，设置【主轴速度（rpm）】为“2500”，【进给率】的【切削】为“1500”。单击【计算】按钮，如图 4-31 所示。其余参数默认，单击【确定】按钮。

（8）生成刀路

在系统返回到的【型腔铣】对话框中单击【生成】按钮，系统计算出刀路，如图 4-32 所示。从刀路可以观察到下刀点在料外，单击【确定】按钮。

双击刚生成的刀路，在系统弹出的【型腔铣】对话框中的【选项】栏中单击【分析工具】按钮，系统弹出【分析工具】对话框，单击【下一步】按钮，这样可以显示各个层刀路的情况，右击鼠标在弹出的快捷菜单中选择【刷新】，可以把刀路刷新。图 4-33 所示为第 28 层刀路的情况，从该图可以看到下刀方式为斜线方式，单击【确定】按钮 2 次。

本例的型芯开粗，还可以采用“跟随部件”的加工方式，这种刀路也是比较安全的，实际工作也比较常用，但是这种刀路缺点是跳刀太多。加工时，要求操作员合理设定机床参数，让机床执行 G00 是以快速方式进行的。这种情况要结合自己工厂的工作习惯灵活掌握。

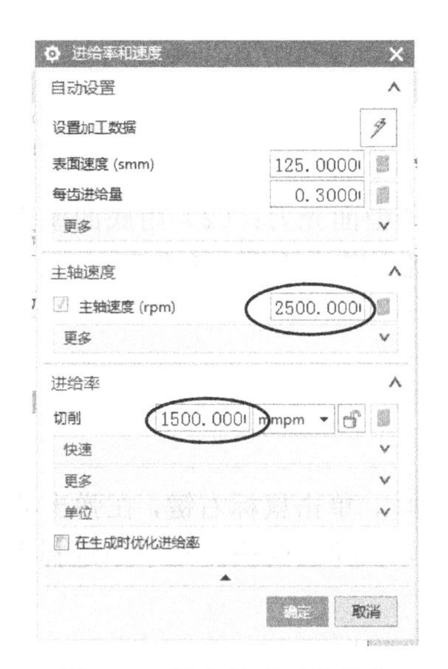

图 4-31　设定转速及进给率

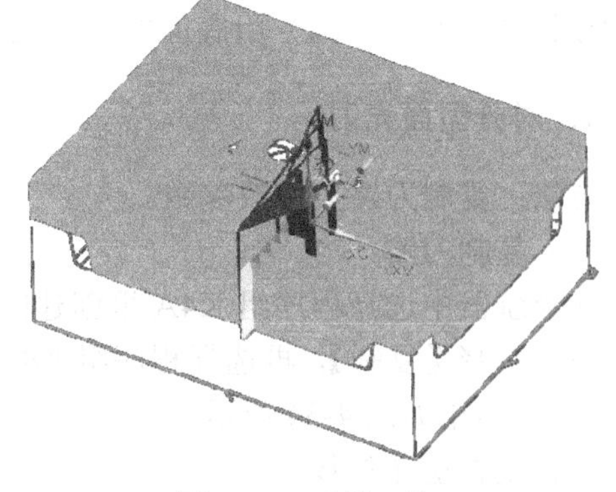

图 4-32　开粗刀路

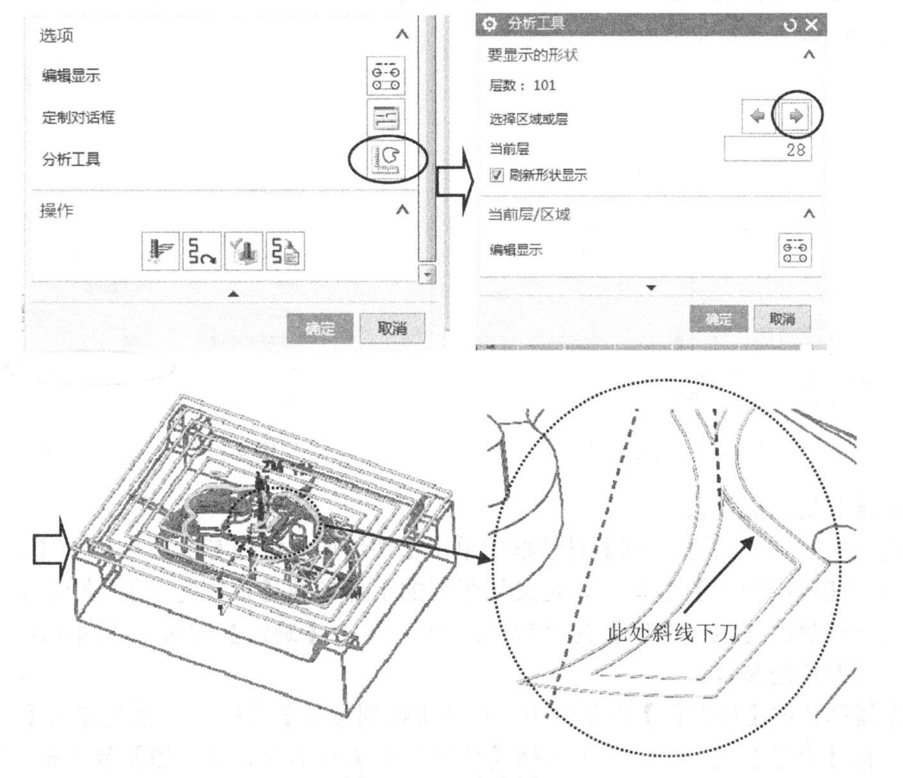

图 4-33　刀路分析

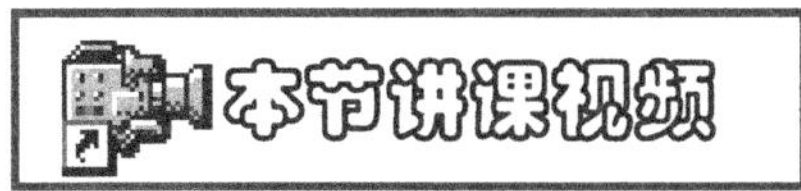

以上操作视频文件为：\ch04\03-video\02-在程序组 K4A 里创建开粗刀路.exe。

4.3.4 在程序组K4B中创建分型面光刀

本节任务：创建3个刀路。（1）用型腔铣单层方式对分型面光刀；（2）用底面壁铣方式对模锁顶部光刀；（3）用底面壁铣方式对如图4-3所示的型芯水平面A5光刀。

1. 对分型面光刀

方法：复制刀路，修改参数。

（1）复制刀路

在导航器中选择程序组K4A里创建的刀路 CAVITY_MILL，单击鼠标右键，在弹出的快捷菜单中选择【复制】，再选择程序组K4B，再次右击鼠标，在弹出的快捷菜单中选择【内部粘贴】，结果如图4-34所示。

（2）设置层深参数

双击刚复制出来的刀路，在弹出的【型腔铣】对话框中修改层参数【最大距离】为“0”，如图4-35所示。

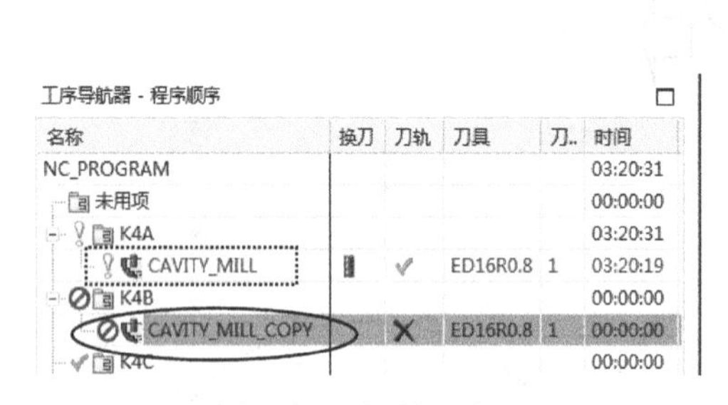

图4-34 复制刀路

图4-35 修改层深参数

（3）设置切削层参数

在图4-35所示的【型腔铣】对话框中单击【切削层】按钮，系统弹出【切削层】对话框，设置【范围类型】为单侧，定义切削层的下部参数【范围定义】，在图形上选择PL面，系统已经修改【范围深度】为“30.61492”，单击【确定】按钮，如图4-36所示。

（4）设置切削参数

在系统弹出的【型腔铣】对话框中，单击【切削参数】按钮，系统弹出【切削参数】对话框，在【余量】选项卡，取消选择【使底面余量与侧面余量一致】复选框，设置【部件侧面余量】为“0.35”，【部件底面余量】为“0”，该侧面余量数值比K4A刀路里的余量要大，如图4-37所示，单击【确定】按钮。

（5）设置进给率和转速参数

在【型腔铣】对话框中单击【进给率和速度】按钮，系统弹出【进给率和速度】对话框，修改【进给率】的【切削】为“150”，单击【计算】按钮，如图4-38所示，单击

【确定】按钮。

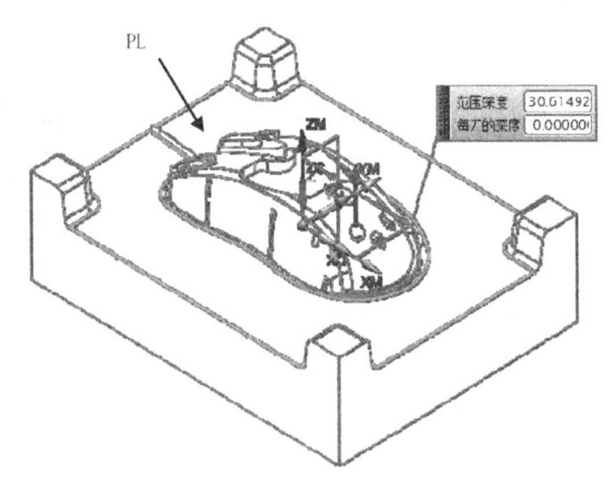

图 4-36　设置切削层参数

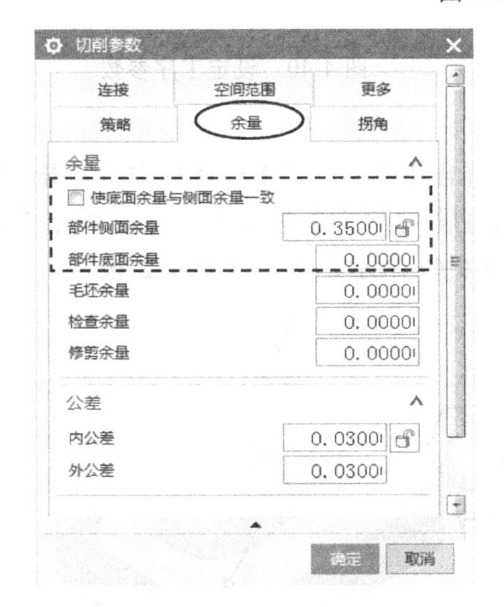

图 4-37　设置切削参数

图 4-38　修改进给率

（6）生成刀路

在系统返回到的【型腔铣】对话框中单击【生成】按钮，系统计算出刀路，如图 4-39 所示，单击【确定】按钮。

本例采用层深参数为 0 时生成一层刀路，除此之外还可以设置深层参数大于总层深 30.62。作为对水平面进行光刀，底部余量应该为 0，侧余量大一些。

2. 对模锁顶部光刀

（1）设置工序参数

在界面上方的主工具栏中单击创建工序按钮，系统弹出【创建工序】对话框，【类型】选择

mill_planar，【工序子类型】，选择【底面和壁】按钮，【位置】参数按图 4-40 所示设置。

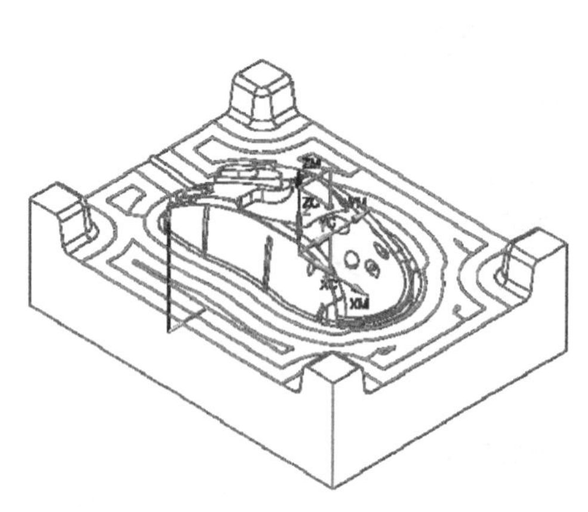

图 4-39 生成 PL 水平面光刀

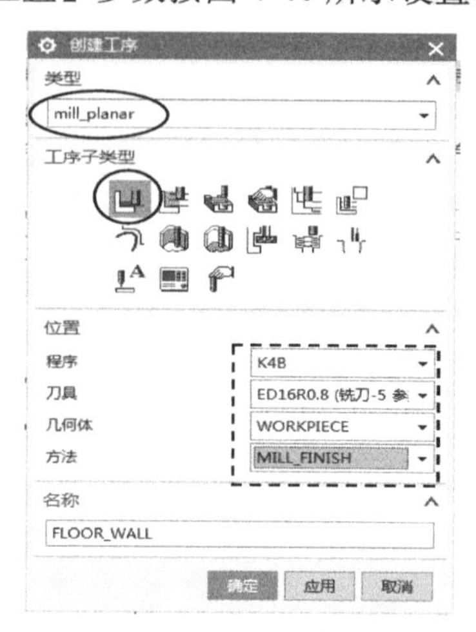

图 4-40 设定工序参数

（2）指定底面曲面

在图 4-40 所示对话框中单击【确定】按钮，系统弹出【底壁加工】对话框中，单击【几何体】栏的【更多】按钮展开对话框，单击【指定切削区底面】按钮，系统弹出【切削区域】对话框，在图形上选择模锁顶面 4 处，如图 4-41 所示，单击【确定】按钮。

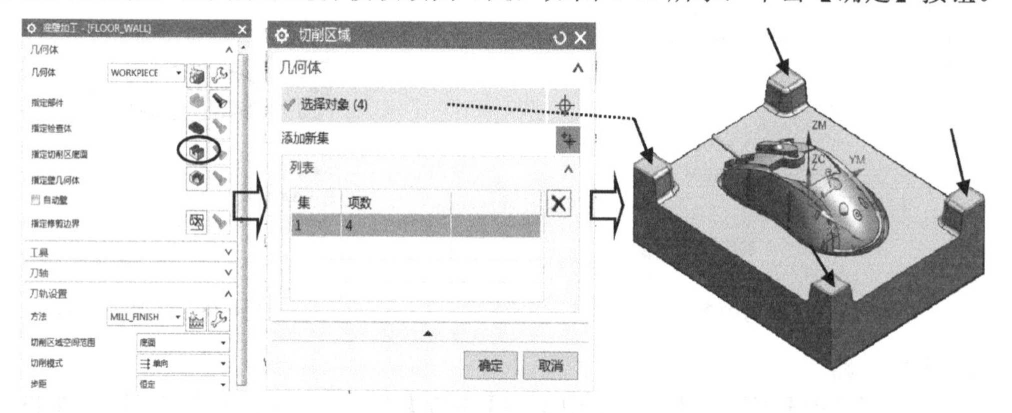

图 4-41 选取模锁顶面

检查其他几何体是否正确，如果没有错误，单击【几何体】栏右侧的按钮，将此栏参数折叠。同理，检查【工具】及【刀轴】参数。

（3）设置切削模式

在【底壁加工】对话框中，设置【切削模式】为跟随周边，【平面直径百分比】为“50”，如图 4-42 所示。

（4）设置切削参数

在系统返回到的【底壁加工】对话框中单击【切削参数】按钮，系统弹出【切削参数】对话框，选择【策略】选项卡，设置【刀路方向】为“向内”。在【余量】选项卡，检查【最终底面余量】应该为“0”。在【空间范围】选项卡中，设置【刀具延展量】为刀具直径的50%。如图4-43所示。其余参数默认，单击【确定】按钮。

图4-42　底壁加工对话框

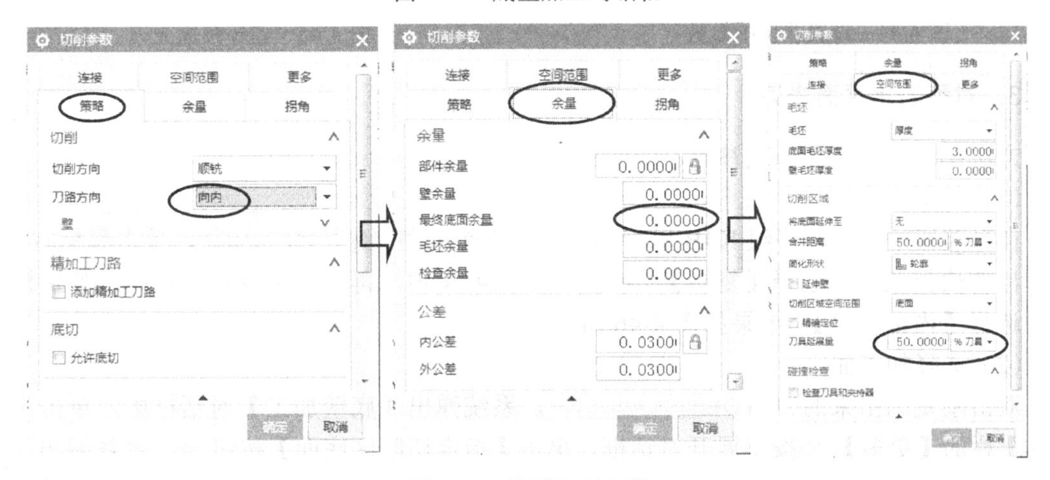

图4-43　设置切削参数

（5）设置非切削移动参数

在系统返回到的【底壁加工】对话框中单击【非切削移动】按钮，系统弹出【非切削移动】对话框，选择【进刀】选项卡，在【封闭区域】栏中，设置【进刀类型】为“与开放区域相同”；在【开放区域】栏中，设置【进刀类型】为“线性”，设置【长度】为刀具直径的70%，如图4-44所示。其余参数默认，单击【确定】按钮。

（6）设置进给率和转速参数

在【平面铣】对话框中单击【进给率和速度】按钮，系统弹出【进给率和速度】对话框，设置【主轴速度（rpm）】为“2500”，【进给率】的【切削】为“150”，单击【计算】按钮。其余参数默认，与图4-38所示相同，单击【确定】按钮。

（7）生成刀路

在系统返回到的【平面铣】对话框中单击【生成】按钮，系统计算出刀路，如图4-45所示，单击【确定】按钮。

图 4-44　设置非切削参数

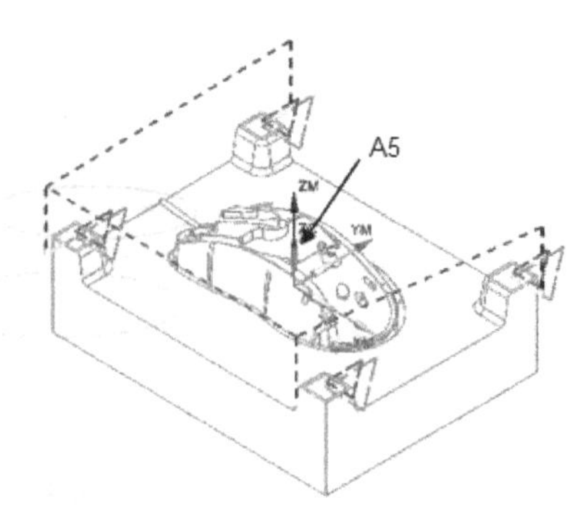

图 4-45　模锁顶面光刀

3. 对型芯水平面光刀

方法：复制刀路，修改参数。

（1）复制刀路

在导航器中选择程序组 K4B 里刚创建的第 2 个刀路 FLOOR_WALL_1，单击鼠标右键，在弹出的快捷菜单中选择【复制】，再选择程序组 K4B，再次右击鼠标，在弹出的快捷菜单中选择【内部粘贴】，结果如图 4-46 所示。

（2）选择加工面

双击刚复制出来的刀路 FLOOR_WALL_1_COPY，系统弹出【底壁加工】对话框中，单击【几何体】栏的【更多】按钮展开对话框，单击【指定切削区底面】按钮，系统弹出【切削区域】对话框，单击【移除】按钮，然后在图形上选择 A5 水平面，如图 4-47 所示，单击【确定】按钮。

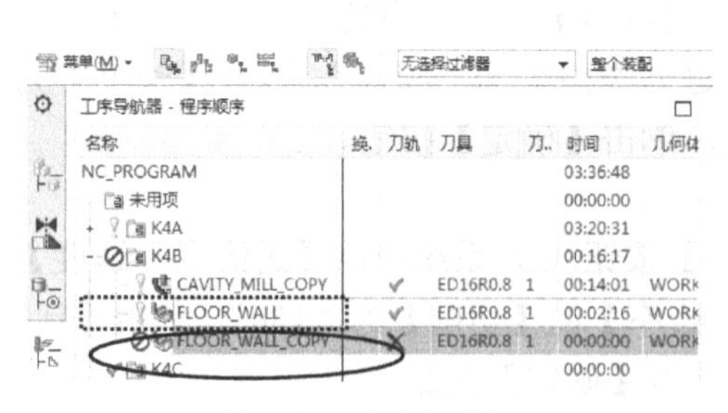

图 4-46　复制刀路

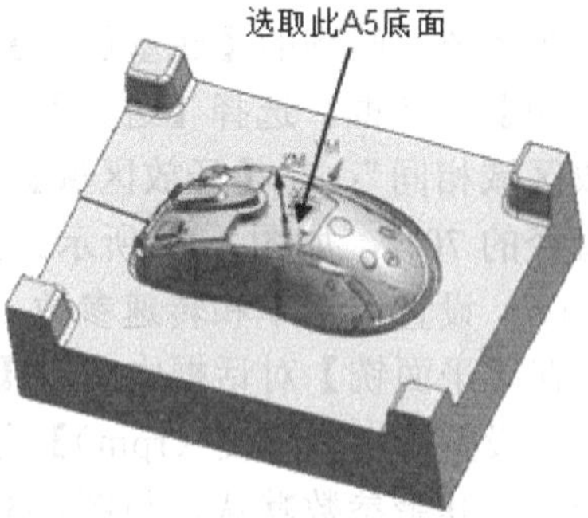

选取此A5底面

图 4-47　选取加工面

（3）选择壁几何体

系统弹出【底壁加工】对话框中，单击【几何体】栏的【更多】按钮展开对话框，单击【指定壁几何体】按钮，系统弹出【壁几何体】对话框，在图形上用相切方式选择

A5 周围的壁曲面，如图 4-48 所示。

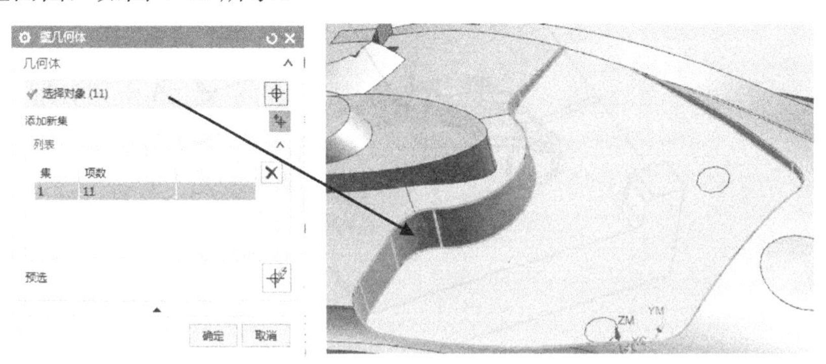

图 4-48　选取壁几何体

（4）设置切削参数

在系统返回的【底壁加工】对话框中单击【切削参数】按钮，系统弹出【切削参数】对话框，在【余量】选项卡，设置【部件余量】为“0.35”，检查【最终底面余量】应该为“0”，如图 4-49 所示。其余参数默认，单击【确定】按钮。

（5）设置非切削移动参数

在系统返回的【底壁加工】对话框中单击【非切削移动】按钮，系统弹出【非切削移动】对话框，选择【进刀】选项卡，在【封闭区域】栏中，设置【进刀类型】为“沿形状斜进刀”，【斜坡角】为 3°，【高度】为“0”。在【开放区域】栏中，设置【进刀类型】为“与封闭区域相同”，如图 4-50 所示。其余参数默认，单击【确定】按钮。

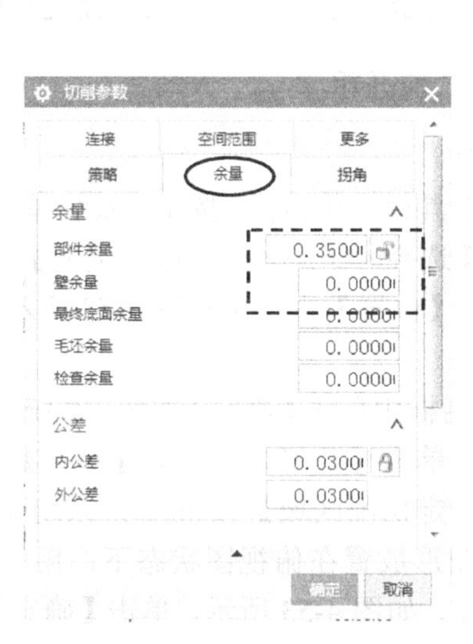

图 4-49　设置切削参数

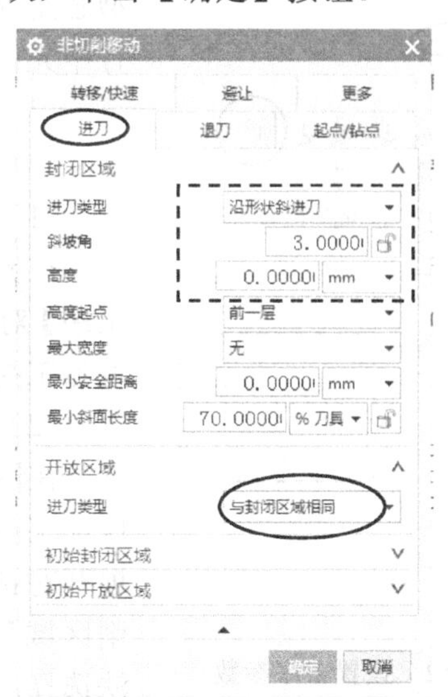

图 4-50　设置非切削移动参数

（6）生成刀路

在系统返回的【平面铣】对话框中单击【生成】按钮，系统计算出刀路，如图 4-51 所示，单击【确定】按钮。

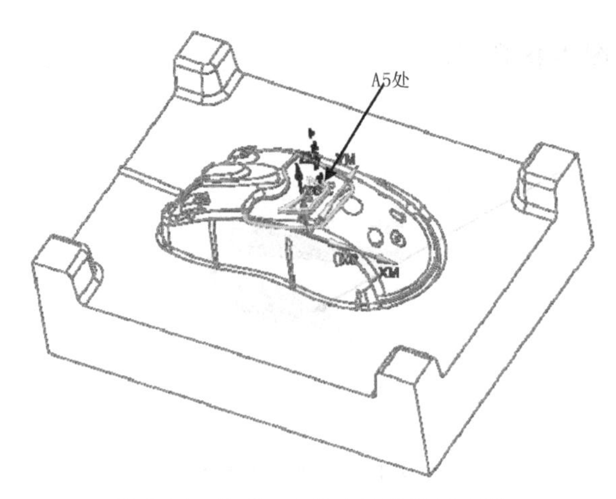

图 4-51　生成 A5 处水平面光刀刀路

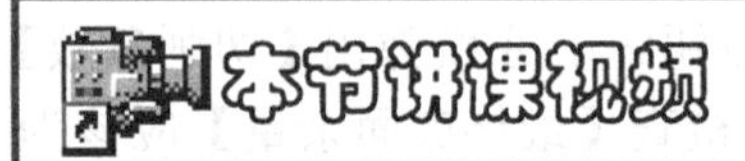

以上操作视频文件为：\ch04\03-video\03-在程序组 K4B 里创建分型面光刀.exe。

4.3.5　在程序组 K4C 中创建型芯面二次开粗

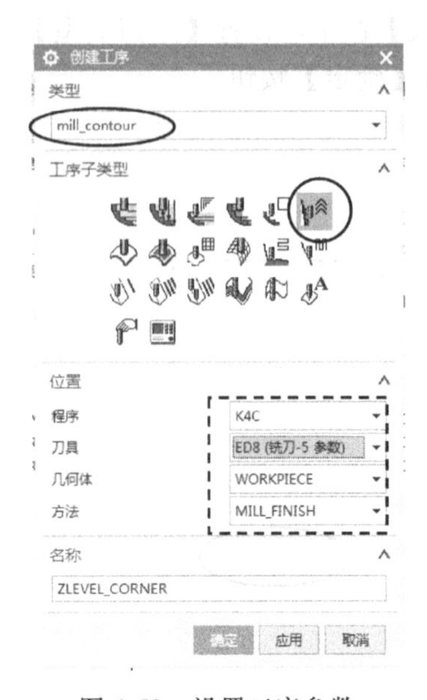

图 4-52　设置工序参数

本节任务：创建 3 个刀路。（1）用深度加工拐角铣方式对型芯面进行二次开粗；（2）用深度加工拐角铣方式对型芯面进行中光；（3）用深度加工拐角铣方式对模锁曲面进行中光。

1. 对型芯面进行二次开粗

（1）设置工序参数

在界面上方的主工具栏中单击创建工序按钮，系统弹出【创建工序】对话框，【类型】选择mill_contour，【工序子类型】选择【深度加工拐角】按钮，【位置】中参数按图 4-52 所示设置。

（2）选择加工曲面

在图 4-52 所示对话框中单击【确定】按钮，系统弹出【深度加工拐角】对话框，单击【几何体】栏的【更多】按钮展开对话框，单击【指定切削区域】按钮，系统弹出【切削区域】对话框，将图形放置在俯视图状态下，用框选的方法选择后模的型芯曲面，如图 4-53 所示，单击【确定】按钮。

（3）选择参考刀具等参数

在系统返回的【深度加工拐角】对话框中单击【几何体】右侧的按钮，将此栏参数折叠。选择【参考刀具】为ED16R0.8 (铣刀-5 参数)，设置【陡峭空间范围】为“无”，修改切削层深参数【最大距离】为“0.15”，如图 4-54 所示。

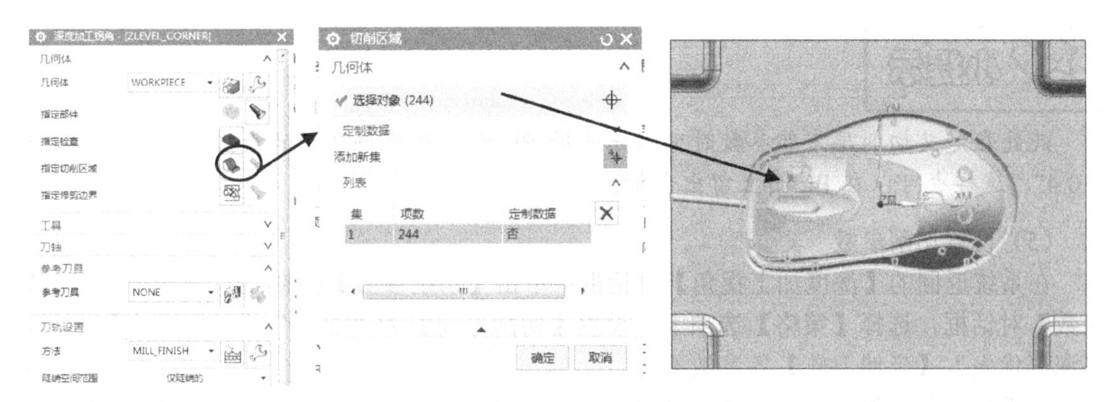

图 4-53　选取加工曲面

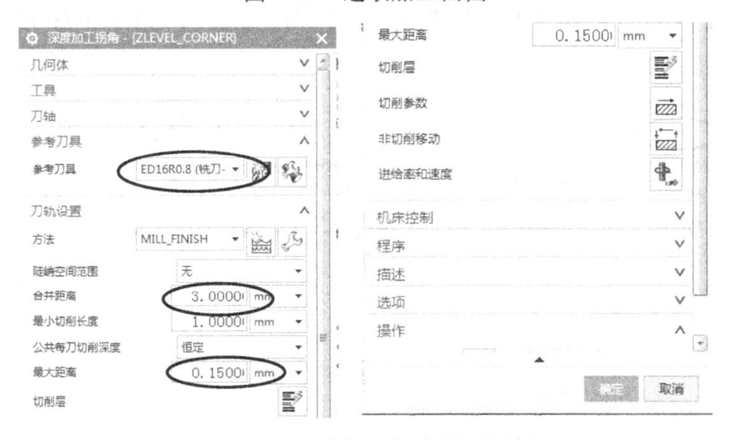

图 4-54　深度加工拐角铣对话框

（4）设置切削层参数

在【深度加工拐角】对话框中单击【切削层】按钮，系统弹出【切削层】对话框，设置【范围类型】为![单侧]，检查已经设置层深参数【每刀的深度】为“0.15”，【范围 1 的顶部】参数【ZC】已经按曲面的最高位置设置为“30.5149”。将下部参数【范围定义】中的【范围深度】设置为“30.4”，单击【确定】按钮，如图 4-55 所示。

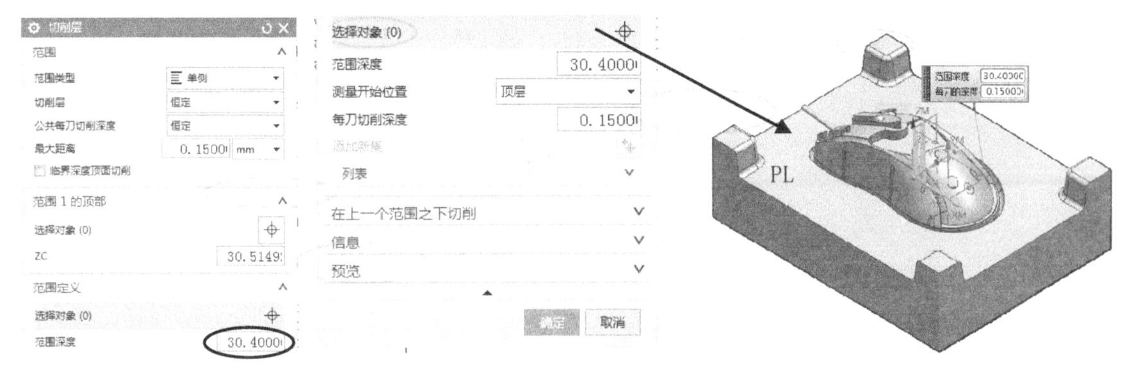

图 4-55　设置切削层参数

此处在定义切削层下部参数时可以先选择 PL 面，然后将显示的数据“30.5149”修改为“30.4”，这样也可以在 PL 面上留出余量。

（5）设置切削参数

在系统返回的【深度加工拐角】对话框中单击【切削参数】按钮，系统弹出【切削参数】对话框，选择【策略】选项卡，设置【切削方向】为“混合”，【切削顺序】为“始终深度优先”，【延伸刀轨】各参数不选。

在【余量】选项卡，选择【使底面余量与侧面余量一致】复选框，设置【部件侧面余量】为“0.35”，【内公差】为“0.03”，【外公差】为“0.03”，如图 4-56 所示。

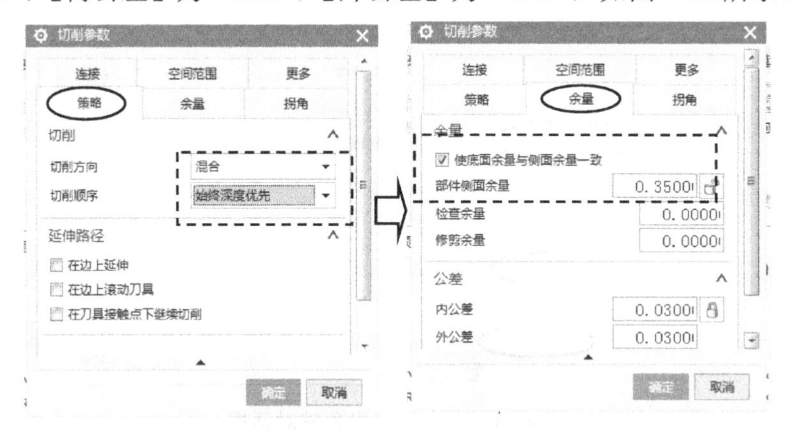

图 4-56　设置切削参数 1

在【连接】选项卡中，设置【层到层】为“直接对部件进刀”，在【空间范围】选项卡中，设置【重叠距离】为“1”，检查【参考刀具】为“ED16R0.8”，如图 4-57 所示，单击【确定】按钮。

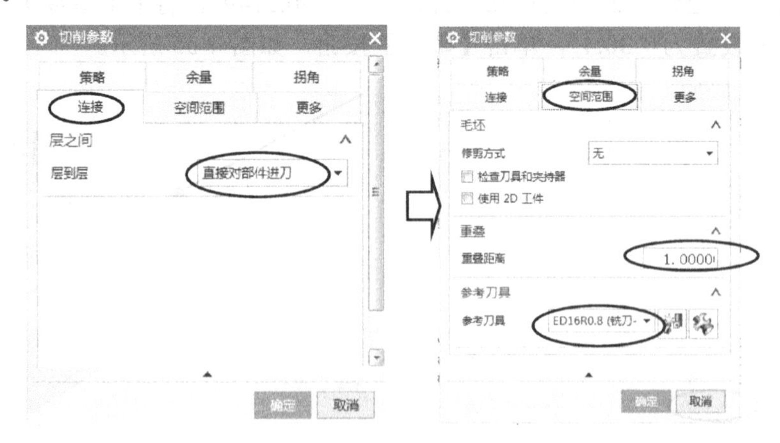

图 4-57　设置切削参数 2

（6）设置非切削移动参数

在系统返回的【深度加工拐角】对话框中单击【非切削移动】按钮，系统弹出【非切削移动】对话框，选择【进刀】选项卡，在【封闭区域】栏中，设置【进刀类型】为“与开放区域相同”。在【开放区域】栏中，设置【进刀类型】为“圆弧”，【半径】为刀具直径的 50%，【圆弧角度】为 25°。

在【转移/快速】选项卡中，设置【区域之间】的【转移类型】为“安全距离-刀轴”，【区域内】的【转移类型】为“安全距离-刀轴”，如图 4-58 所示。其余参数不做修改，单击【确定】按钮。

图 4-58　设置非切削移动参数

此处安全距离设置可以确保跳刀在安全平面上进行，虽然跳刀距离较长，但是可以确保安全。

（7）设置进给率和转速参数

在【深度加工拐角】对话框中单击【进给率和速度】按钮，系统弹出【进给率和速度】对话框，设置【主轴速度（rpm）】为“3500”，【进给率】的【切削】为“1200”。单击【计算】按钮，如图 4-59 所示，单击【确定】按钮。

（8）生成刀路

在系统返回的【深度加工拐角】对话框中单击【生成】按钮，系统计算出刀路，如图 4-60 所示，单击【确定】按钮。

2. 对型芯面进行中光

方法：复制刀路，修改参数。

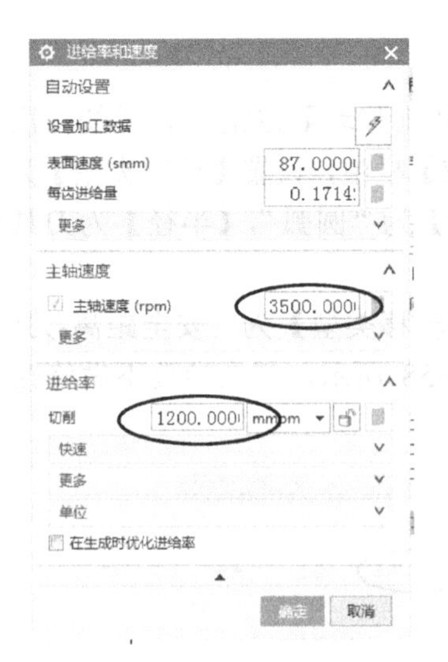

图 4-59　设置进给率及转速参数

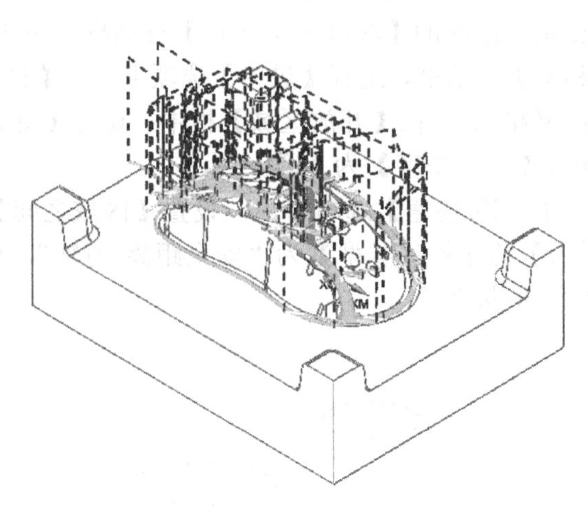

图 4-60　二次开粗刀路

（1）复制刀路

在导航器中选择程序组 K4C 里创建的第 1 个刀路 ZLEVEL_CORNER ，单击鼠标右键，在弹出的快捷菜单中选择【复制】，再选择程序组 K4C，再次右击鼠标，在弹出的快捷菜单中选择【内部粘贴】，结果如图 4-61 所示。

图 4-61　复制刀路

（2）设置切削参数

双击刚复制的刀路，在弹出的【深度加工拐角】对话框中单击【切削参数】按钮，系统弹出【切削参数】对话框。在【策略】选项卡中，设置【切削方向】为“顺铣”，【切削顺序】为“始终深度优先”。

在【余量】选项卡，选择【使底面余量与侧面余量一致】复选框，设置【部件侧面余量】为“0.15”，如图 4-62 所示。

在【连接】选项卡中，设置【层到层】为“沿部件斜进刀”，【斜坡角】为 3°。选择【空间范围】选项卡，单击【参考刀具】右侧的下三角符号，在弹出的刀具列表里选择 NONE ，如图 4-63 所示，单击【确定】按钮。

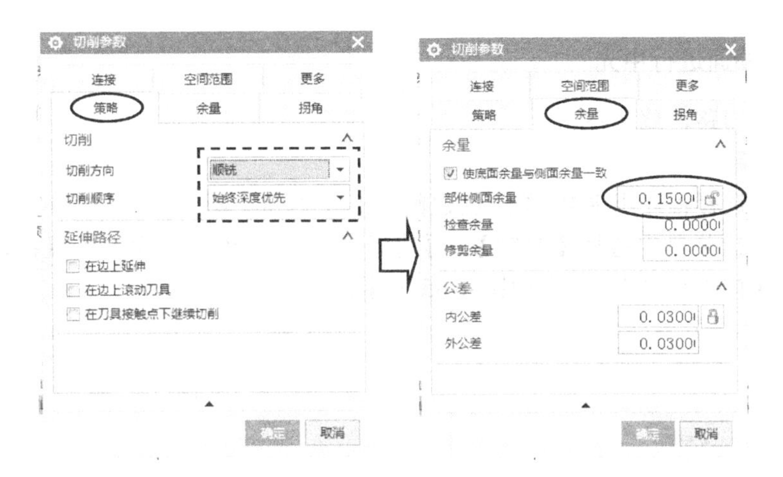

图 4-62　修改切削参数 1

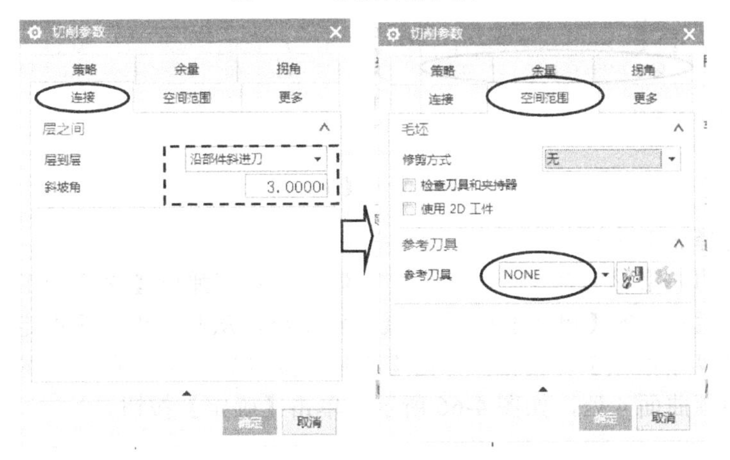

图 4-63　修改切削参数 2

（3）生成刀路

在系统返回的【深度加工拐角】对话框中单击【生成】按钮，系统计算出刀路，如图 4-64 所示，单击【确定】按钮。

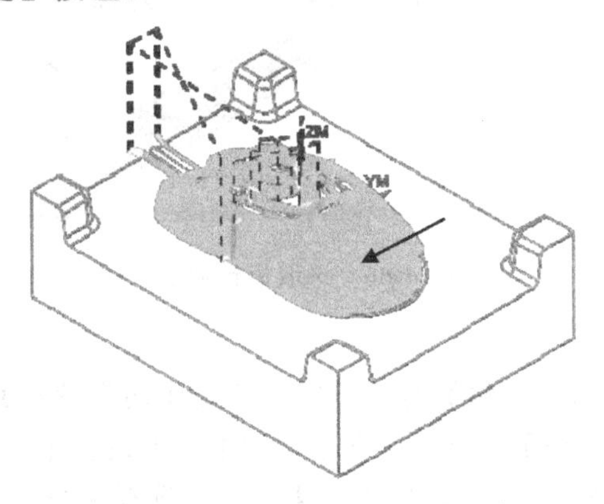

图 4-64　生成型芯面中光刀刀路

3．对模锁曲面进行中光

方法：复制刀路，修改参数。

（1）复制刀路

在导航器中选择程序组 K4C 里刚创建的第 2 个刀路 ZLEVEL_CORNER_COPY，单击鼠标右键，在弹出的快捷菜单中选择【复制】，再选择程序组 K4C，再次右击鼠标，在弹出的快捷菜单中选择【内部粘贴】，结果如图 4-65 所示。

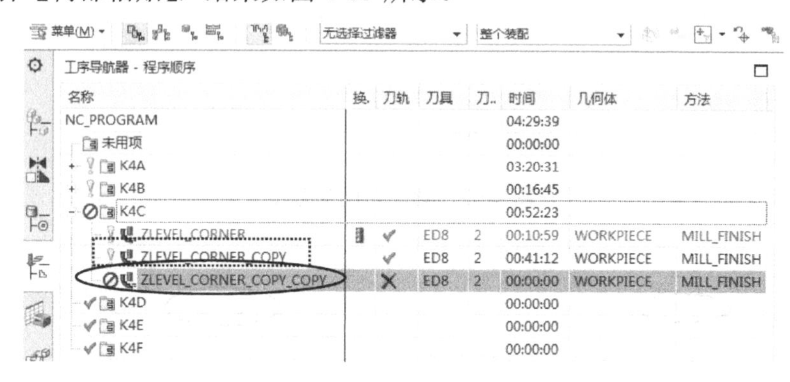

图 4-65　复制刀路

（2）重新选择加工曲面

双击刚复制的刀路 ZLEVEL_CORNER_COPY_COPY，系统弹出【深度加工拐角】对话框，单击【几何体】栏右侧的【更多】按钮展开对话框，从其中单击【指定切削区域】按钮，系统弹出【切削区域】对话框，单击【移除】按钮将之前所选择的曲面删除。用框选的方法选择模锁曲面 4 处，如图 4-66 所示，单击【确定】按钮。

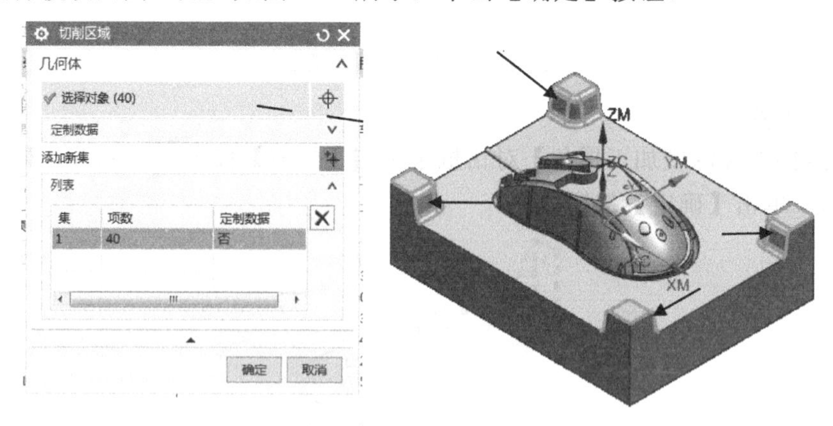

图 4-66　选取模锁曲面

（3）设置切削参数

在系统弹出的【深度加工拐角】对话框中，单击【切削参数】按钮，系统弹出【切削参数】对话框，选择【策略】选项卡，在【切削】栏中设置【切削方向】为“混合”，【切削顺序】为“始终深度优先”。在【延伸刀轨】栏中，选择【在边上延伸】复选框，【距离】为“0.3”。

在【连接】选项卡中，设置【层到层】为“直接对部件进刀”，如图 4-67 所示，单击【确定】按钮。

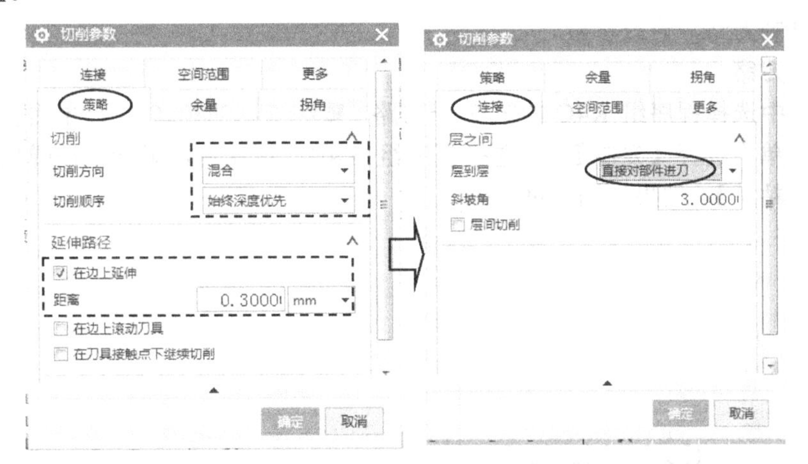

图 4-67　选取切削参数

（4）生成刀路

在系统返回的【深度加工拐角】对话框中单击【生成】按钮，系统计算出刀路，如图 4-68 所示，单击【确定】按钮。

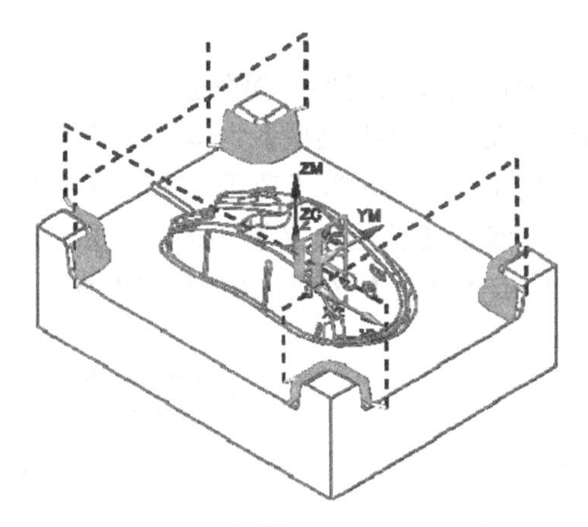

图 4-68　生成模锁曲面中光刀刀路

以上操作视频文件为：\ch04\03-video\04-在程序组 K4C 中创建型芯面二次开粗.exe。

4.3.6　在程序组 K4D 中创建型芯面光刀

本节任务：创建 3 个刀路。（1）用深度加工拐角铣方式对型芯面进行光刀；（2）用深度加工拐角铣方式对模锁曲面进行光刀；（3）使用型腔铣单层方式对型芯面底部光刀。

1. 对型芯面进行光刀

方法：复制刀路，修改参数。

（1）复制刀路

在导航器中选择程序组 K4C 的第 2 个刀路 ZLEVEL_CORNER_COPY，单击鼠标右键，在弹出的快捷菜单中选择【复制】，再选择程序组 K4D，再次右击鼠标，在弹出的快捷菜单中选择【内部粘贴】，结果如图 4-69 所示。

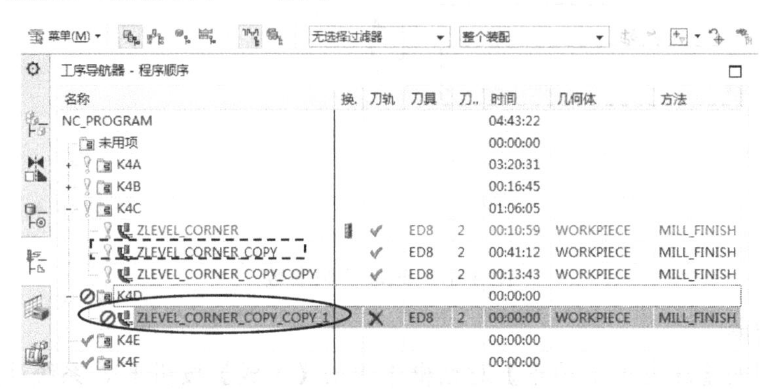

图 4-69　复制刀路

（2）设置切削层参数

双击刚复制的刀路，在弹出的【深度加工拐角】对话框中，单击【切削层】按钮，系统弹出【切削层】对话框，设置【范围类型】为 单侧，设置层深参数【最大距离】或者浮动参数框中的【每刀的深度】为“0.06”，【范围 1 的顶部】参数【ZC】按曲面的最高位置设置为“30.5149”。将下部参数【范围定义】中的【范围深度】设置为“30.5149”，或者选择图形上的 PL 平面，单击【确定】按钮，如图 4-70 所示。

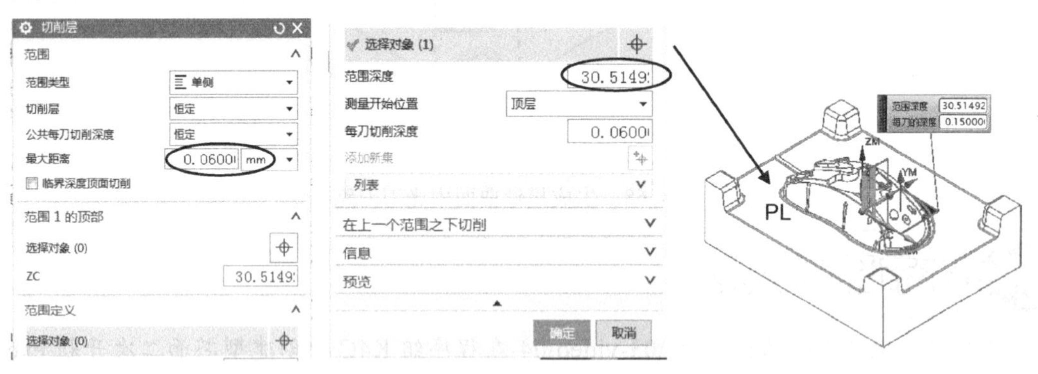

图 4-70　修改切削层

（3）设置切削参数

在系统弹出的【深度加工拐角】对话框中，单击【切削参数】按钮，系统弹出【切削参数】对话框，在【余量】选项卡，选择【使底面余量与侧面余量一致】复选框，设置【部件侧面余量】为“0”，【内公差】为“0.01”，【外公差】为“0.01”，如图 4-71 所示，单

击【确定】按钮。

（4）设置进给率和转速参数

在【深度加工拐角】对话框中单击【进给率和速度】按钮，系统弹出【进给率和速度】对话框，修改【进给率】的【切削】为“1000”。单击【计算】按钮，如图4-72所示，单击【确定】按钮。

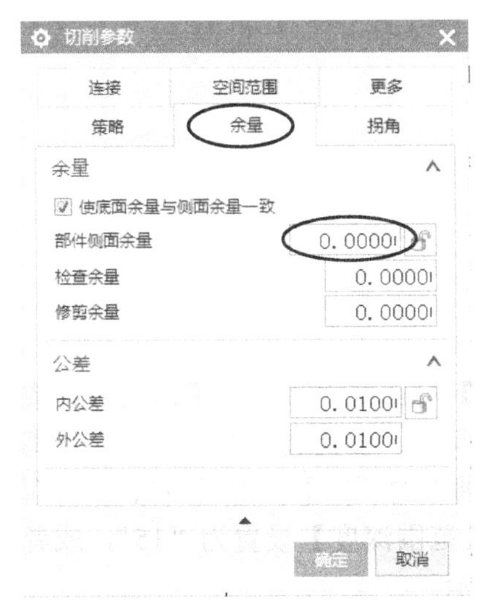

图4-71　修改切削参数

图4-72　修改进给率

（5）生成刀路

在系统返回的【深度加工拐角】对话框中单击【生成】按钮，系统计算出刀路，如图4-73所示，单击【确定】按钮。

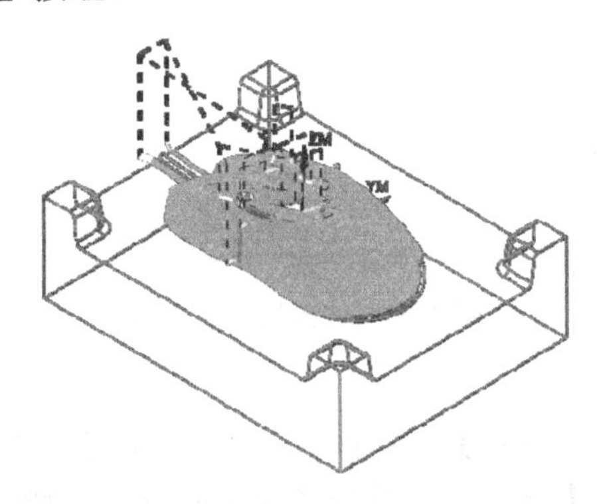

图4-73　生成型芯面光刀

2．对模锁曲面进行光刀

方法：复制刀路，修改参数。

（1）复制刀路

在导航器中选择程序组K4C的第3个刀路 ZLEVEL_CORNER_COPY_COPY，单击鼠标右键，在弹出的快捷菜单中选择【复制】，再选择程序组 K4D，再次右击鼠标，在弹出的快捷菜单中选择【内部粘贴】，结果如图 4-74 所示。

图 4-74　复制刀路

（2）设置切削层参数

双击刚复制的刀路，在弹出的【深度加工拐角】对话框中，单击【切削层】按钮，系统弹出【切削层】对话框，设置【范围类型】为，设置层深参数【最大距离】或者浮动参数框的参数【每刀的深度】为“0.05”，【范围 1 的顶部】参数【ZC】按曲面的最高位置设置为“15”。将下部参数【范围定义】中的【范围深度】设置为“15”，或者选择图形上的 PL 平面，单击【确定】按钮，如图 4-75 所示。

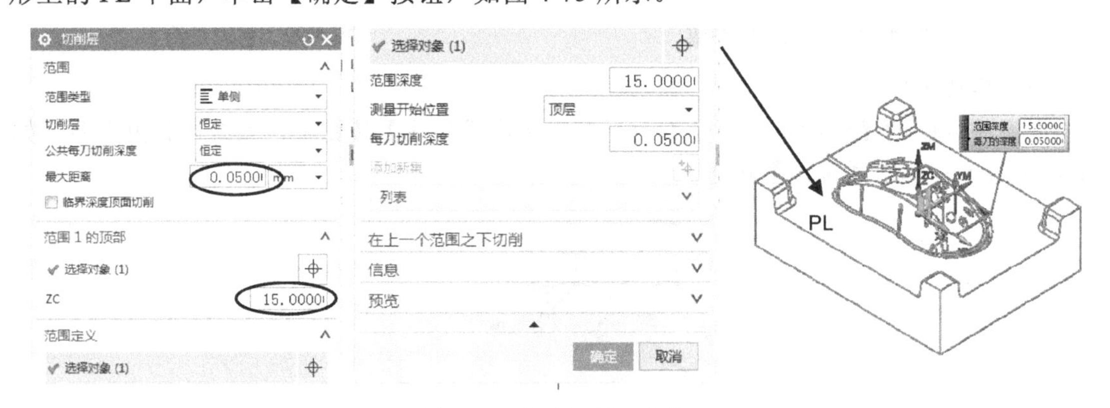

图 4-75　修改切削层参数

（3）设置切削参数

在系统弹出的【深度加工拐角】对话框中，单击【切削参数】按钮，系统弹出【切削参数】对话框，在【余量】选项卡，选择【使底面余量与侧面余量一致】复选框，设置【部件余量】为“0”，【内公差】为“0.01”，【外公差】为“0.01”。与图 4-71 所示相同，单击【确定】按钮。

（4）设置进给率和转速参数

在【深度加工拐角】对话框中单击【进给率和速度】按钮，系统弹出【进给率和速度】对话框，修改【进给率】的【切削】为“1000”，单击【计算】按钮。与图 4-72 所示相同，单击【确定】按钮。

（5）生成刀路

在系统返回的【深度加工拐角】对话框中单击【生成】按钮，系统计算出刀路，如图 4-76 所示，单击【确定】按钮。

3．对型芯面底部光刀

方法：复制刀路，修改参数。

（1）复制刀路

在导航器中选择程序组 K4B 的第 1 个刀路 CAVITY_MILL_COPY，单击鼠标右键，在弹出的快捷菜单中选择【复制】，再选择程序组 K4D，再次右击鼠标，在弹出的快捷菜单中选择【内部粘贴】，结果如图 4-77 所示。

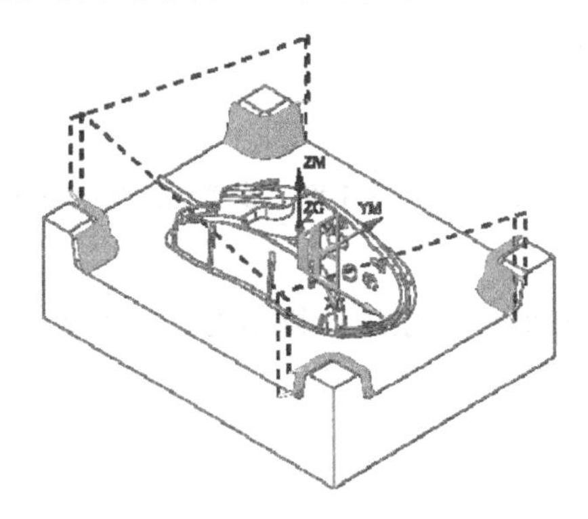

图 4-76　生成模锁曲面光刀

图 4-77　复制刀路

（2）修改刀具为 ED8

双击刚复制的刀路，在弹出的【型腔铣】对话框中，单击【工具】栏的【更多】按钮展开对话框，单击【刀具】右侧的下三角符号，在弹出的刀具列表中选择 ED8 (铣刀-5 参数)。单击按钮折叠对话框。

（3）设置切削模式

在【型腔铣】对话框中，修改【切削模式】为 轮廓加工。层深参数【最大距离】为“0”，如图 4-78 所示。

（4）设置切削参数

在系统弹出的【型腔铣】对话框中，单击【切削参数】按钮，系统弹出【切削参数】对话框，在【余量】选项卡，选择【使底面余量与侧面余量一致】复选框，设置【部件侧面余量】为“0”，【内公差】为“0.01”，【外公差】为“0.01”，如图 4-79 所示，单击【确定】按钮。

（5）设置进给率和转速参数

在【型腔铣】对话框中单击【进给率和速度】按钮，系统弹出【进给率和速度】对话框，修改【主轴速度（rpm）】为“3500”，【进给率】的【切削】为“500”，单击【计算】按钮，如图 4-80 所示，单击【确定】按钮。

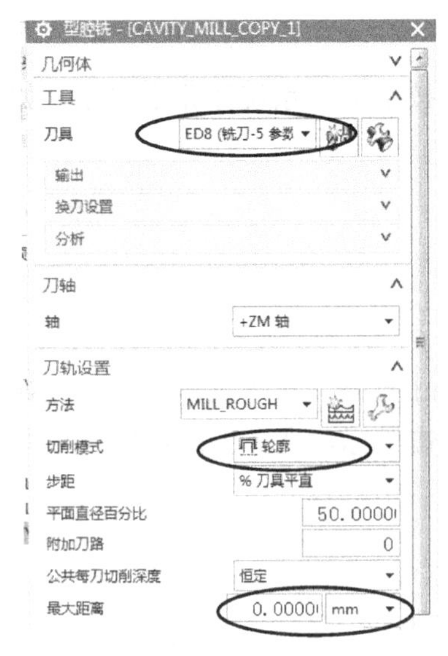

图 4-78　修改切削模式

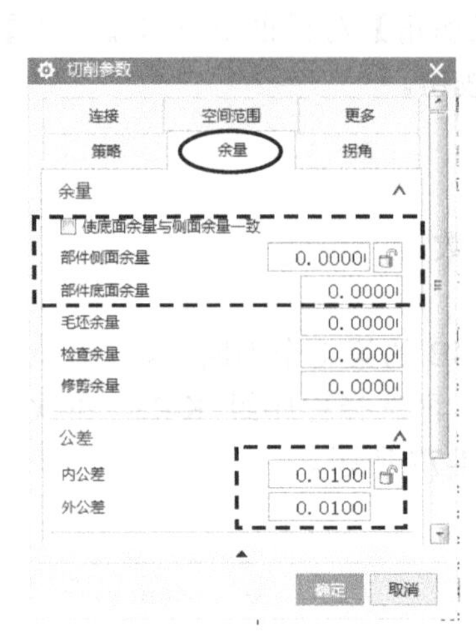

图 4-79　修改切削参数

图 4-80　设置进给率和转速

（6）生成刀路

在系统返回的【型腔铣】对话框中单击【生成】按钮，系统计算出刀路，如图 4-81 所示，单击【确定】按钮。

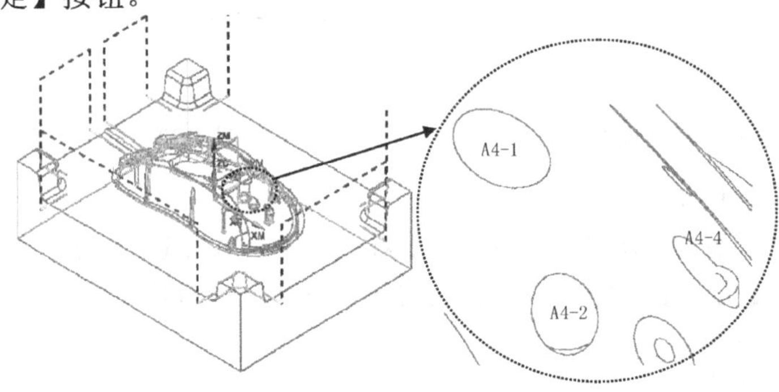

图 4-81　生成型芯面底部光刀刀路

本节讲课视频

以上操作视频文件为：\ch04\03-video\05-在程序组 K4D 中创建型芯面光刀.exe。

4.3.7　在程序组 K4E 中创建孔位开粗及清角

本节任务：创建 2 个刀路。（1）用深度加工拐角铣方式对如图 4-81 所示的 A4-1 处的孔位进行开粗；（2）对型芯面进行清角。

1．对 A4-1 处孔位进行开粗

方法：复制刀路，修改参数。

（1）复制刀路

在导航器中选择程序组 K4C 的第 2 个刀路 ZLEVEL_CORNER_COPY，单击鼠标右键，在弹出的快捷菜单中选择【复制】，再选择程序组 K4E，再次右击鼠标，在弹出的快捷菜单中选择【内部粘贴】，结果如图 4-82 所示。

图 4-82　复制刀路

（2）重新选择加工曲面

双击刚复制的刀路，在系统弹出的【深度加工拐角】对话框中，单击【几何体】栏右侧的【更多】按钮展开对话框，选择【几何体】为 WORKPIECE_COPY。单击【指定切削区域】按钮，系统弹出【切削区域】对话框，左手按住 Shift 键，同时右手移动鼠标选择如图 4-83 所示的 A4-1、A4-2、A4-3 及 A4-4 曲面，单击【确定】按钮。

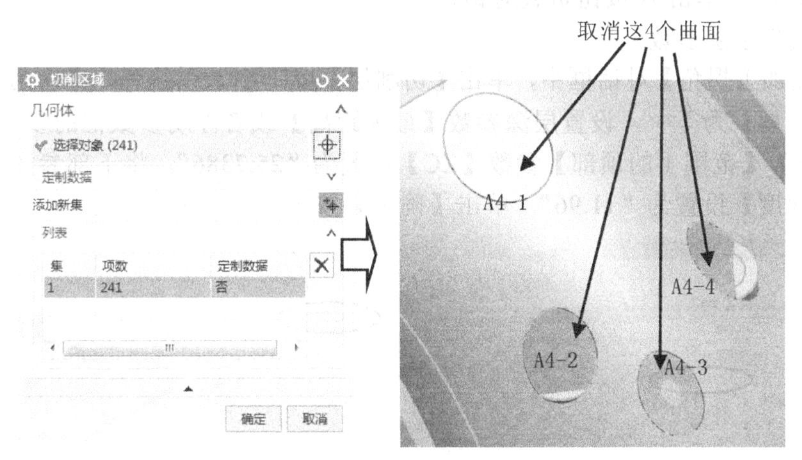

图 4-83　重新选取曲面

在主菜单中执行【编辑】|【显示与隐藏】|【隐藏】命令（也可以执行 Ctrl+B 命令），移动鼠标再次选择 A4-1、A4-2 及 A4-4 曲面，将其隐藏。

（3）指定修剪边界

单击【修剪边界】按钮，系统弹出【修剪边界】对话框，选择【选择方法】为“曲线边界”按钮，注意这时对话框有变化，选择【修剪侧】为“外侧”，【平面】为“自动”，在图形上选择 A4-1 处孔的边线，如图 4-84 所示，单击【确定】按钮。注意生成的边界线

在孔底部位置。

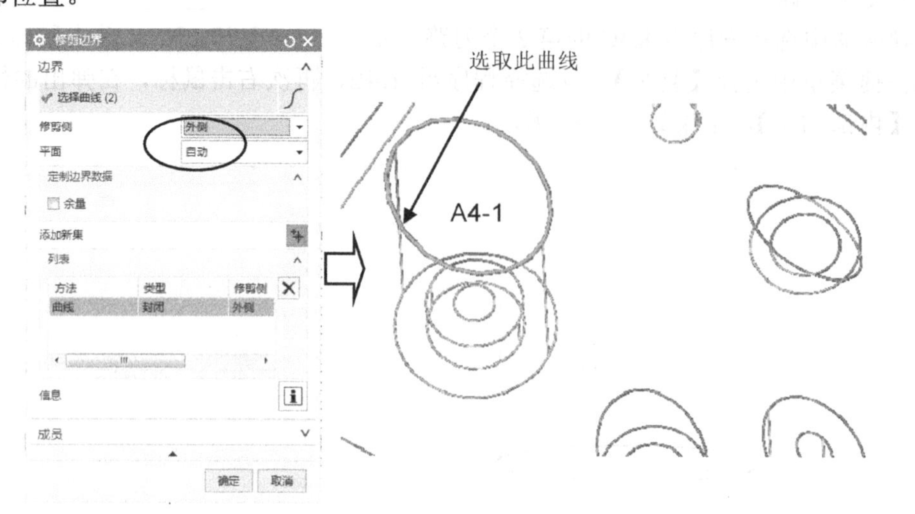

图 4-84　选取边界线

在【深度加工拐角】对话框中，单击【几何体】右侧的 按钮折叠对话框。

（4）修改刀具为 ED3

在【深度加工拐角】对话框中，单击【工具】栏的【更多】按钮 展开对话框，单击【刀具】右侧的下三角符号，在弹出的刀具列表里选择 ED3 (铣刀-5 参数) 。同理，修改参考刀具为“NONE”，单击 按钮折叠对话框。

（5）设置切削层参数

在【深度加工拐角】对话框中，单击【切削层】按钮，系统弹出【切削层】对话框，设置【范围类型】为 单侧，设置层深参数【最大距离】或者浮动参数框的参数【每刀的深度】为“0.08”，【范围 1 的顶部】参数【ZC】设置为“25.7386”。将下部参数【范围定义】中的【范围深度】设置为“11.96”，单击【确定】按钮，如图 4-85 所示。

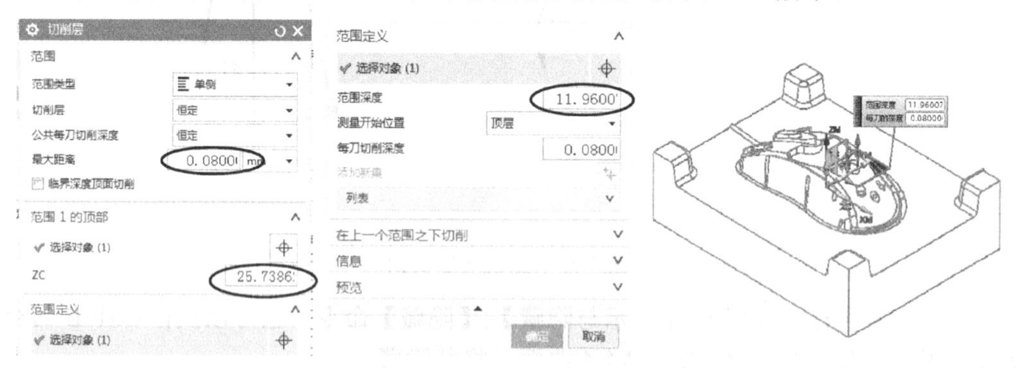

图 4-85　修改切削层参数

此处切削层范围也可以从图形上选择 A4-1 孔的顶部一点及底部一点。

（6）设置切削参数

在系统返回的【深度加工拐角】对话框中单击【切削参数】按钮，系统弹出【切削参数】对话框，选择【策略】选项卡，设置【切削方向】为“顺铣”，【切削顺序】为“始终深度优先”，【延伸刀轨】栏各参数不选。

在【余量】选项卡，选择【使底面余量与侧面余量一致】复选框，设置【部件侧面余量】为“0.2”，【内公差】为“0.03”，【外公差】为“0.03”，如图4-86所示。

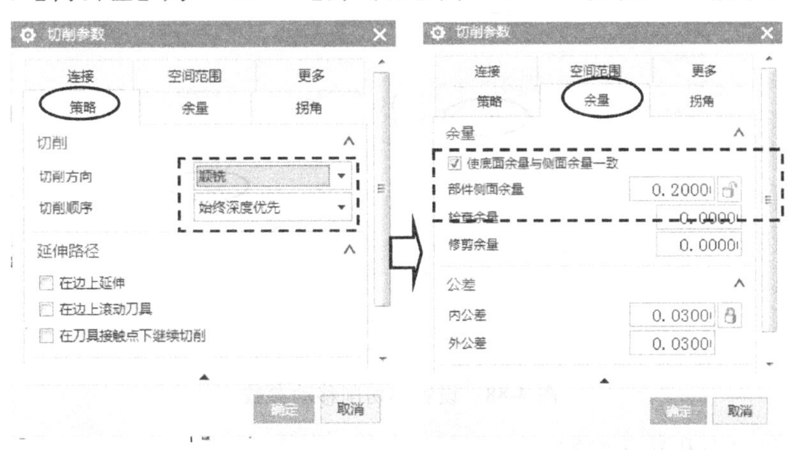

图4-86　设置切削参数1

在【连接】选项卡中，设置【层到层】为“沿部件斜进刀”，【斜坡角】为3°。在【空间范围】选项卡中，检查【参考刀具】为“NONE”，如图4-87所示，单击【确定】按钮。如果以上参数已经设置好了，这里就不需要重复设置。

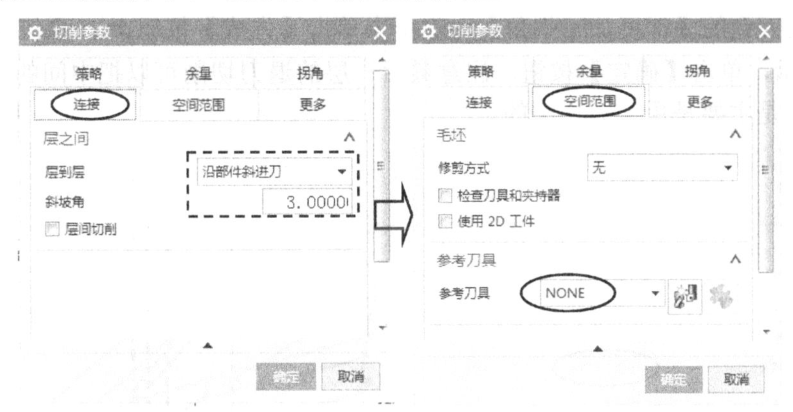

图4-87　设置切削参数2

（7）设置非切削移动参数

在系统返回的【深度加工拐角】对话框中单击【非切削移动】按钮，系统弹出【非切削移动】对话框，选择【进刀】选项卡，在【封闭区域】栏中，设置【进刀类型】为“与开放区域相同”。在【开放区域】栏中，设置【进刀类型】为“圆弧”，【半径】为刀具直径的50%，【圆弧角度】为25°。

在【转移/快速】选项卡中，设置【区域之间】的【转移类型】为“安全距离-刀轴”，【区域内】的【转移类型】为“直接”，如图 4-88 所示。其余参数不做修改，单击【确定】按钮。

图 4-88　设置非切削移动参数

（8）设置进给率和转速参数

在【深度加工拐角】对话框中单击【进给率和速度】按钮，系统弹出【进给率和速度】对话框，设置【主轴速度（rpm）】为“4500”，【进给率】的【切削】为“1200”，单击【计算】按钮。如图 4-89 所示，单击【确定】按钮。

（9）生成刀路

在系统返回到的【深度加工拐角】对话框中单击【生成】按钮，系统计算出刀路，如图 4-90 所示，单击【确定】按钮。注意最后一层的退刀切削可以把中间的残料去除掉，切削量较大但是主要是用侧刃切削的。

图 4-89　修改转速

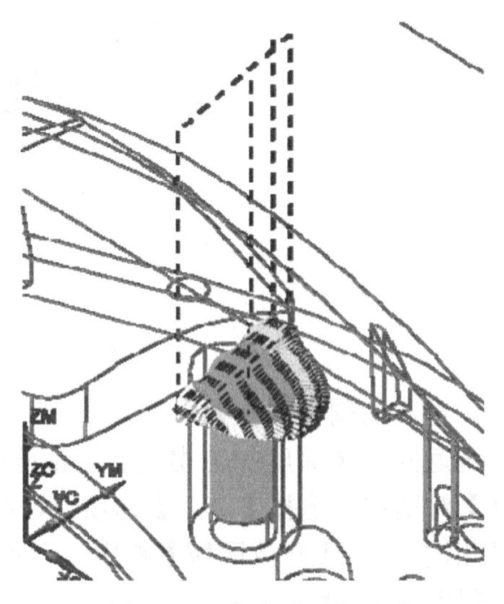

图 4-90　生成孔开粗刀路

2. 对型芯面进行清角

方法：复制刀路，修改参数。

（1）复制刀路

在导航器中选择程序组 K4E 的第 1 步刚生成的刀路，单击鼠标右键，在弹出的快捷菜单中选择【复制】，再选择程序组 K4E，再次右击鼠标，在弹出的快捷菜单中选择【内部粘贴】，结果如图 4-91 所示。

（2）修改边界方向

在图 4-91 所示的对话框中双击刚刚复制的刀路，系统弹出【深度加工拐角】对话框，单击【几何体】栏右侧的【更多】按钮，展开对话框，单击【指定修剪边界】按钮，系统弹出【修剪边界】对话框，设置【修剪侧】为“内侧”，如图 4-92 所示，单击【确定】按钮。单击【几何体】右侧的按钮折叠对话框。

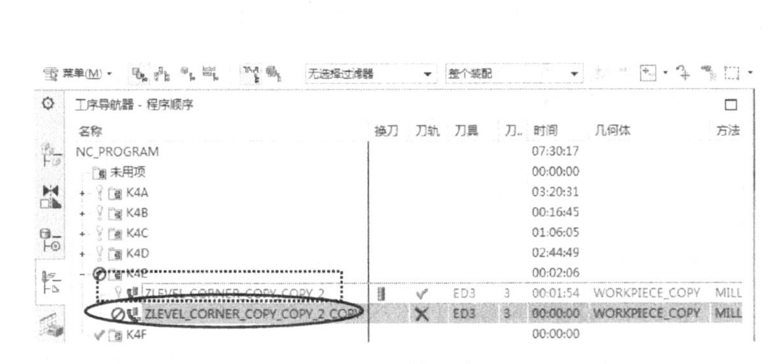

图 4-91　复制刀路

图 4-92　修改边界方向

（3）修改参考刀具为 ED8

在【深度加工拐角】对话框中，单击【参考刀具】栏的【更多】按钮展开对话框，单击【参考刀具】右侧的下三角符号，在弹出的刀具列表里选择 ED8 (铣刀-5 参数)。单击【参考刀具】右侧的按钮折叠对话框。

（4）修改层参数

在【深度加工拐角】对话框中，单击【切削层】按钮，系统弹出【切削层】对话框，设置【范围类型】为 单侧，设置【范围 1 的顶部】参数【ZC】为“30.5”。将下部参数【范围定义】中的【范围深度】设置为“30.5”，或者选择图形上的 PL 平面，单击【确定】按钮，如图 4-93 所示。

（5）设置切削参数

在系统返回的【深度加工拐角】对话框中单击【切削参数】按钮，系统弹出【切削参数】对话框，选择【策略】选项卡，设置【切削方向】为“混合”，【切削顺序】为“始终深度优先”，【延伸刀轨】各参数不选。

图 4-93　定义切削层

在【余量】选项卡，选择【使底面余量与侧面余量一致】复选框，检查【部件侧面余量】为“0.2”，【内公差】为“0.03”，【外公差】为“0.03”，如图 4-94 所示。

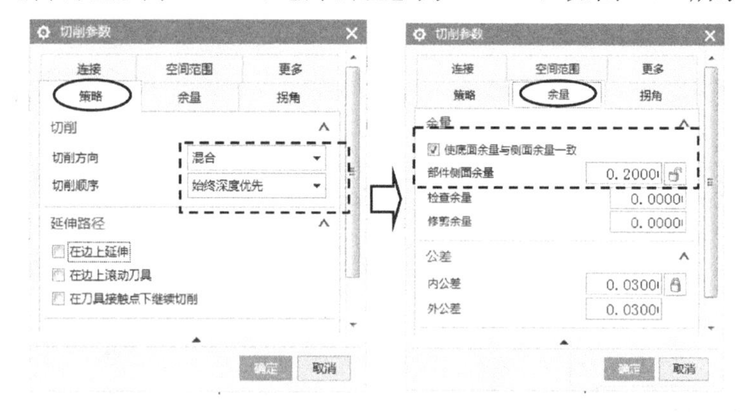

图 4-94　设置切削参数 1

在【连接】选项卡中，设置【层到层】为“直接对部件进刀”。在【空间范围】选项卡中，设置【重叠距离】为“1”，检查【参考刀具】为“ED8”，如图 4-95 所示，单击【确定】按钮。

图 4-95　设置切削参数 2

（6）设置非切削移动参数

在系统返回到的【深度加工拐角】对话框中单击【非切削移动】按钮，系统弹出【非切削移动】对话框。在【转移/快速】选项卡中，设置【区域之间】的【转移类型】为“安全距离-刀轴”，【区域内】的【转移类型】为“安全距离-刀轴”，如图 4-96 所示。其余参数不做修改，单击【确定】按钮。

（7）生成刀路

在系统返回的【深度加工拐角】对话框中单击【生成】按钮，系统计算出刀路，如图 4-97 所示，单击【确定】按钮。

图 4-96　设置非切削移动参数

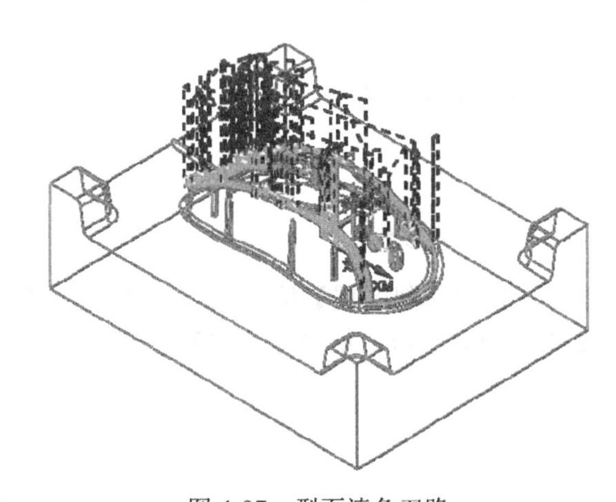

图 4-97　型面清角刀路

以上操作视频文件为：\ch04\03-video\06-在程序组 K4E 里创建孔位开粗及清角.exe。

4.3.8　在程序组 K4F 中创建型芯曲面光刀

本节任务：创建 3 个刀路：（1）对型芯侧曲面进行光刀；（2）对型芯顶部曲面进行光刀；（3）对 A2 处型芯顶部曲面进行光刀。这些刀路的目的是弥补等高铣加工方式在曲面的平缓处出现加工粗糙的缺陷。

1．对型芯侧曲面进行光刀

方法：采取轮廓区域加工。

（1）设置工序参数

在界面上方的主工具栏中单击按钮，系统弹出【创建工序】对话框，【类型】选择 mill_contour，【工序子类型】选择【轮廓区域】按钮，【位置】中参数按图 4-98 所示设置。

（2）选择加工曲面

在图 4-98 所示对话框中单击【确定】按钮，系统弹出【区域轮廓铣】对话框，单击【几何体】栏的【更多】 按钮展开对话框，如图 4-99 所示。

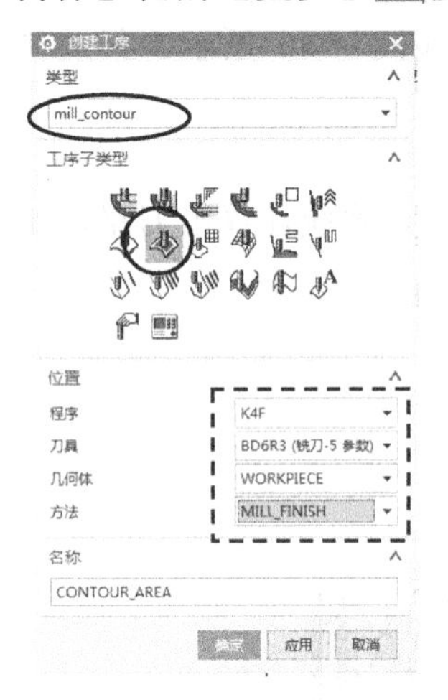

图 4-98　设置工序参数

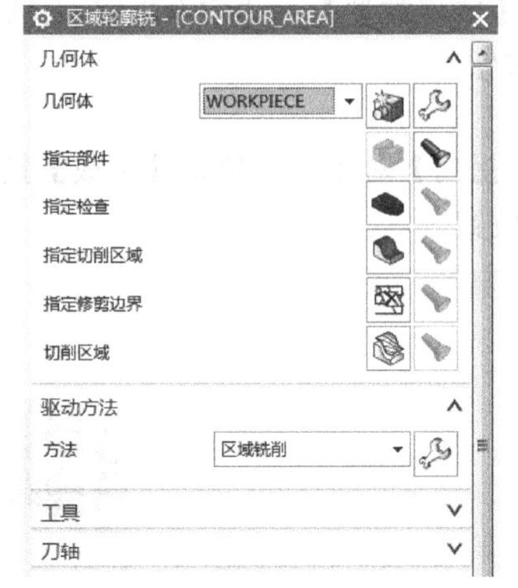

图 4-99　区域轮廓铣对话框

单击【指定切削区域】按钮，系统弹出【切削区域】对话框，选择型芯侧面 A1 及 A3，如图 4-100 所示，单击【确定】按钮。

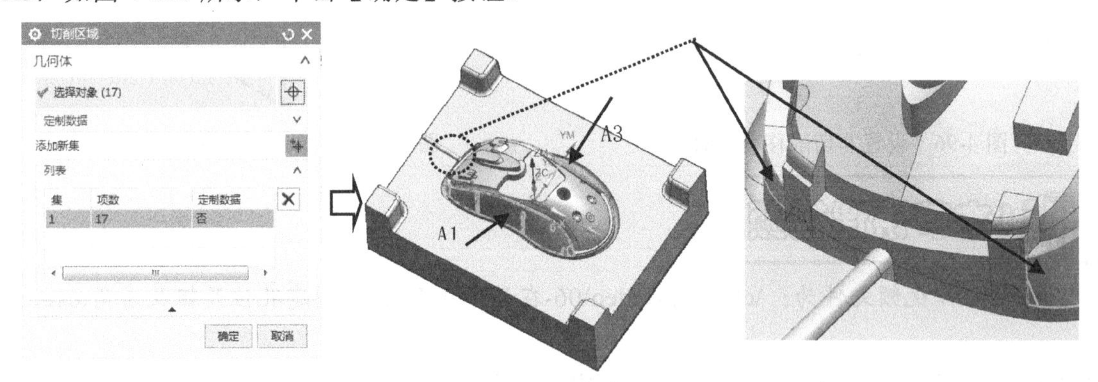

图 4-100　选取加工面

在如图 4-100 所示的左侧半圆枕位面附近的型芯曲面不用选。

（3）选择检查曲面

在系统返回的【区域轮廓铣】对话框中，单击【指定检查】按钮，系统弹出【检查几何体】对话框，在图形区右击鼠标，将弹出的过滤方式设置为“面”，然后选择 PL 平面及如图 4-101 所示的曲面，单击【确定】按钮。

后模曲面比较复杂，一定要仔细选取，最后再仔细检查。如果图 4-100 和图 4-101 所示的曲面看不清楚的话，请调取配套资源里已经完成刀路的图形仔细查看。

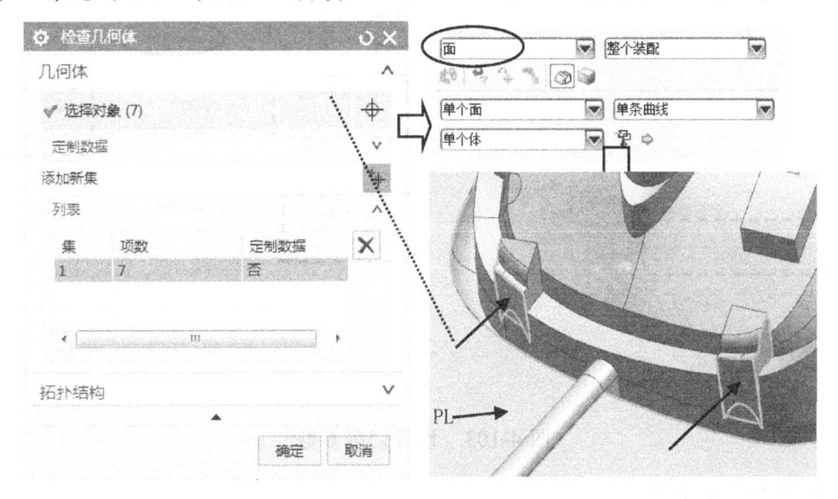

图 4-101　选取检查面

（4）设置驱动方法

在系统弹出的【区域轮廓铣】对话框中，单击【驱动方法】的【编辑】按钮，系统弹出【区域铣削驱动方法】对话框，设置【切削模式】为跟随周边，【刀路方向】为“向内”，【切削方向】为“顺铣”，【步距】为“残余高度”，【最大残余高度】为“0.003”，【步距已应用】为“在部件上”，如图 4-102 所示，单击【确定】按钮。

图 4-102　设置驱动方法

（5）设置切削参数

在系统弹出的【区域轮廓铣】对话框中，单击【切削参数】按钮，系统弹出【切削参数】对话框，选择【策略】选项卡，选择【在边上延伸】复选框，设置【距离】为“0.3”。

选择【余量】选项卡，设置【部件余量】为“0”，【检查余量】为“0.3”。【内公差】为“0.01”，【外公差】为“0.01”。选择【安全设置】选项卡，设置【过切时】为“退刀”，【检查安全距离】为“0.3”，如图 4-103 所示，单击【确定】按钮。

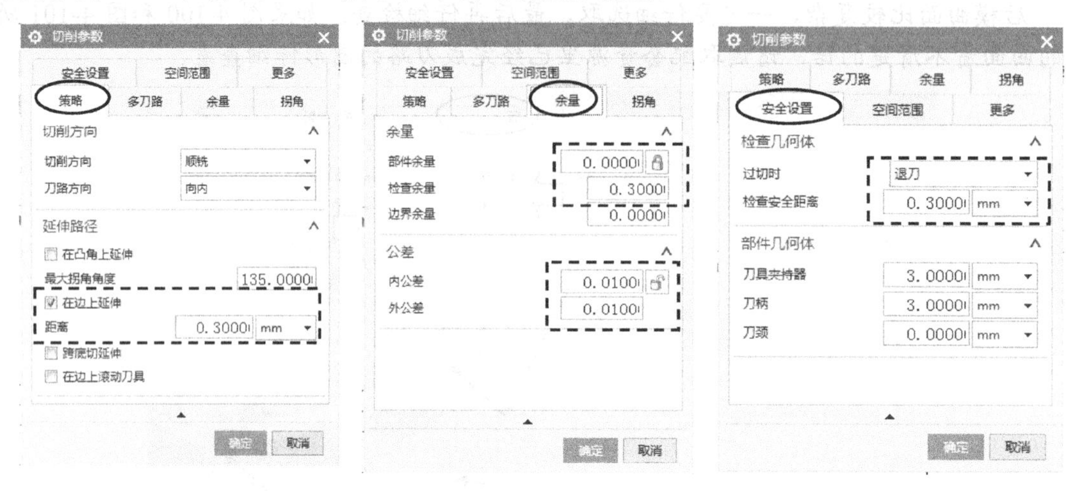

图 4-103　设置切削参数

（6）设置进给率和转速参数

在【区域轮廓铣】对话框中单击【进给率和速度】按钮，系统弹出【进给率和速度】对话框，设置【主轴速度（rpm）】为“4000”，【进给率】的【切削】为“1500”。单击【计算】按钮。其余参数默认，不做修改，如图 4-104 所示。单击【确定】按钮。

（7）生成刀路

在系统返回的【区域轮廓铣】对话框中单击【生成】按钮，系统计算出刀路，如图 4-105 所示。单击【确定】按钮。该刀路切削量较小目的是为了获得更好的表面粗糙度，为后续模具抛光提供方便。如果有些工厂对后模表面粗糙度要求不高的话，这个刀路也可以不用加工。

图 4-104　设置进给率和转速

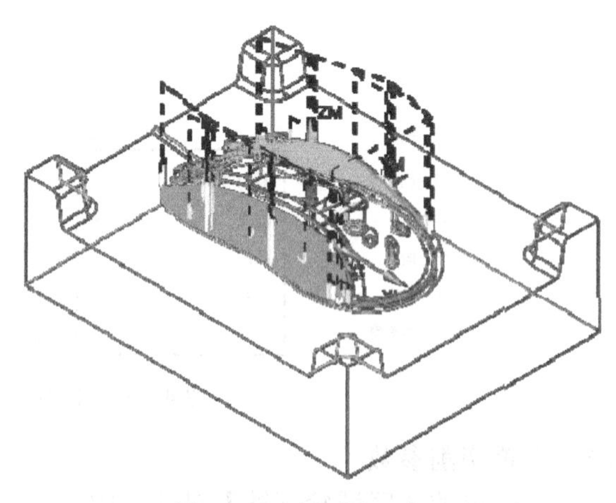

图 4-105　侧面光刀刀路

2. 对型芯顶部曲面进行光刀

方法：复制刀路，重选曲面。

（1）复制刀路

在导航器中选择程序组 K4F 中刚刚创建的刀路 CONTOUR_AREA，单击鼠标右键，在弹出的快捷菜单中选择【复制】，再选择程序组 K4F，再次右击鼠标，在弹出的快捷菜单中选择【内部粘贴】，结果如图 4-106 所示。

图 4-106　复制刀路

（2）选择加工曲面

在主菜单执行【编辑】|【显示与隐藏】|【全部显示】命令，将隐藏的曲面 A4-1、A4-2 及 A4-4 等曲面显示出来。双击刚刚复制的刀路 CONTOUR_AREA_COPY，系统弹出【区域轮廓铣】对话框，单击【几何体】右侧的【更多】按钮展开对话框，单击【指定切削区域】按钮，系统弹出【切削区域】对话框，单击【移除】按钮，将之前的曲面删除。在图形上选择型芯顶部曲面，如图 4-107 所示，单击【确定】按钮。

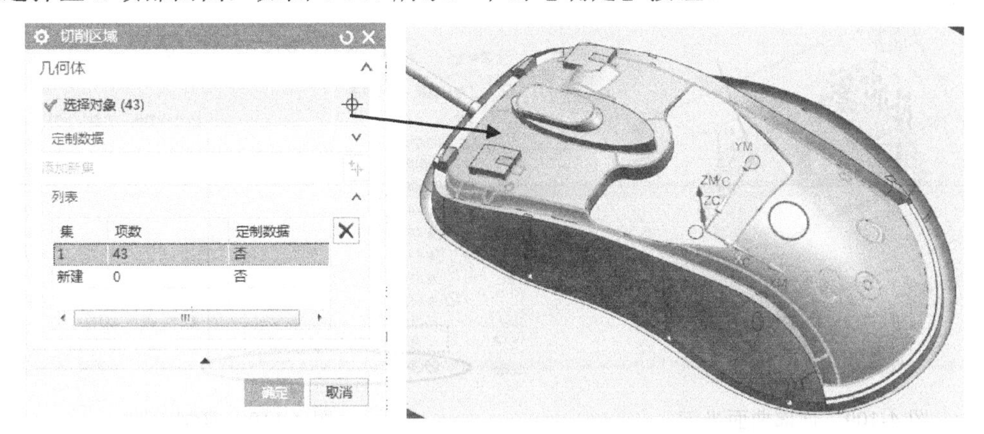

图 4-107　选取加工曲面

（3）选择检查曲面

在系统返回的【区域轮廓铣】对话框中，单击【指定检查】按钮，系统弹出【检查几何体】对话框，单击【移除】按钮，将之前的面删除。在图形区右击鼠标，将弹出的过滤方式设置为“面”，然后选择如图 4-108 所示的曲面，单击【确定】按钮。

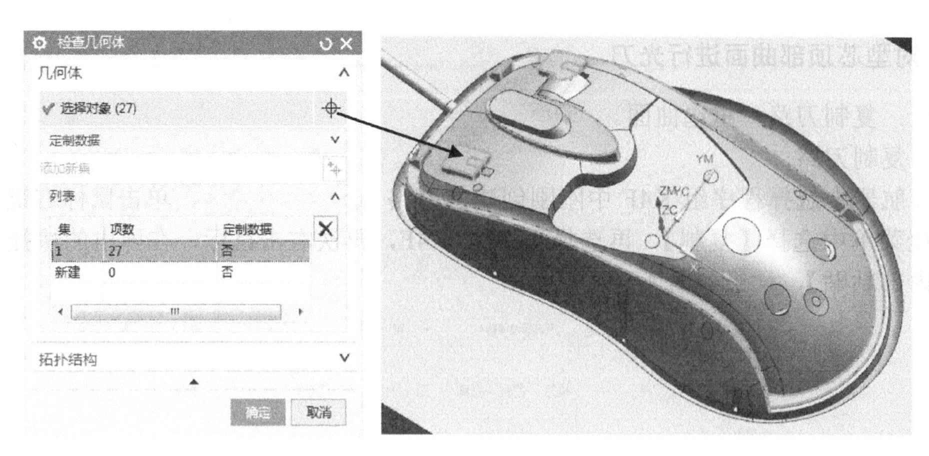

图 4-108　选取检查曲面

（4）生成刀路

在系统返回的【区域轮廓铣】对话框中单击【生成】按钮，系统计算出刀路，如图 4-109 所示，单击【确定】按钮。

3. 对 A2 处型芯顶部曲面进行光刀

方法：复制刀路，重选曲面。

（1）复制刀路

在导航器中选择程序组 K4F 中刚刚创建的刀路 CONTOUR_AREA_COPY，单击鼠标右键，在弹出的快捷菜单中选择【复制】，再选择程序组 K4F，再次右击鼠标，在弹出的快捷菜单中选择【内部粘贴】，结果如图 4-110 所示。

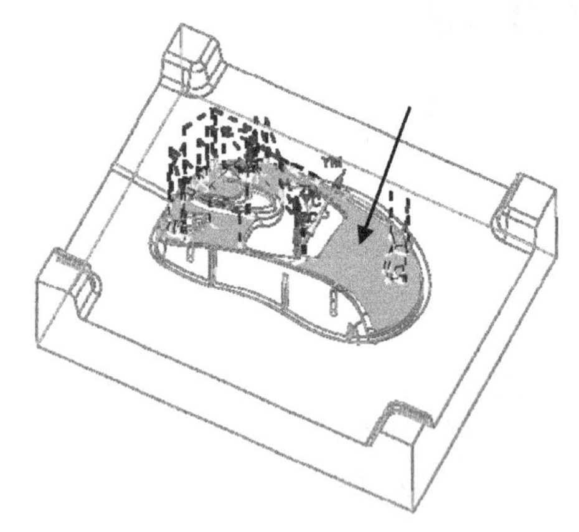

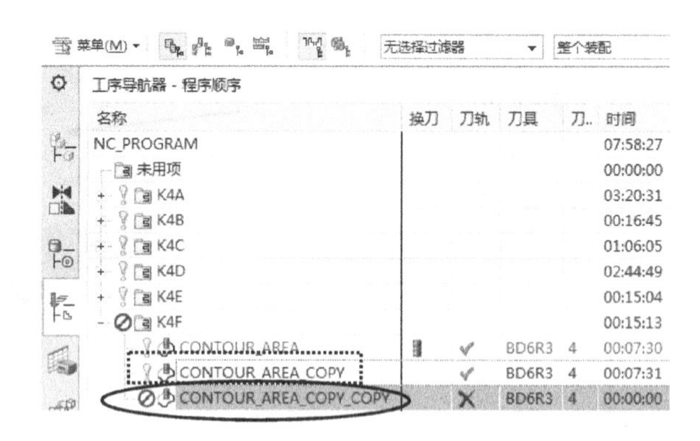

图 4-109　顶部曲面光刀

图 4-110　复制刀路

（2）选择加工曲面

双击刚刚复制的刀路 CONTOUR_AREA_COPY_COPY，系统弹出【区域轮廓铣】对话框，单击【几何体】栏右侧的【更多】按钮展开对话框，从其中单击【指定切削区域】按钮，系统弹出【切削区域】对话框，单击【移除】按钮，将之前的面删除。在图形上选择型芯顶部曲面，如图 4-111 所示，单击【确定】按钮。

（3）选择检查曲面

在系统返回的【区域轮廓铣】对话框中，单击【指定检查】按钮，系统弹出【检查几何体】对话框，单击【移除】按钮，将之前的面删除。在图形区右击鼠标，将弹出的过滤方式设置为“面”，然后选择如图4-112所示的曲面，单击【确定】按钮。

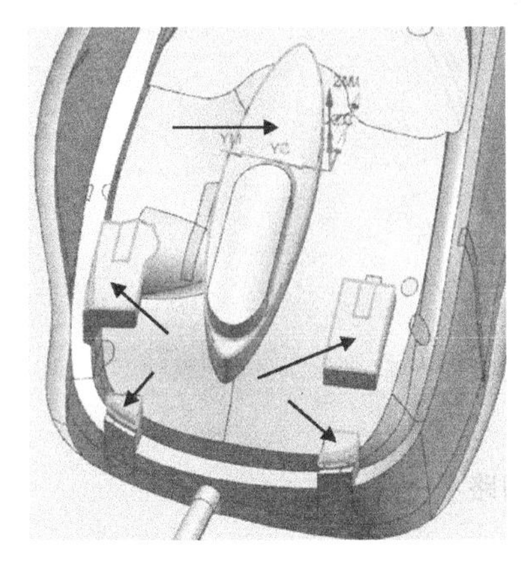

图4-111　选择加工曲面

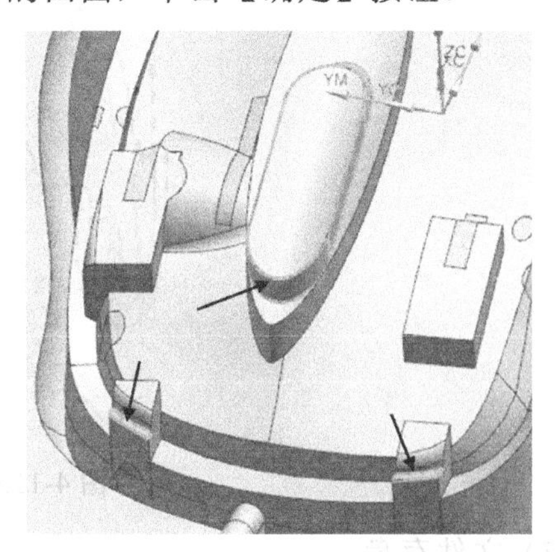

图4-112　选择检查曲面

（4）设置驱动方法

在系统弹出的【区域轮廓铣】对话框中，单击【驱动方法】的【编辑】按钮，系统弹出【区域铣削驱动方法】对话框，设置【切削模式】为往复，【切削方向】为“顺铣”，【步距】为“恒定”，【最大距离】为“0.08”，【步距已应用】为“在平面上”，【切削角】为“自动”，原因是该加工曲面比较平坦，如图4-113所示，单击【确定】按钮。

（5）设置切削参数

在系统弹出的【区域轮廓铣】对话框中，单击【切削参数】按钮，系统弹出【切削参数】对话框。选择【安全设置】选项卡，设置【过切时】为“跳过”，如图4-114所示，单击【确定】按钮。

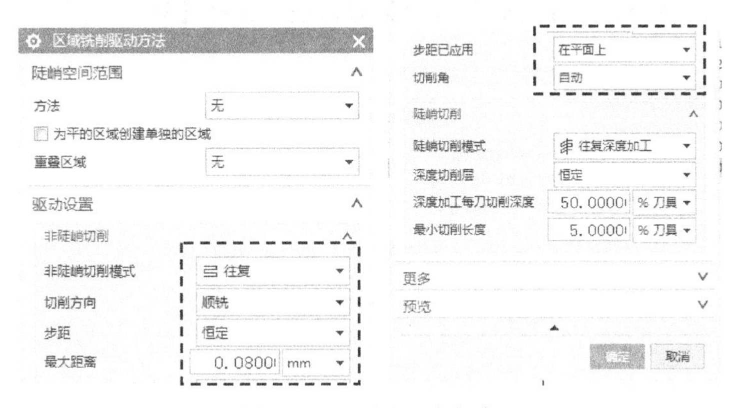

图4-113　设置驱动方法

图4-114　设置切削参数

（6）生成刀路

在系统返回的【区域轮廓铣】对话框中单击【生成】按钮，系统计算出刀路，如

图 4-115 所示，单击【确定】按钮。

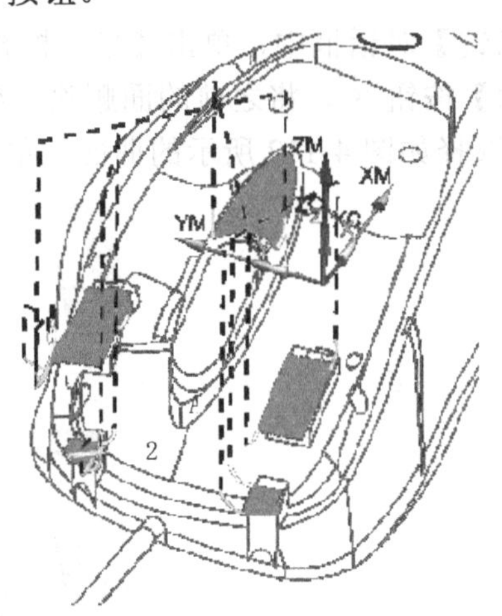

图 4-115　生成光刀刀路

（7）文件存盘

在主菜单中执行【文件】|【保存】命令，或者在工具条中单击【保存】按钮将文件存盘。

以上操作视频文件为：\ch04\03-video\07-在程序组 K4F 中创建型芯曲面光刀.exe。

4.3.9　程序检查

在导航器中选择第 1 个程序组 K4A，按住 Shift 键选择最后 1 个程序组 K4F 的最后一个刀路，在工具栏中单击按钮，系统弹出【刀轨可视化】对话框，选择【3D 动态】选项卡，如图 4-116 所示。

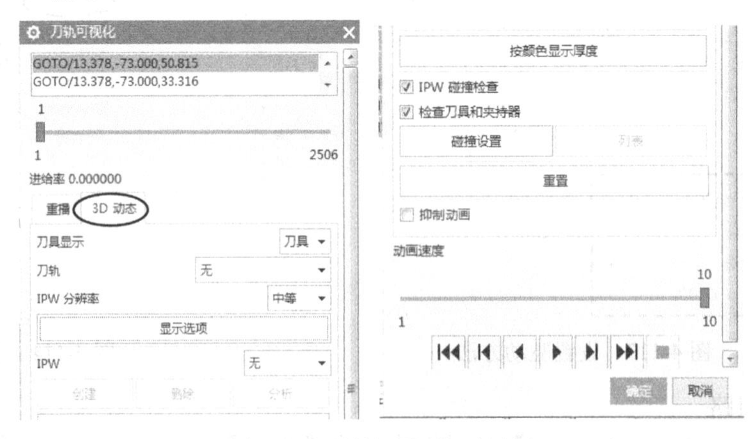

图 4-116　导轨可视化对话框

单击【播放】按钮▶，模拟结果如图 4-117 所示，单击【确定】按钮。

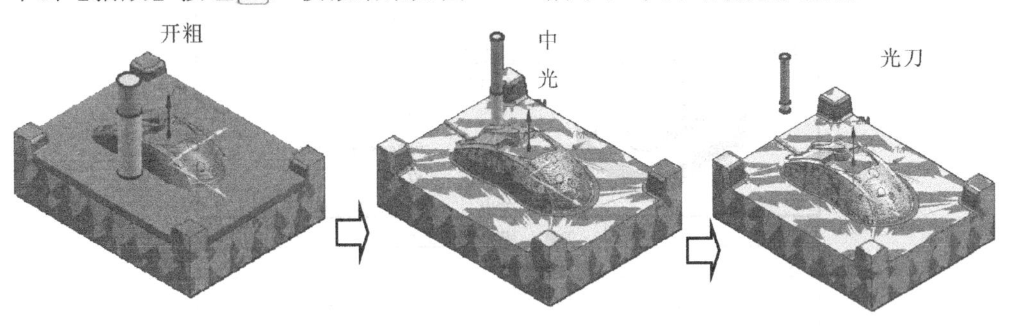

图 4-117　刀路实体模拟

通过分析得知，该刀路正常。

4.3.10　后处理

在导航器中选择程序组 K4A，在主工具栏中单击后处理按钮，系统弹出【后处理】对话框，选择安装的三轴后处理器“ugbookpost1”，在【输出文件】栏的【文件名】输入“C:\Temp\k4a”，注意，系统已经设置【文件扩展名】为“nc”，【单位】为“经后处理定义”。如图 4-118 所示。

单击【应用】按钮，系统生成的 NC 程序显示在【信息】窗口中，如图 4-119 所示。

图 4-118　后处理　　　　图 4-119　后处理生成 K4A

同理，后处理得到的其他的数控程序文件。

4.3.11　填写加工工作单

图 4-120 所示为后模的数控程序单。

CNC加工程序单

型号		模具名称	鼠标面壳	工件名称	后模		
编程员		编程日期		操作员		加工日期	
				对刀方式:	四边分中		
					对顶z=30.6		
				图形名	ugbook-4-1-stp		
				材料号	S136H		
				大小	170×130×65		

程序名	余量	刀具	装刀最短长	加工内容	加工时间
K4A .NC	0.3	ED16R0.8	35	型芯面开粗	
K4B .NC	底为0	ED16R0.8	35	分型面光刀	
K4C .NC	0.15	ED8	35	二次开粗及中光	
K4D .NC	0	ED8	35	型芯面及模锁面光刀	
K4E .NC	0.2	ED3	35	孔位开粗及清角	
K4F .NC	0	BD6R3	35	型芯曲面光刀	

图 4-120　数控程序工作单

4.4　本章小结

本章主要以某型号的鼠标底壳后模为例，介绍如何利用 UG NX 11.0 来解决后模的数控编程问题。与前模相比后模编程还需注意以下问题。

（1）后模加工工艺编排的基本思路仍是大刀具开粗、较小刀具清角、中光刀、光刀。

（2）针对后模的孔位烂面，要花费一些功夫进行另外补面。所补的面原则上不必和周围的曲面严格相切，只要能把刀具挡住就可以。补面的形式可以是实体修补，也可以是另外造型曲面片体。但是在定义几何体时要把所补的片体面选上，否则后续创建刀路时会出现错误。

（3）后模型芯面的角落处也要留出足够多的余量，以便后续 EMD 清角，而能加工到位的部位一般都要加工到位。

（4）由于后模型芯曲面是产品的背面，一般胶位面光刀不需要过分精细，所以光刀时的公差可以大于或者等于 0.01，光刀的残留光刀可以大于 0.003，但是分型面仍要精铣加工。实际工作中模具抛光人员总希望 CNC 加工的后模越光亮越好，而管理人员又希望加工的越快成本越小越好，究竟需要加工到什么程度，请结合工厂的具体要求进行。

（5）不要过分相信任何数控编程软件。对于像后模这样已经包含了很多补面的复杂的图形，系统计算刀路时还要警惕刀路有无发生过切现象。尤其是轮廓区域（又称固定轴曲面轮廓铣）里的【过切时】参数，如果选择“跳刀”，要仔细观察刀路有无异常。

（6）后模加工有一些难度，如果参数设置错误，程序检查不到位，在实际加工时可能会出现错误，给工厂生产会带来一定的损失。希望重视本章的学习，有机会就要多实践多总结。

4.5 本章思考练习和答案提示

一、思考练习

1．对于本例后模，如果编程员在《加工工作单》中未指明装夹方向，操作员在机床加工时可能会带来哪些错误和隐患？

2．本例 K4D 中本来已经有 2 个刀路，用 ED8 平底刀设置余量为 0 进行了光刀，为什么还要创建第 3 个刀路 CAVITY_MILL_COPY_COPY 沿着根部再加工一圈？是否为多余的刀路？

3．本例为什么定义了 2 个毛坯体，K4E 刀路和 K4D 所用的毛坯体为什么不同？

4．根据本书配套光盘提供的图形 ch04\01-sample\ch04-02\ugbook-4-2.prt，如图 4-121 所示，进行数控编程，加工出这个后模。材料为钢 S136H。

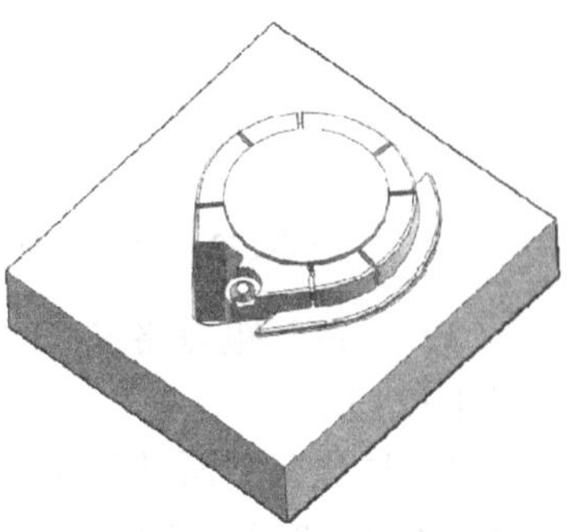

图 4-121 待加工后模

二、答案及提示

1．答：后模原始加工材料一般都是六方体。在模具工厂里，为了抢时间赶进度，后模材料一般都先由制模技工按照模具图纸把顶针位钻好以后才送交 CNC 车间来加工，而这些孔位很多都不是对称结构。CNC 加工时一定要考虑这个实际情况来装夹。一些经验不足的编程员可能只绘制了简单的装夹图形，而没有考虑方向，这时若操作员没有注意这个问题，就可能使后模加工的形状与模具技工所加工的孔位发生错位。轻者会产生把已经加工的孔堵住、重新钻孔等返工现象，情况严重的会导致后模报废。请初学者引起重视，防止发生此类错误。

2．答：本例 K4D，虽然已用 ED8 平底刀进行了加工，但是由于刀具损耗及系统计算出现误差等情况，再加上对刀误差，可能会在后模根部出现加工残留材料。再加一条程序就可以精确地把根部加工到位。实际工作中，还可以修改 NC 程序，单独使用这部分刀路，重新换一把新刀具、重新在 PL 面上对刀来加工模具。这样可以从根本上消除分型面的加工误差。

3．答：本例定义第 1 个毛坯体 WORKPIECE 时，已经包含 A4-1、A4-2 及 A4-4 这 3 个补面；而第 2 个毛坯体 WORKPIECE_COPY 未包含这 3 个曲面。K4D 刀路因为要对孔位加工，如果使用第 1 个毛坯体，A4-1 处有补面挡住刀具，不会生成这部分刀路，必须使用第 2 个毛坯体才可以解决这个问题。

4．提示：本例后模有一个通孔，需要用线切割加工，不需要 CNC 加工。型芯部分及水平分型面要加工到位。首先将缺口补面，然后进行数控编程，编程要点如下。

（1）用直纹面将骨位缺口补面，如图 4-122 所示。

（2）用 N 边曲面将其他缺口补面，如图 4-123 所示。注意，PL 面上的缺口不需要补面，可以控制刀路的深度在 PL 以上。

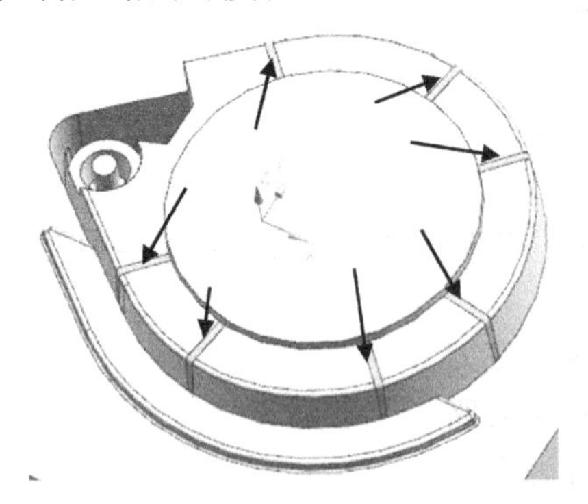

图 4-122　骨位补面

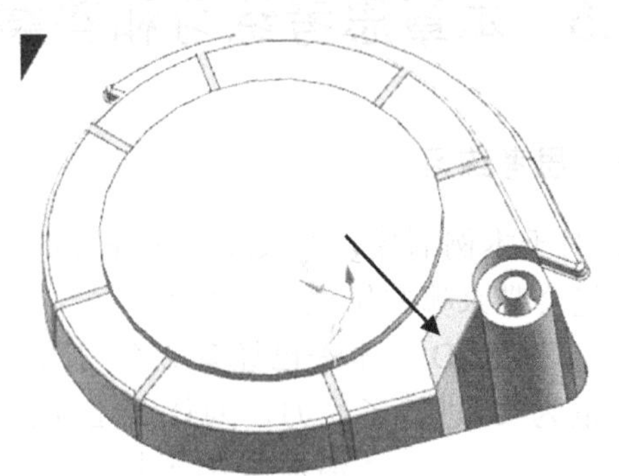

图 4-123　用 N 边曲面补面

（3）创建开粗刀路 K4G，刀具为 ED16R0.8 飞刀，侧面余量为 0.3，底部余量为 0.2，如图 4-124 所示。

（4）创建分型面及顶面光刀刀路 K4H，刀具为 ED16R0.8 飞刀，侧面余量为 0.35，底部余量为 0。如图 4-125、图 4-126 所示。

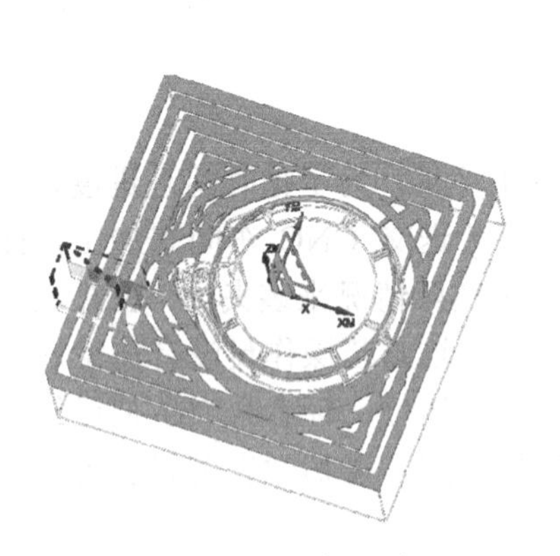

图 4-124　开粗刀路

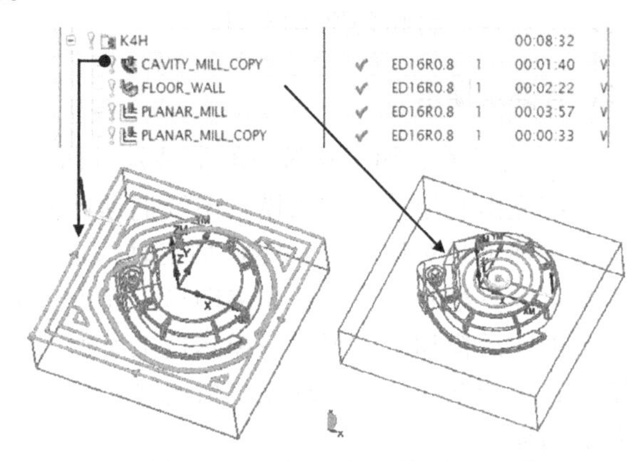

图 4-125　分型面及顶部光刀刀路

（5）创建清角刀路 K4I，刀具为 ED8 平底刀，侧面余量为 0.35，底部余量为 0.2，如图 4-127 所示。

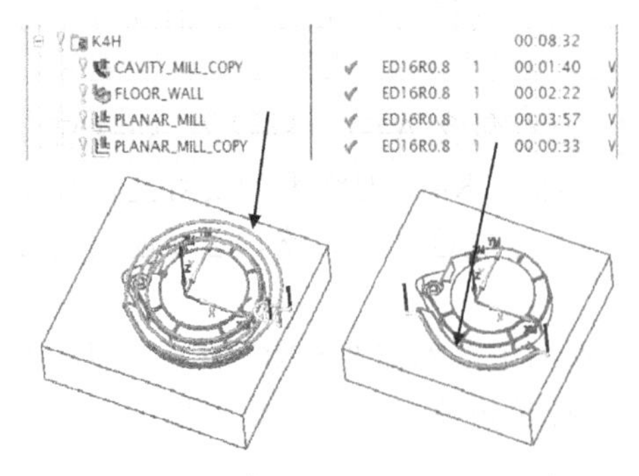

图 4-126　模具上水平面光刀刀路

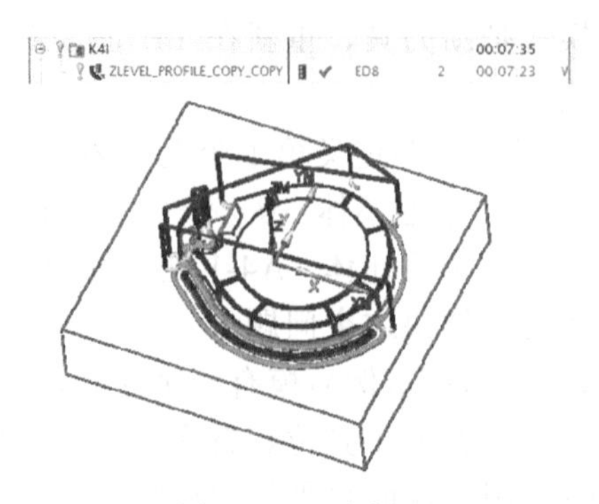

图 4-127　清角刀路

（6）创建型面光刀刀路 K4J，刀具为 ED8 平底刀，余量为 0，如图 4-128 所示。

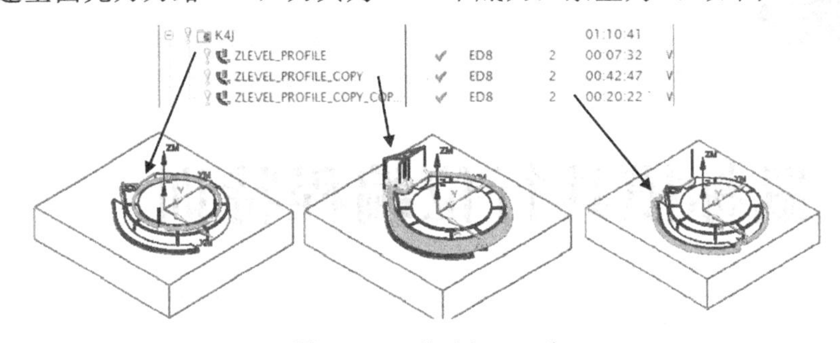

图 4-128　型面光刀刀路

（7）创建圆角面光刀刀路 K4K，刀具为 BD3R1.5 球头刀，余量为 0，如图 4-129 所示。

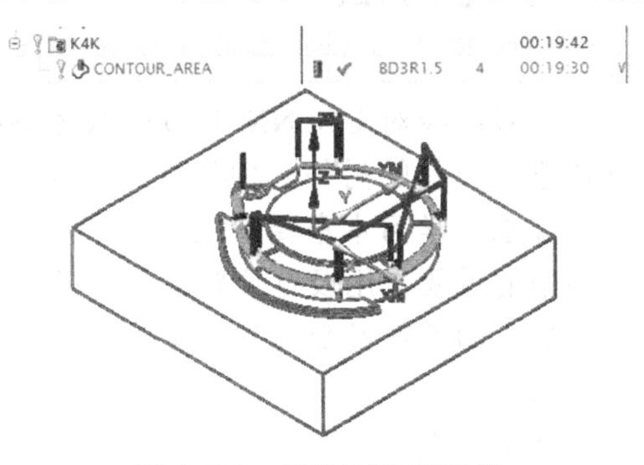

图 4-129　圆角面光刀刀路

结果可以参考完成编程的图形 ch04\02-finish\ch04-02\ugbook-4-2.prt。

第5章

鼠标模具行位编程特训

5.1　本章要点和学习方法

通过前几章的学习，相信读者已经对 UG NX 11.0 的数控编程技术有了一定的理解，本章为了扩大知识面特意安排学习模具的另外一种类型的结构件“行位”数控加工的编程技术，以适应模具工厂的工作要求。学习本章要请注意以下问题。

（1）了解行位在模具结构中的重要作用及行位整体加工工艺。

（2）理解行位上需要数控加工的部位及数控加工工艺。

（3）理解行位加工时的对刀方法。

（4）学习用多种方法进行开粗及光刀。

请读者在学习行位编程时能深刻理解加工参数的含义，并灵活运用于各种形状工件的数控加工。

5.2　鼠标模具行位结构概述

行位，在教科书里又称滑块，是能够获得侧向抽芯或者侧向分型以复位动作来拖出产品的倒扣、凹陷等位置的机构。应用行位机构，可以解决产品结构中不能正常出模的倒扣问题。按照它的作用位置及在出模时依附的模件，可分为前模行位、后模行位及斜行位，行程长的行位可能要用到油缸出模，短的可用弹簧或斜导柱出模。

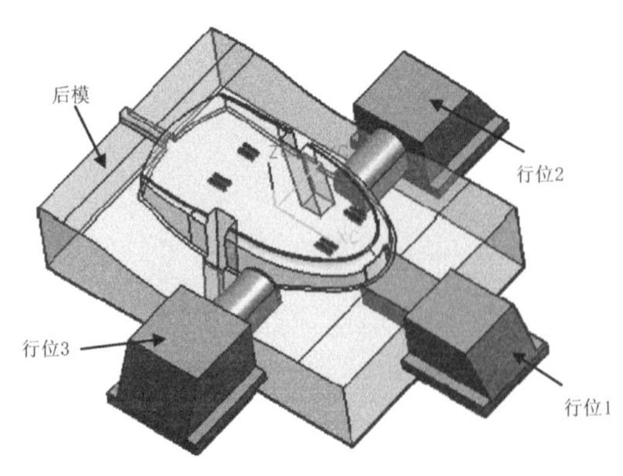

图 5-1　行位在模具中的结构图

图 5-1 所示为某一鼠标模具的后模行位。本章以图中的行位 1 为例说明其数控编程方法，而行位 2 及行位 3 将安排在本章思考练习部分进行练习并提示编程要点。

图 5-2 所示为后模行位 1 的工程图纸。

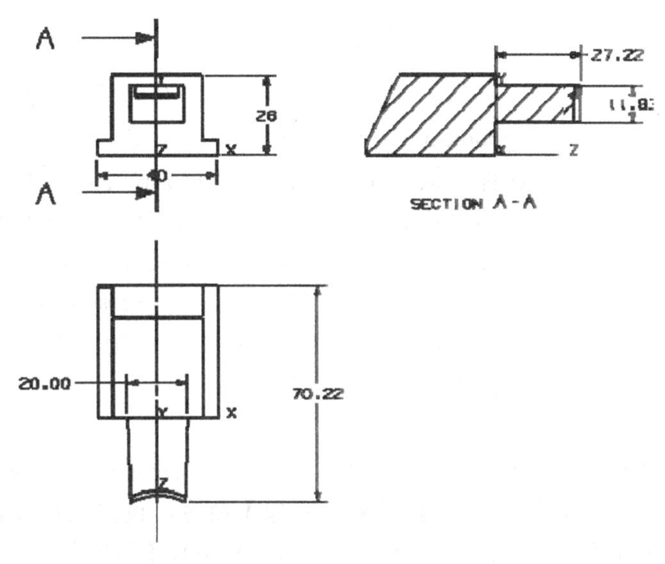

图 5-2　后模行位 1 工程图纸

5.3　后模行位数控编程

本节任务：根据图 5-1 所示后模行位 1 的 3D 图形进行数控编程。

加工要求如下。

（1）开料尺寸：71×40×26。

（2）材料：钢（S136H），预硬至 HB290-330。

（3）加工内容：要求制模组加工出行位的外形平面，并且与后模及模胚 B 板的行位槽相配，加工出 T 形边及铲基斜面，然后送交 CNC 加工台阶面以上的型面，顶部胶位凹槽不需要 CNC 加工，该凹槽留待电火花 EDM 加工。

5.3.1　工艺分析及刀路规划

根据后模行位的加工要求，结合图纸分析，制定如下的加工工艺。

（1）刀路 K5A，型面开粗，刀具为 ED16R0.8 飞刀，加工余量为侧面 0.3，底部余量为 0.2；

（2）刀路 K5B，型面底部光刀、直身侧面及水平台阶面光刀，刀具为 ED12 平底刀，侧面余量为 0，底部余量为 0；

（3）刀路 K5C，顶部凹曲面二次开粗，刀具为 ED4 底刀，余量为 0.15；

（4）刀路 K5D，型面侧面及顶部曲面光刀，刀具为 BD6R3 球头刀，余量为 0。

5.3.2　编程准备

本节任务：（1）图形输入；（2）图形转换；（3）行位型面补面；（4）设置初始加工状态。

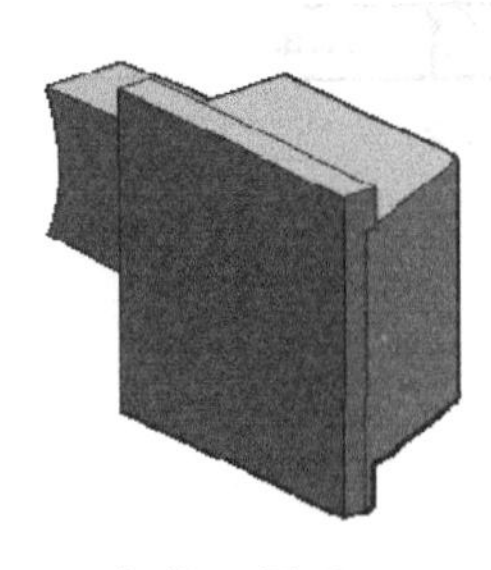

图 5-3　行位 1 图形

1．图形输入

（1）将本书配套光盘的文件 ch05\01-sample\ch05-01\ugbook-5-1.stp 复制到工作目录 C：\temp。启动 UG NX 11.0 软件，执行【文件】|【打开】命令，在系统弹出的【打开】对话框中，选择文件类型为 STEP 文件 (*.stp)，选择图形文件 ugbook-5-1.stp，单击【OK】按钮。设置背景颜色为 深色背景，结果如图 5-3 所示。经分析，该图形坐标系不符合加工要求，必须对图形进行旋转及平移，使 Z 轴向上，长方向为 X 轴，零点处于左右分中位置。

（2）图形旋转

在主工具栏中执行【应用模块】|【建模】命令，进入建模模块 建模(M)...。选择实体图形，在主菜单中执行【菜单】|【编辑】|【移动对象】命令，设置图形旋转轴参数，【运动】为“角度”，【指定矢量】为 Y 轴，旋转轴点为（0，0，0)，【角度】为 90°，单击【确定】按钮，如图 5-4 所示。

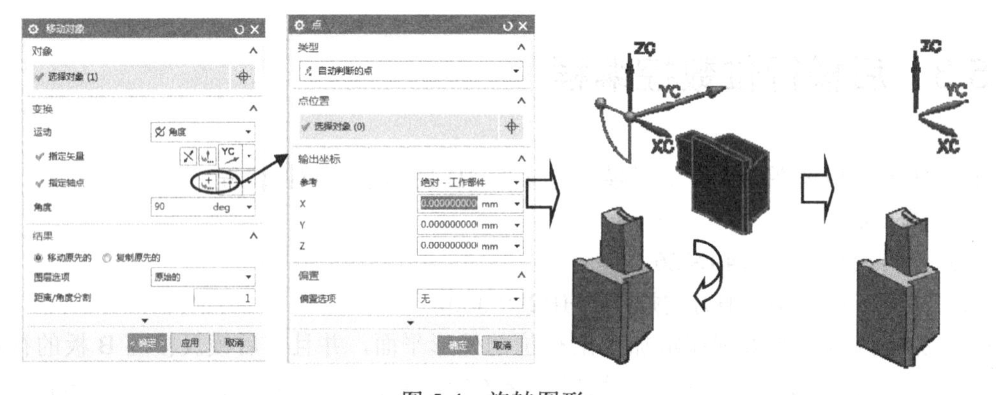

图 5-4　旋转图形

这里还可以单击【应用】按钮，【移动对象】对话框没有被关闭，就可以进行平移操作。

（3）图形平移

选择实体图形，在主菜单中执行【菜单】|【编辑】|【移动对象】命令，将图形的台阶边中点平移到（0，0，0)，单击【确定】按钮，如图 5-5 所示。

（4）补面

在主菜单中执行【菜单】|【工具】|【定制】命令，系统弹出【定制】对话框，把曲面工具 修补开口(P)... 拖到工具栏中，如图 5-6 所示。

在工具栏中单击 修补开口(P)... 按钮，系统弹出【修补开口】对话框，按要求选择顶部曲面及边线，如图 5-7 所示，单击【确定】按钮。

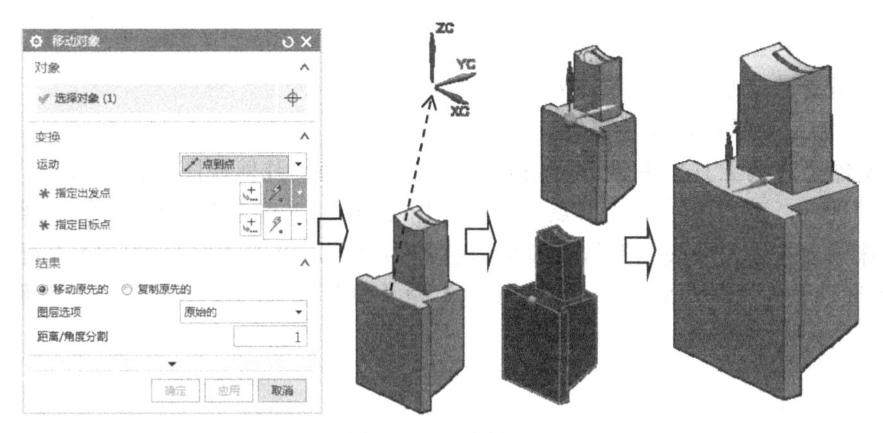

图 5-5　平移图形

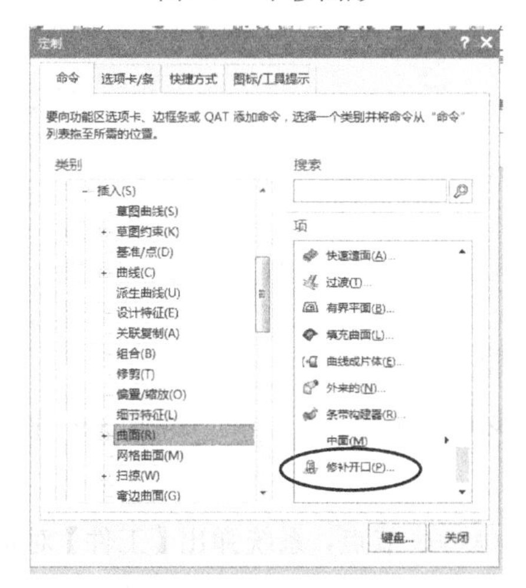

图 5-6　释放曲面工具

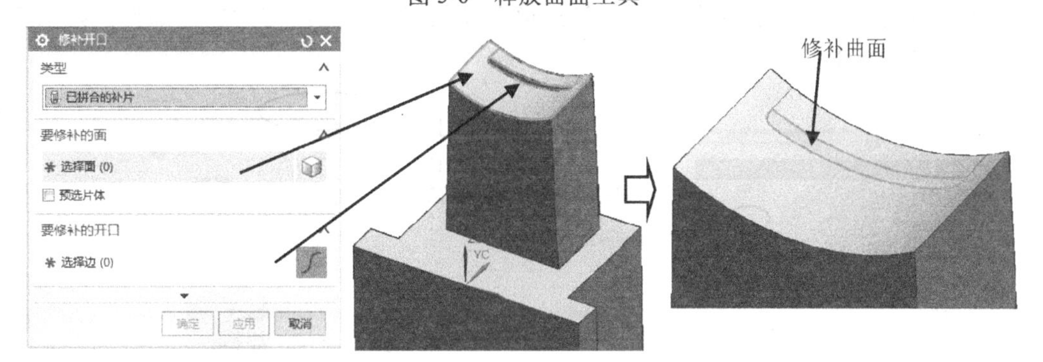

图 5-7　修补顶部曲面

2. 进入加工模块

(1) 设置加工环境参数

在工具条中执行【应用模块】|【加工】命令，进入加工模块 加工(N)，系统弹出【加工环境】对话框，选择 mill_contour 外形铣削模板，单击【确定】按钮，如图 5-8 所示。

（2）建立几何组

主要任务是建立加工坐标系、安全高度及毛坯体等。

① 建立加工坐标系及安全高度。

在导航器上方的工具栏中单击几何视图按钮，导航器切换到几何视图。单击 MCS_MILL 前的“+”号将其展开，双击 MCS_MILL 节点，系统弹出【MCS 铣削】对话框，展开【细节】栏，设置【特殊输出】为“装夹偏置”，【装夹偏置】为“1”，单击【保存 MCS】按钮。设置【安全设置选项】为“自动平面”，【安全距离】为“20”，如图 5-9 所示，单击【确定】按钮。

图 5-8 设置加工环境参数

图 5-9 设置坐标系及安全高度

② 建立毛坯体。

在导航器树枝上双击 WORKPIECE 节点，系统弹出【工件】对话框，单击【指定部件边界】按钮，系统弹出【部件几何体】对话框，右击鼠标在弹出的过滤器里选择过滤方式为“面”，在图形区用框选的方法选择全部曲面，包括第 2 步创建的补面，均为加工部件，如图 5-10 所示，单击【确定】按钮。

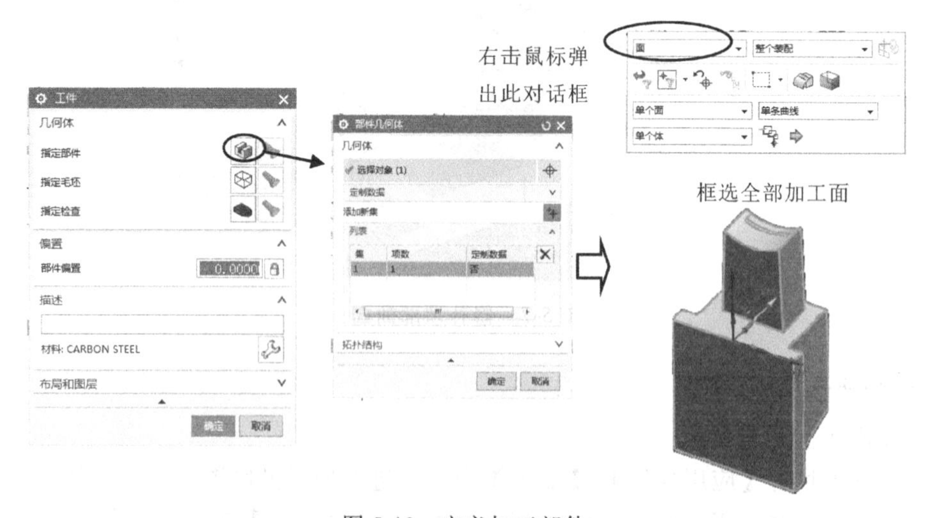

图 5-10 定义加工部件

单击【指定毛坯】按钮，系统弹出【毛坯几何体】对话框，在【类型】中选择 包容块，输入【ZM+】参数为“0.1”，该参数的目的是为了在顶部留出足够多的余量，如图 5-11 所示，单击【确定】按钮 2 次。

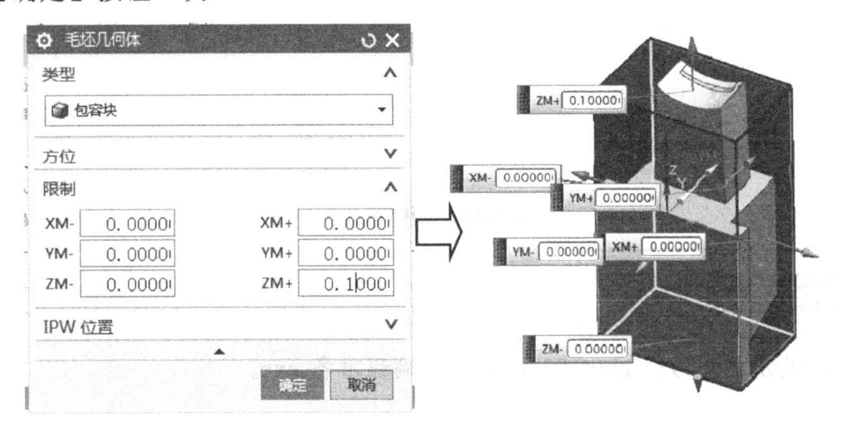

图 5-11　定义毛坯几何体

（3）在机床组中建立刀具

可以参考第 4 章的第 4.3.2 节相关内容，来创建刀具 ED16R0.8、ED12、ED4 及 BD6R3。导航器内容如图 5-12 所示。

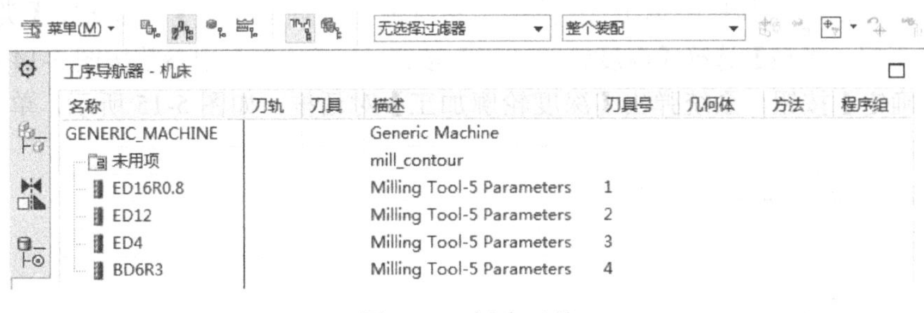

图 5-12　创建刀具

（4）建立方法组

在导航器空白处右击鼠标，在弹出的快捷菜单中选择 加工方法视图，切换到加工方法视图。可以双击粗加工、半精加工、精加工的菜单，修改余量、内外公差。本操作选择默认参数，不做修改。

（5）建立程序组

在底部工具栏中单击 程序顺序视图 按钮，切换到程序顺序视图。在导航器中已经有一个程序组 PROGRAM，右击此程序组，在弹出的快捷菜单中选择【重命名】，改名为 K5A。

选择上述程序组 K5A，右击鼠标在弹出的快捷菜单中选择【复制】，再次右击上述程序组 K5A，在弹出的快捷菜单中选择【粘贴】，则在目录树中产生了一个程序组 K5A_COPY，右击此程序组，在弹出的快捷菜单中选择【重命名】，改名为 K5B。同理，生成 K5C 及 K5D，结果如图 5-13 所示。

执行【文件】|【保存】命令，或者在工具条中单击【保存】按钮将文件存盘。注意，

编程图形文件名是 ugbook-5-1_stp.prt。

名称	换刀	刀轨	刀具	刀具号	时间	几何体	方法
NC_PROGRAM					00:00:00		
未用项					00:00:00		
K5A					00:00:00		
K5B					00:00:00		
K5C					00:00:00		
K5D					00:00:00		

图 5-13　创建程序组

以上操作视频文件为：\ch05\03-video\01-编程准备.exe。

5.3.3　在程序组 K5A 中创建开粗刀路

本节任务：用深度轮廓加工铣的方式对行位型面进行开粗。

（1）设置工序参数

在界面上方的主工具栏中单击创建工序按钮，系统弹出【创建工序】对话框，【类型】选择 mill_contour，【工序子类型】选择【深度轮廓加工】按钮，【位置】中参数按图 5-14 所示设置。单击【确定】按钮，系统弹出【深度轮廓加工】对话框，如图 5-15 所示，单击【确定】按钮。

图 5-14　设定工序参数

图 5-15　深度轮廓加工对话框

（2）设置切削层参数

在图 5-14 所示的【深度轮廓加工】对话框中，单击【切削层】按钮，系统弹出【切削层】对话框，设置【范围类型】为单侧，设置【最大距离】为“0.2”，按 Enter 键，系统自动以第 5.3.2 节定义的毛坯顶部为切削层上部参数，即【范围 1 的顶部】参数【ZC】已经设置为“27.2208”，修改【范围深度】为“27”，单击【确定】按钮，如图 5-16 所示。

图 5-16　设定切削层

（3）设置切削参数

在系统返回的【深度轮廓加工】对话框中单击【切削参数】按钮，系统弹出【切削参数】对话框，如图 5-17 所示。选择【策略】选项卡，检查【切削方向】为“顺铣”，【切削顺序】为“深度优先”。

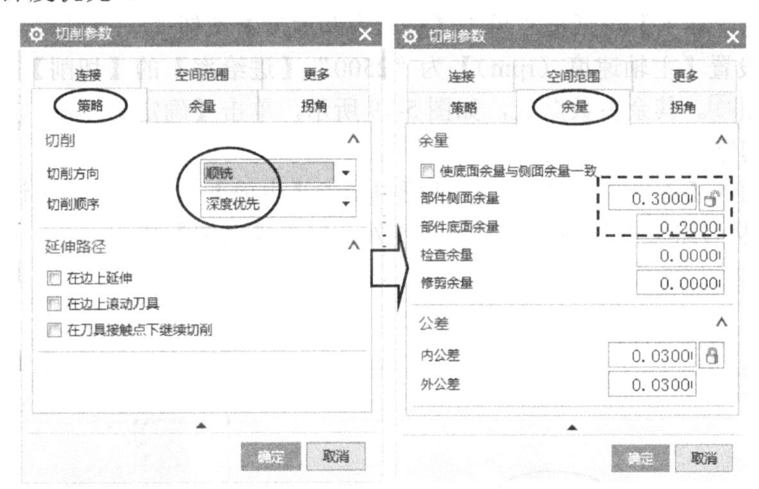

图 5-17　设置切削参数

在【余量】选项卡，取消选择【使底面余量与侧面余量一致】复选框，设置【部件侧面余量】为“0.3”，【部件底面余量】为“0.2”，【内公差】为“0.03”，【外公差】为“0.03”，单击【确定】按钮。

（4）设置非切削移动参数

在系统返回的【深度轮廓加工】对话框中单击【非切削移动】按钮，系统弹出【非切削移动】对话框，选择【进刀】选项卡，在【封闭区域】栏中，设置【进刀类型】为“与开放区域相同”。在【开放区域】栏中，设置【进刀类型】为“线性”，【长度】为刀具直径的 90%，【高度】为“0”，不选择【修剪至最小安全距离】复选框。

在【转移/快速】选项卡里，设置【区域内】的【转移类型】为“直接”，如图 5-18 所示。其余参数默认，单击【确定】按钮。

图 5-18　设置非切削移动参数

（5）设置进给率和转速参数

在【深度轮廓加工】对话框中单击【进给率和速度】按钮，系统弹出【进给率和速度】对话框，设置【主轴速度（rpm)】为“2500”,【进给率】的【切削】为“1500”，单击【计算】按钮。其余参数默认，如图 5-19 所示，单击【确定】按钮。

（6）生成刀路

在系统返回的【深度轮廓加工】对话框中单击【生成】按钮，系统计算出刀路，如图 5-20 所示。从刀路可以观察到下刀点在料外，单击【确定】按钮。

图 5-19　设置转速及进给率

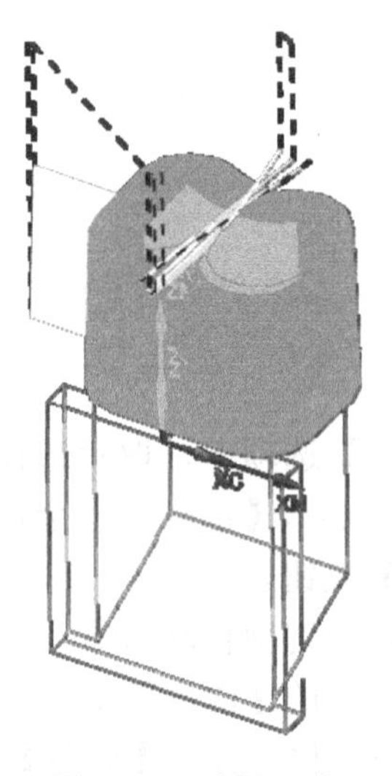

图 5-20　开粗刀路

以上操作视频文件为：\ch05\03-video\02-在程序组 K5A 里创建开粗刀路.exe

5.3.4 在程序组 K5B 中创建水平面光刀刀路

本节任务：创建 3 个刀路。（1）用平面铣方式对直身壁光刀；（2）用平面铣方式对水平面光刀；（3）用深度轮廓加工铣方式对斜面底部光刀。

1. 对直身壁光刀

（1）设置工序参数

在界面上方的主工具栏中单击创建工序按钮，系统弹出【创建工序】对话框，【类型】选择 mill_planar，【工序子类型】选择【平面铣】按钮，【位置】中参数按图 5-21 所示设置。

（2）选择加工线条

本例将选择行位型面的底部边线作为加工线条边界。

在图 5-21 所示的对话框中单击【确定】按钮，系统弹出【平面铣】对话框，如图 5-22 所示。

图 5-21 设置工序参数

图 5-22 平面铣对话框

在图 5-22 所示的对话框中单击【指定部件边界】按钮，系统弹出【边界几何体】对话框，设置【模式】为“面”，保留材料的参数【材料侧】为“内侧”，同时注意不要选择【忽略岛】复选框，然后在图形上选择台阶面，单击【确定】按钮，如图 5-23 所示。

系统弹出【平面铣】对话框，再次单击【指定部件边界】按钮，系统弹出【编辑边界】对话框。先观察图形，如果外围边界线变亮（图形上显示为深红色），则单击【移除】按钮，否则单击【下一步】按钮使外围边界线变亮。右击鼠标，在弹出的快捷菜单中选择【刷新】，再观察图形，发现只保留了内边界线，这才是本次要选择的加工线条。如图 5-24 所示，单击【确定】按钮。

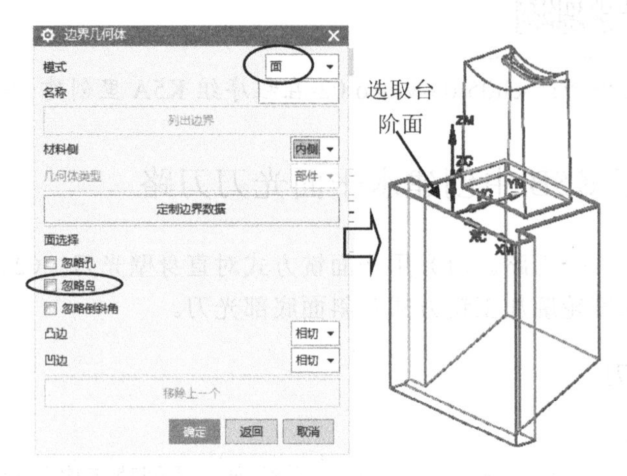

图 5-23　选取加工线条

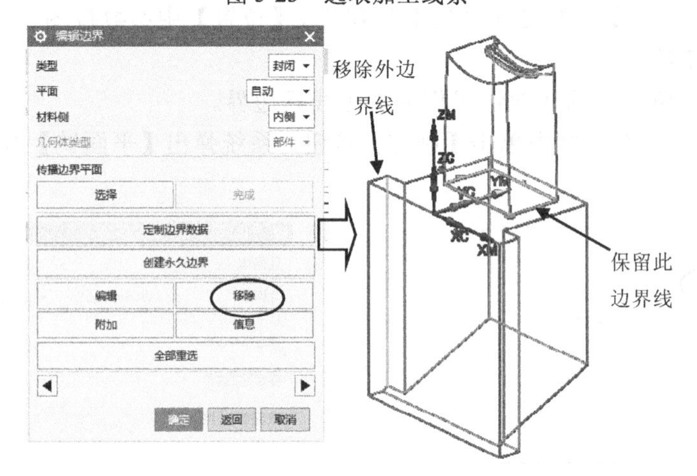

图 5-24　编辑边界线

（3）指定加工最低位置

在系统返回的【平面铣】对话框中单击按钮，在图形上选择台阶面，如图 5-25 所示，单击【确定】按钮。

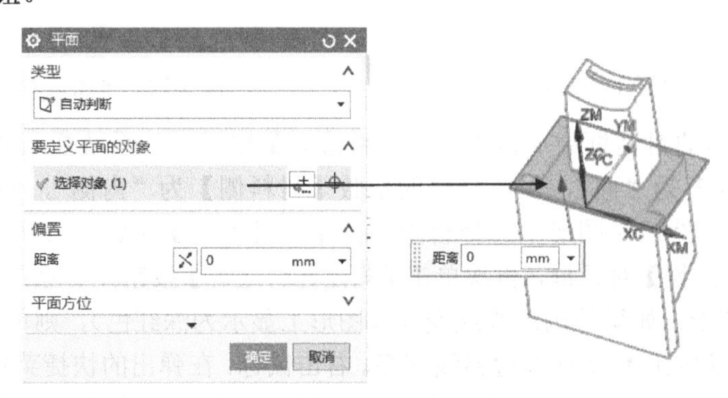

图 5-25　选取台阶面

（4）设置切削模式

在系统返回的【平面铣】对话框中，单击【几何体】右侧的【更少】按钮，将对话框折叠。设置【切削模式】为轮廓加工，【步距】为“恒定”，进刀参数【最大距离】为“0.05”，【附件刀路】为“3”。这样可以在一层刀路里生成4圈刀路，每一圈刀路的进刀量为0.05，如图5-26所示。

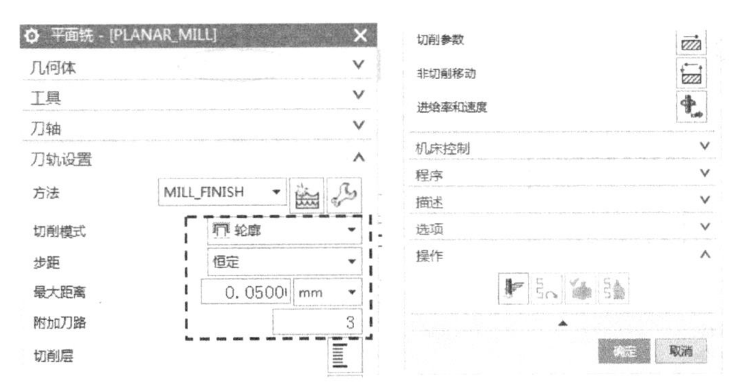

图5-26　设置切削模式参数

（5）设置切削层参数

在图5-26所示的【平面铣】对话框中单击【切削层】按钮，系统弹出【切削层】对话框，设置【类型】为“仅底面”，如图5-27所示，单击【确定】按钮。

（6）设置切削参数

在系统返回的【平面铣】对话框中单击【切削参数】按钮，系统弹出【切削参数】对话框，选择【余量】选项卡，设置【部件余量】为“0”，【最终底面余量】为“0”，【内公差】为“0.01”，【外公差】为“0.01”，如图5-27所示。其余参数默认，单击【确定】按钮，如图5-28所示。

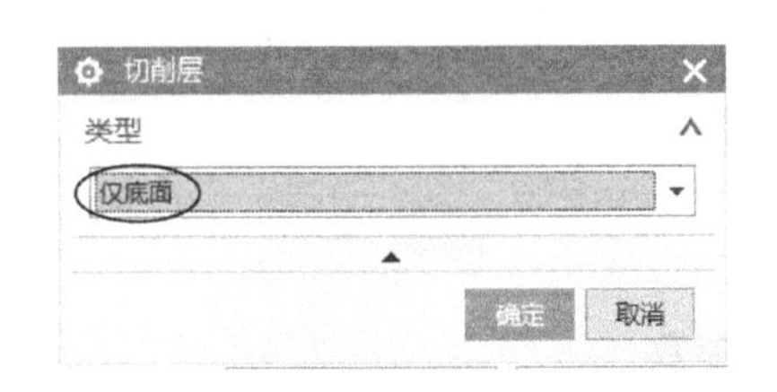

图5-27　设置切削层参数

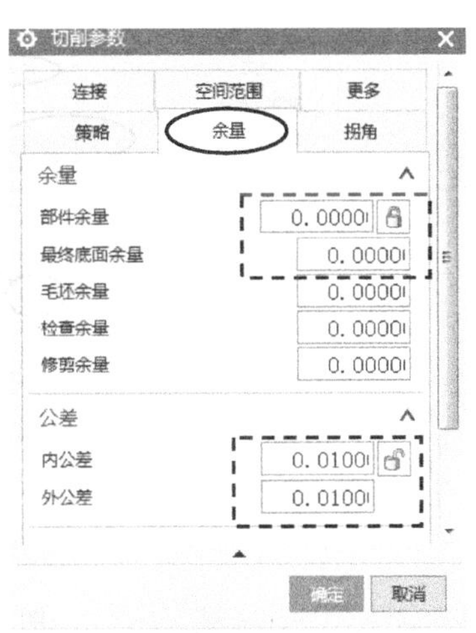

图5-28　设置切削参数

（7）设置非切削移动参数

在系统返回的【平面铣】对话框中单击【非切削移动】按钮，系统弹出【非切削移动】对话框，选择【进刀】选项卡，在【开放区域】栏中，设置【进刀类型】为“圆弧”，【半径】为“5”，刀具直径的 50%，【圆弧角度】为 90°，如图 5-29 所示。

切换到【转移/快速】选项卡，设置【区域内】的【转移类型】为“直接”。如图 5-30 所示。

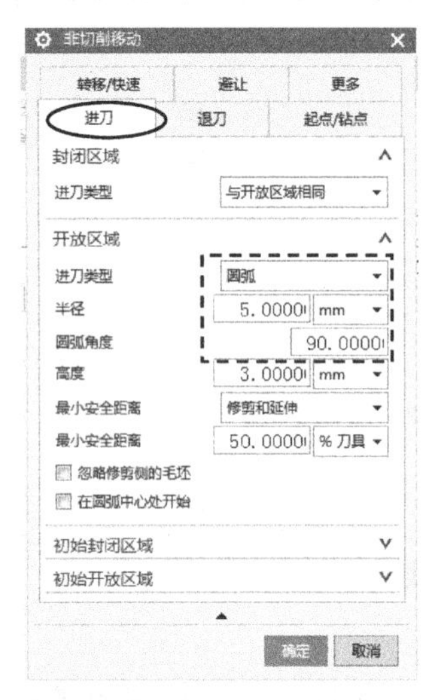

图 5-29　设置进刀参数

图 5-30　设置转移参数

在【起点/钻点】选项卡里，设置【重叠距离】为“0.5”，在【区域起点】栏中，单击【指定点】按钮，在弹出的【点】对话框中输入【X】为“0”，【Y】为“34”，【Z】为“0”，如图 5-31 所示。调整进刀点的目的是为了使刀具从材料以外下刀，避免在正面下刀时撞刀。

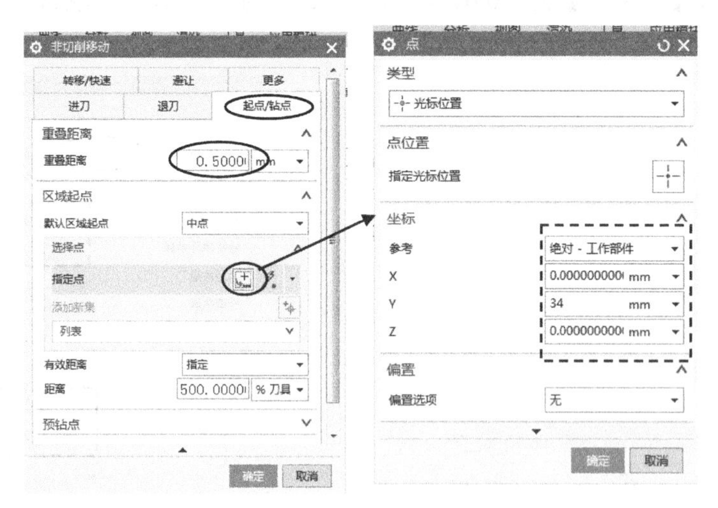

图 5-31　设置起点参数

其余参数默认，单击【确定】按钮。

（8）设置进给率和转速参数

在【平面铣】对话框中，单击【进给率和速度】按钮，系统弹出【进给率和速度】

对话框，设置【主轴速度（rpm）】为“3000”，【进给率】的【切削】为“100”。其余参数默认，如图 5-32 所示，单击【确定】按钮。

（9）生成刀路

在【平面铣】对话框中单击【生成】按钮，系统计算出刀路，如图 5-33 所示，单击【确定】按钮。

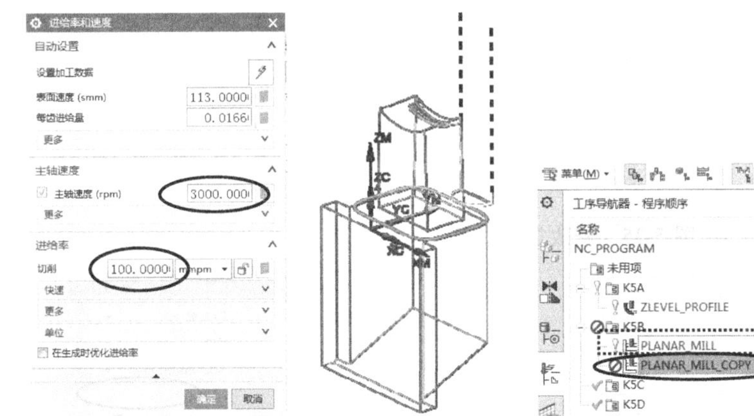

图 5-31 设进给率和速度 图 5-32 生成光刀 图 5-33 复制刀路

2. 对水平面光刀

方法：复制刀路，修改参数。

（1）复制刀路

在导航器中选择程序组 K5B 里刚创建的第 1 个刀路 PLANAR_MILL，单击鼠标右键，在弹出的快捷菜单中选择【复制】，再选择程序组 K5B，再次右击鼠标，在弹出的快捷菜单中选择【内部粘贴】，结果如图 5-34 所示。

（2）重新选择加工线条

双击刚复制的刀路 PLANAR_MILL_COPY，在系统弹出的【平面铣】对话框中，单击【几何体】栏的【指定部件边界】按钮，系统弹出【编辑边界】对话框，单击【移除】按钮，将之前所选择的加工线条删除。在系统弹出的【边界几何体】对话框中，选择【模式】为“曲线/边”，如图 5-35 所示。

在系统弹出的【创建边界】对话框中，选择【类型】为“开放”，【材料侧】为“右”，在图形上选取如图 5-36 所示的边线。

单击【确定】按钮 3 次，在返回的【平面铣】对话框中单击【指定部件边界】栏的【显示】按钮检查所选择的加工线条，折叠【几何体】对话框。

（3）设置加工线条数

在【平面铣】对话框中，修改【刀轨设置】栏的【附加刀路】为“0”。因为本刀路的主要目的是为了清除上一刀路加工时留下的残留材料，所以只需要一条加工线条就可以满足要求，如图 5-37 所示。

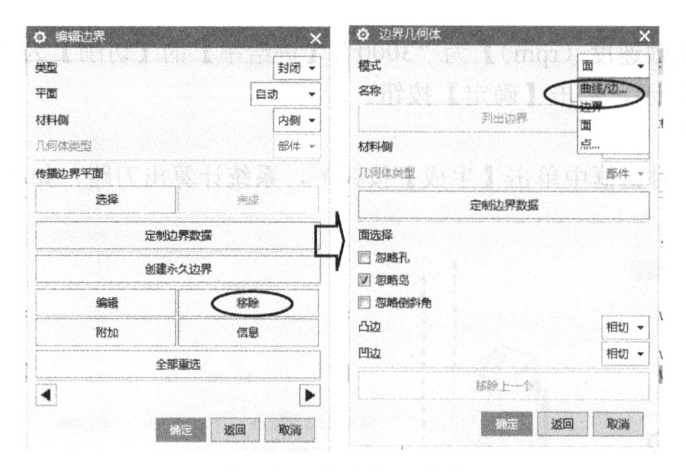

图 5-35　修改加工线条

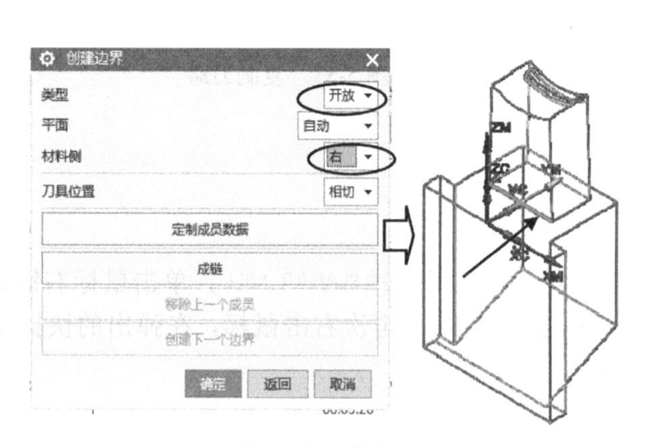

图 5-36　选取底边线

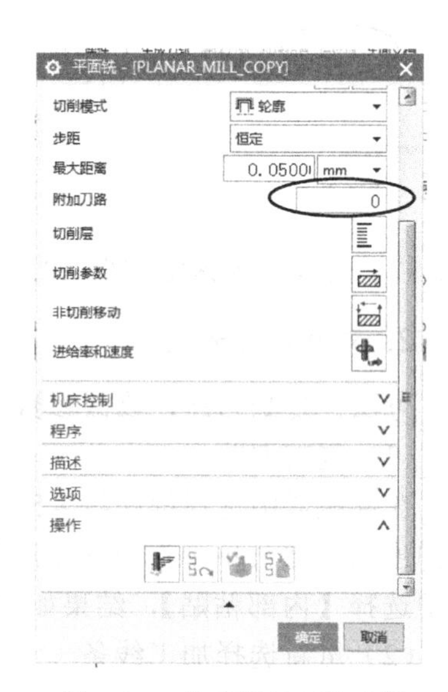

图 5-37　修改附加刀路参数

（4）设置切削参数

在图 5-37 所示的【平面铣】对话框中单击【切削参数】按钮，系统弹出【切削参数】对话框，选择【余量】选项卡，设置【部件余量】为“2”，单击【确定】按钮，如图 5-38 所示。

（5）设置非切削移动参数

在系统返回的【平面铣】对话框中单击【非切削移动】按钮，系统弹出【非切削移动】对话框，选择【进刀】选项卡，在【开放区域】栏中，设置【进刀类型】为“线性”，【长度】为刀具直径的 200%，【高度】为“0”，【最小安全距离】为“无”。这样设置参数的目的是确保刀具能从材料外下刀，结果如图 5-39 所示，单击【确定】按钮。

（6）生成刀路

在【平面铣】对话框中单击【生成】按钮，系统计算出刀路，如图 5-40 所示，单击【确定】按钮。

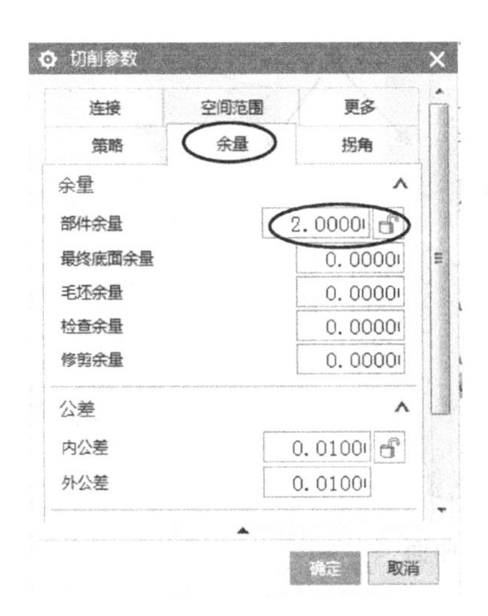

图 5-38　设置余量参数

图 5-39　修改进刀参数

3．对斜面底部光刀

方法：复制刀路，修改参数。

（1）复制刀路

在导航器中选择程序组 K5A 里创建的刀路 ZLEVEL_PROFILE，单击鼠标右键，在弹出的快捷菜单中选择【复制】，再选择程序组 K5B，再次右击鼠标，在弹出的快捷菜单中选择【内部粘贴】，结果如图 5-41 所示。

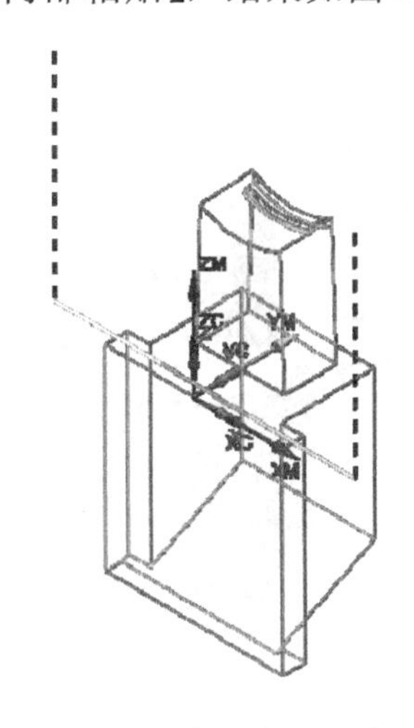

图 5-40　生成光刀刀路

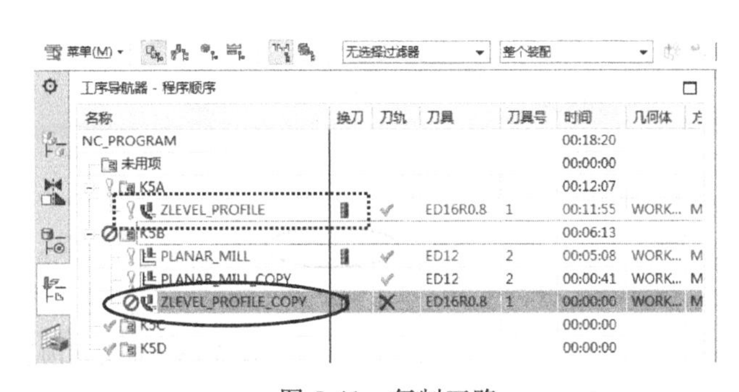

图 5-41　复制刀路

（2）选择加工曲面

双击刚复制的刀路，在弹出的【深度轮廓加工】对话框中，单击【几何体】栏的【更多】按钮 展开对话框，单击【指定切削区域】按钮，系统弹出【切削区域】对话框，选择行位型的两侧型面，如图 5-42 所示，单击【确定】按钮。单击【几何体】栏的【更少】按钮，折叠该对话框。

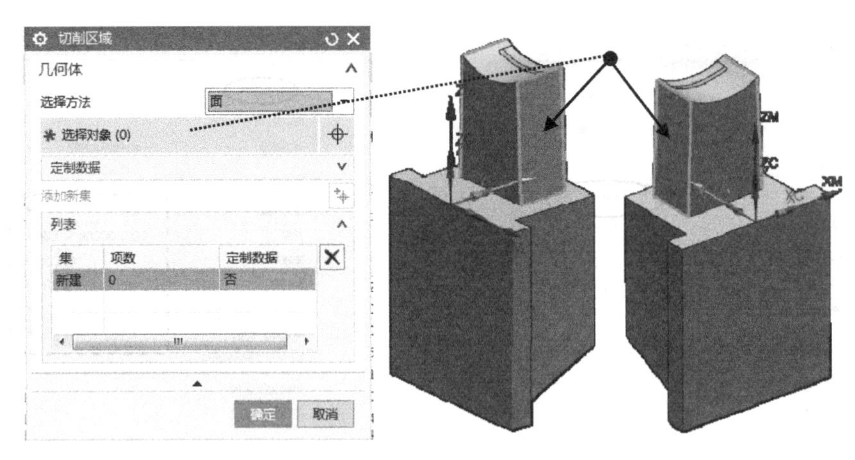

图 5-42　选取加工曲面

（3）修改刀具

在系统返回的【深度轮廓加工】对话框中，展开【工具】栏对话框，单击【刀具】栏右侧的下三角符号，在弹出的刀具列表中选择刀具 ED12 (铣刀-5 参数)，折叠【工具】对话框。

（4）设置切削层参数

在【深度轮廓加工】对话框中单击【切削层】按钮，系统弹出【切削层】对话框，检查【范围类型】为 单侧，修改层深参数【最大距离】为“0.03”。在【范围 1 的顶部】栏中输入【ZC】为“3.3”，这样可以定义出切削层的顶部位置。在【范围定义】栏中输入【范围深度】也为“3.3”，这样可以定义出切削层的底部位置，它位于水平基准面，单击【确定】按钮，如图 5-43 所示。

图 5-43　定义切削层

该层深数据 0.03 是根据公式 $0.001/\sin(2) \approx 0.03$ 计算得到的。该公式的推导详见本章思考和练习的答案。该参数保证了在 2° 斜面上的残料高度为 0.001。

（5）设置切削参数

在【深度轮廓加工】对话框中，单击【切削参数】按钮，系统弹出【切削参数】对话框，在【策略】选项卡里，设置【切削方向】为“混合”。

在【余量】选项卡，选择【使底面余量与侧面余量一致】复选框，设置【部件侧面余量】为“0”，【内公差】为“0.01”，【外公差】为“0.01”。

将【连接】选项卡里的【层到层】设置为“直接对部件进刀”，如图 5-44 所示，单击【确定】按钮。

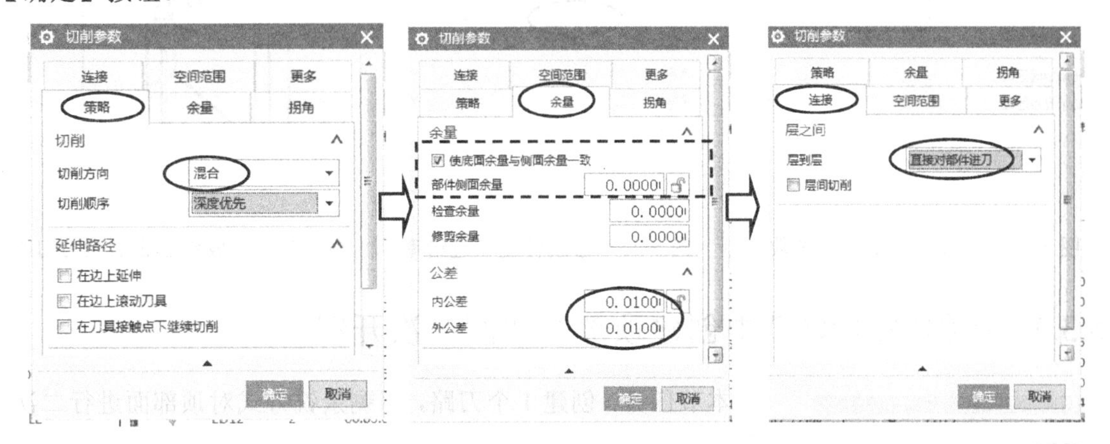

图 5-44　修改切削参数

（6）设置非切削移动参数

在系统返回的【深度轮廓加工】对话框中单击【非切削移动】按钮，系统弹出【非切削移动】对话框，选择【进刀】选项卡，在【开放区域】栏中，设置【进刀类型】为“圆弧”，【半径】为“3”，【圆弧角度】为 90°，【高度】为“0”，【最小安全距离】为“无”，单击【确定】按钮，如图 5-45 所示。

（7）设置进给率和转速参数

在【深度轮廓加工】对话框中单击【进给率和速度】按钮，系统弹出【进给率和速度】对话框，修改【主轴速度（rpm)】为“3000”，【进给率】的【切削】为“500”。单击【计算】按钮，如图 5-46 所示，单击【确定】按钮。

（8）生成刀路

在系统返回的【深度轮廓加工】对话框中单击【生成】按钮，系统计算出刀路，如图 5-47 所示，单击【确定】按钮。

以上操作视频文件为：\ch05\03-video\03-在程序组 K5B 中创建水平面光刀.exe。

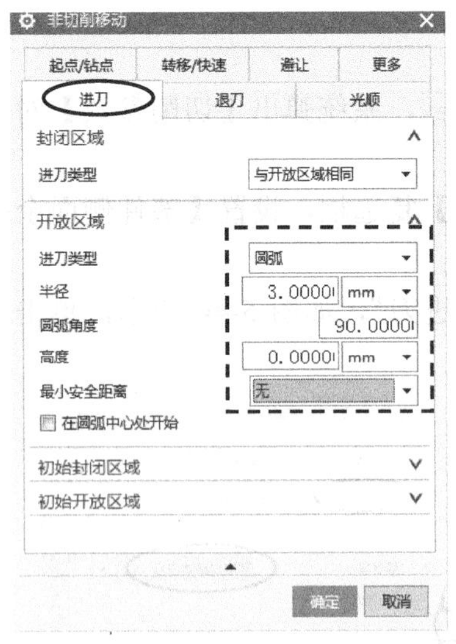

图 5-45　修改非切削移动参数

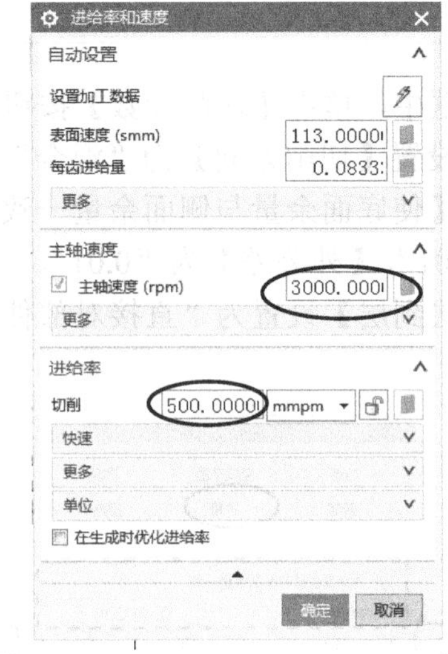

图 5-46　修改转速和进给率

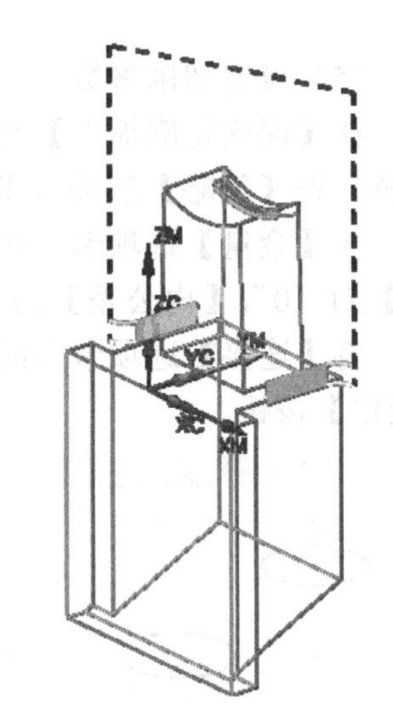

图 5-47　生成斜面底部光刀刀路

5.3.5　在程序组 K5C 中创建顶部凹曲面二次开粗

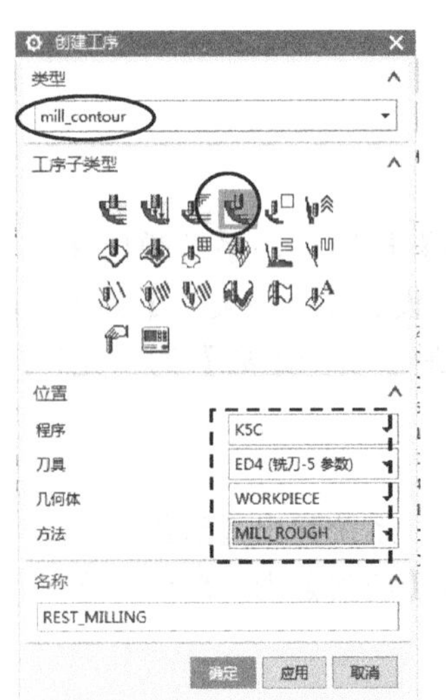

图 5-48　设定工序参数

本节任务：创建 1 个刀路，用剩余铣方式对顶部面进行二次开粗。

（1）设置工序参数

在界面上方的主工具栏中单击创建工序按钮，系统弹出【创建工序】对话框，【类型】选择mill_contour，【工序子类型】选择【剩余铣】按钮，【位置】中参数按图 5-48 所示设置。

（2）选择加工曲面

在图 5-48 所示对话框中单击【确定】按钮，系统弹出【剩余铣】对话框，单击【几何体】栏的【更多】按钮展开对话框，单击【指定切削区域】按钮，系统弹出【切削区域】对话框，选择顶部曲面，如图 5-49 所示，单击【确定】按钮。

（3）指定修剪边界

在【剩余铣】对话框的【几何体】栏中单击【指定修剪边界】按钮，系统弹出【修剪边界】对话框，【选择方法】选择点；选择【修剪侧】为“外侧”；选择【平面】为“指定”，在图形上选取台阶面，并在参数栏输入【距离】为“30”，按 Enter 键。这样可以定义修剪平面的位置，如图 5-50 所示。

在【修剪边界】对话框中单击【指定点】按钮，在系统弹出的【点】对话框中设置【类型】为端点，在图形上选择顶部的点 1，单击【确定】按钮，系统返回到【修剪边界】对话框，接着在图形上选择点 2、点 3 及点 4，单击【确定】按钮。

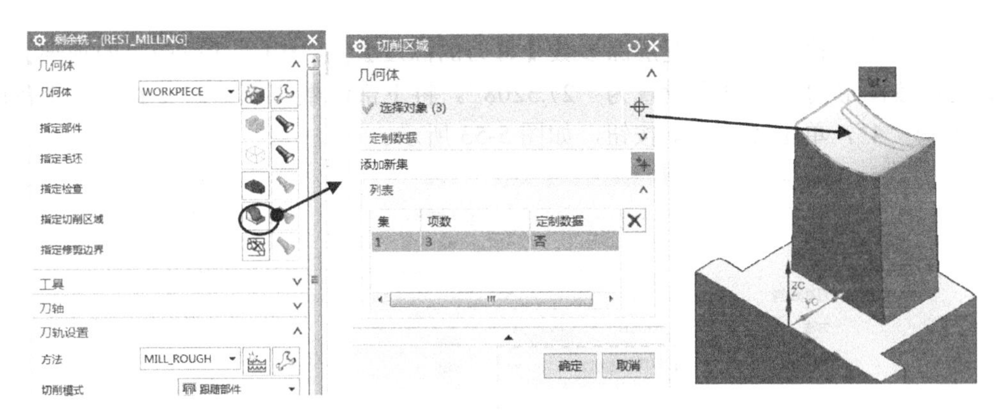

图 5-49　选取加工曲面

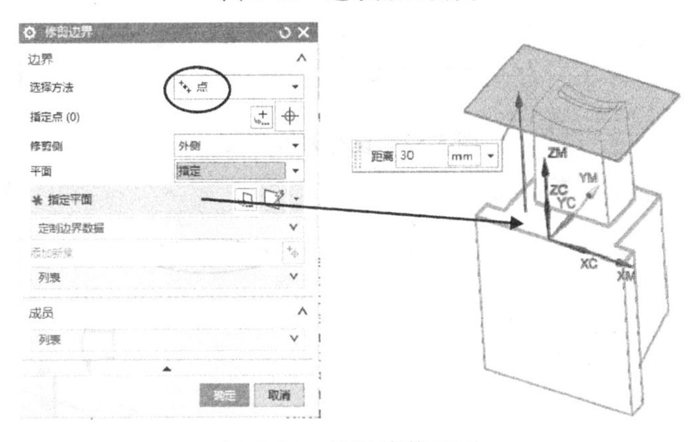

图 5-50　设置修剪平面

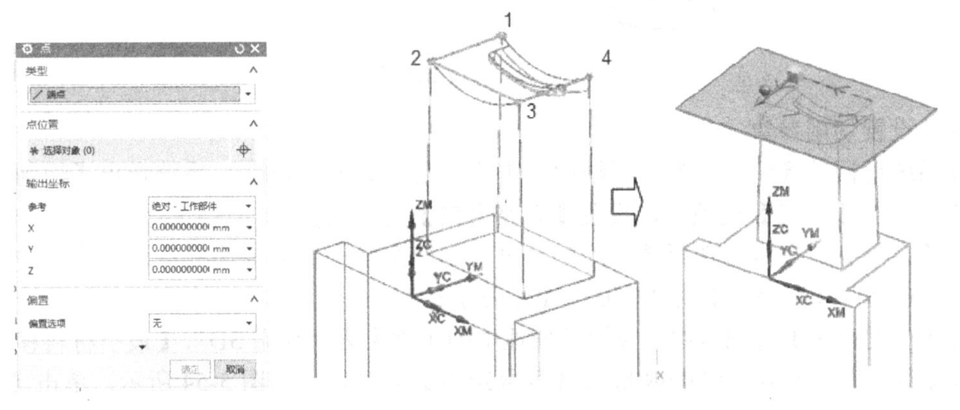

图 5-51　创建修剪边界

（4）设置刀轨参数

在系统返回的【剩余铣】对话框中，在【刀轨设置】栏设置【切削模式】为跟随周边，设置【步距】为% 刀具平直，【平面直径百分比】为“50”，这表示步距为刀具直径的 50%。设置层深参数【最大距离】为“0.1”，如图 5-52 所示。

（5）设置切削层参数

在【剩余铣】对话框中单击【切削层】按钮，系统弹出【切削层】对话框，设置【范

围类型】为单侧，检查已经设置层深参数【每刀的深度】为“0.1”，【范围 1 的顶部】参数【ZC】已经按图形的最高位置设置为“27.3208”。将下部参数【范围定义】中的【范围深度】设置为“4”，单击【确定】按钮，如图 5-53 所示。

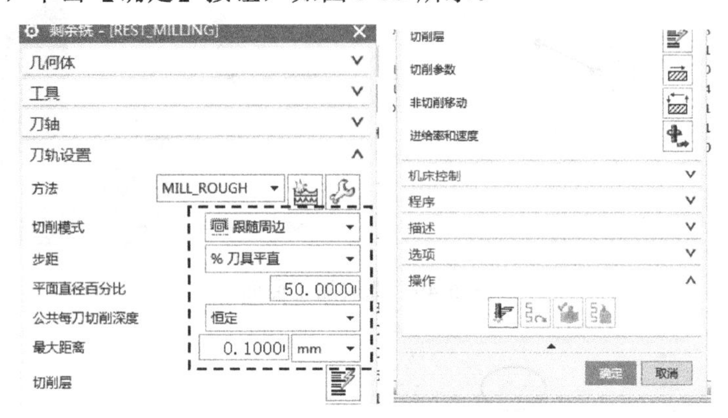

图 5-52　设置刀轨参数

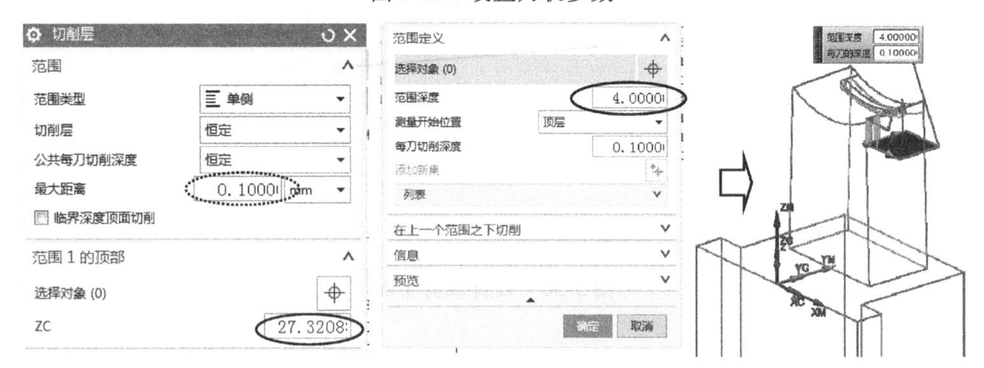

图 5-53　定义切削层

（6）设置切削参数

在系统返回的【剩余铣】对话框中单击【切削参数】按钮，系统弹出【切削参数】对话框，选择【策略】选项卡，设置【刀路方向】为“向内”。

在【余量】选项卡，选择【使底面余量与侧面余量一致】复选框，设置【部件侧面余量】为“0.15”，【内公差】为“0.03”，【外公差】为“0.03”。

在【空间范围】选项卡中，设置【处理中的工件】为“使用 3D”，【最小材料移除】为“0.1”，【参考刀具】为“ED16R0.8”，【重叠距离】为“1”，如图 5-54 所示，单击【确定】按钮。

（7）设置非切削移动参数

在系统返回的【剩余铣】对话框中单击【非切削移动】按钮，系统弹出【非切削移动】对话框，选择【进刀】选项卡，在【封闭区域】栏中，设置【进刀类型】为“与开放区域相同”。在【开放区域】栏中，设置【进刀类型】为“线性”，【长度】为刀具直径的 100%，如图 5-55 所示，单击【确定】按钮。

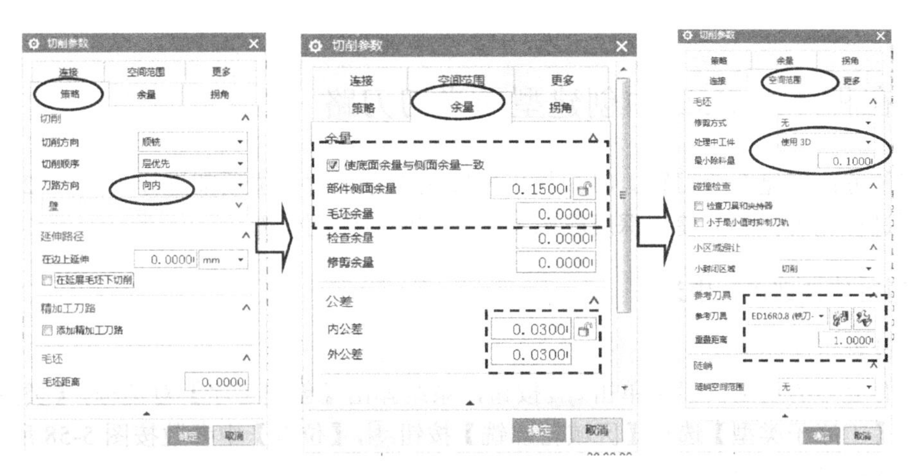

图 5-54　设置切削参数

（8）设置进给率和转速参数

在【剩余铣】对话框中单击【进给率和速度】按钮，系统弹出【进给率和速度】对话框，设置【主轴速度（rpm）】为“4500”，【进给率】的【切削】为“800”。单击【计算】按钮，如图 5-56 所示，单击【确定】按钮。

（9）生成刀路

在系统返回的【剩余铣】对话框中单击【生成】按钮，系统计算出刀路，如图 5-57 所示，单击【确定】按钮。

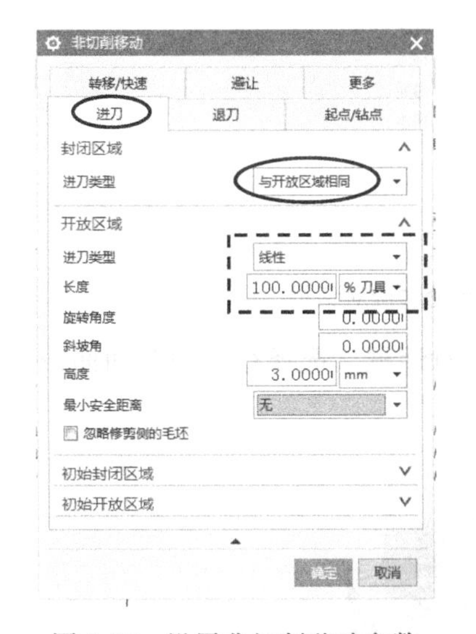

图 5-55　设置非切削移动参数

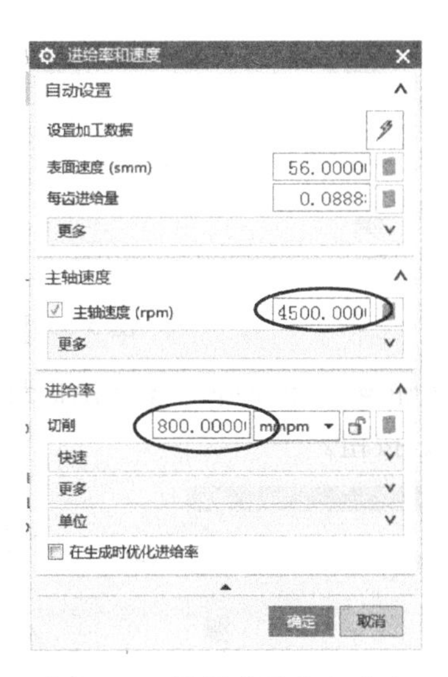

图 5-56　设置进给率和速度

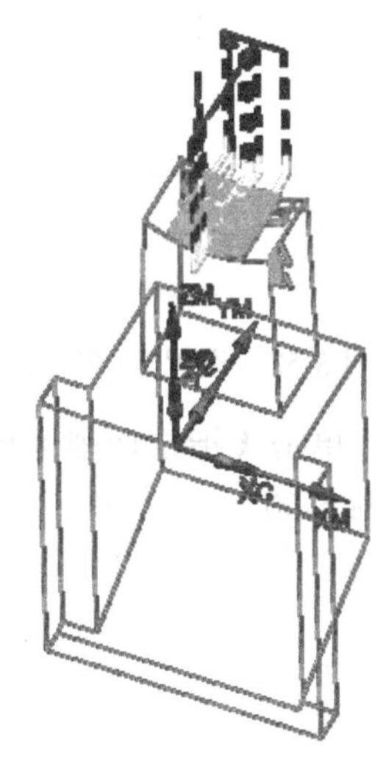
图 5-57　生成二次开粗刀路

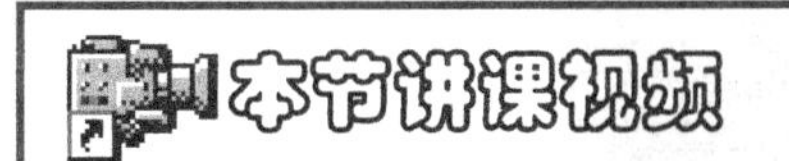

以上操作视频文件为：\ch05\03-video\04-在程序组 K5C 里创建顶部凹曲面二次开粗.exe。

5.3.6 在程序组 K5D 中创建型面光刀刀路

本节任务：创建 3 个刀路。（1）使用轮廓区域方法对行位顶部进行中光；（2）对行位顶部曲面进行光刀；（3）使用深度轮廓加工铣方法对侧面光刀。

1. 对行位顶部进行中光

（1）设置工序参数

在界面上方的主工具栏中单击 创建工序 按钮，系统弹出【创建工序】对话框，【类型】选择 mill_contour，【工序子类型】选择【区域轮廓铣】按钮，【位置】中参数按图 5-58 所示设置。

（2）选择加工曲面

在图 5-58 所示对话框中单击【确定】按钮，系统弹出【区域轮廓铣】对话框，单击【几何体】栏的【更多】按钮展开对话框，如图 5-59 所示。

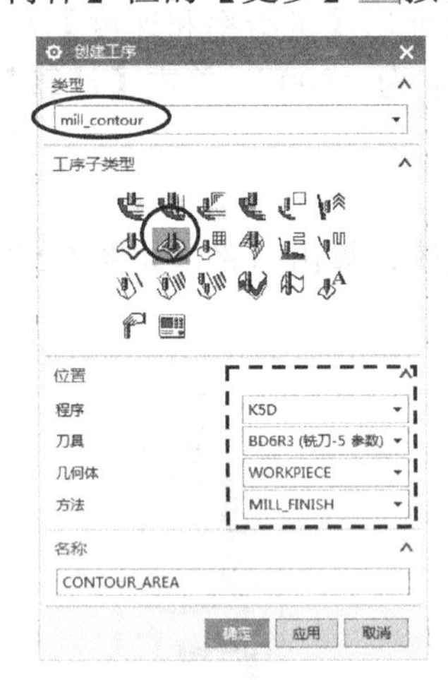

图 5-58 设置工序参数

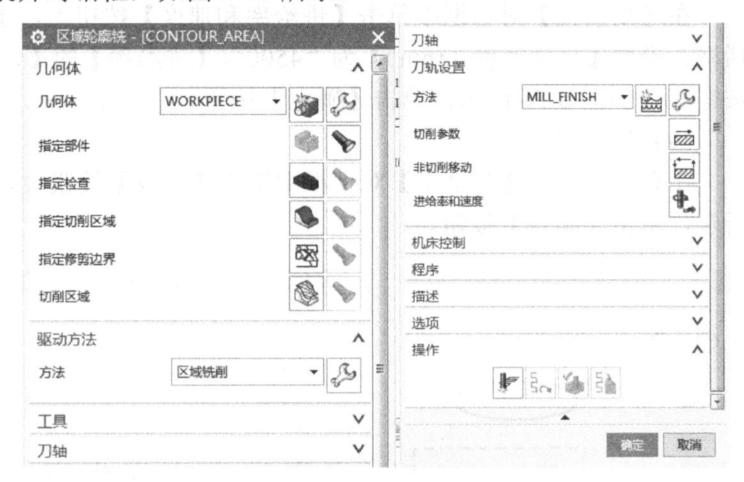

图 5-59 区域轮廓铣对话框

单击【指定切削区域】按钮，系统弹出【切削区域】对话框，选择行位顶部曲面，如图 5-60 所示，单击【确定】按钮。

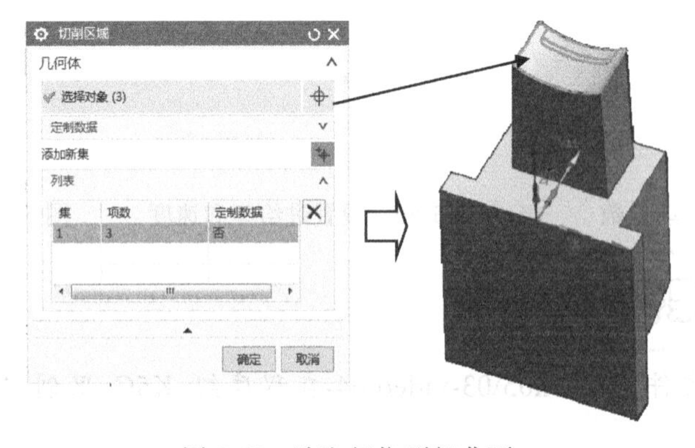

图 5-60 选取行位顶部曲面

（3）设置驱动方法

在系统弹出的【区域轮廓铣】对话框中，单击【驱动方法】的【编辑】按钮，系统弹出【区域铣削驱动方法】对话框，设置【切削模式】为往复，【步距】为“残余高度”，【最大残余高度】为“0.01”，【步距已应用】为“在平面上”，【切削角】为“指定”，【与XC的夹角】为45°，如图5-61所示，单击【确定】按钮。

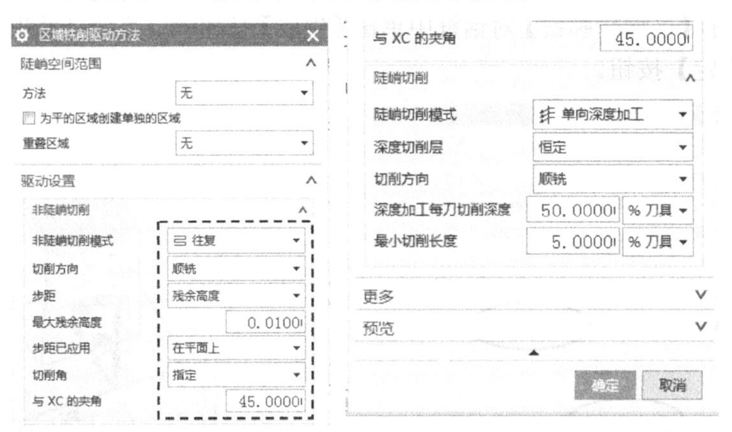

图5-61　设置驱动方法

（4）设置切削参数

在系统弹出的【区域轮廓铣】对话框中，单击【切削参数】按钮，系统弹出【切削参数】对话框，选择【余量】选项卡，设置【部件余量】为“0.1”，如图5-62所示，单击【确定】按钮。

（5）设置非切削移动参数

在系统返回的【区域轮廓铣】对话框中单击【非切削移动】按钮，系统弹出【非切削移动】对话框，选择【进刀】选项卡，在【开放区域】栏中，设置【进刀类型】为“圆弧-平行于刀轴”，【半径】为刀具直径的50%，【圆弧角度】为90°，如图5-63所示，单击【确定】按钮。

图5-62　设置切削参数

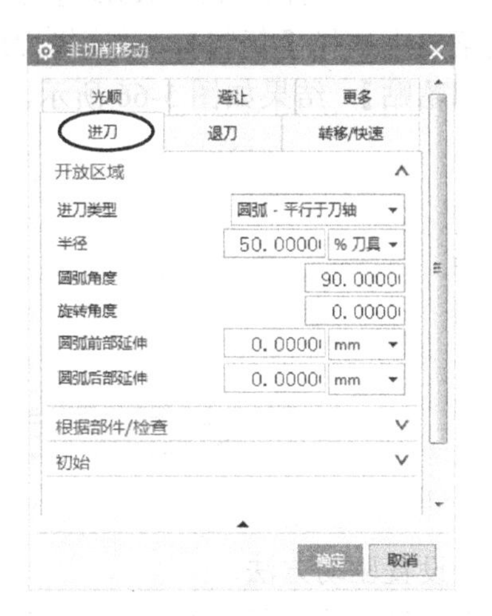

图5-63　检查非切削移动参数

（6）设置进给率和转速参数

在【区域轮廓铣】对话框中单击【进给率和速度】按钮，系统弹出【进给率和速度】对话框，设置【主轴速度（rpm）】为“4500”，【进给率】的【切削】为“800”。单击【计算】按钮。其余参数默认，如图 5-64 所示，单击【确定】按钮。

（7）生成刀路

在系统返回的【区域轮廓铣】对话框中单击【生成】按钮，系统计算出刀路，如图 5-65 所示，单击【确定】按钮。

图 5-64 设置进给率和转速

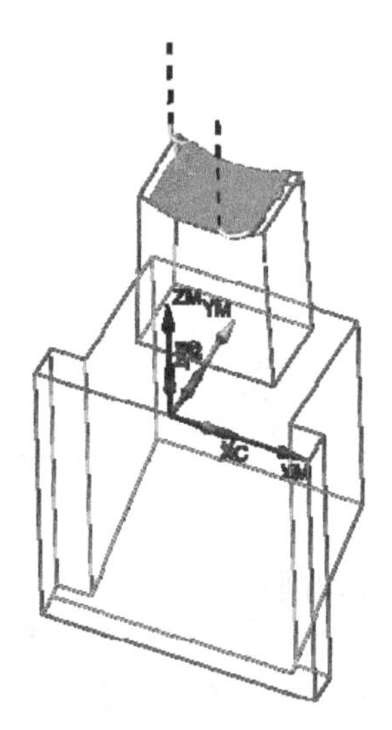

图 5-65 生成中光刀路

2. 对行位顶部曲面进行光刀

方法：复制刀路，修改参数。

（1）复制刀路

在导航器中选择程序组 K5D 里刚创建的刀路 CONTOUR_AREA，单击鼠标右键，在弹出的快捷菜单中选择【复制】，再选择程序组 K5D，再次右击鼠标，在弹出的快捷菜单中选择【内部粘贴】，结果如图 5-66 所示。

图 5-66 复制刀路

（2）设置驱动方法

双击刚复制的刀路，在系统弹出的【区域轮廓铣】对话框中，单击【驱动方法】的【编辑】按钮，系统弹出【区域铣削驱动方法】对话框，修改【最大残余高度】为“0.001”，如图 5-67 所示，单击【确定】按钮。

（3）设置切削参数

在系统弹出的【区域轮廓铣】对话框中，单击【切削参数】按钮，系统弹出【切削参数】对话框，选择【余量】选项卡，设置【部件余量】为“0”，【内公差】为“0.01”，【外公差】为“0.01”，如图 5-68 所示，单击【确定】按钮。

图 5-67　修改加工参数

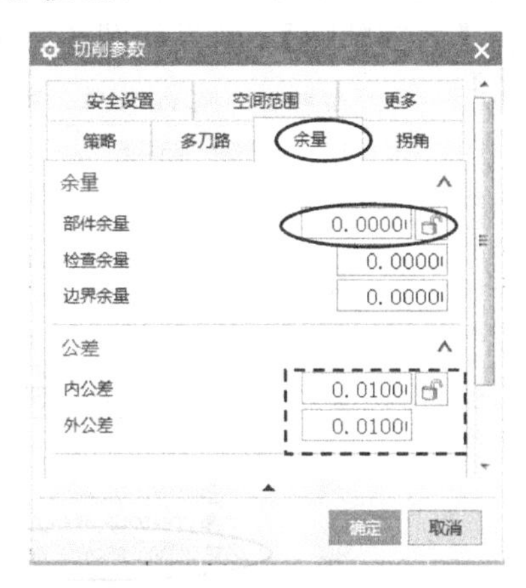

图 5-68　修改切削参数

（4）设置进给率和转速参数

在【区域轮廓铣】对话框中单击【进给率和速度】按钮，系统弹出【进给率和速度】对话框，修改【进给率】的【切削】为“500”，单击【计算】按钮。其余参数默认，如图 5-69 所示，单击【确定】按钮。切削进给率减低目的是为了获得更好的表面粗糙度。

（5）生成刀路

在系统返回的【区域轮廓铣】对话框中单击【生成】按钮，系统计算出刀路，如图 5-70 所示，单击【确定】按钮。

图 5-69　修改进给参数

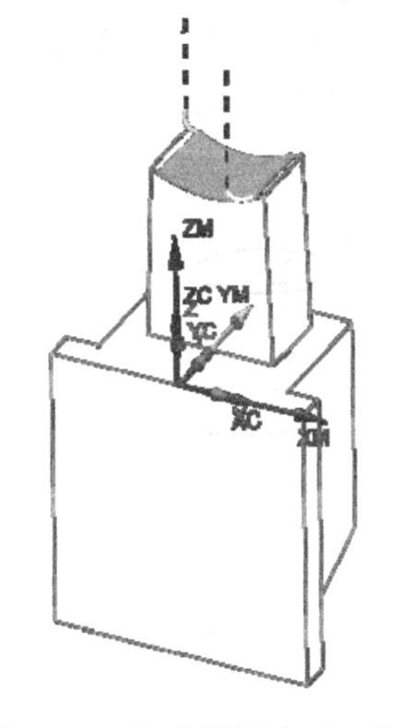

图 5-70　生成顶部光刀刀路

3．用深度轮廓加工铣对侧面光刀

方法：复制刀路，修改参数。

（1）复制刀路

在导航器中选择程序组 K5B 里创建的第 3 个刀路 ZLEVEL_PROFILE_COPY，单击鼠标右键，在弹出的快捷菜单中选择【复制】，再选择程序组 K5D，再次右击鼠标，在弹出的快捷菜单中选择【内部粘贴】，结果如图 5-71 所示。

菜单(M)　无选择过滤器　整个装配

工序导航器 - 程序顺序

名称	换刀	刀轨	刀具	刀具号	时间	几何体
NC_PROGRAM					00:28:37	
未用项					00:00:00	
K5A					00:12:07	
K5B					00:11:18	
PLANAR_MILL		✔	ED12	2	00:05:08	WORK
PLANAR_MILL_COPY		✔	ED12	2	00:00:41	WORK
ZLEVEL_PROFILE_COPY		✔	ED12	2	00:05:17	WORK
K5C					00:01:42	
K5D					00:03:30	
CONTOUR_AREA		✔	BD6R3	4	00:00:32	WORK
CONTOUR_AREA_COPY		✔	BD6R3	4	00:02:34	WORK
ZLEVEL_PROFILE_COPY_COPY		✘	ED12	2	00:00:00	WORK

图 5-71　复制刀路

（2）修改刀具

双击刚复制的刀路，在系统返回的【深度轮廓加工】对话框中，展开【工具】栏对话框，单击【刀具】栏右侧的下三角符号，在弹出的刀具列表中选择刀具 BD6R3 (铣刀-5 参数)。折叠【工具】对话框。

（3）设置切削层参数

在【深度轮廓加工】对话框中单击【切削层】按钮，系统弹出【切削层】对话框，检查【范围类型】为 单侧，修改层深参数【最大距离】为“0.15”。在【范围 1 的顶部】栏中输入【ZC】为“27.3”。在【范围定义】栏中输入【范围深度】也为“27.3”，如图 5-72 所示，单击【确定】按钮。

图 5-72　定义切削层

球头刀加工曲面步距 0.15 是依据残留高度 0.001 来计算的，计算公式为 $L=2\sqrt{R^2-(R-h)^2}=2\sqrt{2Rh-h^2}\approx 2\sqrt{2Rh}$（式中，$L$ 为步距，R 为球刀半径，h 为残留高度）。

（4）设置进给率和转速参数

在【深度轮廓加工】对话框中单击【进给率和速度】按钮，系统弹出【进给率和速度】对话框，修改【主轴速度】为“4500”，【进给率】的【切削】为“500”，单击【计算】按钮，单击【确定】按钮。

（5）生成刀路

在系统返回的【深度轮廓加工】对话框中单击【生成】按钮，系统计算出刀路，如图 5-73 所示，单击【确定】按钮。

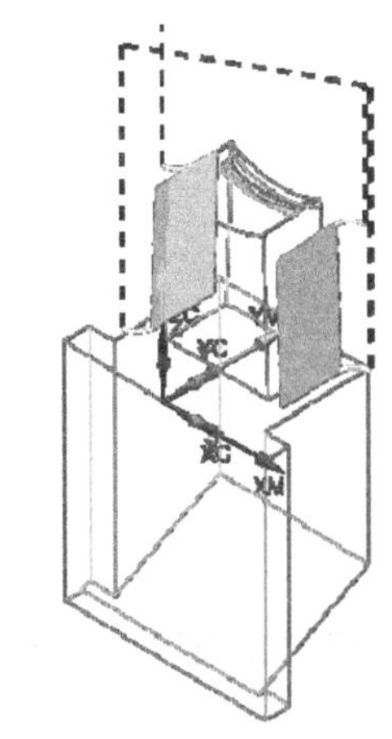

图 5-73　生成侧面光刀刀路

（6）文件存盘

在主菜单中执行【文件】|【保存】命令，或者在工具条中单击【保存】按钮将文件存盘。

以上操作视频文件为：\ch05\03-video\05-在程序组 K5D 里创建型面光刀.exe。

5.3.7　程序检查

在导航器中选择第 1 个程序组 K5A，按住 Shift 键选择最后 1 个程序组 K5D 的最后 1 个刀路，在工具栏中单击按钮，系统弹出【刀轨可视化】对话框，选择【3D 动态】选项卡，如图 5-74 所示。

图 5-74　刀轨可视化对话框

单击【播放】按钮▶，模拟结果如图 5-75 所示，单击【确定】按钮。

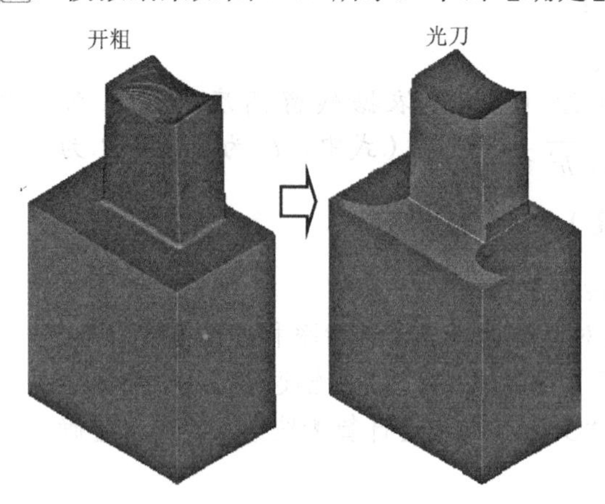

图 5-75　实体模拟结果

模拟完成以后还可以单击按颜色显示厚度按钮来分析加工结果，通过分析得知该刀路正常。

5.3.8　后处理

在导航器中选择程序组 K5A，在主工具栏中单击后处理按钮，系统弹出【后处理】对话框，选择三轴后处理器“ugbookpost1”，在【输出文件】栏的【文件名】中输入“C:\Temp\k5A”，注意，系统已经设置【文件扩展名】为“nc”，【单位】为“经后处理定义”，如图 5-76 所示。

单击【应用】按钮，系统生成的 NC 程序显示在【信息】窗口中，如图 5-77 所示。

图 5-76　后处理

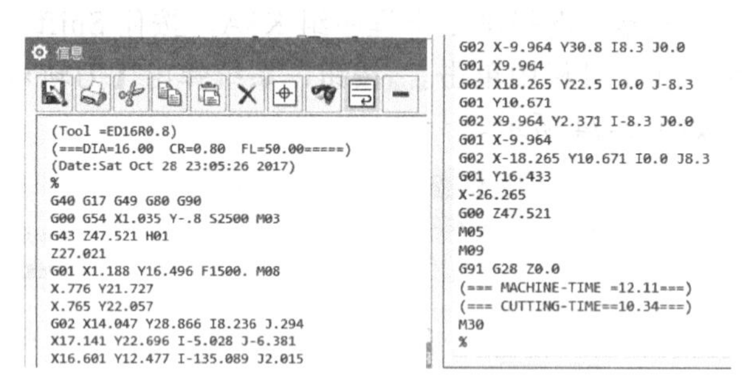

图 5-77　后处理生成 K5A

同理，后处理得到的其他的数控程序文件。

5.3.9　填写加工工作单

图 5-78 所示为行位的数控程序单。注意，行位的对刀方式为“左右分中为 X=0，单边

碰 Y=0”。

CNC加工程序单

型号		模具名称	鼠标面壳	工件名称	行位1#	
编程员		编程日期		操作员	加工日期	
				对刀方式：	左右分中为X=0，单边碰Y=0 对顶z=27.3	
				图形名	ugbook-5-1-stp	
				材料号	S136H	
				大小	71×40×26	

程序名	余量	刀具	装刀最短长	加工内容	加工时间
K5A .NC	0.3	ED16R0.8	30	型面开粗	
K5B .NC	底为0	ED12	30	水平台阶面光刀	
K5C .NC	0.15	ED4	10	二次开粗	
K5D .NC	0	BD6R3	30	型面光刀	

图 5-78 数控程序工作单

5.4 本章小结

本章主要以某型号的鼠标模具的行位为例，介绍如何利用 UG NX 11.0 来解决行位的数控编程问题。完成此类工件的编程还需注意以下问题。

（1）首先要研究模具结构，理解行位在模具里的作用及行位的结构特点。

（2）对于管理比较规范的模具工厂，行位图形一般都是由模具设计工程师在分模时根据正式模具图纸来设计的，编程员在数控编程时只需要依据行位的工艺单关于数控加工工序的具体要求，结合行位 3D 图就可以了。因为各组别都是依据统一的工程图纸和工艺单进行的，各司其职，责任清晰，工作效率高，互相推诿的情况很少。

（3）现实工作中有些小型模具工厂的生产组织是“钳工负责制”，没有成文的工艺单和正式的工程图纸，即使有一些工程图纸和工艺文件，也是为了应付 ISO 检查，很多情况下也起不到指导生产的作用。这样的模具工厂对于模具制造一般是以模具师傅的意图来组织生产的。作为编程员就要多和相关模具师傅沟通，关键要协商清楚行位的哪些部位属于 CNC 的加工范围，哪些属于模具师傅自己的加工部分，只有达成一致的意见后才可以进行编程。否则如果责任不清盲目编程，在实际加工时才发现编程部位并不是模具师傅要求的，或者 CNC 的材料过大，这种情况可能就得修改数控程序，从而耽误生产。

（4）对于“钳工负责制”的模具工厂，因为没有正式的工程图纸，很多时候行位实际材料大小与 3D 图形是不同的，有可能是模具师傅配作而成的，这时候作为编程员在行位正式加工时，还需要亲自测量材料的大小，必要时还需要调整开粗刀路加工范围和深度。

（5）行位编程的思路和前后模加工是一样的，也要大刀具开粗、小刀清角，最后光刀。但是行位的装夹一般是在虎钳（又称“批士”）上，并不十分牢靠，开粗的层深不要过大，以防止工件松动。

以上介绍的情况希望能对初学者有所帮助。

5.5 本章思考练习和答案提示

一、思考练习

1．试说明一下，本例行位的《加工工作单》中“单边碰”的含义是什么？

2．本例 K5C 二次开粗刀路时使用了 UG 的“剩余铣”，与“型腔铣”有何联系？

3．本例 K5B 的第 1 个刀路 ZLEVEL_PROFILE_COPY 光刀时的层深参数确定的原理是什么？

4．根据本书配套光盘提供的图形 ch05\01-sample\ch05-02\ugbook-5-2.prt 和 ugbook-5-3.prt，进行数控编程，加工出这两个行位。材料为钢 S136H，如图 5-79 所示。

二、答案及提示

1．答：本例行位的零点在行位的底边中点上，通常在数控程序工作单上的表述为“左右分中为 X=0，单边碰 Y=0”。而“单边碰”的含义是要求操作员用寻边器（又称“分中棒”），接触碰到行位毛坯材料的边，然后抬高寻边器，向行位材料的方向移动一个寻边器旋转半径的数值，把此时的 Y 值设为零。

2．答：剩余铣是型腔铣的一种特殊情况，在剩余铣模版里事先设置了初始化参数，二者菜单内容基本相同。二者共同的特点是在【切削参数】对话框的【空间范围】选项卡的【处理中的工件】有另外两项 使用 3D 和 使用基于层的 来计算加工范围。选项 使用 3D ，需要指定参考刀具，而 使用基于层的 不需要指定参考刀具。

3．答：一切机械加工都是近似加工，用平底刀加工斜面也不例外，从微观上说，加工效果是类似楼梯台阶的形状，只需要控制住残留高度就可以确保数控加工精度，根据此残留高度就可以计算出层深参数。计算原理如图 5-80 所示。在 Rt△CDA 中 $\angle CAD=\alpha$，α 是斜面的斜度，$CD=h$ 为残留高度，$\sin(\angle CAD)=CD/AC$，可以推出 $AC=CD/\sin(\angle CAD)=h/\sin(\alpha)$，$AC$ 就是平底刀加工的层深。

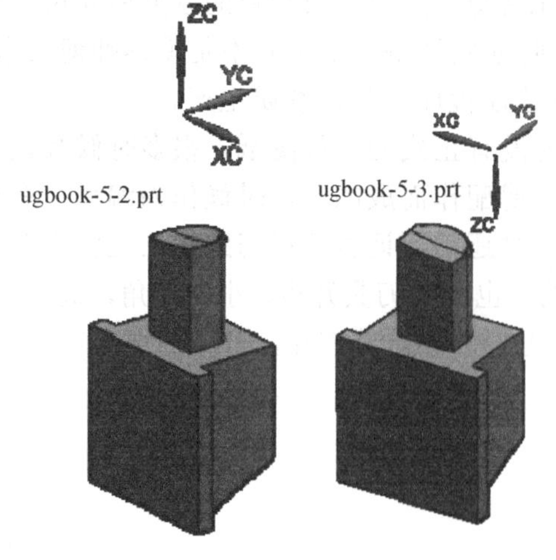

图 5-79　待加工行位 2#及 3#

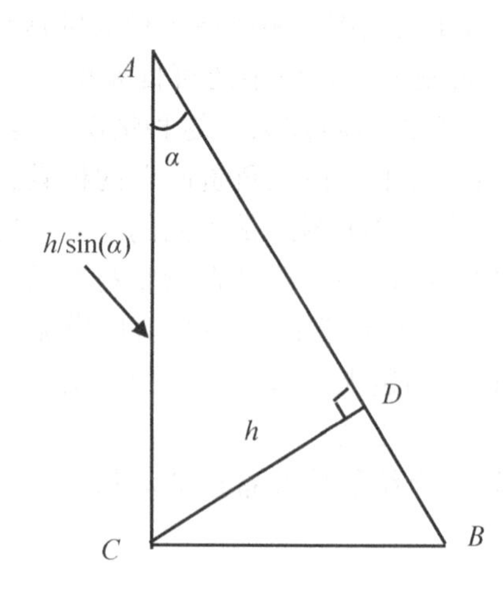

图 5-80　层深参数计算

4．提示：本例两个图形很相似，可以先完成一个行位 2#图形的编程，然后将图形另外存盘作为编程模版，把另外一个 3#行位图形调入进来，重新修改各个刀路的参数就可以轻松完成另外一个图形的编程。

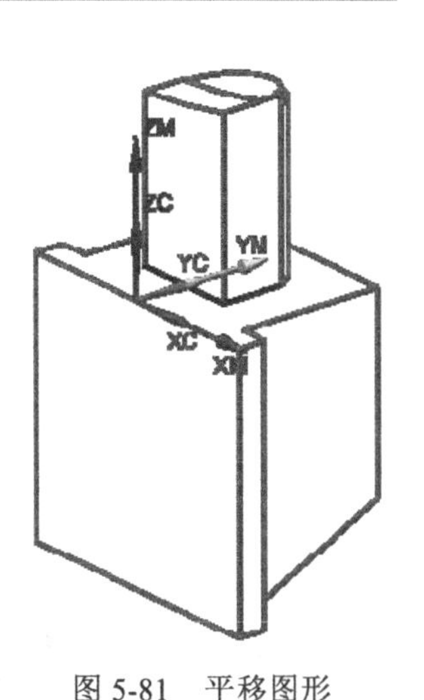

图 5-81　平移图形

行位 2#编程要点如下。

（1）整理图形。将行位 2#的底边中点平移到坐标系零点。进入制造模块，建立加工坐标系，如图 5-81 所示。

（2）使用平面铣创建开粗刀路 K5E，刀具为 ED16R0.8 飞刀，侧面余量为 0.3，底部余量为 0.2，层深为 0.2，如图 5-82 所示。

（3）创建台阶面光刀刀路 K5F，刀具为 ED12 平底刀，侧面余量为 0，底部余量为 0，如图 5-83 所示。

（4）使用型腔铣的二次开粗功能，创建清角刀路 K5G，刀具为 ED4 平底刀，切削模式为［跟随周边］，侧面和底部余量为 0.15，如图 5-84 所示。

图 5-82　开粗刀路

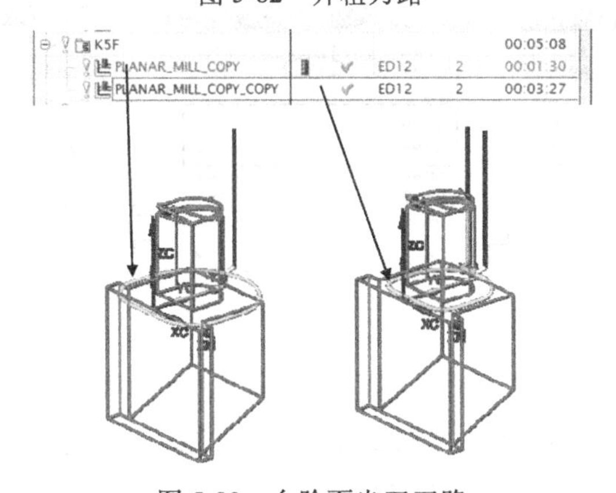

图 5-83　台阶面光刀刀路

该刀路参数要点如下。

① 选择行位型面的底部线作为边界线时，设置【修剪侧】为“外部”,【余量】为“–7”,如图 5-85 所示。这样可以控制刀路外扩将行位上的胶位部分也进行切削。

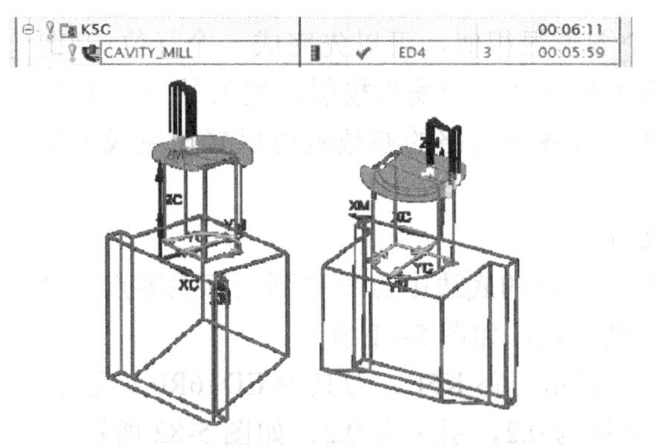

图 5-84　二次开粗刀路

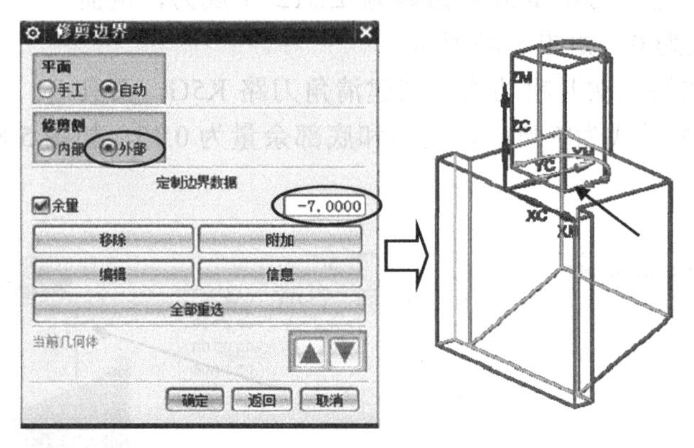

图 5-85　设置边界参数

② 切削参数按图 5-86 所示设置，其中【空间范围】选项卡中的【处理中的工件】为“使用基于层的”。

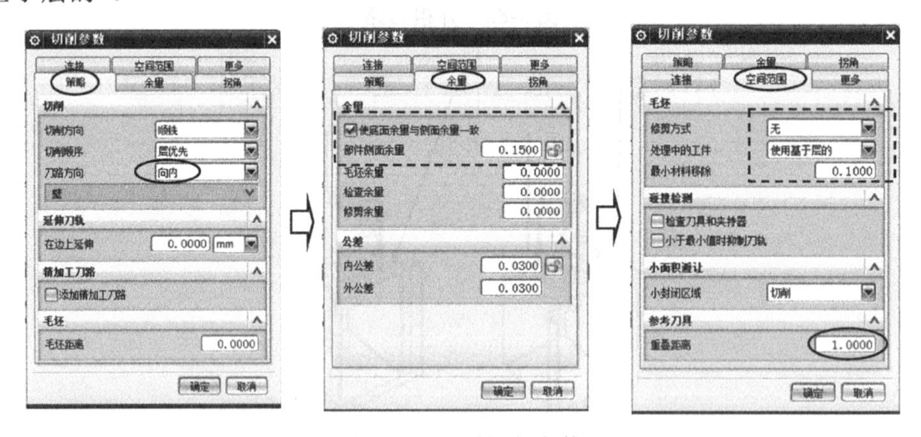

图 5-86　设置切削参数

（5）创建刀路 K5H，使用轮廓区域对顶部曲面进行中光及光刀，刀具为 BD6R3 球头刀，余量为 0，如图 5-87 所示。

结果可以参考完成编程的图形 ch05\02-finish\ch05-02\ugbook-5-2.prt 及 ugbook-5-3.prt。

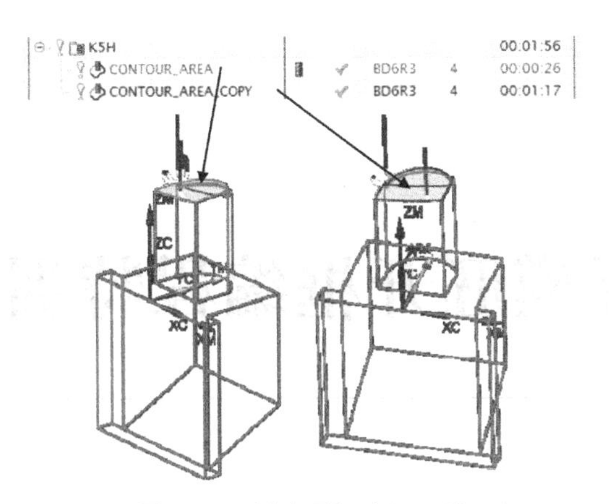

图 5-87　创建顶部光刀刀路

第6章

鼠标模胚开框编程特训

6.1 本章要点和学习方法

本章将以某鼠标模具的模胚B板为例，介绍如何使用UG NX 11.0进行开框编程。这里"开框"就是加工模板上的模仁装镶位。学习本章时请注意以下问题。

（1）初步了解标准模胚的结构特点及在模具里的作用。

（2）分清模胚的哪些部位需要CNC加工。

（3）用型腔铣进行模胚开粗时参数设置的特点。

（4）用型腔铣进行清角时参数设置的特点。

（5）使用面铣进行底面光刀和侧壁光刀。

（6）使用平面铣进行清角。

在熟练掌握本章方法的同时，要结合已学知识，进一步总结UG编程参数的含义及设置技巧，以灵活解决实际工作中可能遇到的类似问题。本章正文部分将以B板为例进行介绍，练习部分将对A板编程进行练习及要点提示。

6.2 模胚编程概述

模胚又称模架，是模具的有机组成部分。随着生产的社会化发展，模具工厂已经不需要购置专门的设备及配备大量的人力物力来自己制造模架等外围结构件，而是购买专门厂家（如龙记公司、明利公司等）生产的标准模胚。这样就可使模具厂能专注制造用来注塑产品的前后模的模仁、行位、斜顶等核心结构件，大大促进了模具制造技术的发展及提高模具制造效率，从而缩短制模周期。

模架是模具的半制成品，由各种不同的钢板配合零件组成，是整套模具的骨架。注塑时，前后模（又称动模及定模）会先结合，让塑料在模仁的成型空腔里成型，冷却后前后模会分开，并由以后模为主的顶出装置将塑胶产品推出。塑胶模常用的标准模胚通常有大水口模胚、细水口模胚及简化细水口模胚。模架有预成型装置、定位装置及顶出装置。一般配置有面板、A板、B板、C板（方铁）、底板、顶针面板、顶针底板，以及导柱、回针等零部件。A板是用来装镶前模的模板，又称前模板或者定模板。B板是用来装镶后模的模板，又称后模板或者动模板。这两块板一般需要模具厂根据模仁的具体尺寸来自行加工模件的装镶位，如果模具上还有行位等结构的话，还需要在模胚上加工行位槽及铲鸡槽（推动行位运行的结构）。模具厂为了缩短制模周期，除了顶针孔位及其他细小部位需要模工师傅自己在模具组装时加工外，其他稍微复杂一些的结构就交由CNC车间来完成。为了适应模具厂的工作要求，作为编程工程师必须要掌握模胚开框的数控编程方法及技巧。

模胚开框编程和前后模编程类似，也要充分灵活运用UG的各项数控编程功能，仍需要采取开粗、清角、中光刀及光刀的加工工艺方案。

在大中型模厂，一般由模具设计工程师根据模具图纸，结合客户产品的3D图进行分模及3D模具设计，绘制出整体3D模具图。A板及B板是其中的一部分配件。编程工程师在收到这些图后，如果是UG绘制的prt图档就要先进行去参数化处理，然后确定坐标系及基准角再进行数控编程。

对于小型的模具厂，这些图就可能需要编程工程师自己绘制。要先和制模师傅协商确定CNC加工内容，结合模具图纸，有针对性地绘制出A板及B板图。如果时间紧迫，不需要CNC加工的部位就不必绘出，然后根据图纸检查编程图形的每一个尺寸，确保没有错误才可以正式进行数控编程。

图6-1所示为本章将要进行编程的B板图，图中所示的部位名称为本行业的习惯叫法，请初学者理解其含义。

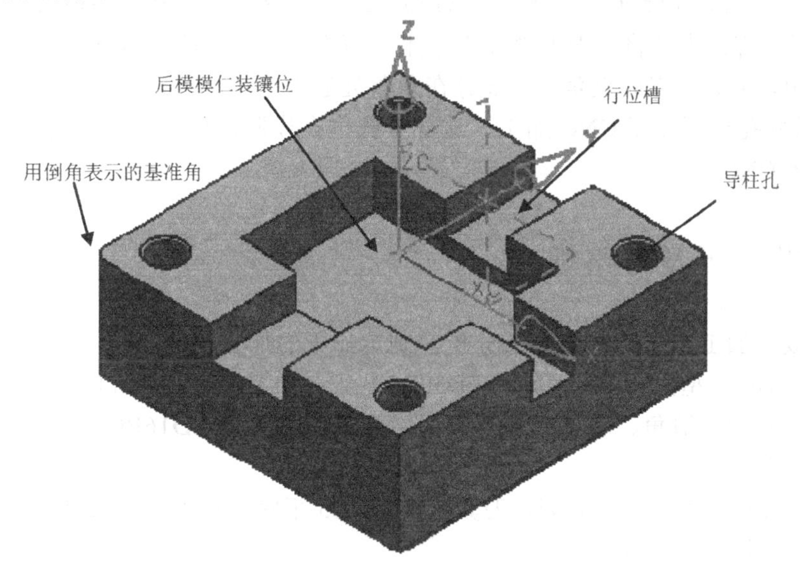

图6-1 待加工的模胚B板

另外，一般正规厂家生产的模胚A板或者B板都会在偏置孔处的侧面打印该公司的标识，如龙记公司制造的模胚会打印“LKM”，明利公司制造的会打印“ML-TS”等。本例B板图中的基准角在左下角（图中用倒角作为标识，实际上并不存在这样的倒角），在《CNC加工程序单》应明确标示，以利于CNC操作员正确装夹。

图6-2所示为模胚B板的工程图纸。

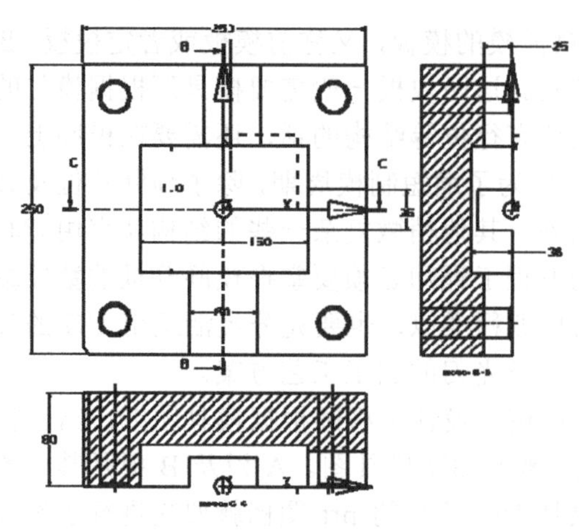

图 6-2　模胚 B 板工程图

6.3　模胚 B 板数控编程

本节任务：图 6-1 所示为待加工的模胚 B 板，加工要求如下。

（1）开料尺寸：250×250×80。

（2）材料：黄牌钢 S50C，退火至 HB170～220，元素含量 C0.5、Si0.35、Mn0.8。

（3）加工内容：本节将对 B 板的后模模仁装镶位及行位槽进行编程加工，四角可以留出 *R*10 的圆角，不必加工成直角，这部分在角落处通常会由制模组钻 4 个孔，再送交 CNC 车间。4 个导柱孔也不需要 CNC 加工，这部分孔位在模胚厂已经配好。另外 3D 图形上的倒角也不需要 CNC 加工。

6.3.1　工艺分析及刀路规划

根据 B 板的加工要求，结合图纸分析，制定如下的加工工艺。

（1）刀路 K6A，型面开粗，刀具为 ED30R5 飞刀，加工余量为侧面 0.3，底部余量为 0.2；

（2）刀路 K6B，清角、底部光刀及侧面中光刀，刀具为 ED16R0.8 飞刀，侧面余量为 0.15，底部余量为 0；

（3）刀路 K6C，直壁面中光刀，刀具为 ED19.05 平底刀钢刀（该刀具是英制 3/4in，又称“6 分刀”），余量为 0.05；

（4）刀路 K6D，侧面光刀，刀具为 BD19.05 平底白钢刀，余量为 0。

1in=25.4mm，3/4in=19.05mm，1/8in 又称 1 分，模具工厂里可能经常会使用英制的刀具及其他工具，请注意单位的换算。

6.3.2 编程准备

本节任务：（1）图形输入；（2）设置初始加工状态。

1. 图形输入

将本书配套光盘的文件 ch06\01-sample\ch06-01\ugbook-6-1.prt 复制到工作目录 C:\temp。启动 UG NX 11.0 软件，执行【文件】|【打开】命令，在系统弹出的【打开】对话框中，选择图形文件 ugbook-6-1.prt，单击【OK】按钮。设置背景颜色为深色背景，结果与如图 6-1 所示相同。经分析，该图形坐标系符合加工要求。

2. 进入加工模块

（1）设置加工环境参数

在工具条中执行【应用模块】|【加工】命令，进入加工模块 加工(N)，系统弹出【加工环境】对话框，选择 mill_contour 外形铣削模板，单击【确定】按钮，如图 6-3 所示。

（2）建立几何组

主要任务是建立加工坐标系、安全高度及毛坯体等。

① 建立加工坐标系及安全高度。

在底部工具栏中单击几何视图按钮，导航器切换到几何视图。单击 MCS_MILL 前的“+”号将其展开，双击 MCS_MILL 节点，系统弹出【MCS 铣削】对话框，展开【细节】栏，设置【特殊输出】为“装夹偏置”，【装夹偏置】为“1”，单击【保存 MCS】按钮。设置【安全设置选项】为“自动平面”，【安全距离】为“20”，如图 6-4 所示，单击【确定】按钮。

图 6-3　设定加工环境参数

图 6-4　设置加工坐标系

② 建立毛坯体。

在导航器树枝上双击 WORKPIECE 节点，系统弹出【工件】对话框，单击【指定部件】按钮，系统弹出【部件几何体】对话框，在图形区选择实体图，如图 6-5 所示，单击【确定】按钮。

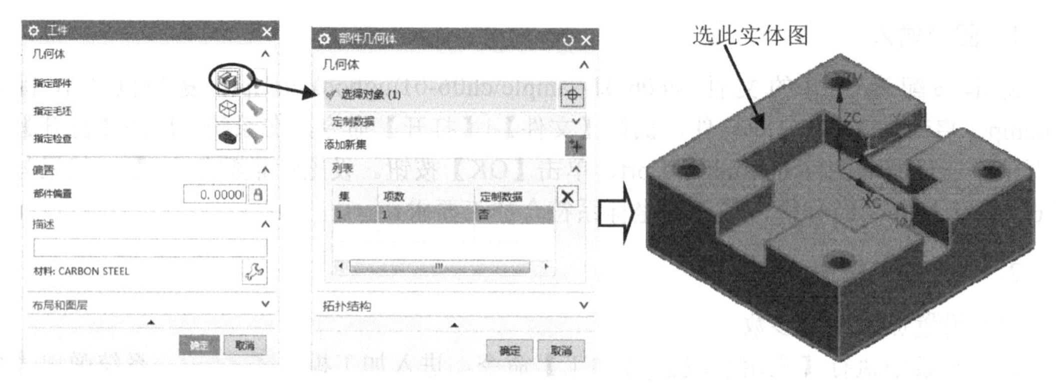

图 6-5 定义加工部件

单击【指定毛坯】按钮，系统弹出【毛坯几何体】对话框，在【类型】中选择 包容块 ，如图 6-6 所示。单击【确定】按钮 2 次。

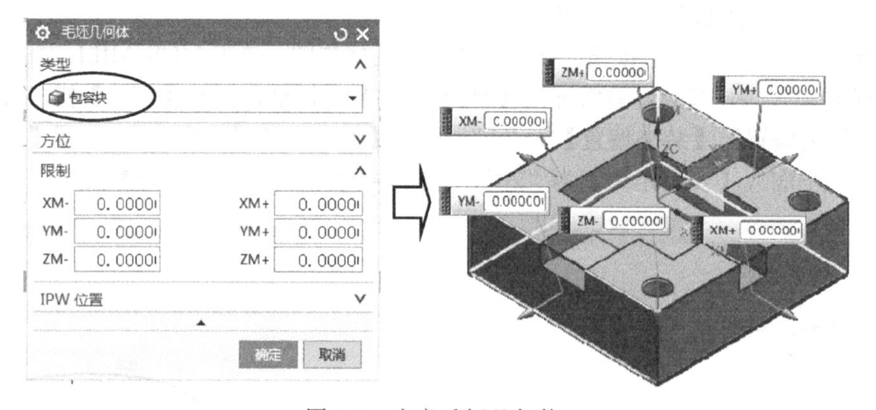

图 6-6 定义毛坯几何体

（3）在机床组中建立刀具。

可以参考第 3 章的第 3.3.2 节相关内容，来创建刀具 ED30R5、ED16R0.8、ED19.05。此处从略。导航器内容如图 6-7 所示。注意，ED30R5 是带有两个 R5 刀粒的飞刀，ED19.05 是英制 6 分刀，切削刃的长度要求大于 40mm。

菜单(M) · 无选择过滤器 · 整个装配

工序导航器 - 机床

名称	刀轨	刀具	描述	刀具号	几何
GENERIC_MACHINE			Generic Machine		
未用项			mill_contour		
ED30R5			Milling Tool-5 Parameters	1	
ED16R0.8			Milling Tool-5 Parameters	2	
ED19.05			Milling Tool-5 Parameters	3	

图 6-7 定义刀具

在实际工作中要深入了解CNC车间现有的设备及刀具，尽可能选用已经有的刀具编程及加工。如果现有的刀具确实不能满足需求，就必须向上级报告，提出所需要的刀具规格的采购计划，并及时订购。

（4）建立方法组

在导航器空白处右击鼠标，在弹出的快捷菜单中选择 加工方法视图，切换到加工方法视图。可以双击粗加工、半精加工、精加工的菜单，修改余量、内外公差。本操作选择默认参数，不做修改。

（5）建立程序组

在底部工具栏中单击 程序顺序视图 按钮，切换到程序顺序视图。在导航器中已经有一个程序组PROGRAM，右击此程序组，在弹出的快捷菜单中选择【重命名】，改名为K6A。

选择上述程序组 K6A，右击鼠标在弹出的快捷菜单中选择【复制】，再次右击上述程序组K6A，在弹出的快捷菜单中选择【粘贴】，则在目录树中产生了一个程序组K6A_COPY，右击此程序组，在弹出的快捷菜单中选择【重命名】，改名为K6B。同理，生成K6C及K6D，结果如图6-8所示。

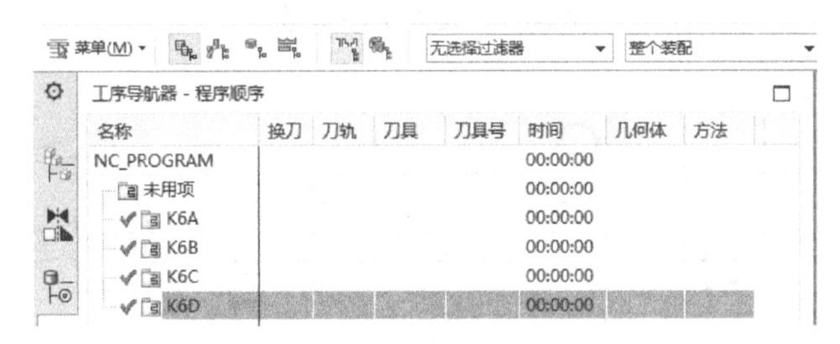

图6-8　创建程序组

以上操作视频文件为：\ch06\03-video\01-编程准备.exe。

6.3.3　在程序组K6A中创建开粗刀路

本节任务：用型腔铣的方式对模胚型面进行开粗。

（1）设置工序参数

在界面上方的主工具栏中单击 创建工序 按钮，系统弹出【创建工序】对话框，【类型】选择 mill_contour，【工序子类型】选择【型腔铣】按钮，【位置】中参数按图6-9所示设置。

（2）设置修剪边界

在图6-9所示对话框中单击【确定】按钮，系统弹出【型腔铣】对话框，单击【几何体】栏的【更多】按钮展开对话框，单击【修剪边界】按钮，系统弹出【修剪边界】

对话框，【选择方法】选择 点；选择【修剪侧】为“外侧”；选择【平面】为“自动”，在图形上依次选取点 1、点 2，直到点 16，观察图形中创建的边界，没有错误后就单击【确定】按钮。

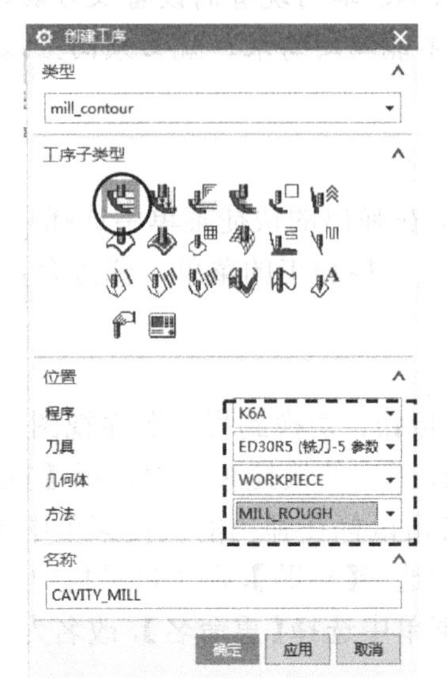

图 6-9　设置工序参数

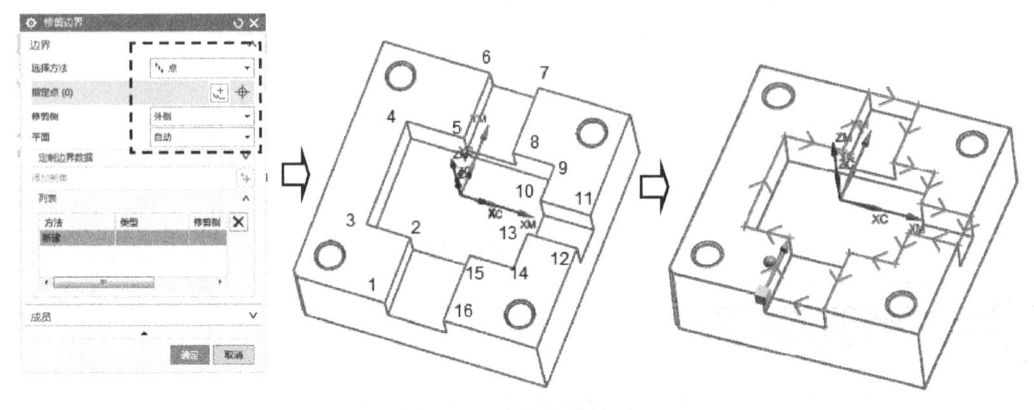

图 6-10　选取修剪边界

单击【几何体】栏右侧的按钮，将此栏参数折叠。

（3）设置刀轨参数

在【型腔铣】对话框中，设置【切削模式】为 跟随周边，【步距】为“%刀具平直”，【平面直径百分比】为“75”，此参数含义是步距为刀具直径的 75%。设置层深参数【每刀的公共深度】为“恒定”，【最大距离】为“0.5”，如图 6-11 所示。

因为模胚材料为黄牌钢，切削性能很好，相对于前后模材料 S136H 来说硬度也比较小，所以为了提高切削效率，此处步距为刀具直径的 75%，层深也比较大，为 0.5mm。

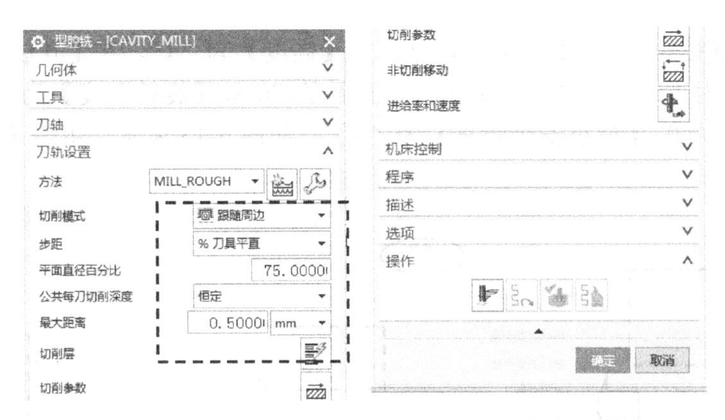

图 6-11　设置刀轨参数

（4）设置切削层参数

在图 6-11 所示的【型腔铣】对话框中单击【切削层】按钮 单侧，系统弹出【切削层】对话框，设置【范围类型】为 单个，检查层深参数【最大距离】应该为“0.5”，检查【范围 1 的顶部】参数【ZC】应该为“0”，在【范围定义】栏，输入【范围深度】为“36”，或者在图形上选择装镶位底部，单击【确定】按钮，如图 6-12 所示。

图 6-12　定义切削层

（5）设置切削参数

在系统返回到的【型腔铣】对话框中单击【切削参数】按钮，系统弹出【切削参数】对话框，选择【策略】选项卡，设置【切削方向】为“顺铣”，【切削顺序】为“层优先”，【刀路方向】为“向内”。

在【余量】选项卡，取消选择【使底面余量与侧面余量一致】复选框，设置【部件侧面余量】为“0.3”，【部件底面余量】为“0.2”，【内公差】为“0.03”，【外公差】为“0.03”，如图 6-13 所示。

在【拐角】选项卡中，设置【光顺】为“所有刀路”，【半径】为刀具直径的 5%，即刀路的拐角半径为 30×5%=1.5mm，如图 6-14 所示，单击【确定】按钮。

（6）设置非切削移动参数

在系统返回到的【型腔铣】对话框中单击【非切削移动】按钮，系统弹出【非切削移动】对话框，选择【进刀】选项卡，在【封闭区域】栏中，设置【进刀类型】为“螺旋”，

【直径】为刀具直径的 90%，【斜坡角】为 3° ，【高度】为“1”。在【开放区域】栏中，设置【进刀类型】为“线性”，【长度】为刀具直径的 70%，【旋转角度】为 0° ，【斜坡角】为 0° ，【高度】为 0，【最小安全距离】为“无”，如图 6-15 所示，单击【确定】按钮。

图 6-13　设定切削参数

图 6-14　设置拐角参数

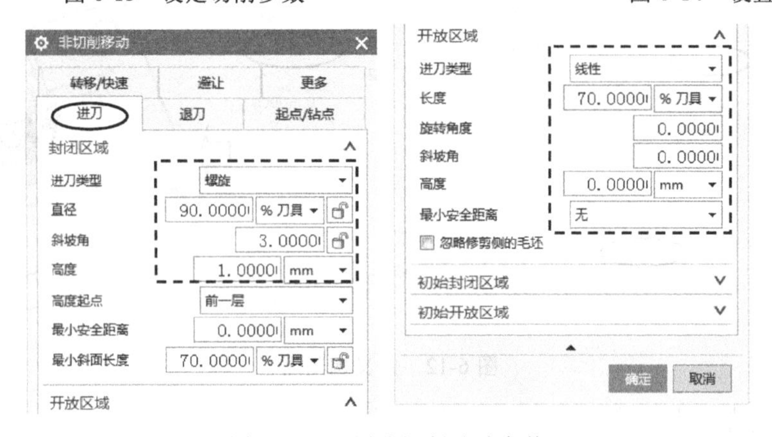

图 6-15　设置非切削移动参数

（7）设置进给率和转速参数

在【型腔铣】对话框中单击【进给率和速度】按钮，系统弹出【进给率和速度】对话框，设置【主轴速度（rpm）】为“2500”，【进给率】的【切削】为“2000”。单击【计算】按钮，如图 6-16 所示，单击【确定】按钮。

（8）生成刀路

在系统返回到的【型腔铣】对话框中单击【生成】按钮，系统计算出刀路，如图 6-17 所示。经过对刀路分析得知，上半部分刀具从料外下刀，在型腔里下部各层之间为螺旋下刀。单击【确定】按钮。

图 6-16　设定转速及进给率

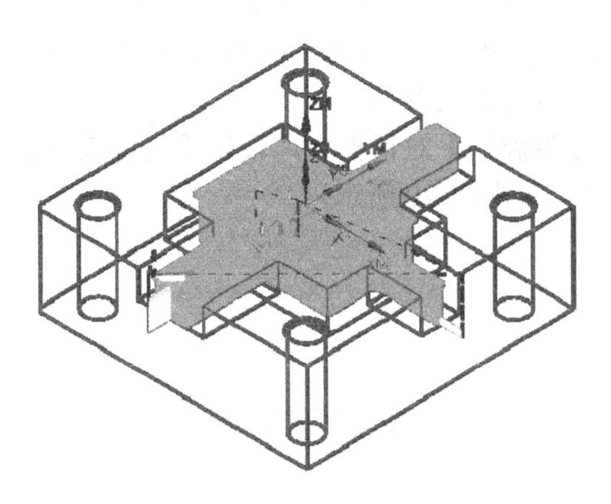

图 6-17　生成开粗刀路

以上操作视频文件为：\ch06\03-video\02-在程序组 K6A 中创建开粗刀路.exe

6.3.4　在程序组 K6B 中创建侧面中光刀

本节任务：创建 3 个刀路。(1) 使用型腔铣方式创建清角刀路；(2) 用底面壁（又称面铣）方式对底面光刀；(3) 用型腔铣方式对侧面中光刀。

1. 使用型腔铣创建清角刀路

方法：复制刀路，修改参数。

(1) 复制刀路

在导航器选择程序组 K6A 中创建的第 1 个刀路 CAVITY_MILL，单击鼠标右键，在弹出的快捷菜单中选择【复制】，再选择程序组 K6B，再次右击鼠标，在弹出的快捷菜单中选择【内部粘贴】，结果如图 6-18 所示。

图 6-18　复制刀路

（2）修改刀具

双击刚刚复制的刀路，在弹出的【型腔铣】对话框中单击【工具】栏的【更多】按钮 展开对话框，单击【刀具】右侧的下三角符号，在弹出的刀具列表中选择 ED16R0.8 (铣刀-5 参数)，如图 6-19 所示，单击 按钮折叠对话框。

（3）设置刀轨参数

在【型腔铣】对话框中，设置【切削模式】为 轮廓加工，设置层深参数【最大距离】为“0.3”，如图 6-20 所示。

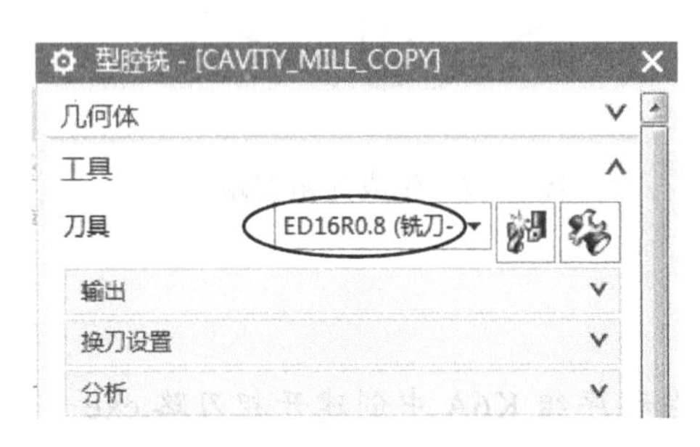

图 6-19　修改刀具

图 6-20　设置刀轨参数

（4）修改切削参数

在系统弹出的【型腔铣】对话框中，单击【切削参数】按钮，系统弹出【切削参数】对话框，在【策略】选项卡中设置【切削顺序】为“深度优先”；在【余量】选项卡，选择【使底面余量与侧面余量一致】复选框，设置【部件侧面余量】为“0.35”，该数值比 K6A 刀路的余量要大，使切削平稳，如图 6-21 所示。单击【确定】按钮。

（5）设置参考刀具参数

在图 6-21 所示的对话框中选择【空间范围】选项卡，在【毛坯】栏中设置【处理中的工件】为“使用 3D”，设置【最小材料移除】为“0.2”。在【参考刀具】栏，单击【参考刀具】右侧的下三角符号，在弹出的刀具列表中选择 ED30R5 (铣刀-5 参数)，设置【重叠距离】为“1”，如图 6-22 所示，单击【确定】按钮。

（6）设置非切削移动参数

在系统返回的【型腔铣】对话框中单击【非切削移动】按钮，系统弹出【非切削移动】对话框，选择【进刀】选项卡，在【封闭区域】栏中，设置【进刀类型】为“与开放区域相同”；在【开放区域】栏中，设置【进刀类型】为“圆弧”，半径为“5”，【高度】为“0”，【最小安全距离】为“修剪和延伸”，数值为刀具直径的 50%，选择【修剪至最小安全距离】复选框。

选择【转移/快速】选项卡，在【区域内】栏中设置【转移类型】为“直接”，修改该参数的目的是减少不必要的提刀，如图 6-23 所示，单击【确定】按钮。

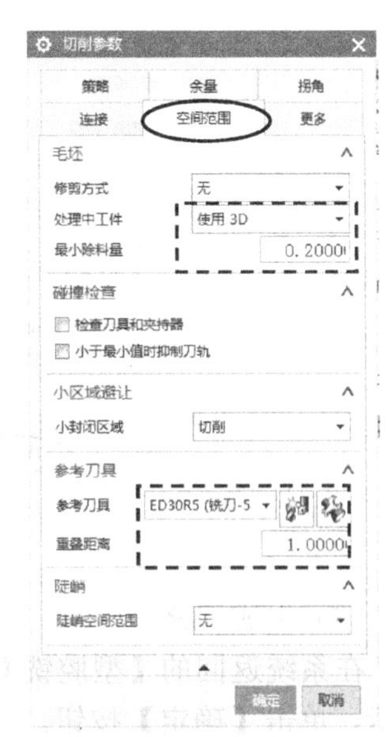

图 6-21 修改切削参数　　　图 6-22 设置参考刀具

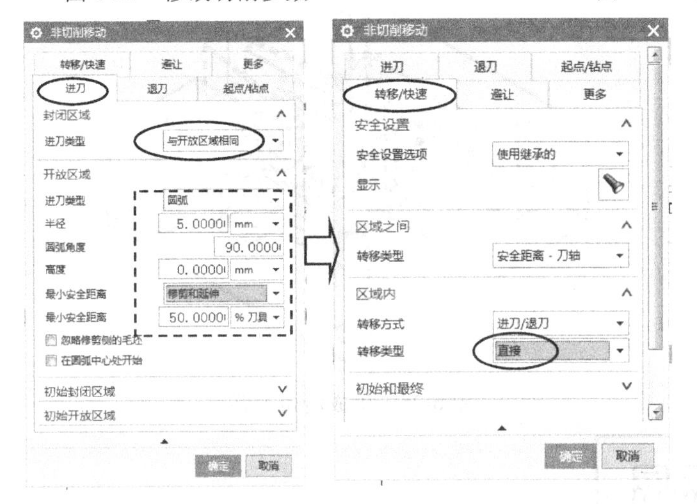

图 6-23 设置非切削移动参数

（7）设置进给率和转速参数

在【型腔铣】对话框中单击【进给率和速度】按钮，系统弹出【进给率和速度】对话框，设置【主轴速度（rpm）】为“2500”，【进给率】的【切削】为“1500”。单击【计算】按钮。单击【更多】右侧的按钮展开对话框，设置【逼近】、【移刀】及【离开】参数均为切削进给速度的500%，如图 6-24 所示，单击【确定】按钮。

此处之所以这样设置移动参数的速度，目的是控制刀具按照 G01 的方式移动，防止刀具对工件产生过切。

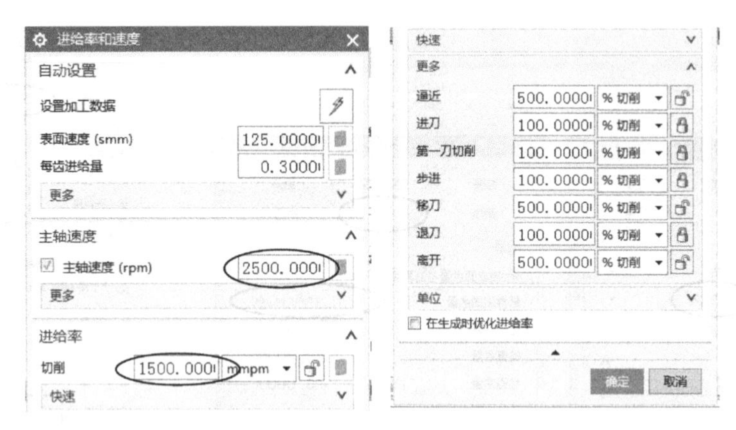

图 6-24　设置进给率和速度

（8）生成刀路

在系统返回的【型腔铣】对话框中单击【生成】按钮，系统计算出刀路，如图 6-25 所示，单击【确定】按钮。

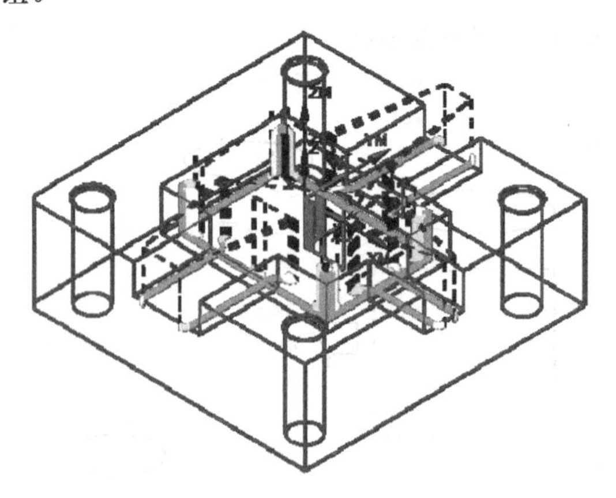

图 6-25　生成清角刀路

此处生成清角刀路另外的做法是可以采用平面铣。要点：选择如图 6-10 所示的点 3、点 4、点 9 及点 14 作为点边界线或者选择后模装镶位底部面作为面边界再调整边界高度为 Z=0。其创建清角刀路还有两种方式：其一，可以事先绘制出角落的残料的范围，据此范围再扩展绘制本次刀路的修剪边界，将该边界以外的刀路修剪；其二，可以在切削参数的【空间范围】里设置【处理中的工件】为“参考刀具”，【参考刀具】为“ED30R5”。

2．用面铣方式对底面光刀

（1）设置工序参数

在界面上方的主工具栏中单击按钮，系统弹出【创建工序】对话框，【类型】选择 mill_planar，【工序子类型】选择【底面和壁】按钮（这种铣削方式又称面铣），【位置】中

参数按图 6-26 所示设置。

（2）选择加工面

本例将选择底部平面为加工底面边界线。

在图 6-26 所示的对话框中单击【确定】按钮，系统弹出【底壁加工】对话框，如图 6-27 所示。

在图 6-27 所示的对话框中单击【指定切削区底面】按钮，系统弹出【切削区域】对话框，然后在图形上选择底部面 A、B、C 及 D 共 4 处，单击【确定】按钮，如图 6-28 所示。

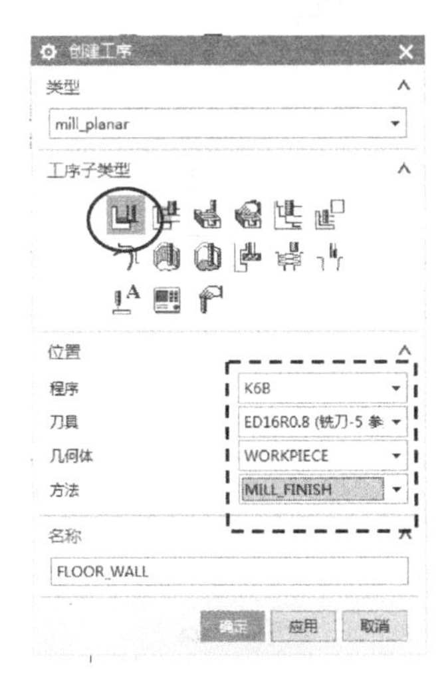

图 6-26 设置工序参数

图 6-27 底壁加工对话框

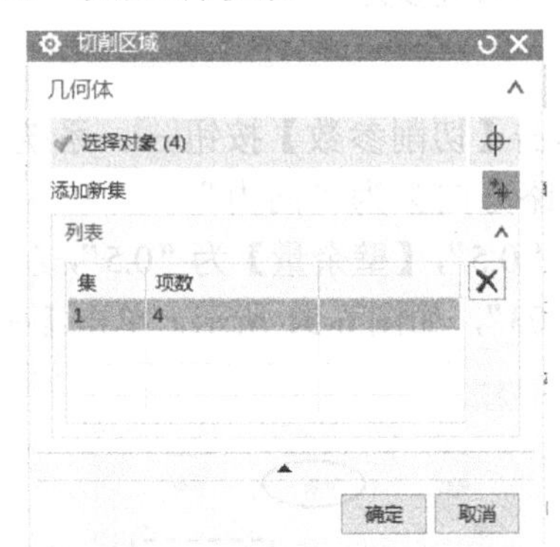

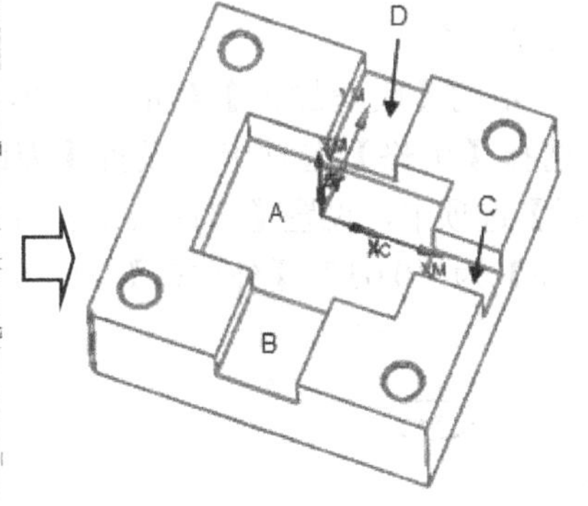

图 6-28 选取底面

在系统返回的【底壁加工】对话框中，选择【自动壁】复选框，这时系统就自动把图 6-28 所示的底面周边的垂直面作为壁几何体，单击【指定壁几何体】的【显示】按钮可以对此几何进行检查，如图 6-29 所示。

（3）设置切削模式

在【底壁加工】对话框中，单击【几何体】右侧的【更少】按钮，将对话框折叠。设置【切削模式】为跟随周边，【平面直径百分比】为刀具直径的 50%，如图 6-30 所示。

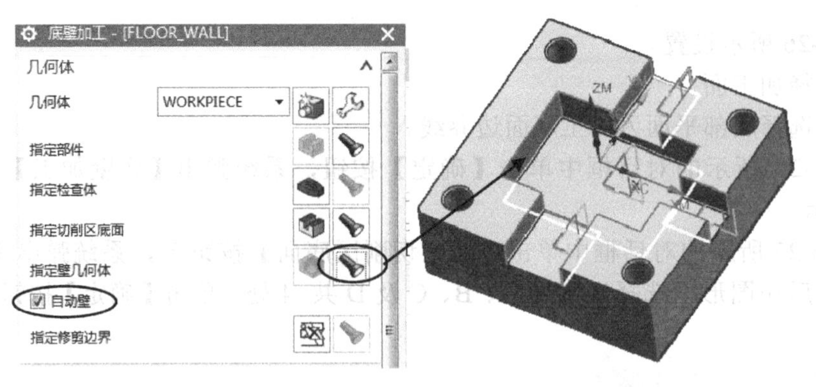

图 6-29　选取壁

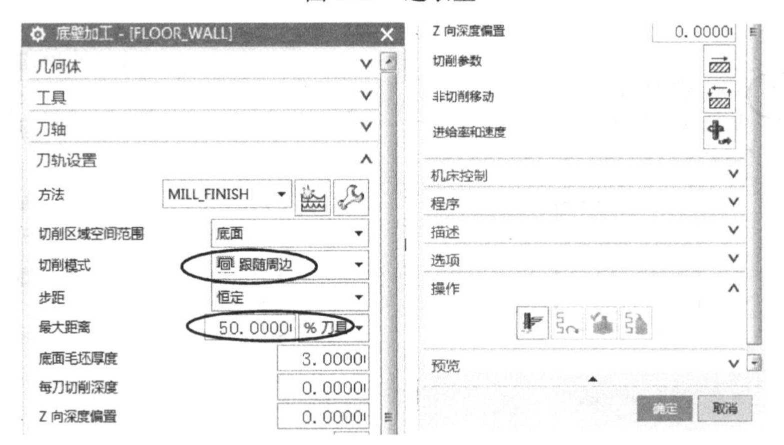

图 6-30　设置切削模式参数

（4）设置切削参数

在图 6-30 所示的【底壁加工】对话框中单击【切削参数】按钮，系统弹出【切削参数】对话框，选择【策略】选项卡，设置【刀路方向】为“向内”。

选择【余量】选项卡，设置【部件余量】为“0.5”,【壁余量】为“0.5”,【最终底面余量】为“0”,【内公差】为“0.03”,【外公差】为“0.03”，如图 6-31 所示，单击【确定】按钮。

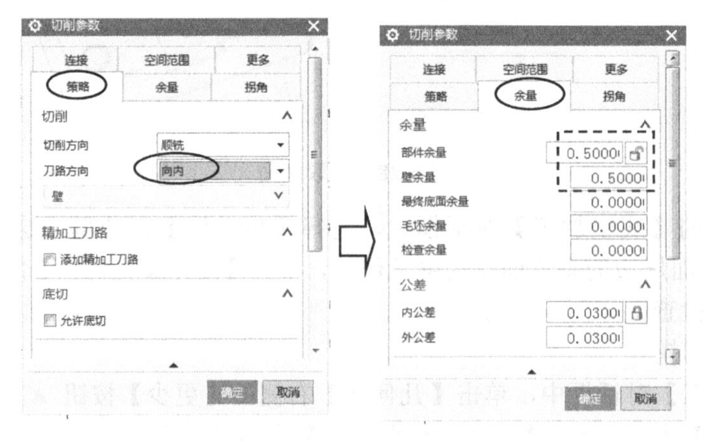

图 6-31　设置切削参数 1

选择【拐角】选项卡，设置【光顺】为“所有刀路”,【半径】为刀具直径的 5%，即半径为 16×5%=0.8mm。再选择【空间范围】选项卡，按如图 6-32 所示检查参数，单击【确定】按钮。

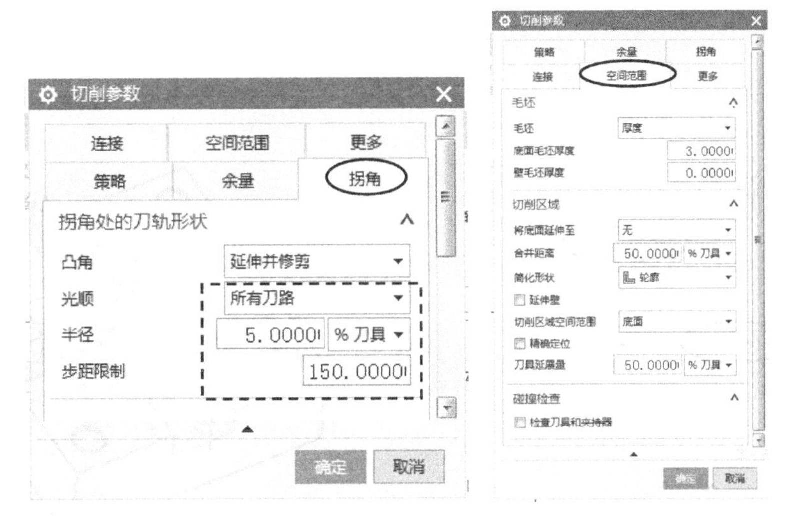

图 6-32　设置切削参数 2

（5）设置非切削移动参数

在系统返回到的【底壁加工】对话框中单击【非切削移动】按钮，系统弹出【非切削移动】对话框，选择【进刀】选项卡，在【封闭区域】栏，设置【进刀类型】为“沿形状斜进刀”,【斜坡角】为 3°，【高度】为“1”。

在【开放区域】栏，设置【进刀类型】为“线性”,【长度】为刀具直径的 70%，如图 6-33 所示，其余参数默认。单击【确定】按钮。

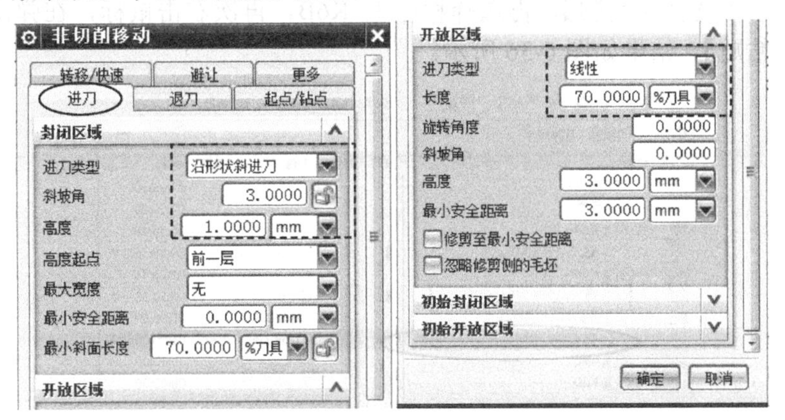

图 6-33　设置非切削移动参数

（6）设置进给率和转速参数

在【底壁加工】对话框中，单击【进给率和速度】按钮，系统弹出【进给率和速度】对话框，设置【主轴速度（rpm）】为“2500”,【进给率】的【切削】为“500”，如图 6-34 所示，单击【确定】按钮。

（7）生成刀路

在【底壁加工】对话框中单击【生成】按钮，系统计算出刀路，如图 6-35 所示，单击【确定】按钮。

图 6-34　设置进给率和速度

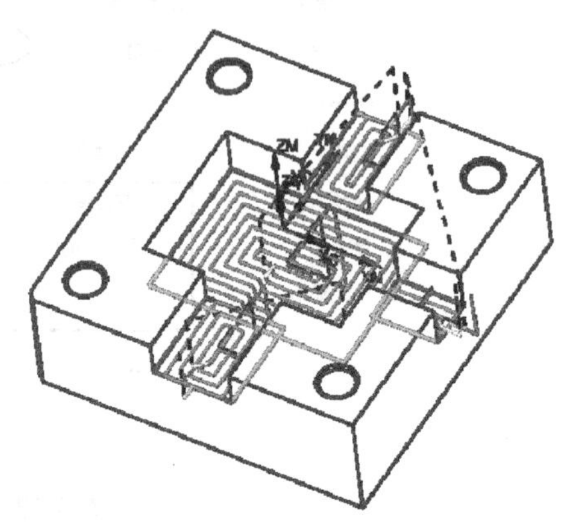

图 6-35　底面光刀

3. 用型腔铣方式对侧面中光刀

方法：复制刀路，修改参数。

（1）复制刀路

在导航器选择程序组 K6B 中刚创建的第 1 个刀路 CAVITY_MILL_COPY，单击鼠标右键，在弹出的快捷菜单中选择【复制】，再选择程序组 K6B，再次右击鼠标，在弹出的快捷菜单中选择【内部粘贴】，结果如图 6-36 所示。

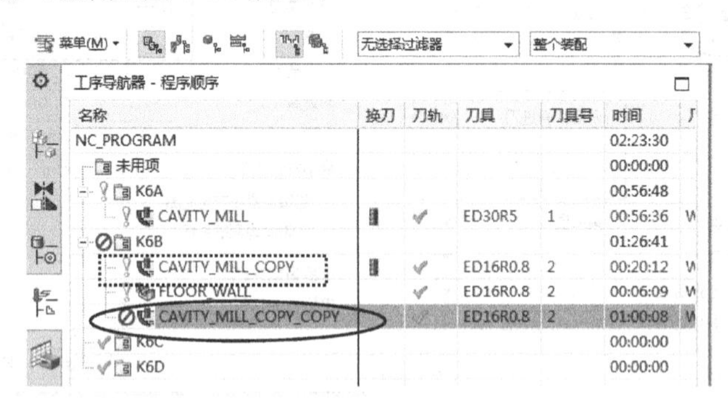

图 6-36　复制刀路

（2）修改切削参数

双击刚复制的刀路 CAVITY_MILL_COPY_COPY，在系统弹出的【型腔铣】对话框中，单击【切削参数】按钮，系统弹出【切削参数】对话框，在【余量】选项卡，设置【部件侧面余量】为“0.15”，【部件底面余量】为“0”。

选择【空间范围】选项卡，修改【处理中的工件】为“无”，【参考刀具】为“NONE”，如图 6-37 所示，单击【确定】按钮。

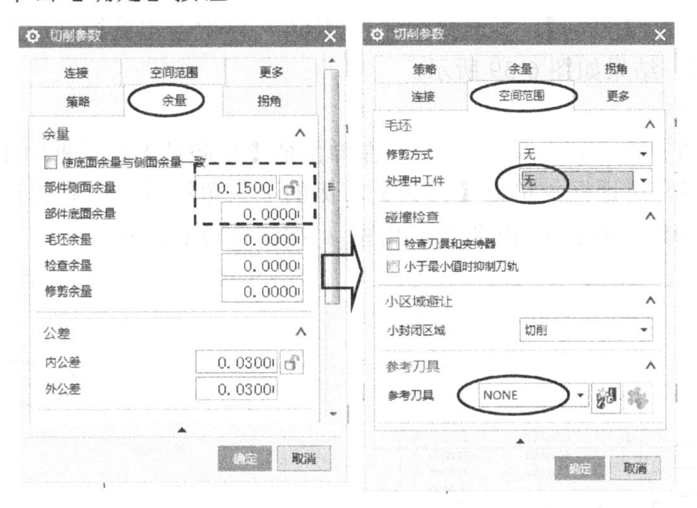

图 6-37　修改切削参数

（3）生成刀路

在系统返回的【型腔铣】对话框中单击【生成】按钮，系统计算出刀路，如图 6-38 所示，单击【确定】按钮。

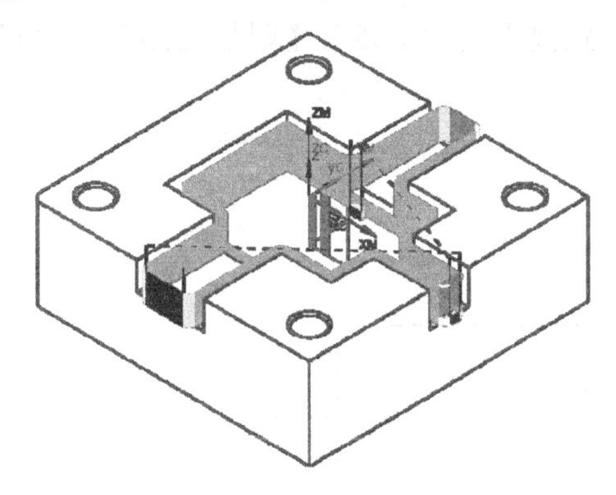

图 6-38　生成中光刀路

以上操作视频文件为：\ch06\03-video\03-在程序组 K6B 里创建侧面中光刀.exe。

6.3.5　在程序组 K6C 中创建直壁面中光刀

本节任务：创建 1 个刀路，用面铣方式对侧面中光刀。

方法：复制刀路，修改参数。

（1）复制刀路

从导航器选择程序组 K6B 中刚创建的第 2 个刀路 FLOOR_WALL，单击鼠标右键，在弹出的快捷菜单中选择【复制】，再选择程序组 K6C，再次右击鼠标，在弹出的快捷菜单中选择【内部粘贴】，结果如图 6-39 所示。

（2）修改刀具

双击刚复制的刀路 FLOOR_WALL_COPY，在弹出的【型腔铣】对话框中单击【工具】栏的【更多】按钮展开对话框，单击【刀具】右侧的下三角符号，在弹出的刀具列表中选择 ED19.05 (铣刀-5 参数)，如图 6-40 所示。单击按钮折叠对话框。

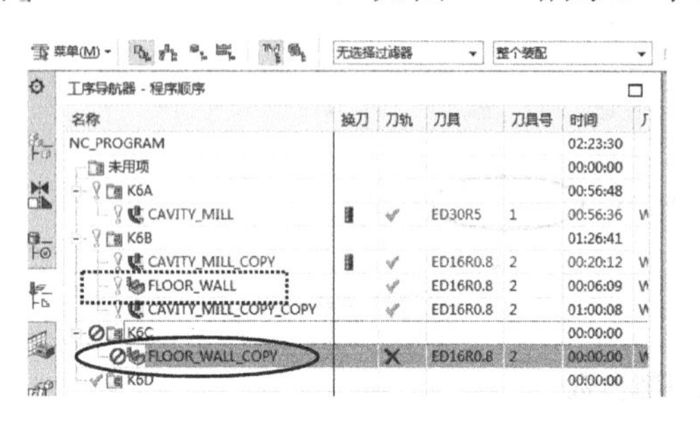

图 6-39　复制刀路

图 6-40　修改刀具

（3）设置刀轨参数

在【底壁加工】对话框中，设置【切削区域空间范围】为“壁”，【切削模式】为 轮廓加工，【步距】为“恒定”，【最大距离】为“0.05”，【附加刀路】为“1”，如图 6-41 所示。

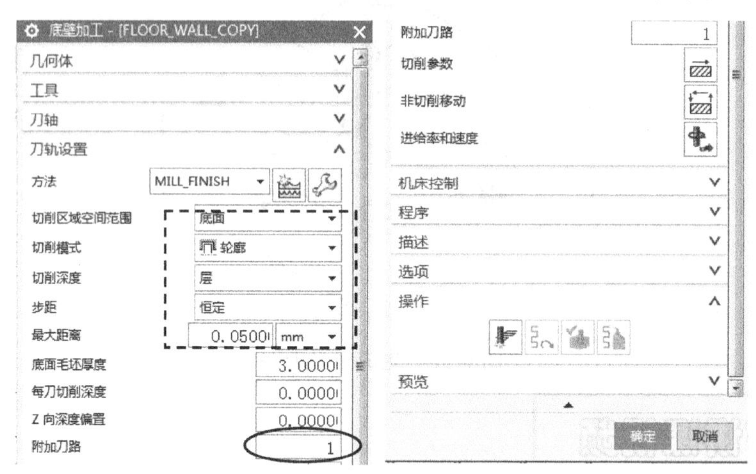

图 6-41　设置刀轨参数

（4）设置切削参数

在【底壁加工】对话框中，单击【切削参数】按钮，系统弹出【切削参数】对话框，在【余量】选项卡，修改【部件余量】为“0.05”，【壁余量】为“0.05”，如图 6-42 所示，单击【确定】按钮。

（5）设置非切削移动参数

在系统返回的【底壁加工】对话框中单击【非切削移动】按钮，系统弹出【非切削移动】对话框，选择【进刀】选项卡，在【封闭区域】栏中，设置【进刀类型】为“与开放区域相同”；在【开放区域】栏中，设置【进刀类型】为“圆弧”，半径为“3”，【高度】为3，【最小安全距离】为“无”，如图6-43所示，单击【确定】按钮。

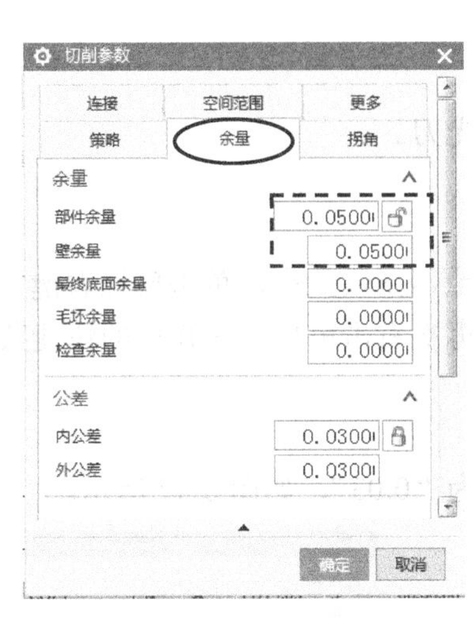

图6-42　修改切削参数

图6-43　设置非切削移动参数

（6）设置进给率和转速参数

在【底壁加工】对话框中，单击【进给率和速度】按钮，系统弹出【进给率和速度】对话框，设置【主轴速度（rpm）】为“200”，【进给率】的【切削】为“80”，如图6-44所示，单击【确定】按钮。

（7）生成刀路

在系统返回的【底壁加工】对话框中单击【生成】按钮，系统计算出刀路，如图6-45所示，单击【确定】按钮。

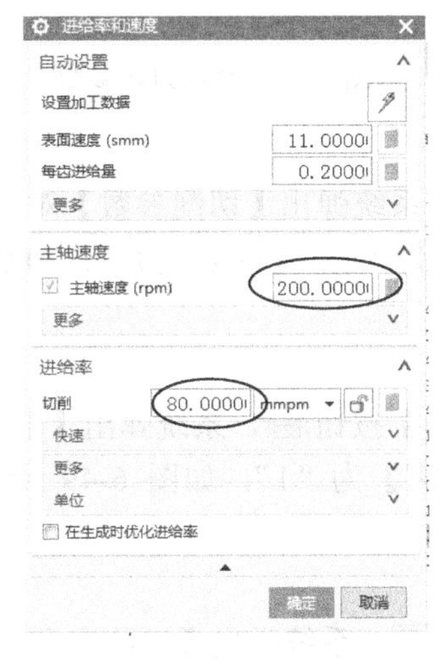

图6-44　设置进给率和速度

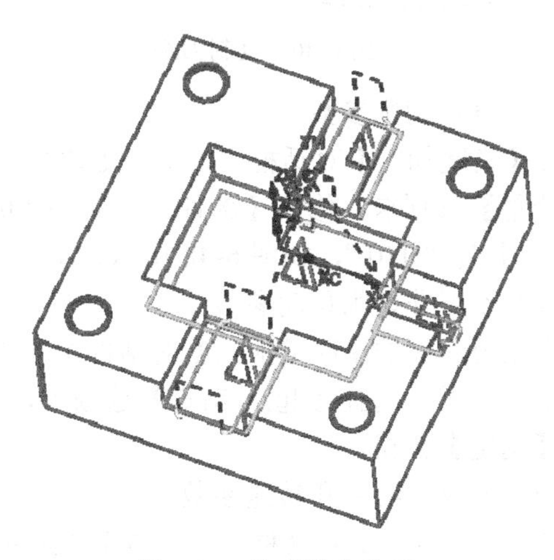

图6-45　生成壁中光刀

以上操作视频文件为：\ch06\03-video\04-在程序组 K6C 里创建直壁面中光刀.exe。

6.3.6 在程序组 K6D 中创建壁光刀

本节任务：创建 1 个刀路，用面铣方式对侧面光刀。

方法：复制刀路，修改参数。

（1）复制刀路

从导航器选择程序组 K6C 中刚创建的刀路 FLOOR_WALL_COPY，单击鼠标右键，在弹出的快捷菜单中选择【复制】，再选择程序组 K6D，再次右击鼠标，在弹出的快捷菜单中选择【内部粘贴】，结果如图 6-46 所示。

（2）设置刀轨参数

在【底壁加工】对话框中，设置【最大距离】为"0.03"，如图 6-47 所示。

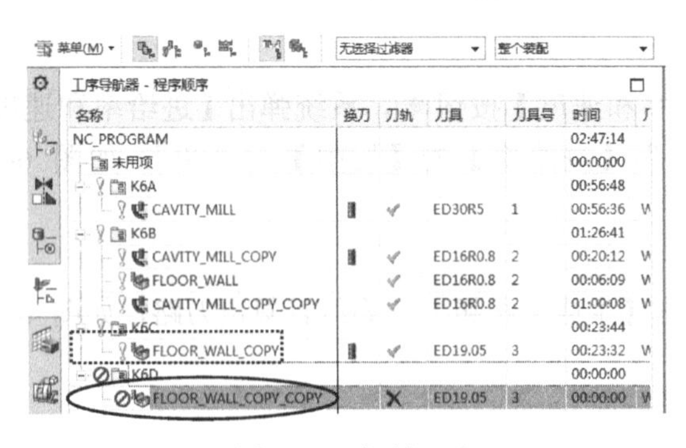

图 6-46 复制刀路

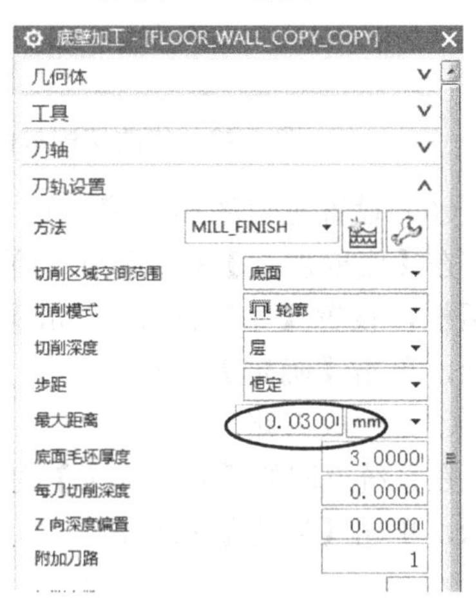

图 6-47 设置刀轨参数

（3）设置切削参数

在【底壁加工】对话框中，单击【切削参数】按钮，系统弹出【切削参数】对话框，在【余量】选项卡，修改【部件余量】为"0"，【壁余量】为"0"，【内公差】为"0.01"，【外公差】为"0.01"，如图 6-48 所示，单击【确定】按钮。

（4）设置非切削移动参数

在系统返回的【底壁加工】对话框中单击【非切削移动】按钮，系统弹出【非切削移动】对话框，选择【起点/钻点】选项卡，设置【重叠距离】为"1"，如图 6-49 所示，单击【确定】按钮。

（5）设置进给率和转速参数

在【底壁加工】对话框中，单击【进给率和速度】按钮，系统弹出【进给率和速度】对话框，修改【进给率】的【切削】为"50"，如图 6-50 所示，单击【确定】按钮。

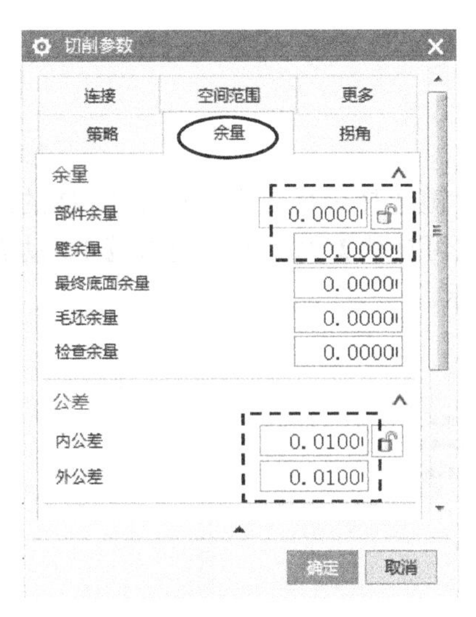

图 6-48　修改切削参数

图 6-49　修改非切削移动参数

（6）生成刀路

在系统返回的【底壁加工】对话框中单击【生成】按钮，系统计算出刀路，如图 6-51 所示，单击【确定】按钮。

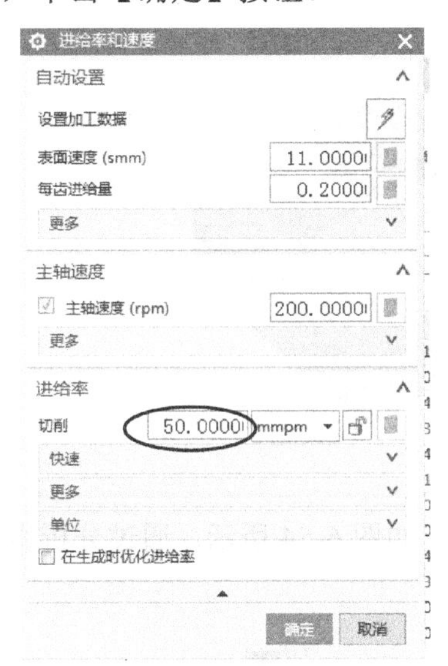

图 6-50　修改进给率

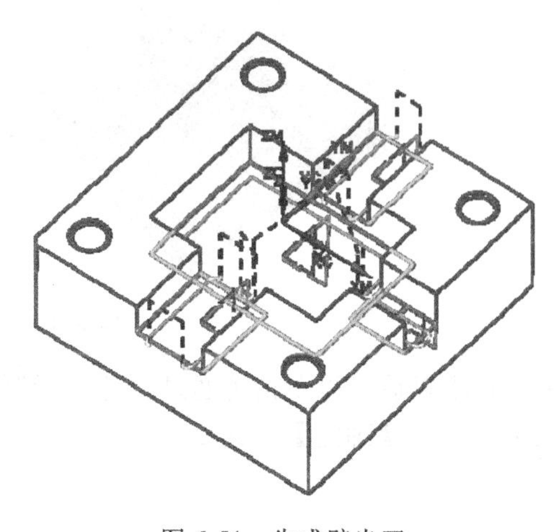

图 6-51　生成壁光刀

（7）文件存盘

在主菜单中执行【文件】|【保存】命令，或者在工具条中单击【保存】按钮将文件存盘。

以上操作视频文件为：\ch06\03-video\05-在程序组 K6D 里创建壁光刀.exe。

6.3.7 程序检查

从导航器中选择第 1 个程序组 K6A，按住 Shift 键选择最后 1 个程序组 K6D 的最后一个刀路，在工具栏中单击按钮，系统弹出【刀轨可视化】对话框，选择【3D 动态】选项卡，设置【生成 IPW】为“精细”，如图 6-52 所示。

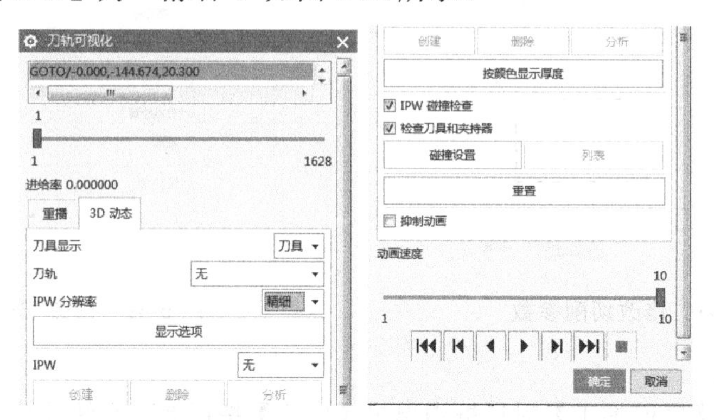

图 6-52　刀轨可视化对话框

单击【播放】按钮，模拟结果如图 6-53 所示。

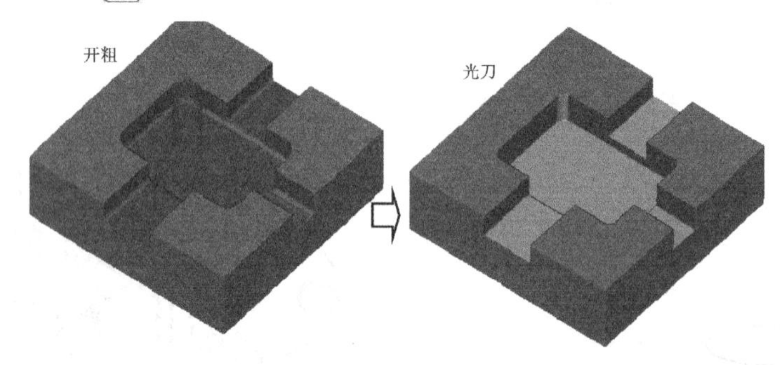

图 6-53　实体模拟

模拟完成以后可以单击【通过颜色显示厚度】按钮，如图 6-54 所示。通过分析得知该刀路正常，单击【确定】按钮 2 次。

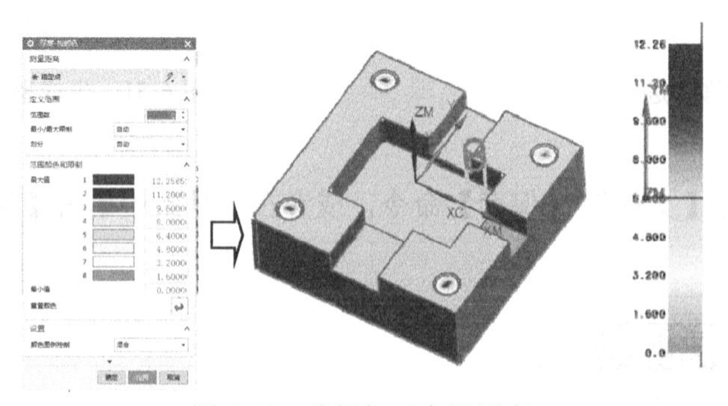

图 6-54　分析加工余量厚度

6.3.8 后处理

在导航器中选择程序组 K6A，在主工具栏中单击后处理按钮，系统弹出【后处理】对话框，选择三轴后处理器“ugbookpost1”，在【输出文件】栏的【文件名】输入“C:\Temp\K6A”，注意，系统已经设置【文件扩展名】为“nc”，【单位】为“经后处理定义”，如图 6-55 所示。

单击【应用】按钮，系统生成的 NC 程序显示在【信息】窗口中，如图 6-56 所示。

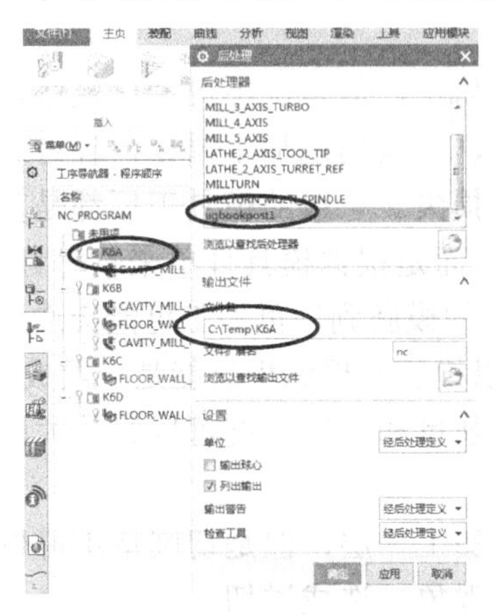

图 6-55 后处理

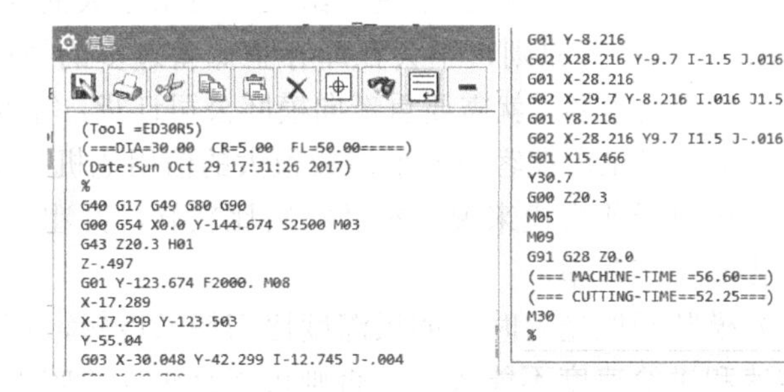

图 6-56 后处理生成 K6A

同理，后处理得到的其他的数控程序文件。

6.3.9 填写加工工作单

图 6-57 所示为 B 板的数控程序单。注意说明装夹方向为“基准角在左下角”。

CNC加工程序单

型号		模具名称	鼠标底壳	工件名称	B板	
编程员		编程日期		操作员		加工日期
基准角在左下角				对刀方式:	四边分中为X=0，Y=0 对顶z=0	
				图形名	ugbook-6-1	
				材料号	S50C黄牌钢	
				大小	250×250×80	

程序名	余量	刀具	装刀最短长	加工内容	加工时间
K6A .NC	0.3	ED30R5	38	型面开粗	
K6B .NC	底为0	ED16R0.8	38	底面光刀	
K6C .NC	0.05	ED3/4″	38	直壁面中光刀	
K6D .NC	0	ED3/4″	38	侧面光刀	

图 6-57 数控程序工作单

6.4　本章小结

本章主要以鼠标模具的模板 B 板为例，介绍如何利用 UG NX 11.0 来进行开框数控编程。完成此类工件的编程还需注意以下问题。

（1）首先要理解模具结构，与制模师傅沟通，明确 CNC 的加工内容。然后要依据模具图纸准确绘图，经过严格检查尺寸以后才可以编程。

（2）相对于前后模、铜公及行位来说，开框编程比较简单，但是决不可掉以轻心，要确保数控程序绝对正确，不允许出错。因为模胚价格昂贵，一旦出现加工错误，轻者造成返工，重者可能会导致模胚报废，给工厂带来很大的经济损失。一般的模具工厂都是贯彻“精益生产”的经营原则，不会在库存里储备过多的模胚，而是根据模具订单来临时订货，如果加工中报废模胚，就需要重新向模胚公司订货，等到新的模胚到厂再加工可能会造成模具延期，给模具工厂在客户面前造成很大的信用危机。所以模胚开框编程只能是一次成功。

（3）相对于前后模来说，模胚材料比较软，开粗的切削量和进给速度可以给较大的数值，以提高加工效率。

（4）模胚开框光刀时，如果深度比刀锋长度短，可以加工一层，但是切削量不可以太大，转速和进给速度不能太大，否则可能会出现“咬刀”现象，造成过切。

以上介绍的情况希望能对初学者有所帮助。

6.5　本章思考练习和答案提示

一、思考练习

1．试说明一下，本例模胚 B 板的《加工工作单》中如果没有指定装夹方向可能会造成什么后果？

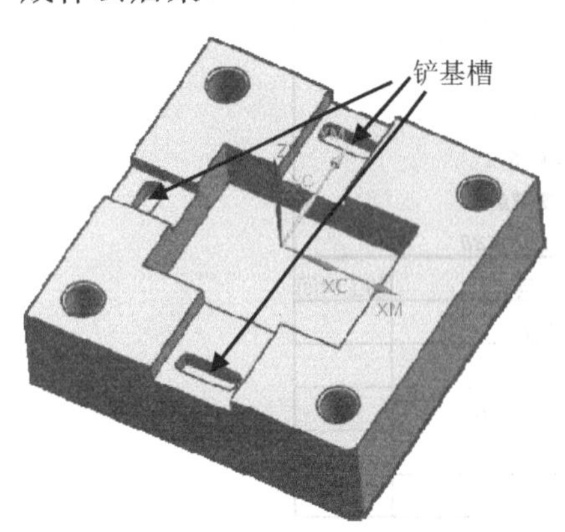

图 6-58　待加工 A 板

2．本例 K6C 和 K6D 是采用面铣方式加工，除此之外还可以采用何种加工方式？

3．假设 K6D 加工完成以后，经检查尚有部分余量未加工，该如何处理？

4．根据本书配套光盘提供的模胚 A 板图形 ch06\01-sample\ch06-02\ugbook-6-2.prt，进行开框数控编程。材料为黄牌钢，如图 6-58 所示。

二、答案及提示

1．答：模胚的 4 个导柱孔其中一个是有偏置的，这个位置角就是基准角。这是模胚厂制造模胚时特意设计的，目的是防止用户装配错误。开框时一般要向 CNC 操作员明确说明这个基准角。如果没有说明，对于本例来说，因为需要加工的部分没有对称性，就可能会造成行位槽方向与 A 板配合错误，导致模胚报废。

2．答：还可以用平面铣的方式来加工。不过，相对于面铣来说，在选择加工线条时要特别注意加工线条的方向。

3．答：光刀完成后要求 CNC 操作员在机床上现场测量尺寸，如果还有未加工的余量，则必须装上新刀具再执行一次光刀程序。或者在光刀程序 K6D.NC 文件里开头加入类似“G42 D1”的补偿指令，操作时在机床操作面板输入相应的补偿数值，再加工一次。如果还有余量，就再根据测量值修改补偿数值，直到符合图纸尺寸为止。

4．提示：本例行位的铲基槽需要用平面铣的“沿形状斜进刀”方式进行开粗，再光刀。

A 板编程要点如下。

（1）使用型腔铣创建开粗刀路 K6E，刀具为 ED30R5 飞刀，侧面余量为 0.3，底部余量为 0.2，层深为 0.5，如图 6-59 所示。

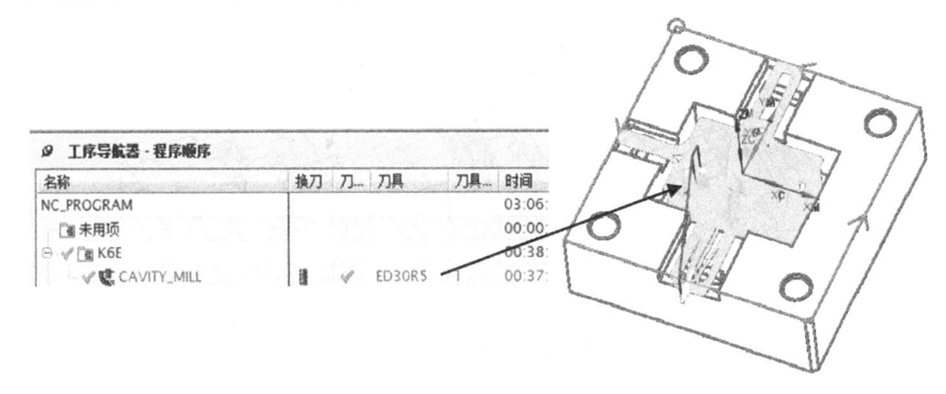

图 6-59　开粗刀路 K6E

（2）创建清角、底面光刀及侧中光刀刀路 K6F，刀具为 ED20R0.8 平底刀，侧面余量为 0.15，底部余量为 0，如图 6-60 所示。

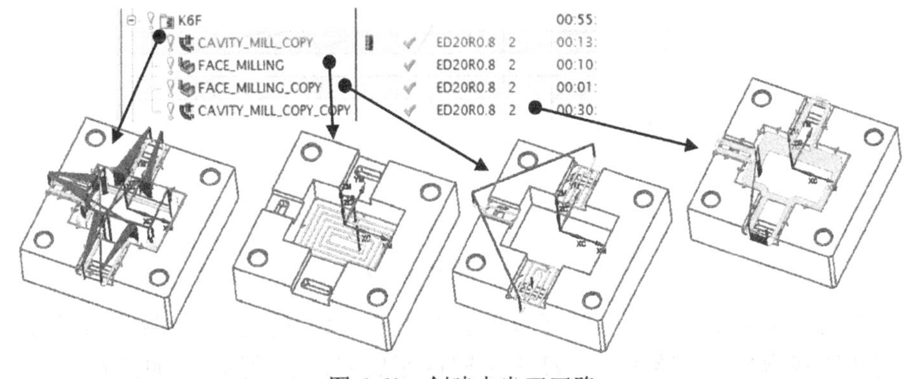

图 6-60　创建中光刀刀路

（3）使用平面铣创建侧面中光刀刀路 K6G，刀具为 ED19.05 平底刀，侧面余量为 0.05，如图 6-61 所示。

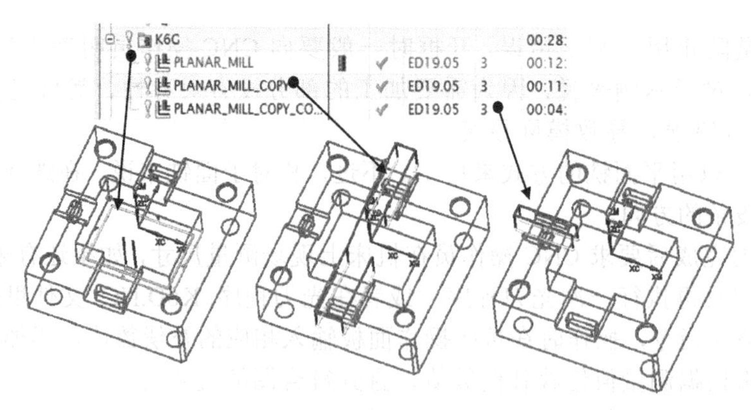

图 6-61　侧面中光刀刀路

（4）使用平面铣创建侧面光刀刀路 K6H，刀具为 ED19.05 平底刀，侧面余量为 0。如图 6-62 所示。

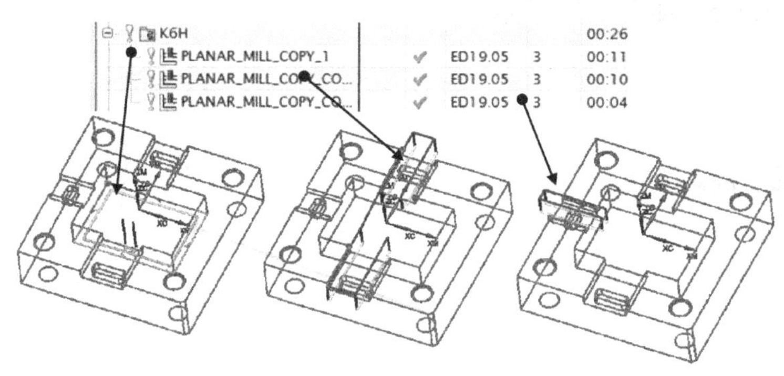

图 6-62　侧面光刀刀路

（5）创建铲基槽开粗刀路 K6I，刀具为 ED8 平底刀，余量为 0.1，如图 6-63 所示。

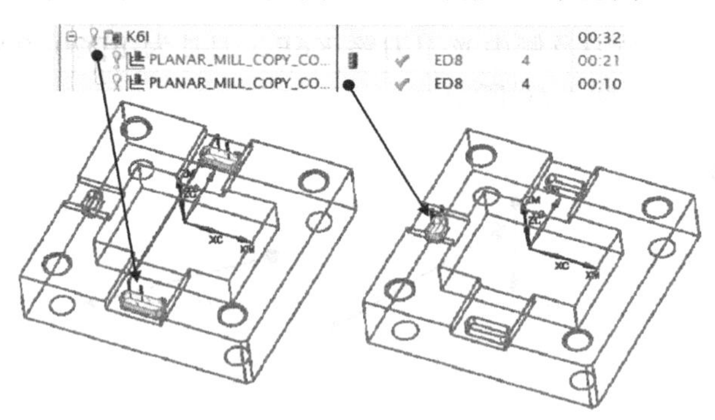

图 6-63　铲基槽开粗刀路

该开粗刀路的【非切削移动】的【进刀】选项卡参数设置要点如图 6-64 所示。

（6）创建铲基槽光刀刀路 K6J，刀具为 ED8 平底刀，余量为 0，如图 6-65 所示。

结果可以参考完成编程的图形 ch06\02-finish\ch06-02\ugbook-6-2.prt。

图 6-64　设置进刀参数

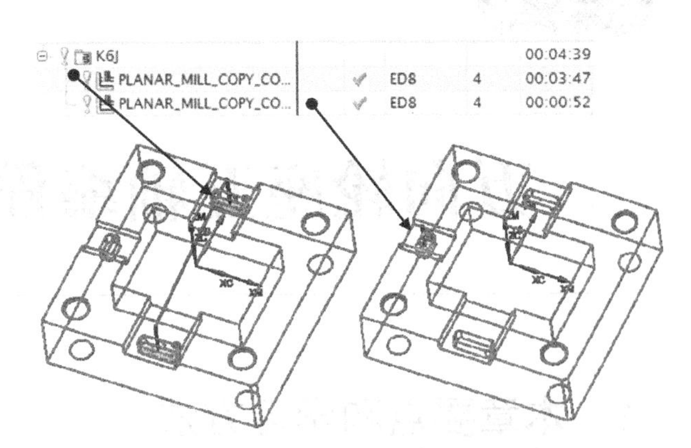

图 6-65　生成铲基槽光刀刀路

第7章

万向轮座五轴编程

7.1 本章要点和学习方法

本章主要讲述如何利用 UG 五轴编程功能对万向轮座零件进行数控加工编程。学习时请注意以下问题。

（1）机床旋转轴编程代码的含义。

（2）多轴后处理器的功能特点。

（3）利用定位加工功能对斜面进行加工。

（4）利用曲面的侧刃铣加工功能对倒扣面进行加工。

（5）利用变轴铣削五轴联动功能对斜度面进行加工。

（6）利用 VERICUT 软件对五轴数控程序进行检验。五轴编程的难点在于，有时从编程图形上看刀路好像很正常，而实际机床在切削时却发生了过切或者撞刀，这就需要编程员具有足够的经验来预防错误发生。

（7）本章所述的“右击”除了直接单击鼠标右键选择，还可以先用鼠标左键选择，再单击鼠标右键。

本章目的是帮助读者理解五轴编程的要点，希望在熟练掌握本章内容的基础上能够举一反三、联系实际、灵活处理类似问题。

7.2 五轴编程概述

7.2.1 五轴铣机床概念

五轴铣机床除了具有 X、Y、Z 方向三个线性轴，还有 A、B、C 三轴的其中两个。绕 X 轴旋转的称为 A 轴，绕 Y 轴旋转的称为 B 轴，绕 Z 轴旋转的称为 C 轴。

按照结构形式，典型的机床结构有：（1）双转台型，如 XYZAC 型机床；（2）一转台和一摆臂，如 XYZBC 型；（3）双摆臂，如 XYZAB 型。

对于其他类型的多轴机床还有：（1）非正交结构，如 Deckel-Maho 公司出的一种机床，

其B轴中心线与XY平面夹角为45°；（2）在三轴机床工作台上附加旋转工作台成为四轴铣床或者五轴铣床。

五轴机床如果装有刀库就称为五轴加工中心，可以加工出一些三轴机床无法加工或者很困难才能加工出的零件，如核潜艇上的整体叶轮、发动机涡轮叶片；飞机发动机上的复杂结构件需要一次性加工的零件；具有倒扣结构的模具类零件。如图7-1所示为五轴机床加工的复杂零件。

图7-1　五轴机床加工的零件

7.2.2　五轴机床编程代码

对于标准的机床来说，假设工件及工作台不动，刀具在空间运动。右手握住X轴，大拇指指向X轴方向，右手其他四个指头的方向就是A轴的正向。对于旋转工作台来说正好与之相反，沿着X轴正向朝负方向看，顺时针旋转方向就是A轴的正方向。

同理，右手握住Y轴，大拇指指向Y轴方向，右手其他四指的方向就是B轴的正向。对于旋转工作台来说正好与之相反，沿着Y轴正向朝负方向看，顺时针转动的方向就是B轴的正方向。右手握住Z轴，大拇指指向Z轴方向，右手其他四个指头的方向就是C轴的正向。对于旋转工作台来说正好与之相反，沿着Z轴正向朝负方向看，顺时针旋转的方向就是C轴的正方向。

当然，有些机床并不一定标准，接触新机床时，要进行测试。必要时单独在MDI状态下输入指令，详细观察旋转台的旋转方向。

7.2.3　五轴机床编程要点

（1）首先要分析为什么要在五轴机床上进行加工。也就是说，一般情况下，能用三轴的情况下尽量用三轴机床加工，如果用三轴功能不能完成或者完成有困难，才用五轴功能来完成。这样可以尽量保护旋转台的精度和提高设备利用效率。

（2）在加工工艺上确定出五轴机床加工的内容后，就要针对要使用的具体机床的特点，确定工件的编程零点，毛坯的装夹方案；确定编程刀具的长度和刀柄形式。

（3）在编程图形上，绘制出刀具可能产生过切或者撞刀的极限位置，合理确定刀具轴线的偏摆范围。

（4）尽量减少旋转工作台担任重切削的工作，就是说尽可能利用定位加工开粗，尽可能利用五轴联动进行切削量较少的精加工。

（5）设置合理的安全高度形式，如圆柱、球体。尽量减少不必要的提刀。

（6）根据机床类型制作后处理器，对编程刀路进行后处理。

（7）对数控程序进行 VERICUT 仿真。这项工作对于初学者学习五轴编程来说非常重要，如果发现错误，要分析原因，切实纠正。

（8）重视现场跟进和操作员密切配合，确定工件的装夹方案及刀具的装夹方案。方案确定了，双方就要严格执行。否则可能会出现严重错误。

本例编程和加工时，将按照以上原则进行。

7.3 数控编程

本节任务：图 7-2 所示为某万向轮座的工程图纸，请根据此图纸绘制的 3D 模型来进行数控加工编程。

材料：铝

开料尺寸：Φ120×100，高度方向上预留出 35 mm 用于装夹。

要求：按图纸尺寸加工到位，余量为 0。

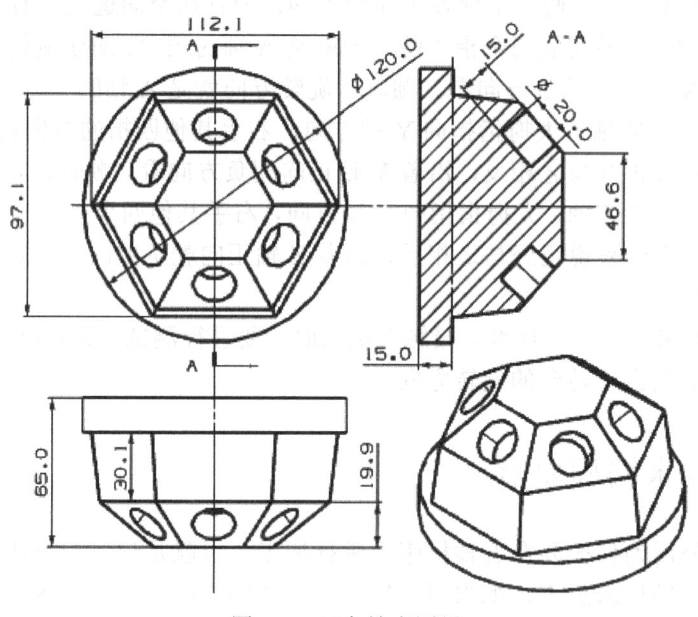

图 7-2　万向轮座图纸

7.3.1　加工工艺规划

1．五轴加工的必要性分析

从图 7-1 所示可以得知 4 个孔 Φ20 是倒扣的，普通三轴加工机床无法加工。另外其他斜面虽然没有倒扣，如果用普通三轴加工的话，就需要用球头刀采取“等高铣”或“平行铣”等方式来加工，而且行距要很密才能达到加工要求，这样加工时间必然很长，为了发挥五轴加工机床的特长，本例将采取平底刀对这些斜面进行加工。

2．装夹方案

本例将在双转台加工中心（XYZAC 型）进行加工。将圆柱毛坯材料的底部圆中心和 C 轴旋转台的旋转中心对齐。编程零点定义在 C 轴和 A 轴的中心交点上，即在 C 圆盘的表面，同时也是圆柱毛坯料的底部圆的圆心。本例还可以采取三爪夹盘装夹。

3．刀路规划

（1）刀路 K7A，型面开粗，刀具为 ED12 平底刀，装刀具时伸出长度为 50，刀柄采用 BT40 型，夹头直径为 Φ40。

（2）刀路 K7B，精加工上半部分斜面，刀具为 ED12 平底刀。

（3）刀路 K7C，粗加工斜孔，刀具为 ED8 平底刀，余量为 0.2，装刀具时伸出长度为 50，刀柄采用 BT40 型，夹头直径为 Φ40。

（4）刀路 K7D，精加工斜孔位及下半部分斜面光刀，刀具为 ED8 平底刀。

7.3.2 编程准备

1．图形整理

（1）现将本书配套光盘的文件 ch07\01-sample\ch07-01\ugbook-7-1.stp 及其他文件复制到工作目录 C:\temp。

启动 UG NX 11.0 软件，执行【文件】|【打开】命令，在系统弹出的【打开】对话框中，选择文件类型为 STEP 文件 (*.stp)，选择图形 ugbook-7-1.stp，【选项】参数默认就可以，不做修改，单击【确定】按钮，读取图形，结果如图 7-3 所示。

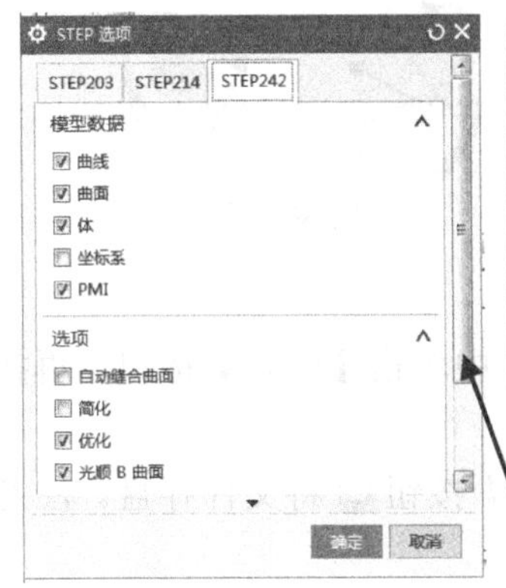

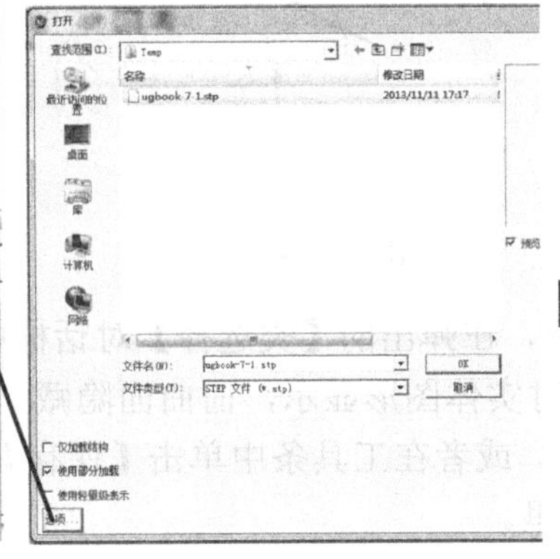

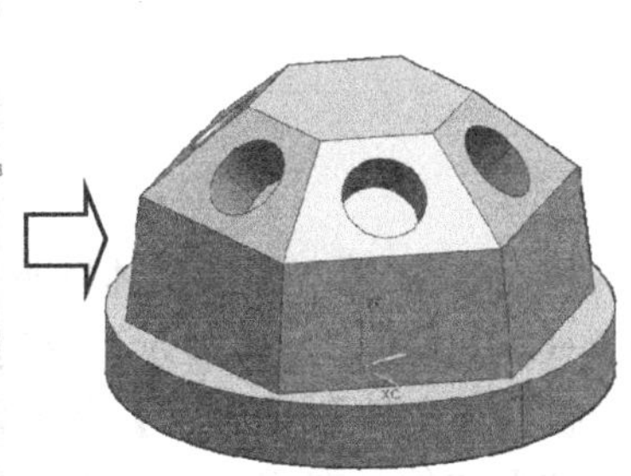

图 7-3　读取图形

（2）绘制补面

为了开粗时的刀路能够顺畅进行，有必要对斜面的孔位进行补面。

执行【应用模块】|【建模】命令，进入建模模块。在主菜单中执行【菜单】|【工具】|【定制】命令，系统弹出【定制】对话框，选择 有界平面(B)... 命令，将其拖到工具条中。单击【关闭】按钮，如图 7-4 所示。如果这个命令已经在工具条了，这一步就可以不用重复做。

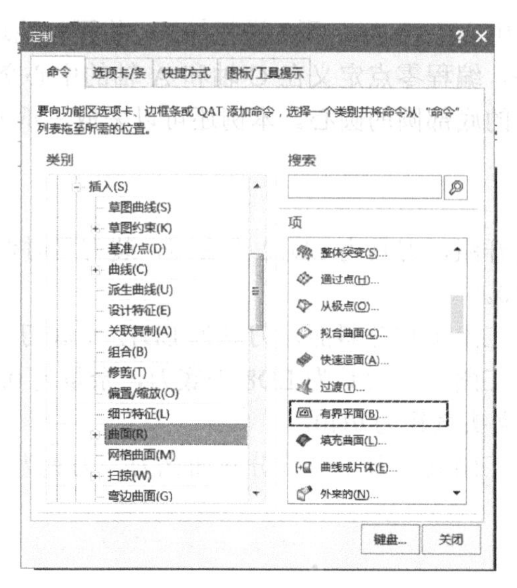

图 7-4　拖动命令按钮

在工具条中单击【更多】按钮，选择 有界平面(B)...，在图形上选择圆孔的边线，在弹出的【有界平面】对话框中单击【应用】按钮。同理，对其他孔进行补面。单击【确定】按钮，结果如图 7-5 所示。

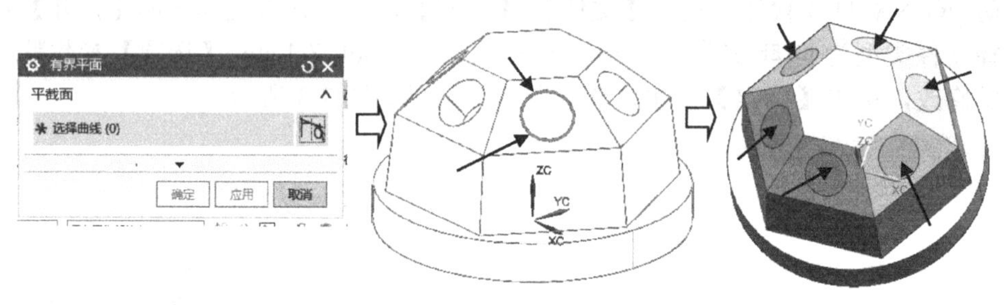

图 7-5　补面

按 Ctrl+B 键，选择实体图形，在弹出的【类选择】对话框中单击【确定】按钮。再按 Shift+Ctrl+B 键，反转显示，这时实体图形显示，而曲面隐藏。

执行【文件】|【保存】命令，或者在工具条中单击【保存】按钮将文件存盘。注意编程图形文件是在 C:\temp 目录里。

2. 进入加工模块

首先要进入 UG 的制造模块，然后选择环境参数、设置几何组参数、定义刀具、定义程序组名称。

（1）设置加工环境参数

在工具条中执行【应用模块】|【加工】命令，进入加工模块 加工(N)，系统弹出【加工环境】对话框，选择 mill_multi-axis 多轴铣削模板，单击【确定】按钮，如图 7-6 所示。

图 7-6　设定加工环境参数

（2）建立几何组

主要任务是建立加工坐标系、安全高度及毛坯体等。

① 建立加工坐标系及安全高度。

在操作导航器里系统自动进入到程序顺序视图，在导航器空白处右击鼠标选择【几何视图】，将操作导航器切换到几何视图。单击 MCS_MILL 前的“+”号将其展开，双击 MCS_MILL 节点，系统弹出【MCS】对话框，单击【CSYS】按钮，系统弹出【CSYS】对话框同时在图形上显示出动态坐标系，在浮动的坐标数值里输入 Z 为“-35”，单击【确定】按钮，如图 7-7 所示。

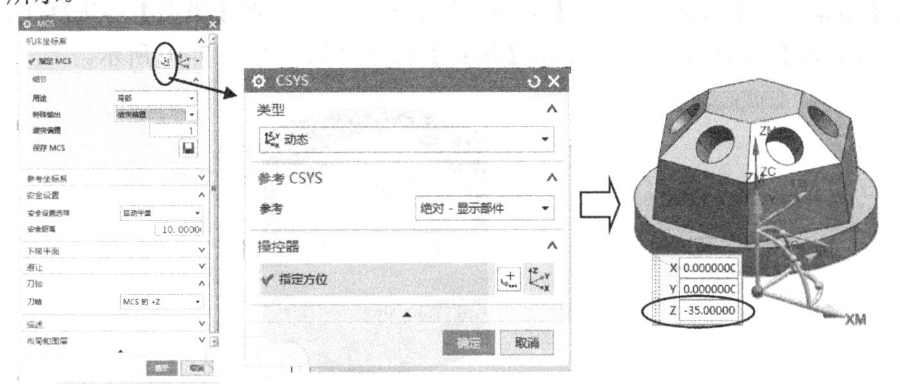

图 7-7　建立加工坐标系

单击【细节】按钮可以展开更多的菜单，设置【装夹偏置】为“1”，【安全设置选项】为“自动平面”，【安全距离】为“20”，单击【确定】按钮，如图 7-8 所示。

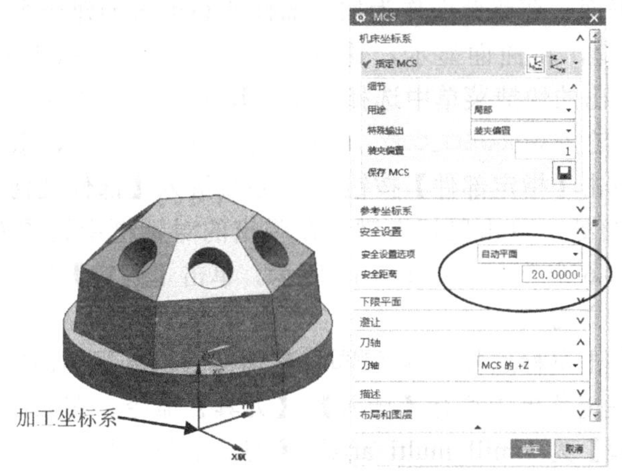

图 7-8　定义安全距离

② 建立毛坯体 1。

双击 WORKPIECE 节点进入【工件】对话框，单击【指定部件】按钮，系统进入【部件几何体】对话框，在图形区选择实体图形为加工部件，如图 7-9 所示。

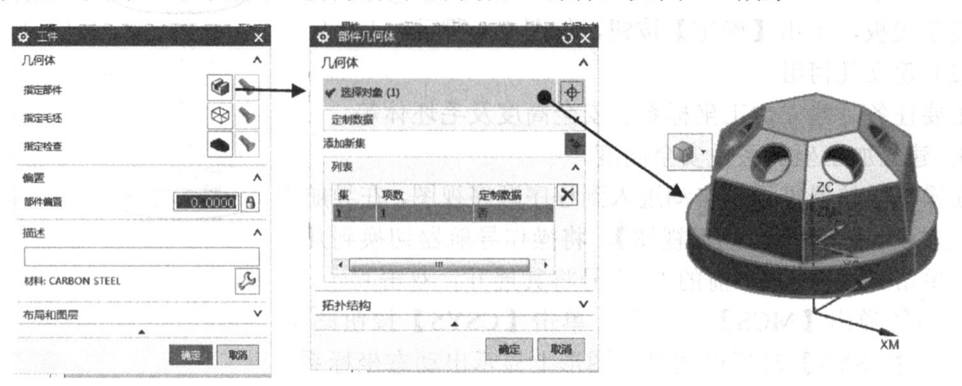

图 7-9 选取加工部件

单击【指定毛坯】按钮进入【毛坯几何体】对话框，在【类型】中选择【包容圆柱块】，修改【ZM-】参数为“35”，单击【确定】按钮 2 次，如图 7-10 所示。

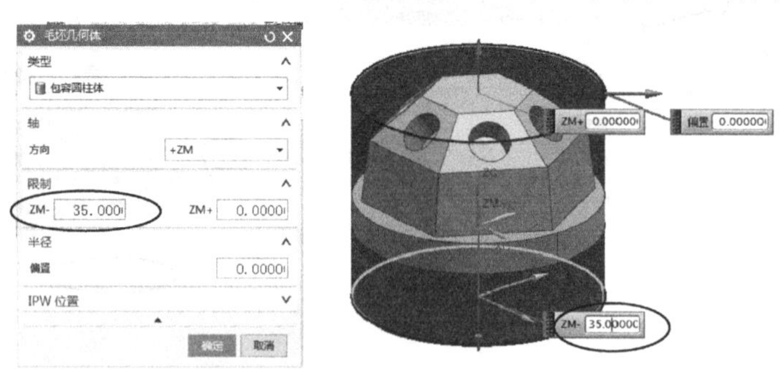

图 7-10 定义毛坯

③ 建立毛坯体 2。

由于本例有补的平面，要将此面作为加工部件就必须再创建一个几何体。

按 Shift+Ctrl+U 键，将曲面显示，这时实体和曲面都显示出来。在导航器里右击 WORKPIECE 节点，在弹出的快捷菜单中选择【复制】，再次右击鼠标，在弹出的快捷菜单中选择【复制】，生成节点 WORKPIECE_COPY ，改名为 WORKPIECE_1 ，双击这个节点，系统进入【工件】对话框，单击【指定部件】按钮，系统进入【部件几何体】对话框。将鼠标指针放置在图形区空白处，单击鼠标右键，在弹出的对话框中设置右上角的过滤方式为“面”。再在图形区选择 6 个补面，如图 7-11 所示。单击【确定】按钮 2 次。

（3）在机床组中建立刀具

在导航器空白处右击鼠标选择 机床视图将其切换到机床视图。选择【Ceneric_Machine】右击鼠标，在弹出的快捷菜单中执行【插入】|【刀具】命令，在系统弹出的【创建刀具】对话框中，选择【类型】为“mill_multi_aris”，【刀具子类型】为，再输入刀具【名称】为“ED12”，单击【确定】按钮，如图 7-12 所示。

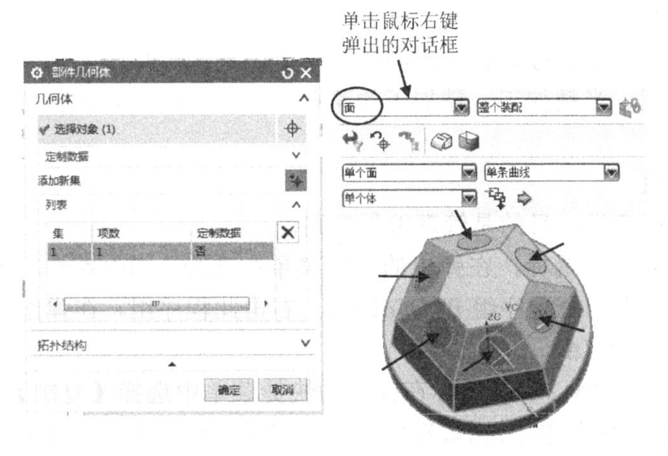

图 7-11　选取补面

在系统弹出的【铣刀-5 参数】对话框中，输入【直径】为“12”，移动右侧滑条，显示更多参数，输入【刀具号】为“1”，【补偿寄存器】为“1”，【刀具补偿寄存器】为“1”，单击【确定】按钮，如图 7-13 所示。

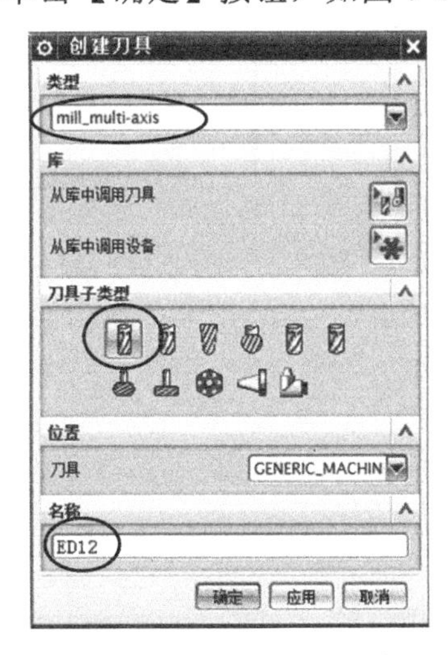

图 7-12　定义刀具类型

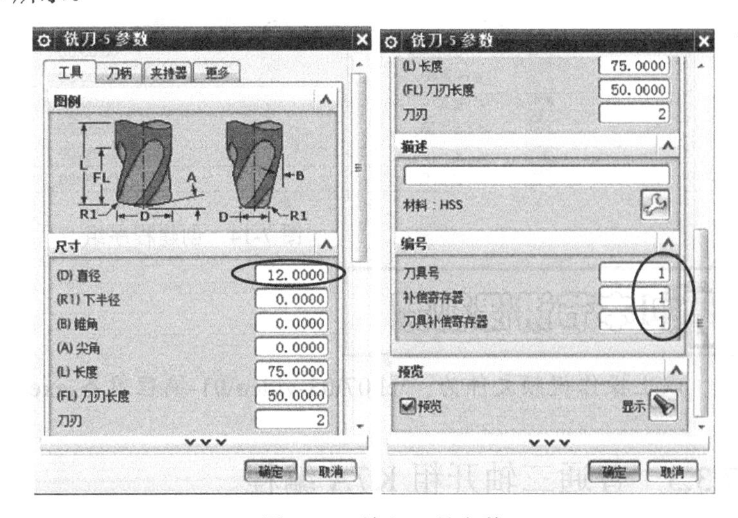

图 7-13　输入刀具参数

在导航器里，右击 ED12 节点，在弹出的快捷菜单中选择【复制】，再次单击鼠标右键，在弹出的快捷菜单中选择【粘贴】，将 ED12_COPY 改名为 ED8 。双击这个节点，在弹出的【铣刀-5 参数】对话框中，输入【直径】为“8”，移动右侧滑条，显示更多参数，输入【刀具号】为“2”，【补偿寄存器】为“2”，【刀具补偿寄存器】为“2”，其余参数不变，单击【确定】按钮。

对于复杂工件的加工，还需要定义刀柄和夹持器，因为本例工件较简单，这一步就不需要定义了。而对于这项工作，将留到 VERICUT 仿真检查 NC 文件时进行。目的是检验 NC 文件的可行性，防止加工中刀柄碰伤夹具或者其他工件。

（4）建立方法组

在导航器空白处右击鼠标，在弹出的快捷菜单中选择 加工方法视图，切换到加工方法视图。可以双击粗加工、半精加工、精加工的菜单，修改余量、内外公差。本操作选择默认参数，不做修改。

（5）建立程序组

建立 3 个空的程序组，目的是管理编程刀路。

在导航器空白处右击鼠标，在弹出的快捷菜单中选择 程序顺序视图，切换到程序顺序视图。在导航器中已经有一个程序组 PROGRAM，右击此程序组，在弹出的快捷菜单中选择择【重命名】，改名为 K7A。

选择上述程序组 K7A，右击鼠标在弹出的快捷菜单中选择【复制】，再次右击上述程序组 K7A，在弹出的快捷菜单中选择【粘贴】，则在目录树中产生了一个程序组 K7A_COPY，右击此程序组，在弹出的快捷菜单中选择【重命名】，改名为 K7B。同理，生成 K7C 和 K7D。结果如图 7-14 所示。

图 7-14　创建程序组

以上操作视频文件为：\ch07\03-video\01-编程准备.exe。

7.3.3　普通三轴开粗 K7A 编程

本节任务：采取型腔铣的方式对型面进行开粗加工。

（1）设置工序参数

在操作导航器中选择程序组 K7A，右击鼠标在弹出的快捷菜单中执行【插入】|【工序】命令，系统进入【创建工序】对话框，【类型】选择 mill_contour，【工序子类型】选择【型腔铣】按钮，【位置】中参数按图 7-15 所示设置，其中【几何体】为“WORKPIECE_1”。

（2）指定裁剪边界几何

本例将选择外形圆边线作为裁剪边界。

在图 7-15 所示的对话框中单击【确定】按钮，系统弹出【型腔铣】对话框，如图 7-16 所示。

选择外形线作为边界线。

在图 7-16 所示的对话框中单击【指定修剪边界】按钮，系统弹出【修剪边界】对话框，【选择方法】选择【面】按钮。在工具栏中选择【忽略岛】按钮，设置去除材料的参数【修剪侧】为“外部”。展开【定制边界数据】栏，选择【余量】复选框，设置余量为“–6”，然后在图形上选择台阶面，单击【确定】按钮，如图 7-17 所示。

（3）设置切削模式

在【型腔铣】对话框中，将右侧的滑条向下拖动，设置【切削模式】为 跟随周边，如图 7-18 所示。

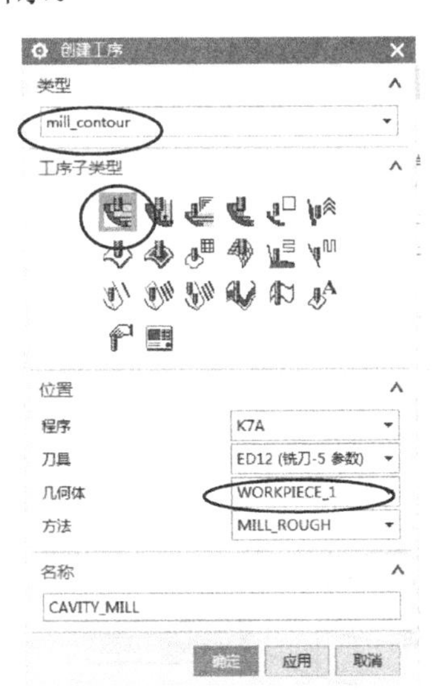

图 7-15　输入工序参数

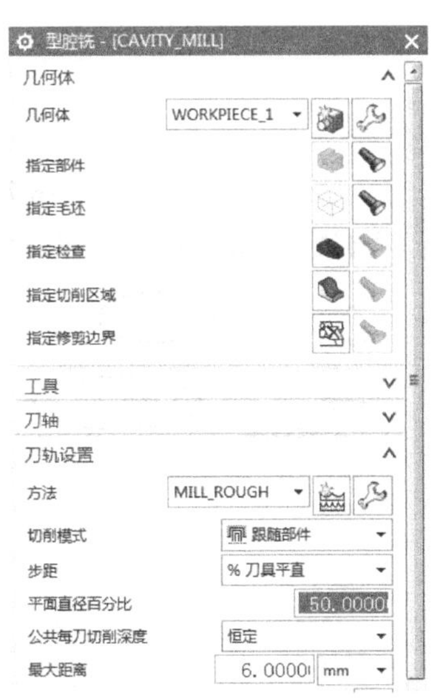

图 7-16　型腔铣对话框

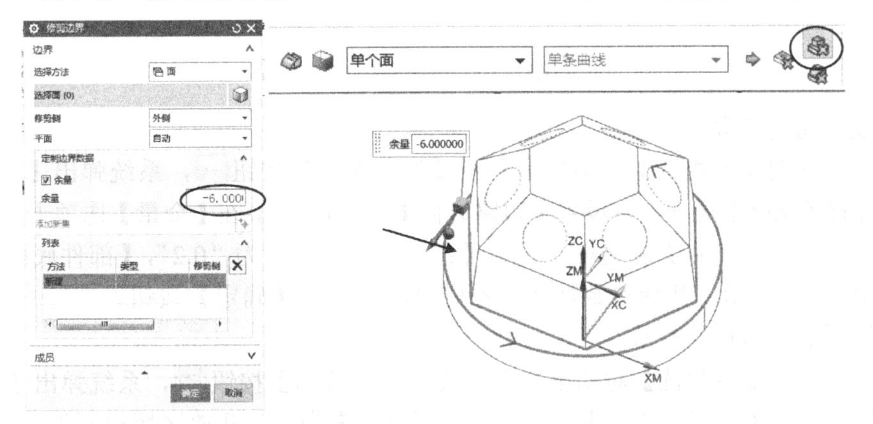

图 7-17　选取台阶面

（4）设置切削层参数

在图 7-18 所示的【型腔铣】对话框中单击【切削层】按钮，系统弹出【切削层】对话框，设置【范围类型】为 单侧，设置【最大距离】为“1”，按 Enter 键，然后在图形上选择台阶面的一点，单击【确定】按钮，如图 7-19 所示。

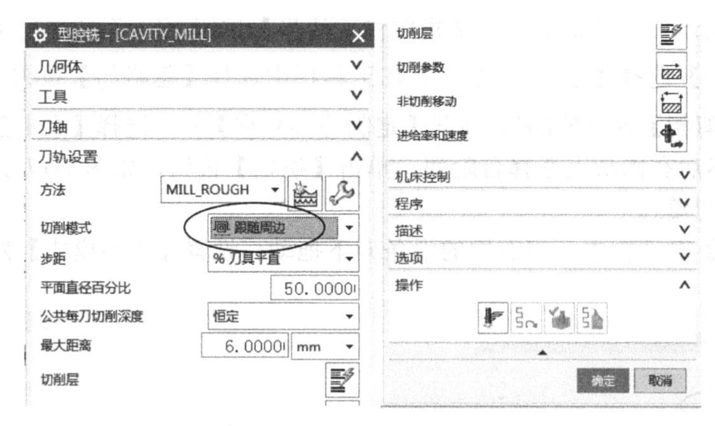

图 7-18　设定切削模式

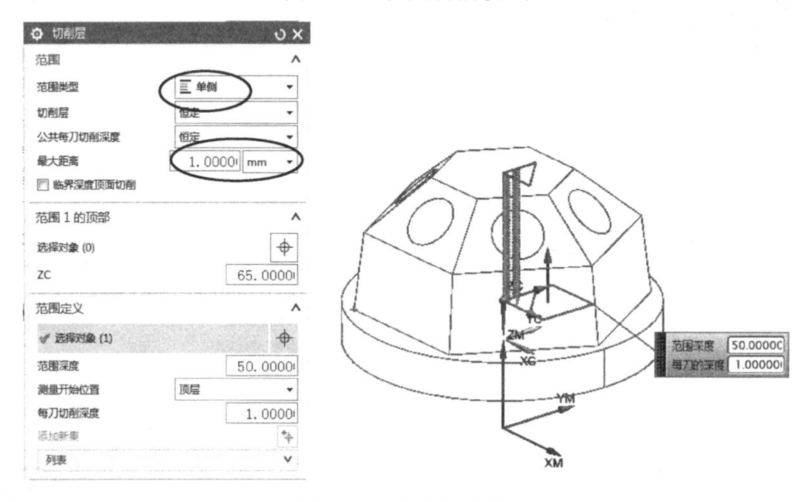

图 7-19　设定切削层

（5）设置切削参数

在系统返回的【型腔铣】对话框中单击【切削参数】按钮，系统弹出【切削参数】对话框，选择【策略】选项卡，设置【刀路方向】为“向内”。在【余量】选项卡，取消【使底面余量与侧面余量一致】复选框，设置【部件侧面余量】为“0.2”，【部件底面余量】为“0.1”，如图 7-20 所示。其余参数默认，不做修改，单击【确定】按钮。

（6）设置非切削移动参数

在系统返回的【型腔铣】对话框中单击【非切削移动】按钮，系统弹出【非切削移动】对话框，选择【进刀】选项卡，设置【封闭区域】为“与开放区域相同”，【开放区域】的【进刀类型】为“线性”，【长度】为刀具直径的 50%，如图 7-21 所示。其余参数默认，单击【确定】按钮。

（7）设置进给率和转速参数

在【型腔铣】对话框中单击【进给率和速度】按钮，系统弹出【进给率和速度】对话框，设置【主轴速度（rpm)】为“2000”，【进给率】的【切削】为“1500”，如图 7-22 所示。其余参数默认，单击【确定】按钮。

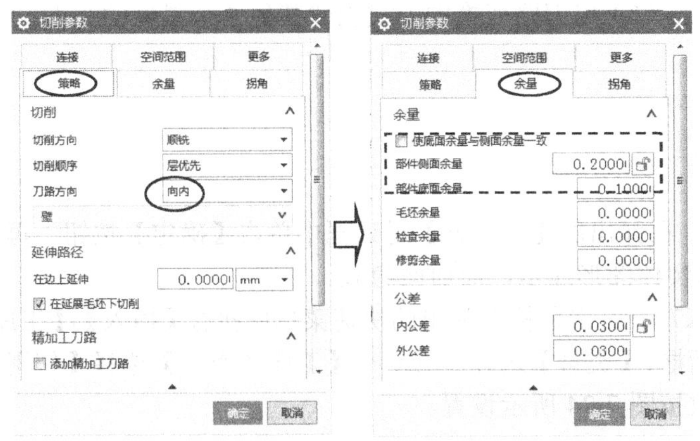

图 7-20　设定切削参数

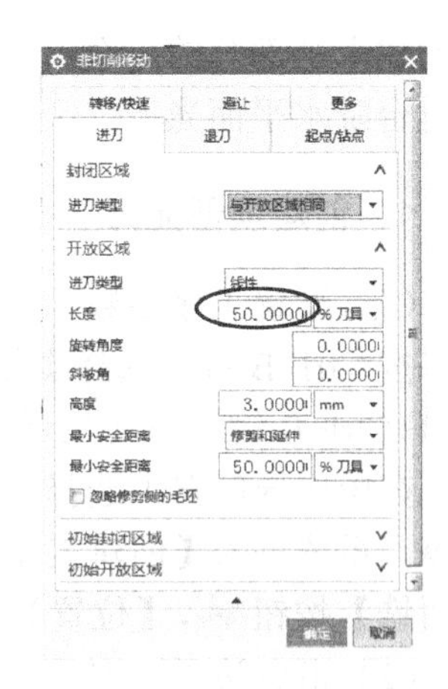

图 7-21　设定非切削移动参数

（8）生成刀路

在系统返回的【型腔铣】对话框中单击【生成】按钮，系统计算出刀路，如图 7-23 所示，单击【确定】按钮。

图 7-22　设置进给率和速度参数

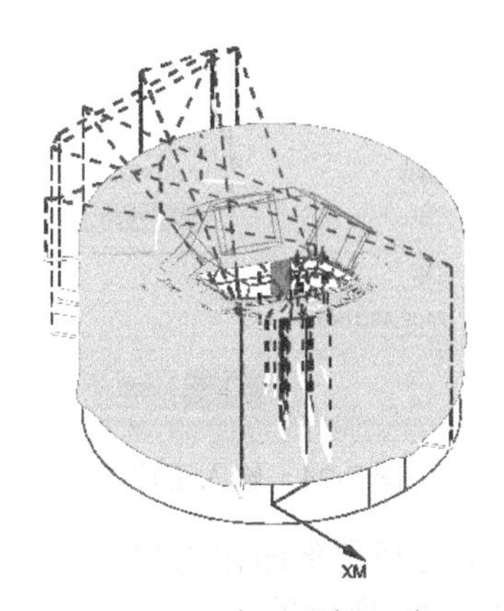

图 7-23　生成开粗刀路

以上操作视频文件为：\ch07\03-video\02-开粗刀路 K7A.exe。

7.3.4　多轴精加工 K7B 编程

本节任务：精加工采取多轴刀路编程。（1）用面铣方式创建顶部光刀；（2）用面铣方

式创建上半部分的一个斜度面光刀；(3) 用刀路变换的方式创建其他5个斜度的光刀；(4) 创建台阶水平面光刀。

1．创建顶部光刀

（1）设置工序参数

按 Ctrl+B 键，选择实体图形，在弹出的【类选择】对话框中单击【确定】按钮。再按 Shift+Ctrl+B 键，反转显示，这时实体图形显示，而曲面隐藏。

在操作导航器中选择程序组 K7B，右击鼠标在弹出的快捷菜单中执行【插入】|【工序】命令，系统进入【创建工序】对话框，【类型】选择 mill_planar，【工序子类型】选择【使用边界面铣】按钮，【位置】中参数按图 7-24 所示设置。

（2）指定边界几何

在图 7-24 所示的对话框中单击【确定】按钮，系统弹出【面铣】对话框，如图 7-25 所示。检查【刀轴】的【轴】方向应该为“垂直于第一个面”。

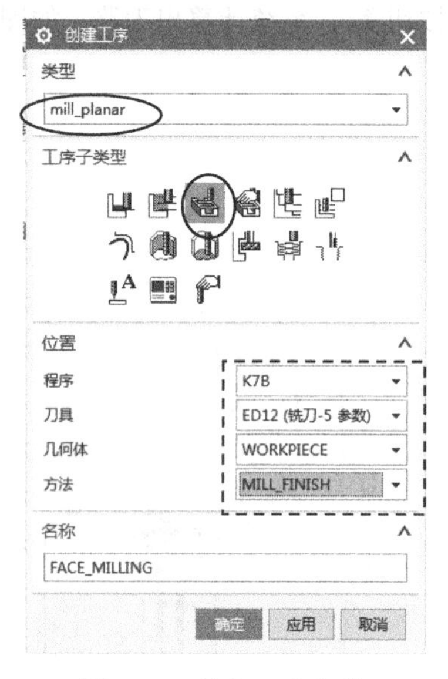

图 7-24　输入工序参数

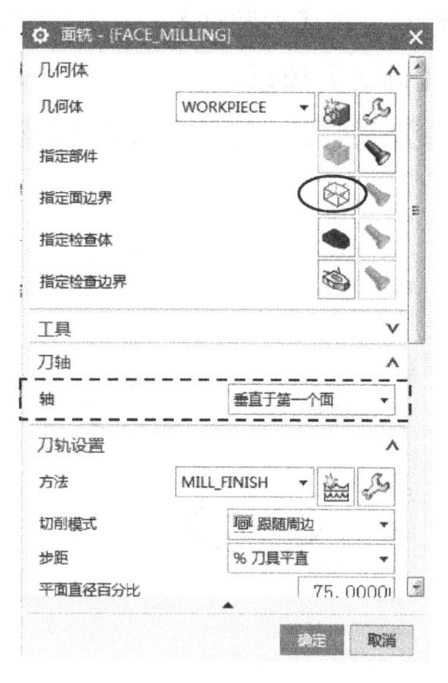

图 7-25　面铣对话框

本例将选择顶部面作为加工边界。

在图 7-25 所示的对话框中单击【指定面边界】按钮，系统弹出【毛坯边界】对话框，然后在图形上选择顶部面，单击【确定】按钮，如图 7-26 所示。

（3）设置切削模式

在【面铣】对话框中，将右侧的滑条向下拖动，设置【切削模式】为 跟随周边，如图 7-27 所示。

（4）设置切削参数

在如图 7-27 所示的【面铣】对话框中单击【切削参数】按钮，系统弹出【切削参数】对话框，选择【策略】选项卡，设置【刀路方向】为“向内”，【刀路延展量】为刀具直径的 50%。在【余量】选项卡，设置【部件余量】为“0”，如图 7-28 所示。其余参数默认，单击【确定】按钮。

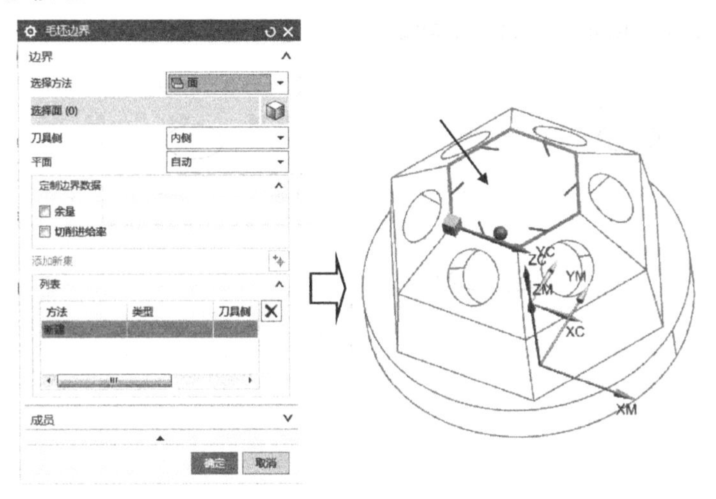

图 7-26　选取顶部面

图 7-27　设置切削模式

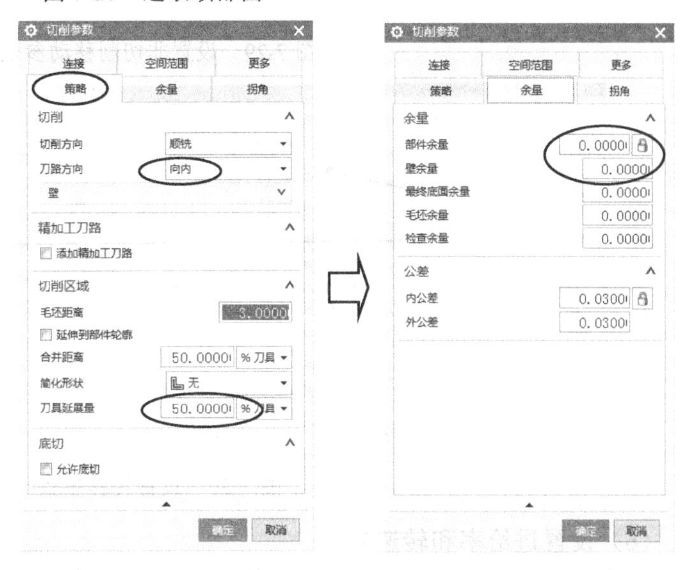

图 7-28　设定切削参数

（5）设置非切削移动参数

① 设置进刀退刀参数。

在系统返回的【面铣】对话框中单击【非切削移动】按钮，系统弹出【非切削移动】对话框，选择【进刀】选项卡，设置【封闭区域】的【进刀类型】为“与开放区域相同”，【开放区域】的【进刀类型】为“线性”，【长度】为刀具直径的 50%。切换到【退刀】选项卡，设置【退刀类型】为“与进刀相同”，如图 7-29 所示。

② 设置转移参数。

切换到【转移/快速】选项卡，在【安全设置】栏中设置【安全设置选项】为“球”，单击【指定点】的【点】按钮，系统弹出【点】对话框，设置 X、Y、Z 数值为 0，单击【确定】

按钮，返回到【非切削移动】对话框，输入【半径】为“100”，单击【显示】按钮图形显示安全区域，如图 7-30 所示。其余参数默认，单击【确定】按钮。

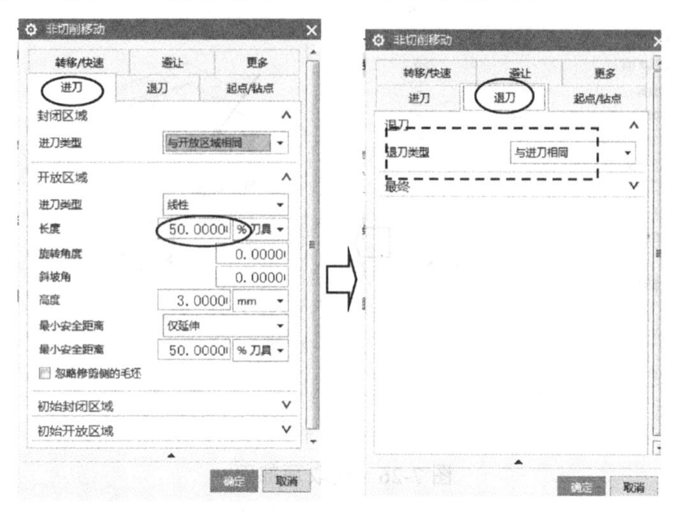

图 7-29　设置非切削移动参数

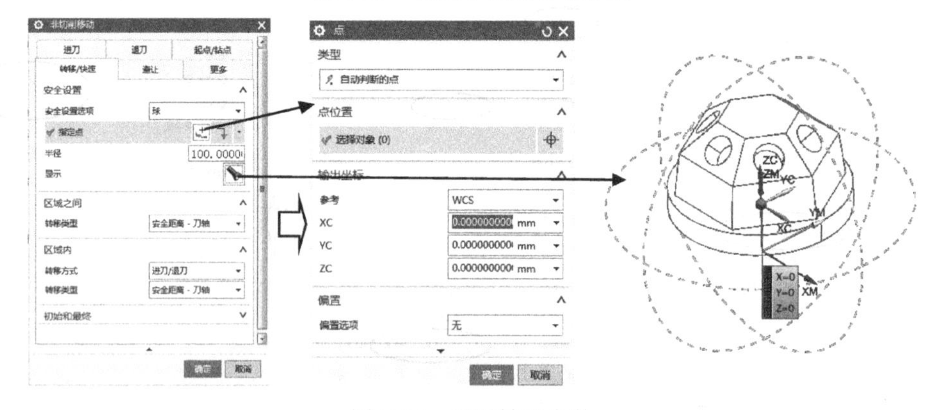

图 7-30　设置转移参数

（6）设置进给率和转速参数

在【型腔铣】对话框中单击【进给率和速度】按钮，系统弹出【进给率和速度】对话框，设置【主轴速度（rpm）】为“2000”，【进给率】的【切削】为“150”，如图 7-31 所示。其余参数默认，单击【确定】按钮。

（7）生成刀路

在系统返回的【型腔铣】对话框中单击【生成】按钮，系统计算出刀路，如图 7-32 所示，单击【确定】按钮。

2. 创建上半部分的一个斜度面光刀

先复制刀路然后修改参数得到新的刀路。

图 7-31 设置进给速度和转速

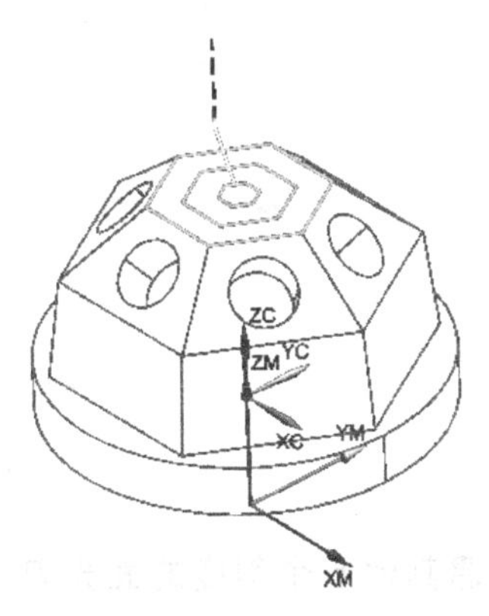

图 7-32 生成顶部光刀

（1）复制刀路

在导航器中右击刚生成的刀路 FACE_MILLING，在弹出的快捷菜单中选择 复制，再次右击程序组 K7B，在弹出的快捷菜单中选择 内部粘贴，导航器的 K7B 组生成了新刀路 FACE_MILLING_COPY，如图 7-33 所示。

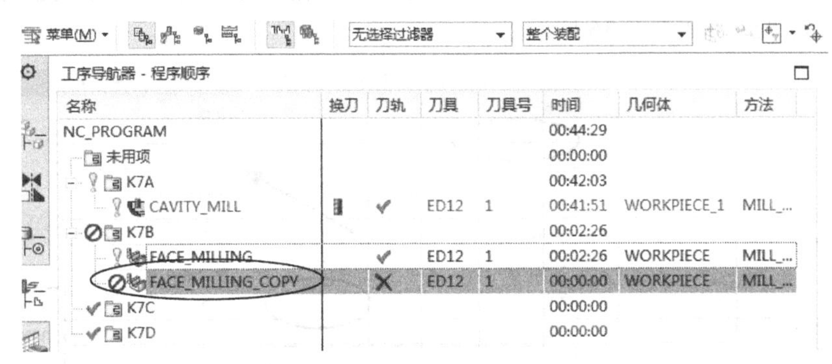

图 7-33 复制新刀路

（2）修改加工边界

双击刚生成的刀路，系统弹出【面铣】对话框，检查【刀轴】的【轴】方向仍应该为“垂直于第一个面”。单击【指定面边界】按钮，系统弹出【指定面几何体】对话框，单击【移除】按钮，将之前的边界删除。再单击【添加新集】按钮，在工具栏中选择【忽略孔】复选框，系统自动选择【面边界】按钮，然后在图形上选择一个斜度面，单击【确定】按钮 2 次，如图 7-34 所示。

（3）生成刀路

在系统返回的【平面铣】对话框中，单击【生成】按钮，系统计算出刀路，如图 7-35 所示，单击【确定】按钮。

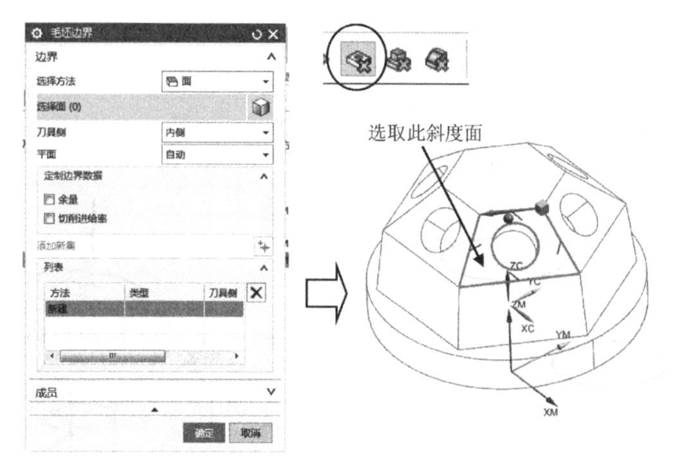

图 7-34　选取斜度面

3．创建其他 5 个斜度的面光刀

在导航器中右击刚生成的刀路 FACE_MILLING_COPY，在弹出的快捷菜单中执行【对象】|【变换】命令，系统弹出【变换】对话框，选择【类型】为“绕直线旋转”，【直线方法】为“点和矢量”。单击【指定点】的【点】按钮，系统弹出【点】对话框，设置 X、Y、Z 数值为 0，单击【确定】按钮，返回到【变换】对话框。设置【指定矢量】为“ZC”轴，【角度】为 60°。在【结果】栏，选中【复制】单选按钮。输入【距离/角度分割】为“1”，【非关联副本数】为“5”，如图 7-36 所示。

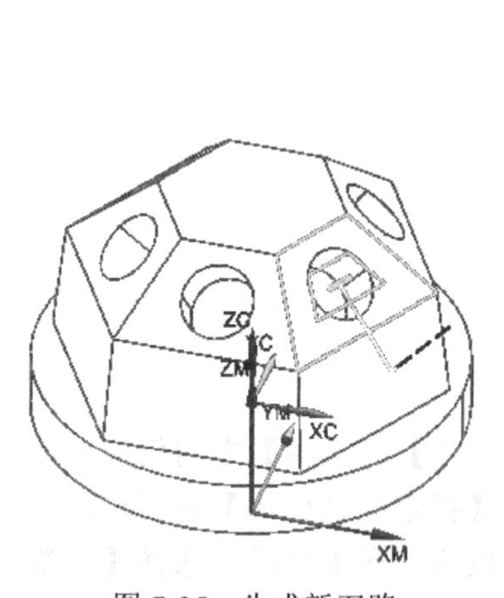

图 7-35　生成新刀路

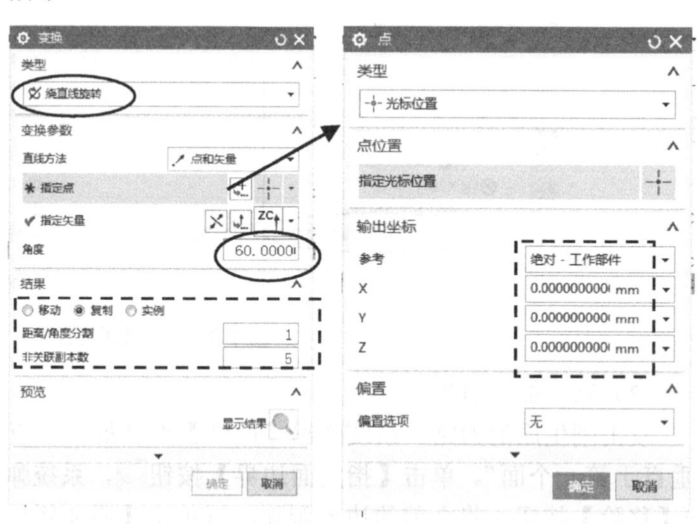

图 7-36　设定变换参数

先单击【显示结果】按钮，观察刀路变换没有错误后，再单击【确定】按钮。变换刀路结果如图 7-37 所示。最后在【面铣】对话框中单击【确定】按钮。

4. 创建台阶水平面光刀

（1）设置工序参数

在操作导航器中选择最后一个刀路，右击鼠标，在弹出的快捷菜单中执行【插入】|【工序】命令，系统进入【创建工序】对话框，【类型】选择 mill_planar，【工序子类型】选择【平面铣】按钮，【位置】中参数按图 7-38 所示设置。

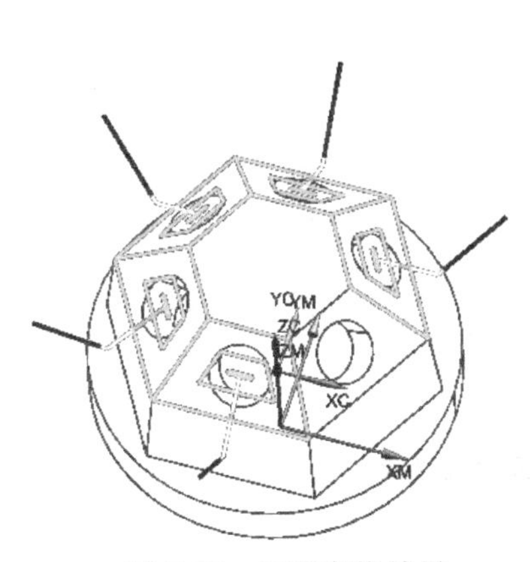

图 7-37　刀路变换结果

图 7-38　输入工序参数

（2）指定部件边界几何参数

本例将选择台阶面的六边形作为加工线条边界。

在图 7-38 所示的对话框中单击【确定】按钮，系统弹出【平面铣】对话框，如图 7-39 所示。

在【平面铣】对话框中单击【指定部件】按钮，系统弹出【边界几何体】对话框，设置保留材料的参数【材料侧】为“内侧”，取消选取【忽略岛】复选框，然后在图形上选择台阶面，单击【确定】按钮，如图 7-40 所示。这里之所以取消选取忽略岛，目的是不希望选择外圆，而仅选取六边外形。但是这样选取的结果是六边形和外圆都被选中，这就要通过再次编辑这些边界线把外圆线去除掉。如果选中了忽略岛就仅仅选取了外圆。

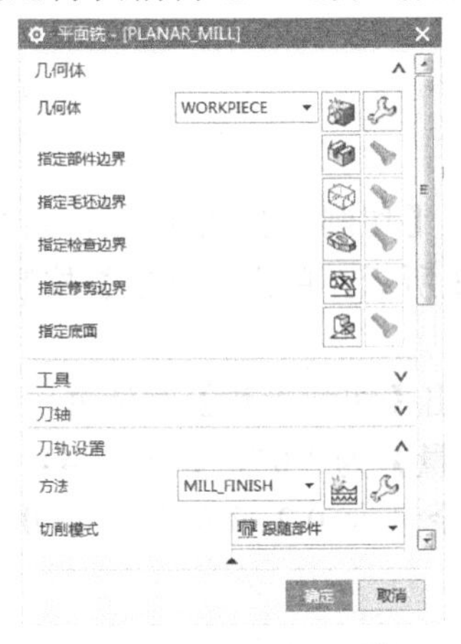

图 7-39　平面铣对话框

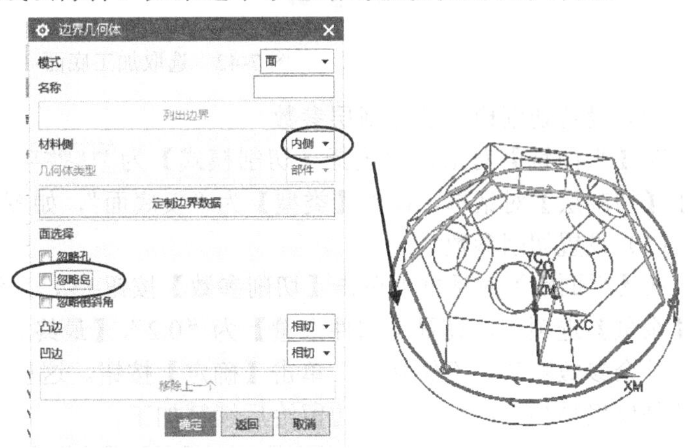

图 7-40　选取台阶面

在系统返回的【平面铣】对话框中，再次单击【指定部件】按钮，系统弹出【编辑边界】对话框，选择台阶面上的圆形边界线，单击【移除】按钮，如图 7-41 所示。单击【确定】按钮。注意在选取边界线时，鼠标选取有分叉的位置，这样才能有效选中边界线。如果选错了，退出操作重新来一遍。

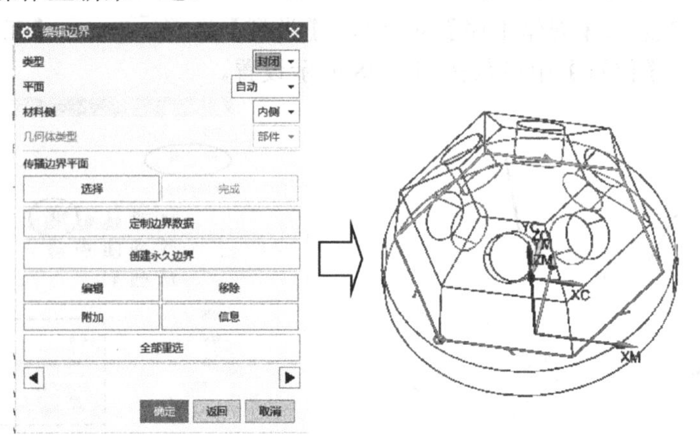

图 7-41　删除圆形边界线

（3）指定台阶面作为加工最低位置

在系统返回的【平面铣】对话框中单击按钮，在图形上选择台阶面作为加工底角，如图 7-42 所示，单击【确定】按钮。

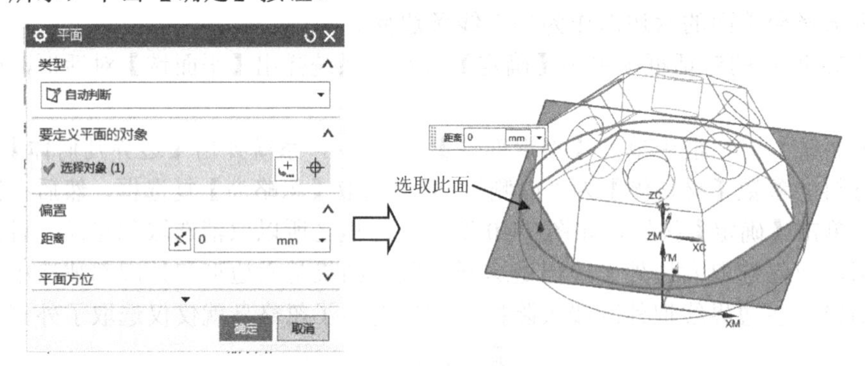

图 7-42　选取加工底面

（4）设置切削模式及切削层参数

在【平面铣】对话框中选择【切削模式】为轮廓加工。单击【切削层】按钮，系统弹出【切削层】对话框，设置【类型】为“仅底面”，如图 7-43 所示，单击【确定】按钮。

（5）设置切削参数

在【平面铣】对话框中单击【切削参数】按钮，系统弹出【切削参数】对话框，选择【余量】选项卡，设置【部件余量】为“0.2”，【最终底面余量】为“0”，如图 7-44 所示。其余参数默认，不做修改。单击【确定】按钮。这里侧边余量为 0.2 底部余量为 0，目的是仅仅精加工底部，而侧边留给后续精加工。

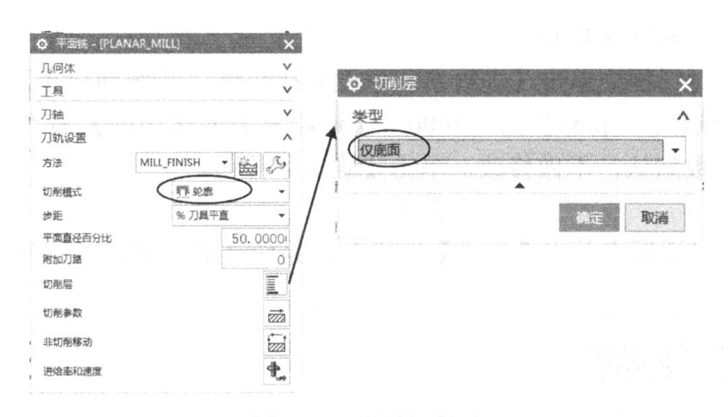

图 7-43　设置切削层

（6）设置非切削移动参数

① 设置进刀退刀参数。

在系统返回的【平面铣】对话框中单击【非切削移动】按钮，系统弹出【非切削移动】对话框，选择【进刀】选项卡，设置【封闭区域】为“与开放区域相同”，【开放区域】的【进刀类型】为“线性”，设置【长度】为刀具直径的 100%。切换到【退刀】选项卡，【退刀类型】设置为“与进刀相同”，如图 7-45 所示。

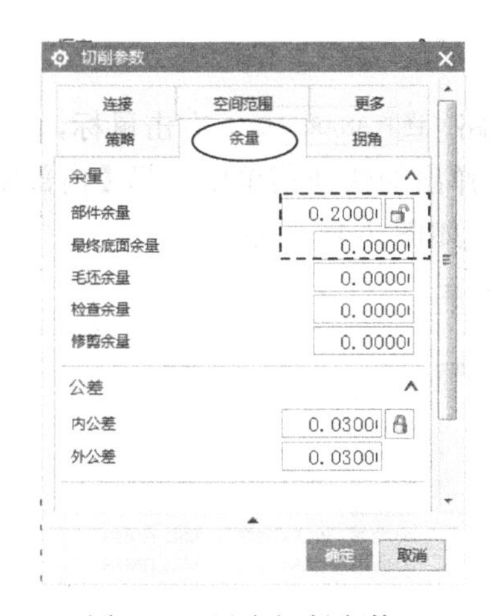

图 7-44　设定切削参数

图 7-45　设置非切削参数

② 设置转移参数。

切换到【转移/快速】选项卡，在【安全设置】栏中设置【安全设置选项】为“球”，单击【指定点】的【点】按钮，系统弹出【点】对话框，设置 X、Y、Z 数值为 0，单击【确定】按钮，返回到【非切削移动】对话框，输入【半径】为“100”，单击【显示】按钮图形显示安全区域。其余参数默认，不做修改，与图 7-30 所示相同，单击【确定】按钮。

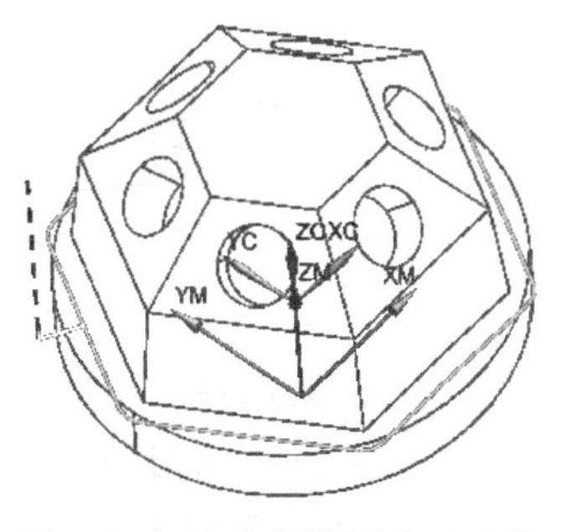

图 7-46　生成台阶面光刀刀路

（7）设置进给率和转速参数

在【平面铣】对话框中单击【进给率和速度】按钮，系统弹出【进给率和速度】对话框，设置【主轴速度（rpm）】为“2000”，【进给率】的【切削】为“150”，与图 7-31 所示相同。其余参数默认，不做修改，单击【确定】按钮。

（8）生成刀路

在【平面铣】对话框中单击【生成】按钮，系统计算出刀路，如图 7-46 所示，单击【确定】按钮。

以上操作视频文件为：\ch07\03-video\03-多轴精加工 K7B 编程.exe。

7.3.5 斜孔粗加工 K7C 编程

本节任务：采用多轴加工的方式编程。（1）对第 1 个斜孔用平面铣的方法进行开粗；（2）用刀路变换的方法加工其他 5 个斜孔开粗。

1. 对第 1 个斜孔用平面铣的方法进行开粗

（1）复制刀路

在导航器中选择 7.3.4 节刚创建的最后一个刀路 PLANAR_MILL，右击鼠标，在弹出的快捷菜单中选择【复制】，再次右击 K7C 程序组，在弹出的快捷菜单中选择【内部粘贴】，将其复制到此程序组来成为刀路 PLANAR_MILL_COPY，如图 7-47 所示。

图 7-47 复制刀路

（2）重新选择加工线条

双击刚复制的刀路 PLANAR_MILL_COPY，系统弹出【平面铣】对话框，单击【指定部件】按钮，系统弹出【编辑边界】对话框，单击【移除】按钮，系统自动选择【附加】按钮，在系统弹出的【边界几何体】对话框中选择【材料侧】为“外侧”，在【面选择】栏中取消【忽略孔】复选框，然后在图形上选择斜面，如图 7-48 所示。

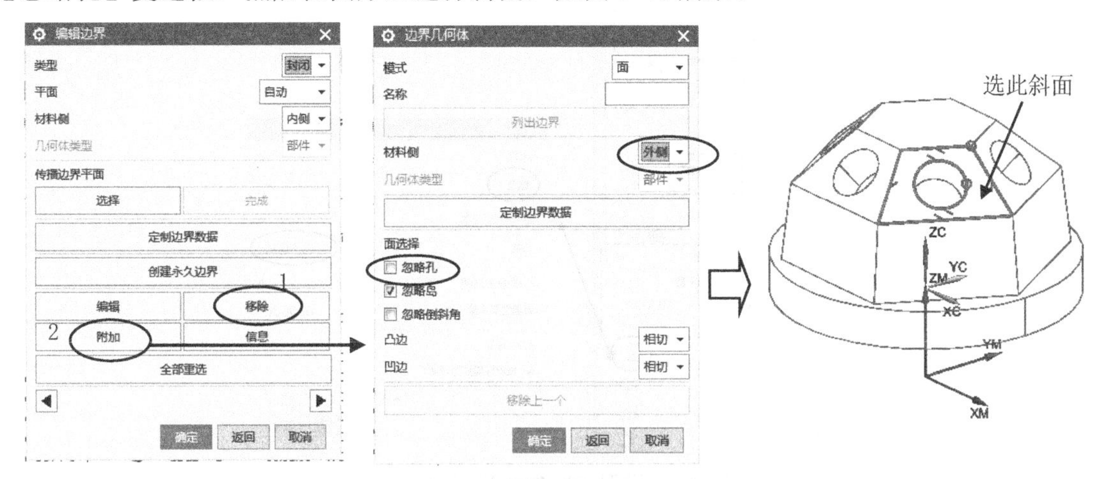

图 7-48　选取斜面

单击【确定】按钮，系统返回到【编辑边界】对话框，选择图形的斜面上的四边形外围线边界，单击【移除】按钮。在图形区的空白处，右击鼠标，在弹出的快捷菜单中选择【刷新】，结果如图 7-49 所示，单击【确定】按钮。

（3）指定孔底面作为加工最低位置

在系统返回到的【平面铣】对话框中单击【选择或编辑底平面几何体】按钮，在图形上选择如图 7.50 所示的斜孔的底部平面。在【平面】对话框中单击【确定】按钮。

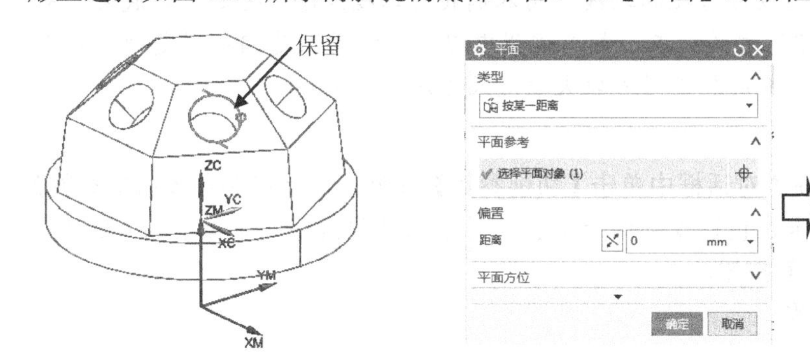

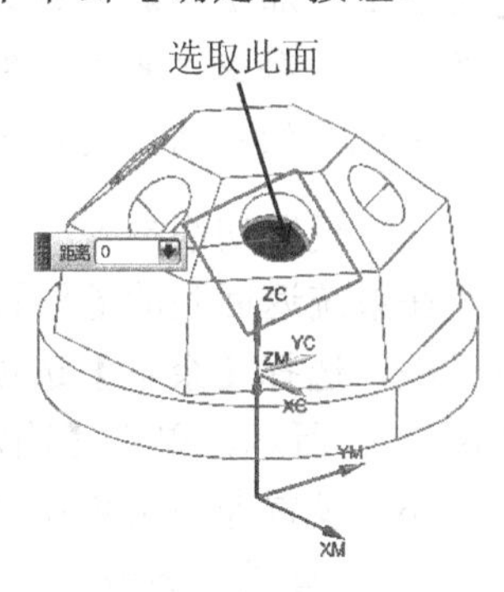

图 7-49　保留园形边界线　　　　图 7-50　选取斜孔的底面

（4）设置刀轴参数、步距参数及切削层参数

在【平面铣】对话框中，单击【工具】按钮右侧的向下箭头，将该选项展开，然后设置【工具】为“ED8”。

单击【刀轴】按钮右侧的向下箭头，将该选项展开，然后设置【轴】为“垂直于底面”。

再设置【切削模式】为“轮廓”，【步距】为“%刀具平直”，【平面直径百分比】为 30%，输入【附加刀路】为“1”，单击【切削层】按钮，系统弹出【切削层】对话框，设置【类型】为“恒定”，输入【每刀深度】的【公共】为“0.5”，如图 7-51 所示。单击【确定】

按钮。

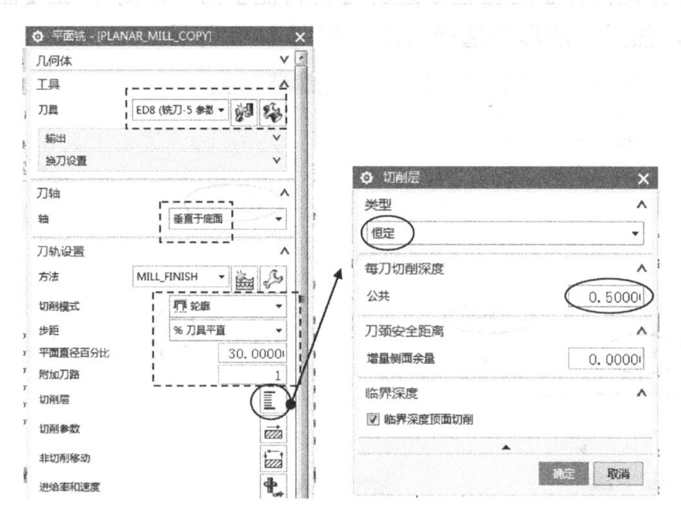

图 7-51　设置步距参数和层深参数

此处设置【轴】为“垂直于底面”。定义合理的刀轴矢量参数是五轴加工编程非常重要的工作。五轴加工和三轴加工最重要的区别是，三轴加工编程的刀轴一般多定义为+ZM，而五轴加工刀轴矢量可能会随时发生变化，而且要安全合理。本刀路是对于单个斜孔进行定位加工，加工中的刀轴方向应该为孔的轴线，而本例孔的轴线是通过垂直于孔底部面来定义的。这种加工也叫“3+2”方式加工，加工过程中刀轴在空间里是相对固定的、对于本例来说是倾斜的。其他 5 个孔的加工时刀轴矢量定义方法与此类似。

（5）设置切削参数

在系统返回到的【平面铣】对话框中单击【切削参数】按钮，系统弹出【切削参数】对话框，选择【余量】选项卡，设置【部件余量】为“0.2”，【最终底面余量】为“0.1”，如图 7-52 所示，单击【确定】按钮。

（6）设置非切削移动参数

① 设置进刀参数。

在系统返回到的【平面铣】对话框中单击【非切削移动】按钮，系统弹出【非切削移动】对话框，选择【进刀】选项卡，设置【封闭区域】的【进刀类型】为“螺旋”，【直径】为刀具直径的 90%，【斜坡角】为 5°，【高度】为“0.5”。在【开放区域】栏设置【进刀类型】为“与封闭区域相同”，如图 7-53 所示。

② 设置转移参数。

切换到【转移/快速】选项卡，在【安全设置】栏中，检查【安全设置选项】应该为“球”，球心应该为（0, 0, 0）点，半径为 100，单击【显示】按钮图形显示安全区域。与图 7-30 所示相同，单击【确定】按钮。

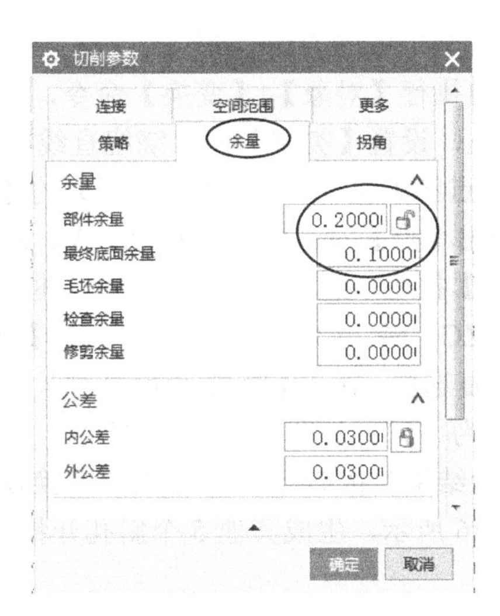

图 7-52　设置切削参数

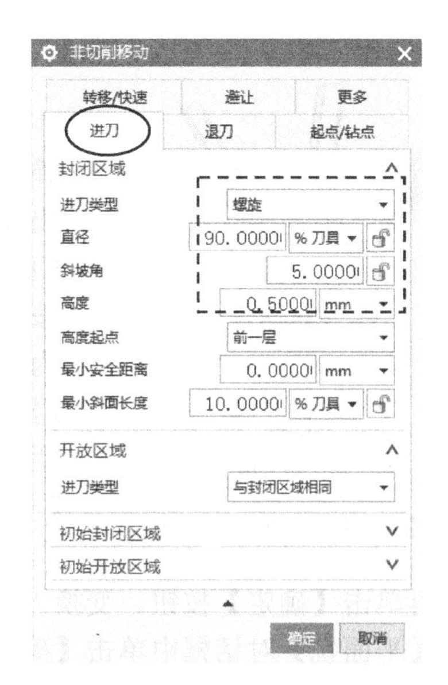

图 7-53　设定进刀参数

（7）设置进给率和转速参数

在【平面铣】对话框中单击【进给率和速度】按钮，系统弹出【进给率和速度】对话框，设置【主轴速度（rpm）】为“2000”，【进给率】的【切削】为“800”，如图 7-54 所示。其余参数默认，不需修改，单击【确定】按钮。

（8）生成刀路

在【平面铣】对话框中单击【生成】按钮，系统计算出刀路，斜孔开粗刀路如图 7-55 所示，单击【确定】按钮。

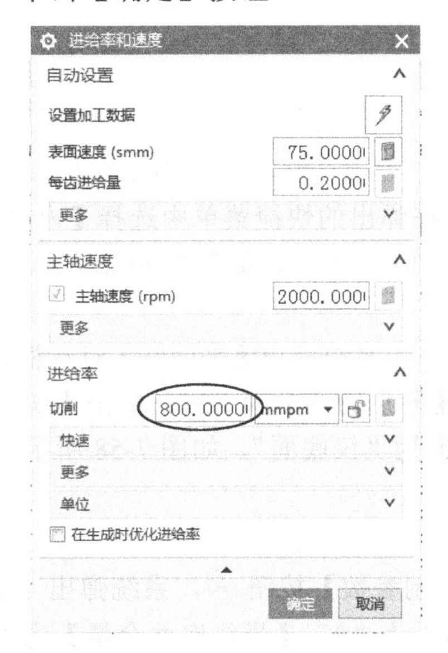

图 7-54　修改进给参数

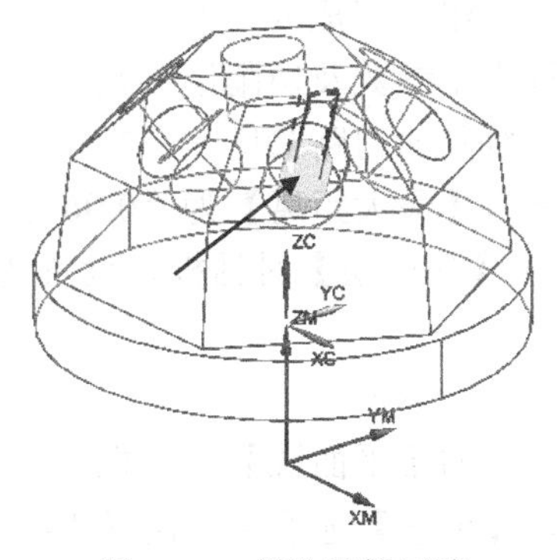

图 7-55　斜孔开粗刀路

2. 用刀路变换的方法加工其他 5 个斜孔开粗

在导航器右击刚生成的刀路 PLANAR_MILL_COPY，在弹出的快捷菜单中执行【对象】|【变换】命令，系统弹出【变换】对话框，设置【类型】为“绕绕直线旋转”，【直线方法】为“点和矢量”。单击【指定点】的【点】按钮，系统弹出【点】对话框，设置 X、Y、Z 数值为 0，单击【确定】按钮，返回到【变换】对话框。设置【指定矢量】为“ZC”轴，【角度】为 60°。在【结果】栏，选择【复制】复选框。输入【距离/角度分割】为“1”，【非关联副本数】为“5”。与图 7-36 所示相同。

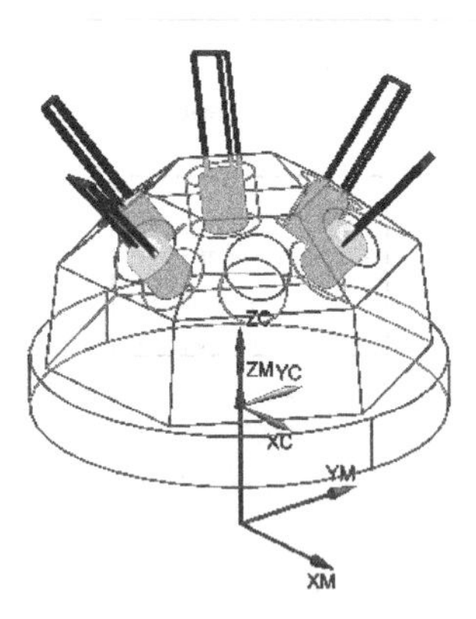

图 7-56　生成其他 5 个斜孔开粗刀路

先单击【显示结果】按钮，观察刀路变换没有错误后，再单击【确定】按钮。变换刀路结果如图 7-56 所示，生成其他 5 个斜孔开粗刀路。最后在【平面铣】对话框中单击【确定】按钮。

本节讲课视频

以上操作视频文件为：\ch07\03-video\04-斜孔粗加工 K7C 编程.exe。

7.3.6　斜孔及侧面光刀 K7D 编程

本节任务：采用多轴加工的方式编程。（1）对第 1 个斜孔用平面铣的方法进行光刀；（2）用刀路变换的方法对其他 5 个斜孔进行光刀；（3）用变轴曲面铣的方法对侧面光刀。

1. 对第 1 个斜孔用平面铣的方法进行光刀

（1）复制刀路

在导航器选择 K7C 程序组中第 1 个刀路 PLANAR_MILL_COPY，右击鼠标，在弹出的快捷菜单中选择【复制】，再次右击 K7D 程序组，在弹出的快捷菜单中选择【内部粘贴】，将其复制到此程序组中来成为刀路 PLANAR_MILL_COPY_COPY_5，如图 7-57 所示。

（2）设置步距参数及切削层参数

双击刚刚复制的刀路 PLANAR_MILL_COPY_COPY_5，系统弹出【平面铣】对话框，设置【步距】为“恒定”，【最大距离】为“0.06”，输入【附加刀路】为“2”，单击【切削层】按钮，系统弹出【切削层】对话框，设置【类型】为“仅底面”，如图 7-58 所示，单击【确定】按钮。

（3）设置切削参数

在系统返回的【平面铣】对话框中单击【切削参数】按钮，系统弹出【切削参数】对话框，选择【余量】选项卡，设置【部件余量】为“0”，【最终底面余量】为“0”，设置【内公差】为“0.01”，【外公差】为“0.01”，如图 7-59 所示，单击【确定】按钮。

图 7-57 复制刀路

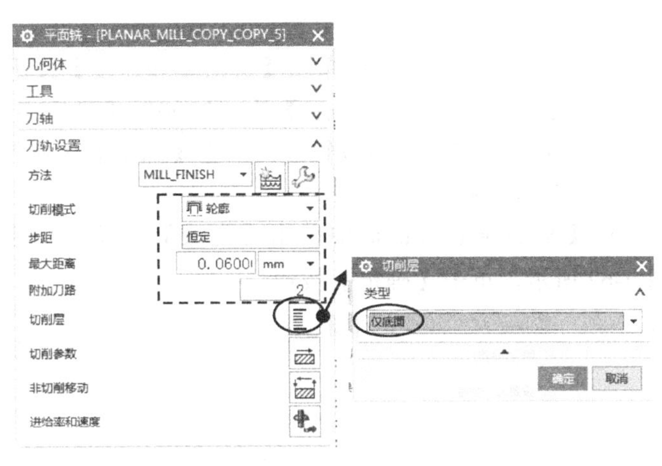

图 7-58 设置加工参数

（4）设置非切削移动参数

① 设置进刀参数。

在系统返回的【平面铣】对话框中单击【非切削移动】按钮，系统弹出【非切削移动】对话框，选择【进刀】选项卡，设置【封闭区域】的【进刀类型】为“与开放区域相同”，在【开放区域】栏，设置【进刀类型】为“圆弧”，【半径】为“5”，【圆弧角度】为 90°，【高度】为“0”，如图 7-60 所示。

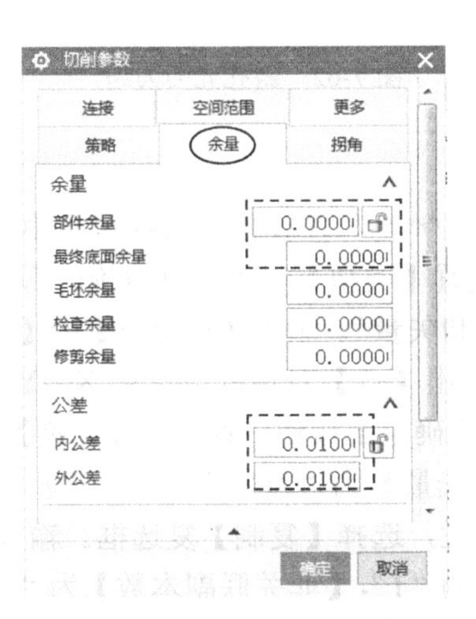

图 7-59 设定切削参数

图 7-60 设定进刀参数

② 设置转移参数。

切换到【转移/快速】选项卡，在【安全设置】栏中，检查【安全设置选项】应该为“球”，球心应该为（0，0，0）点，半径为 100，单击【显示】按钮图形显示安全区域。与图 7-30 所示相同，单击【确定】按钮。

（5）设置进给率和转速参数

在【平面铣】对话框中单击【进给率和速度】按钮，系统弹出【进给率和速度】对话框，设置【主轴速度（rpm）】为“2000”，【进给率】的【切削】为“120”，如图 7-61 所示。其余参数默认，不做修改，单击【确定】按钮。

（6）生成刀路

在【平面铣】对话框中单击【生成】按钮，系统计算出刀路，斜孔光刀刀路如图 7-62 所示，单击【确定】按钮。

图 7-61　修改进给参数

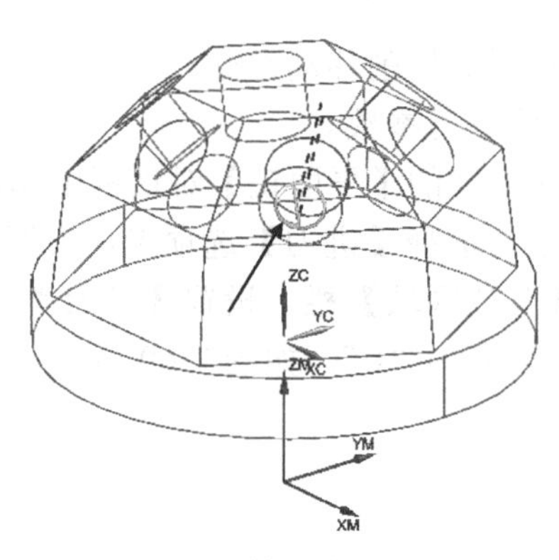

图 7-62　斜孔光刀刀路

2. 用刀路变换的方法加工其他 5 个斜孔光刀

在导航器中右击刚生成的刀路 PLANAR_MILL_COPY_COPY_5 ，在弹出的快捷菜单中执行【对象】|【变换】命令，系统弹出【变换】对话框，设置【类型】为“绕直线旋转”，【直线方法】为“点和矢量”。单击【指定点】的【点】按钮，系统弹出【点】对话框，设置 X、Y、Z 数值为 0，单击【确定】按钮，返回到【变换】对话框。设置【指定矢量】为“ZC”轴，【角度】为 60°。在【结果】栏，选择【复制】复选框。输入【距离/角度分割】为“1”，【非关联副本数】为“5”。与图 7-36 所示相同。

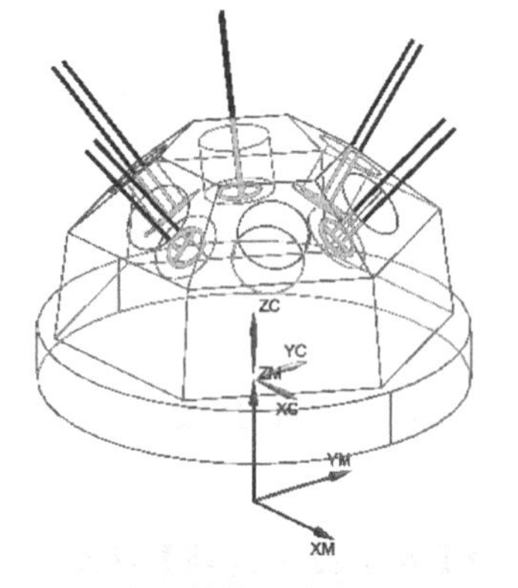

图 7-63　生成其他 5 个斜孔光刀刀路

先单击【显示结果】按钮，观察刀路变换没有错误后，再单击【确定】按钮。变换刀路结果如图 7-63 所示，生成其他 5 个斜孔光刀刀路。最后在【平面铣】对话框中单击【确定】按钮。

3．用变轴曲面轮廓铣的方法对侧面光刀

（1）设置工序参数

在操作导航器中选择程序组 K7D 的最后一个刀路，右击鼠标在弹出的快捷菜单中执行【插入】|【工序】命令，系统进入【创建工序】对话框，【类型】选择 mill_multi-axis，【工序子类型】选择【外形轮廓铣】按钮，【位置】中参数按图 7-64 所示设置。

（2）指定底面

本例将选择台阶面为底面。

在图 7-64 所示的对话框中单击【确定】按钮，系统弹出【外形轮廓铣】对话框，如图 7-65 所示。图中标示的参数要重点检查。

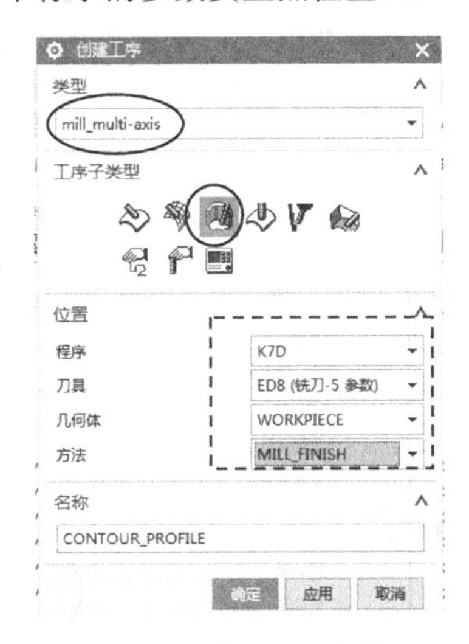

图 7-64　输入工序参数

图 7-65　外形轮廓铣对话框

在图 7-65 所示的对话框中单击【指定底面】按钮，系统弹出【底面几何体】对话框，然后在图形上选择台阶面，如图 7-66 所示。单击【确定】按钮，返回到【外形轮廓铣】对话框，在【指定壁】栏中单击【显示】按钮，图中显示出壁的几何图形。

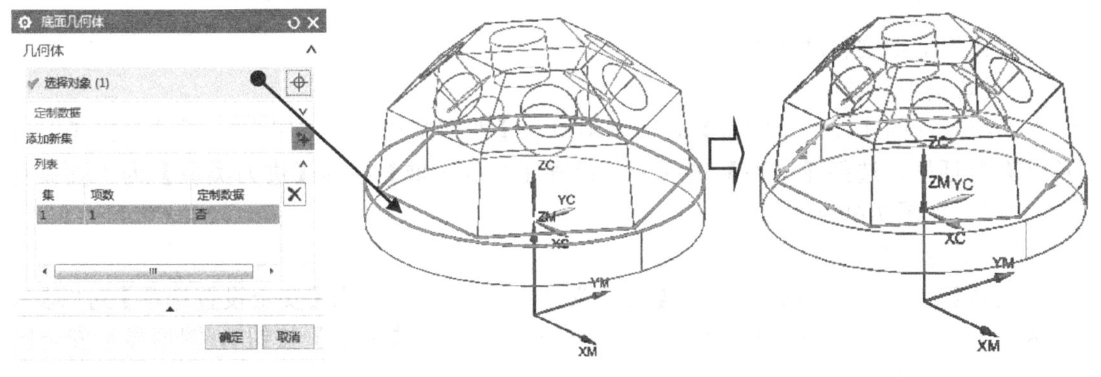

图 7-66　选择台阶面为底面

（3）检查刀轴设置

在【外形轮廓铣】对话框中，检查【刀轴】应该为“自动”。然后将右侧的滑条向下拖动显示出对话框的其他内容，如图 7-67 所示。

（4）设置切削参数

在【外形轮廓铣】对话框中单击【切削参数】按钮，系统弹出【切削参数】对话框，选择【多刀路】选项卡，在【多条侧面刀路】栏中，选择【多条侧面刀路】复选框，设置【侧面余量偏置】为“0.2”，【步进方法】为“增量”，【增量】为“0.06”。在【多重深度】栏中，选择【多重深度】复选框，设置【深度余量偏置】为“30”，【步进方法】为“增量”，【增量】为“15”。

在【余量】选项卡，设置【壁余量】为“0”，【底面余量】为“0”，【内公差】为“0.01”，【外公差】为“0.01”，如图 7-68 所示。其余参数默认，不做修改，单击【确定】按钮。

图 7-67　外形轮廓铣对话框

图 7-68　设置切削参数

（5）设置非切削移动参数

① 设置进刀参数。

在系统返回的【外形轮廓铣】对话框中单击【非切削移动】按钮，系统弹出【非切削移动】对话框，选择【进刀】选项卡，设置【开放区域】栏的【进刀类型】为“圆弧垂直于刀轴”，如图 7-69 所示。

② 设置转移参数。

切换到【转移/快速】选项卡，在【公共安全设置】栏中，设置【安全设置选项】为“球”，球心为（0, 0, 0）点，半径为 100，如图 7-70 所示，单击【显示】按钮图形显示安全区域，单击【确定】按钮。

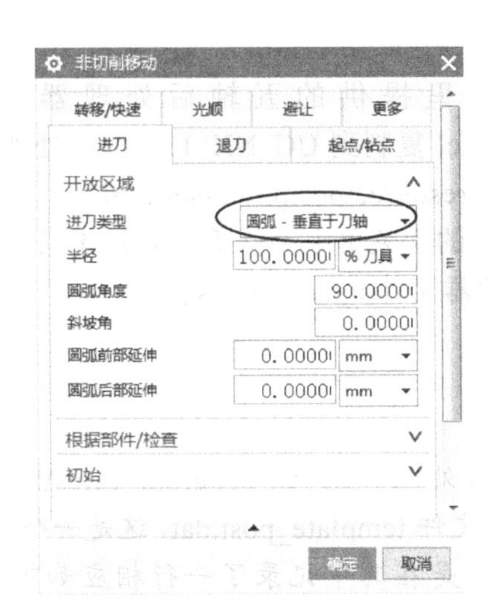

图 7-69　设置进刀参数

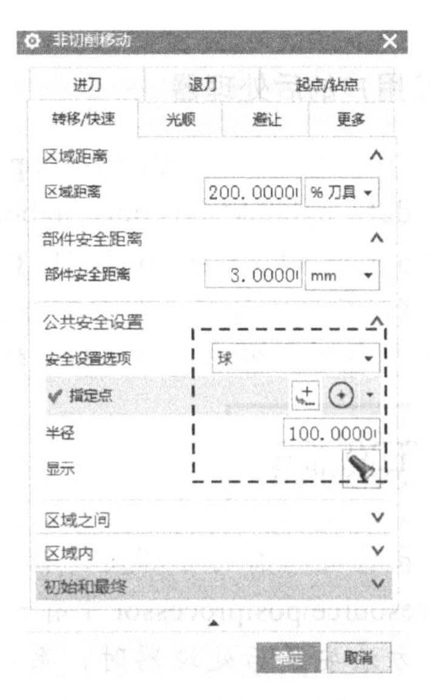

图 7-70　设置转移参数

（6）设置进给率和转速参数

在【外形轮廓铣】对话框中单击【进给率和速度】按钮，系统弹出【进给率和速度】对话框，设置【主轴速度（rpm）】为“2000”，【进给率】的【切削】为“120”。与图 7-61 所示相同。其余参数默认，不做修改，单击【确定】按钮。

（7）生成刀路

在【外形轮廓铣】对话框中单击【生成】按钮，系统计算出刀路，生成侧面外形光刀刀路如图 7-71 所示，单击【确定】按钮。

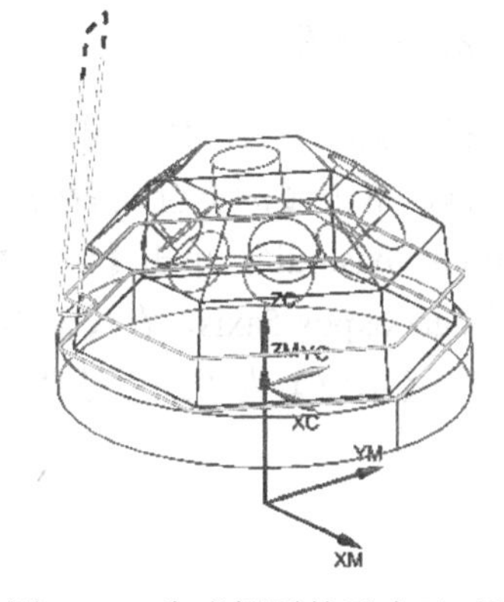

图 7-71　生成侧面外形光刀刀路

以上操作视频文件为：\ch07\03-video\05-斜孔及侧面光刀 K7D 编程.exe。

7.4　五轴后处理及程序分析

五轴机床的后处理器一般要根据机床的具体结构特点来制作。本书提供的后处理器 ugbook5axis 适合于具有 X、Y、Z、A、C 双转台、立式、五轴联动加工中心，A 轴的轴线和 C 轴的轴线偏距为 0。A 轴的旋转范围为–120°≤A≤30°，C 轴旋转范围为 0°≤C≤360°。C 轴和 A 轴为线性方式。该后处理器的制作方法详见第 8 章。所用的控制系统为 FANUC-31im 系列。

1．安装用户的后处理器

将本书配套光盘 ch07\01-sample\ 目录里提供的五轴后处理器三个文件 ugbook5axis.def、ugbook5axis.pui、ugbook5axis.tcl 复制到 UG NX 11.0 的后处理器系统文件目录 C:\Program Files\Siemens\NX11.0\MACH\resource\postprocessor 之中。

后处理器的安装方法是，在 UG 加工模块中的主菜单中执行【菜单】|【工具】|【安装 NC 后处理器】命令，然后选择光盘里的后处理器文件 ugbook5axis.pui。

此处安装后处理器的原理是：在系统的后处理目录 C:\Program Files\Siemens\NX 8.5\MACH\resource\postprocessor 中有一个模版文件 template_post.dat，这是一个文本文件，当按照上述方法安装后处理器时，系统实际上是在其中记录了一行相应如下的信息：ugbook5axis,${UGII_CAM_POST_DIR}ugbook5axis.tcl,${UGII_CAM_POST_DIR}ugbook5axis.def，以后再进行后处理时，就可以在【后处理】对话框中选择相应的后处理器了。

2．后处理

在导航器中右击程序组 K7A，在弹出的快捷菜单中选择 后处理 ，系统弹出【后处理】对话框，单击【浏览查找后处理器】按钮，在弹出的对话框中选择刚复制的后处理器文件“ugbook5axis.pui”，单击【确定】按钮。返回到【后处理】对话框，从其中选择安装的五轴后处理器 ugbookpos-5axis，在【输出文件】栏的【文件名】输入“c：\temp\k7a”，【文件扩展名】为“mcd”，【单位】为“经后处理定义”（该后处理器定义的单位为公制）。如图 7-72 所示。

图 7-72　后处理生成 k7a 文件

单击【应用】按钮，系统生成的NC程序显示在【信息】窗口中，如图7-73所示。同时查询D：盘根目录得知，生成了文件k7a.mcd。

```
i 信息
文件(F) 编辑(E)
%
N0010 G40 G17 G90
N0020 G91 G28 Z0.0
N0030 T01 M06
N0040 G00 G90 G54 X-68.449 Y-22.299 A0.0 C0.0 S2000 M03
N0050 G43 Z120. H01
N0060 Z102.
N0070 G01 Z99. F1500. M08
N0080 X-57.554 Y-18.931
N0090 X-57.582 Y-18.843
N0100 G02 X-57.953 Y17.569 I57.284 J18.792
N0110 G01 X-57.943 Y17.604
```

此条语句控制旋转台回到零位

图7-73　生成k7a.mcd

在导航器中选择程序组 K7B，在【后处理】对话框中输入【文件名】为“c：\temp\k7b”，单击【应用】按钮，系统显示如图7-74所示的NC程序。

```
i 信息
文件(F) 编辑(E)
N0320 X-30.572 Y17.651
N0330 Z103.
N0340 G00 Z128.562
N0350 G00 X0.0 Y-7.871 A-42. C240. S2000 M03
N0360 Z124.794
N0370 Z92.906
N0380 G01 Z89.906 F150.
N0390 Y-19.871
N0400 X26.207
```

此条语句控制旋转台旋转

图7-74　生成k7b.mcd

同理，可以对其他程序组进行后处理，生成k7c.mcd和k7d.mcd。

在【后处理】对话框，单击【取消】按钮，关闭这个对话框。在【信息】框右上角单击【关闭】按钮。在工具栏中单击【保存】按钮将编程文件存盘，结束程序的编制。

本节讲课视频

以上操作视频文件为：\ch07\03-video\06-后处理.exe。

本章实例已经在五轴联动机床上加工出来了，结果如图7-75所示。

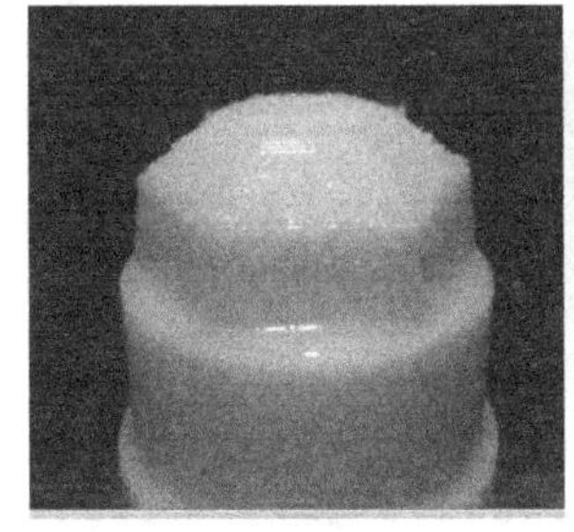

(a) 开粗

(b) 中光刀

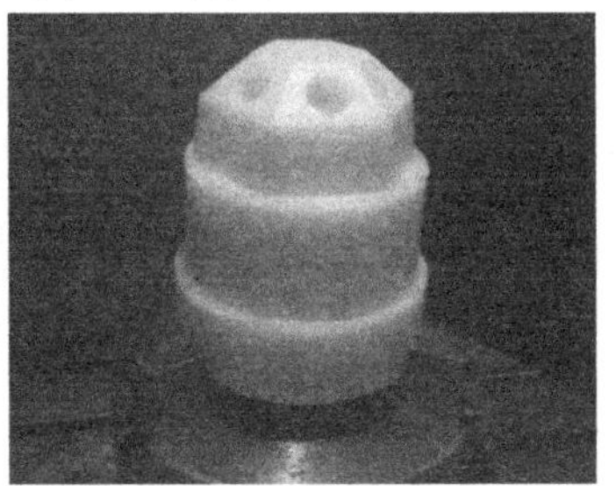

(c) 光刀

图7-75　在五轴机床上加工结果

7.5 数控程序 VERICUT 仿真

五轴数控编程完成以后，对初学者来说，一般要在 VERICUT 数控仿真软件上进行检查。过程为（1）先根据真实机床的结构参数、运动参数及控制系统来建立一个虚拟机床模型；（2）定义毛坯及虚拟装夹毛坯；（3）定义刀具；（4）数控程序输入；（5）运行仿真；（6）分析仿真结果。如果已经定义好了机床模型，可以从第（2）步开始。

经过仿真，如果发现错误就要及时分析原因并且纠正，无误后才可以发出程序工作单交由操作员在指定类型的机床上加工工件。操作员必须要严格按照数控程序工作单的装夹方案来装夹工件和刀具，加工中合理给定进给参数和转速，执行完成所有程序，工件经过检查，合格以后才可以拆下，清理机床，准备完成其他工作。

7.5.1 五轴机床仿真模型的建立

本节任务：根据已经提供的机床结构件组装构建五轴机床的模型。五轴机床的构建步骤：（1）建立虚拟的 X、Y、Z 轴及 A、C 轴结构节点，同时向各个节点添加结构件模型文件；（2）添加主轴、刀具虚拟节点；（3）设置控制系统；（4）设置机床行程；（5）设置其他部件。

1. 建立机床的节点

（1）进入系统界面

首先将本书提供的机床原始文件 01-sample\ch07-02 目录复制到 D:\ch07-2。

启动 VERICUT 7.1 软件，在主菜单中执行【文件】|【工作目录】命令，然后在系统弹出的【工作目录】对话框中选择 D:\ch07-02 为工作目录，单击【确定】按钮。再在主菜单中执行【文件】|【新项目】命令，系统弹出【新的 VERICUT 项目】对话框，输入文件名为“ugbook-5ax.vcproject”，单击【确定】按钮，进入仿真软件工作界面，如图 7-76 所示。关闭左侧的零件窗口，将右侧机床窗口最大化。

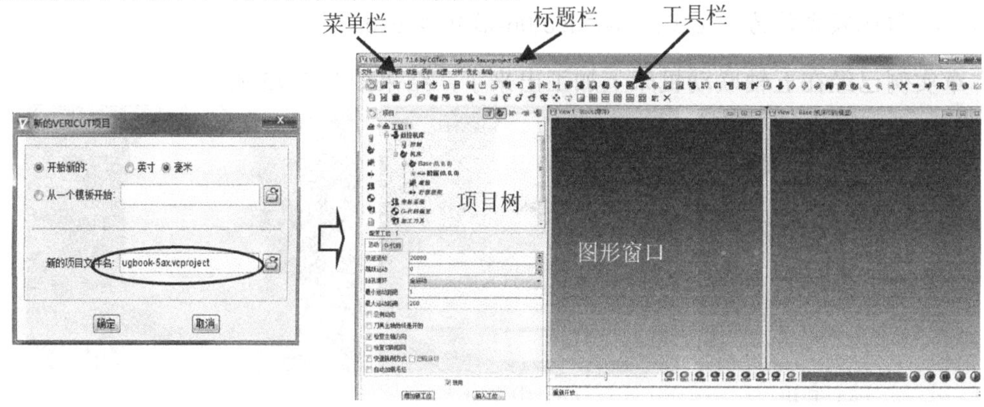

图 7-76 输入项目名称

（2）装配X轴虚拟节点及模型

在项目树中，右击Base(0, 0, 0)节点，在弹出的快捷菜单中执行【添加】|【X线性】命令，观察项目树中已经增加了X(0, 0, 0)，选择这个节点，在项目树底部显示出的【配置组件】对话框底部，单击【添加模型】按钮右侧的下三角符号，在弹出的选项中选择【模型文件】，然后在系统弹出的【打开】对话框中选择模型文件“doosan_vmd600_5ax_x.stl”，单击【确定】按钮，结果如图7-77所示。

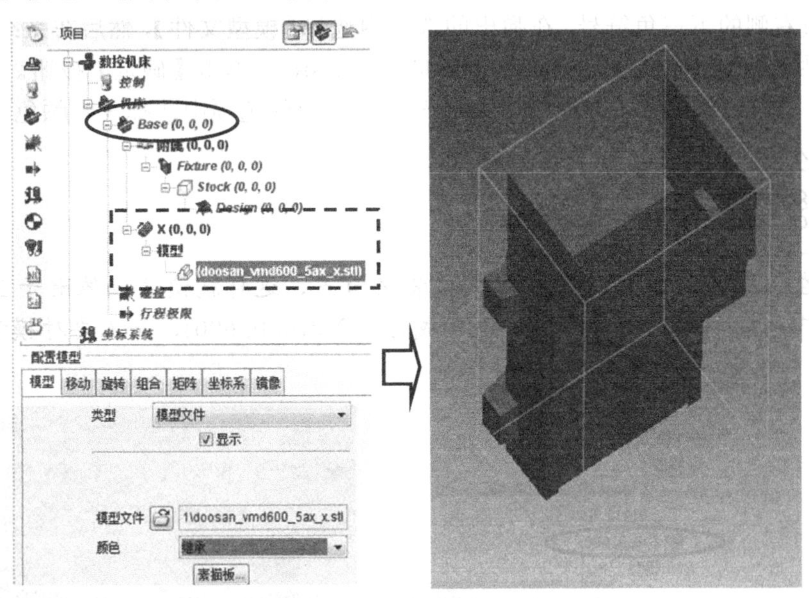

图7-77　装配X轴组件

单击X(0, 0, 0)下方的模型，在项目树下方的【配置】窗口的底部，单击【添加模型】按钮右侧的下三角符号，在弹出的选项中选择【方块】，然后在项目树下方的【配置模型】对话框的【模型】选项卡中输入X为672、Y为555、Z为5。再切换到【移动】选项卡，单击【到】右侧的坐标值输入区，输入“–336 –142 1921”，单击【移动】按钮，如图7-78所示。

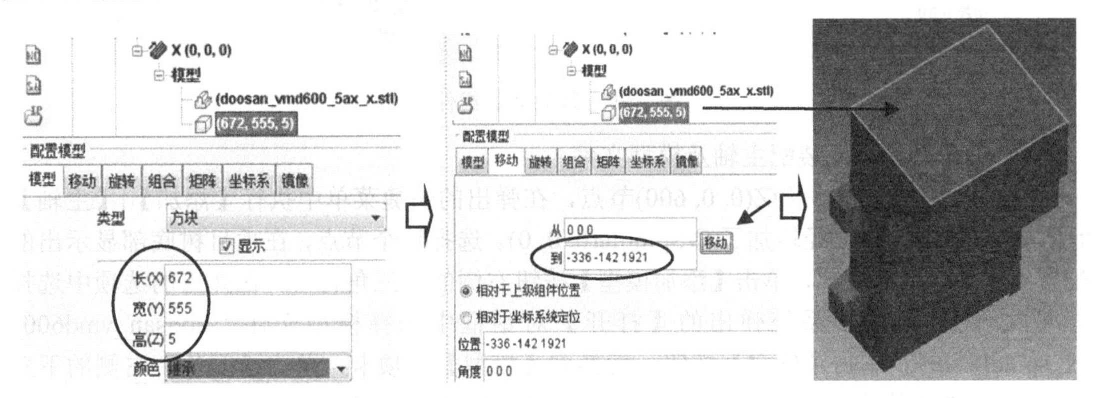

图7-78　添加模型

（3）在 X 轴节点下装配 Z 轴虚拟节点及模型文件

在项目树中，右击 X(0, 0, 0)节点，在弹出的快捷菜单中执行【添加】|【Z 线性】命令，观察项目树中已经增加了 Z(0, 0, 0)，选择这个节点，在【配置组件】对话框，切换到【移动】选项卡，单击【到】右侧的坐标值，输入“0 0 600”，单击【移动】按钮。观察项目树中 Z 变为 Z(0, 0, 600)。

选择 Z(0, 0, 600)节点，在项目树底部显示出的【配置组件】对话框底部，单击【添加模型】按钮右侧的下三角符号，在弹出的选项中选择【模型文件】，然后在系统弹出的【打开】对话框中选择模型文件“doosan_vmd600_5ax_z.stl”，单击【确定】按钮。切换到【模型】选项卡，单击【颜色】右侧的下三角符号，在弹出的选项中选择 3 号颜色 3:Navajo White 。如图 7-79 所示。

此处要在 X 节点 X(0, 0, 0)以下安装 Z 节点，这样就使 Z 轴依附于 X 轴，并且注意选择 Z 节点，将其平移 Z(0, 0, 0)成为 Z(0, 0, 600)，而不要对模型文件进行平移。

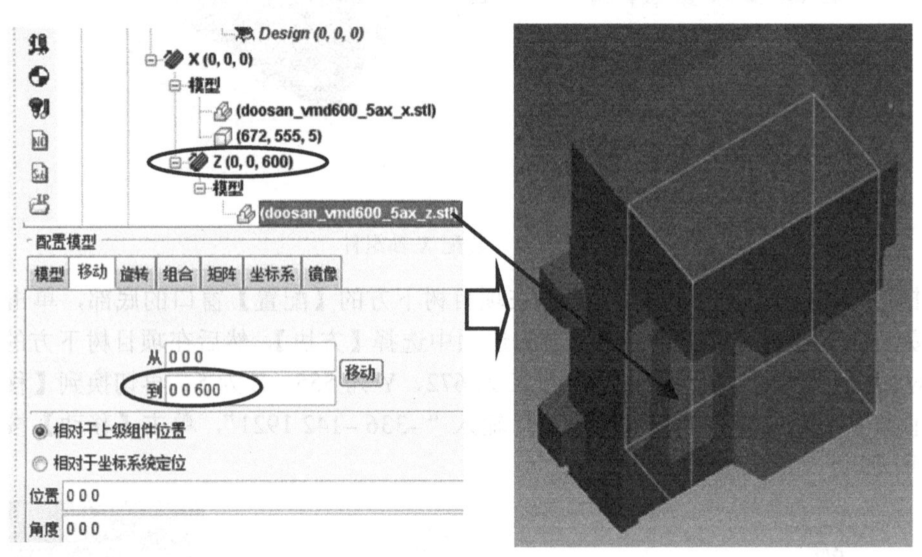

图 7-79　装配 Z 轴组件

（4）在 Z 轴节点下装配主轴及模型文件

在项目树中，右击 Z(0, 0, 600)节点，在弹出的快捷菜单中执行【添加】|【主轴】命令，观察项目树中已经增加了 Spindle(0, 0, 0)。选择这个节点，在项目树底部显示出的【配置组件】对话框底部，单击【添加模型】按钮右侧的下三角符号，在弹出的选项中选择【模型文件】，然后在系统弹出的【打开】对话框中选择模型文件“doosan_vmd600_5ax_spindle.sor”，单击【确定】按钮。切换到【模型】选项卡，单击【颜色】右侧的下三角符号，在弹出的选项中选择 4 号颜色 4:Sienna ，如图 7-80 所示。

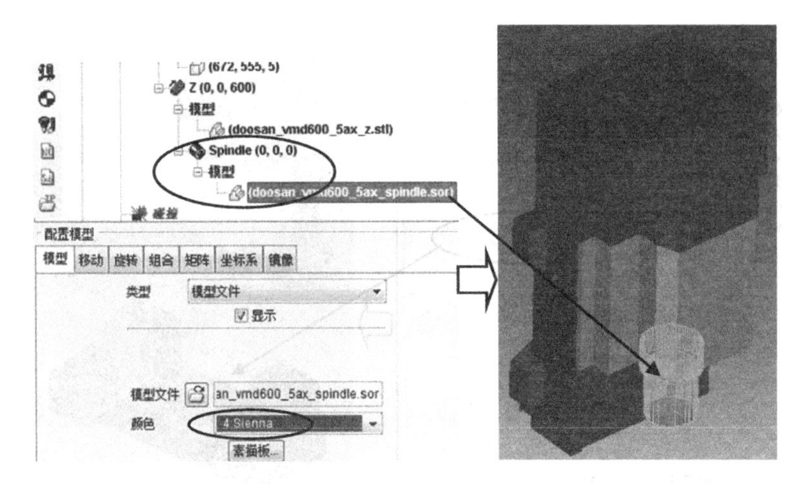

图 7-80　装配主轴组件

（5）在主轴节点下装配刀具节点

在项目树中，右击Spindle(0, 0, 0)节点，在弹出的快捷菜单中执行【添加】|【刀具】命令，观察项目树中已经增加了Tool (0, 0, 0)。如图 7-81 所示。

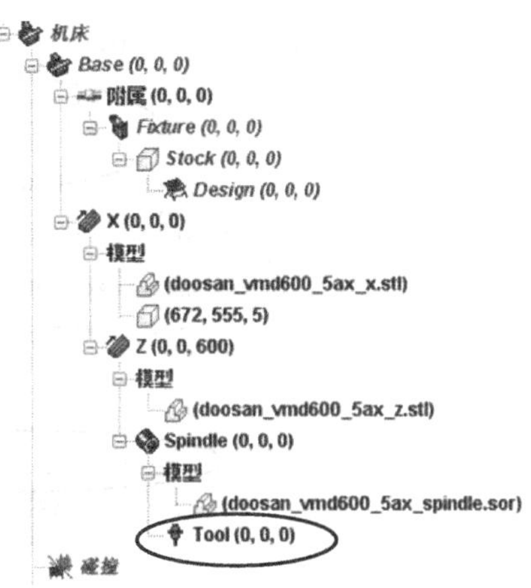

图 7-81　装配刀具节点

（6）装配 Y 轴虚拟节点及模型

在项目树中，右击Base(0, 0, 0)节点，在弹出的快捷菜单中执行【添加】|【Y 线性】命令，观察项目树中的Base(0, 0, 0)下已经增加了Y(0, 0, 0)，选择这个节点，在【配置组件】对话框中切换到【移动】选项卡，单击【到】右侧的坐标值，输入“0 –250 0”，单击【移动】按钮。观察项目树中 Y 变为Y(0, –250, 0)。

在项目树底部显示出的【配置组件】对话框底部，单击【添加模型】按钮右侧的下三角符号，在弹出的选项中选择【模型文件】，然后在系统弹出的【打开】对话框中选择模型文件“doosan_vmd600_5ax_y.stl”，单击【确定】按钮。切换到【模型】选项卡，单击【颜色】右侧的下三角符号，在弹出的选项中选择 5 号颜色 5:Dim Gray。如图 7-82 所示。

（7）在 Y 轴节点下装配 A 旋转轴及模型文件

在项目树中，右击Y(0, –250, 0)节点，在弹出的快捷菜单中执行【添加】|【A 旋转】命令，观察项目树中已经增加了A(0, 0, 0)，选择这个节点，在项目树底部显示出的【配置组件】对话框底部，单击【添加模型】按钮右侧的下三角符号，在弹出的选项中选择【模型文件】，然后在系统弹出的【打开】对话框中选择模型文件“doosan_vmd600_5ax_a.stl”，单击【确定】按钮，如图 7-83 所示。

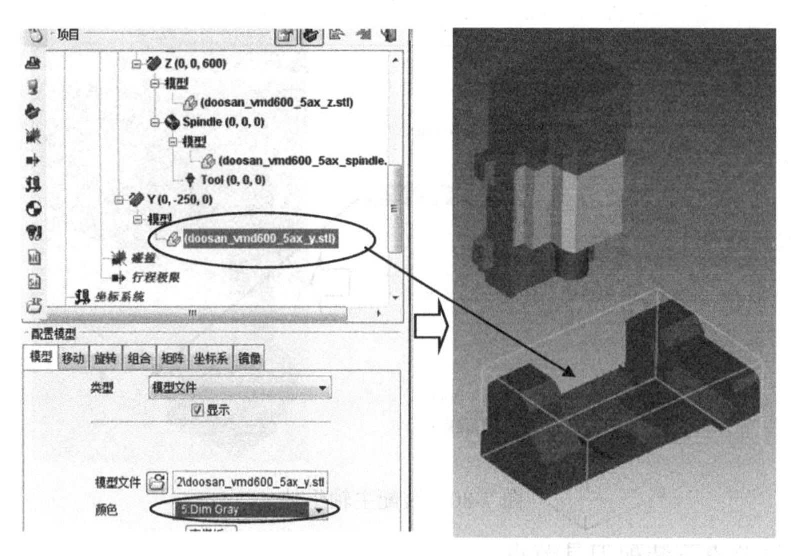

图 7-82　装配 Y 轴组件

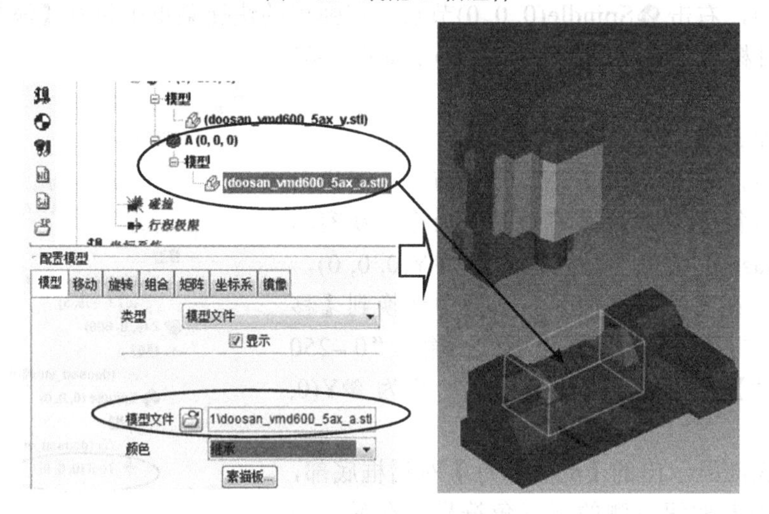

图 7-83　装配 A 旋转轴组件

（8）在 A 旋转轴节点下装配 C 旋转轴及模型文件

在项目树中，右击 A(0, 0, 0)节点，在弹出的快捷菜单中执行【添加】|【C 旋转】命令，观察项目树中已经增加了 C(0, 0, 0)，选择这个节点，在项目树底部显示出的【配置组件】对话框底部，单击【添加模型】按钮右侧的下三角符号，在弹出的选项中选择【模型文件】，然后在系统弹出的【打开】对话框中选择模型文件“doosan_vmd600_5ax_c.stl”，单击【确定】按钮。切换到【模型】选项卡，单击【颜色】右侧的下三角符号，在弹出的选项中选择 6 号颜色 6:Gold ，如图 7-84 所示。

（9）在 C 旋转轴节点下装配附属夹具

在项目树中，右击 附属 (0, 0, 0) 节点，在弹出的快捷菜单中选择【剪切】，再右击 C(0, 0, 0)节点，在弹出的快捷菜单中选择【粘贴】，将附属夹具节点移动到 C 节点以下形成逻辑依附关系，也就是说，将来安装的夹具及在夹具上安装的毛坯会随着 C 轴的运动而运动，如图 7-85 所示。

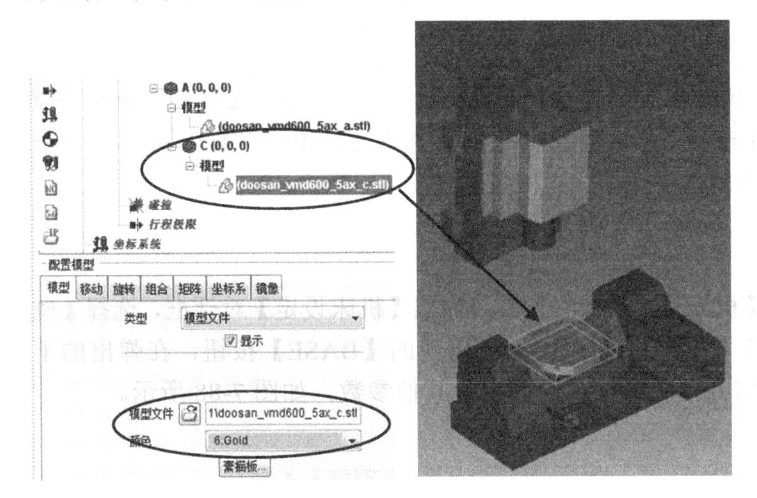

图 7-84　装配 C 旋转轴组件　　　　图 7-85　装配附属夹具节点

2. 安装控制系统

在项目树中右击控制按钮，在弹出的快捷菜单中选择【打开】，在系统弹出的【打开控制系统】对话框中选择文件“doosan_vmd600_5ax_fan31im.ctl”，单击【打开】按钮。观察项目树的变化，如图 7-86 所示。

3. 检查控制参数

在主菜单中执行【配置】|【控制设置】命令，系统弹出【控制设置】对话框，选择【旋转】选项卡，检查参数【A-轴旋转台型】及【C-轴旋转台型】为“线性”，【绝对旋转式方向】为“正量—>逆时针”，如图 7-87 所示。

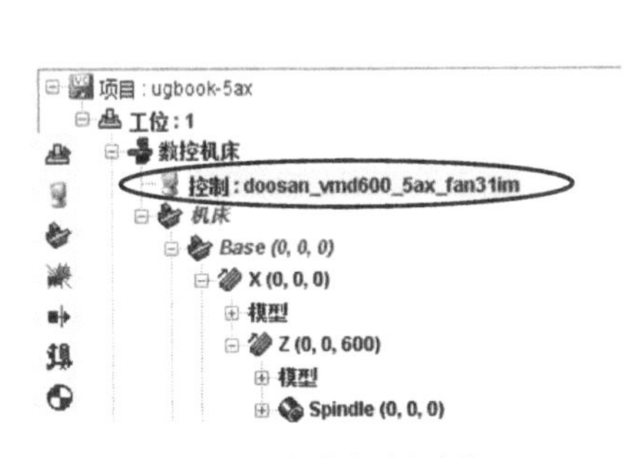

图 7-86　安装控制系统

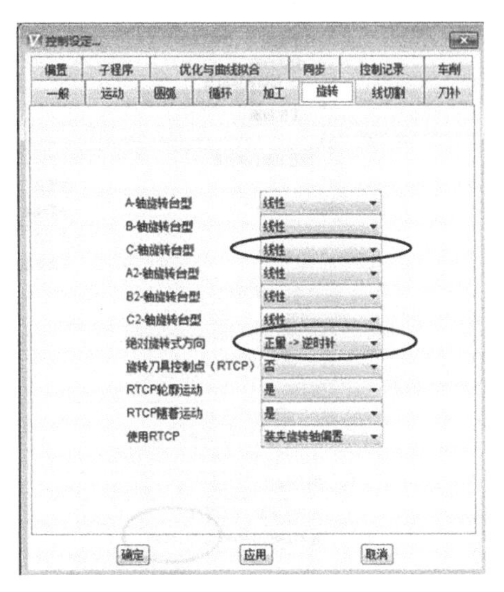

图 7-87　检查旋转轴设置

如果这些参数有修改的话，就需要及时将控制系统文件存盘，方法是在项目树中右击控制 doosan_vmd600_5ax_fan31im 节点，在弹出的快捷菜单中选择【保存】。实际工作中一定要结合具体的机床的相关参数来设置。

4．设置机床参数

在主菜单中执行【配置】|【机床设定】命令，系统弹出【机床设定】对话框，选择【碰撞检测】选项卡，单击【添加】按钮，然后单击系统出现的【BASE】按钮，在弹出的下拉菜单中选择【Z】，再勾选右侧方框次组件。同理设置其他参数，如图 7-88 所示。

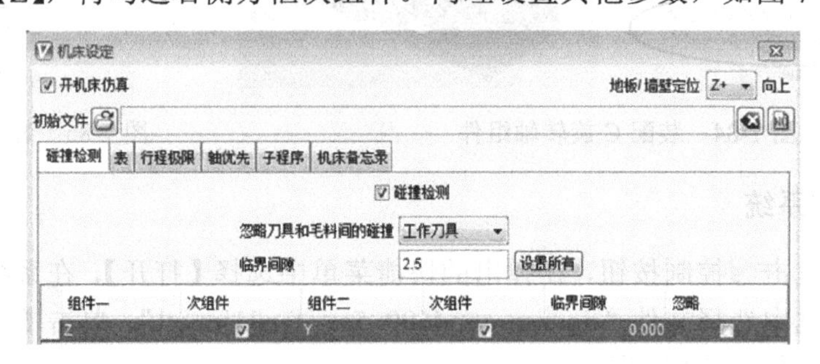

图 7-88　设置碰撞检测

选择【表】选项卡，选择【机床台面】选项，【位置名】选择“初始机床位置”，单击【添加】按钮，在【值】栏输入“U-1000”，如图 7-89 所示。

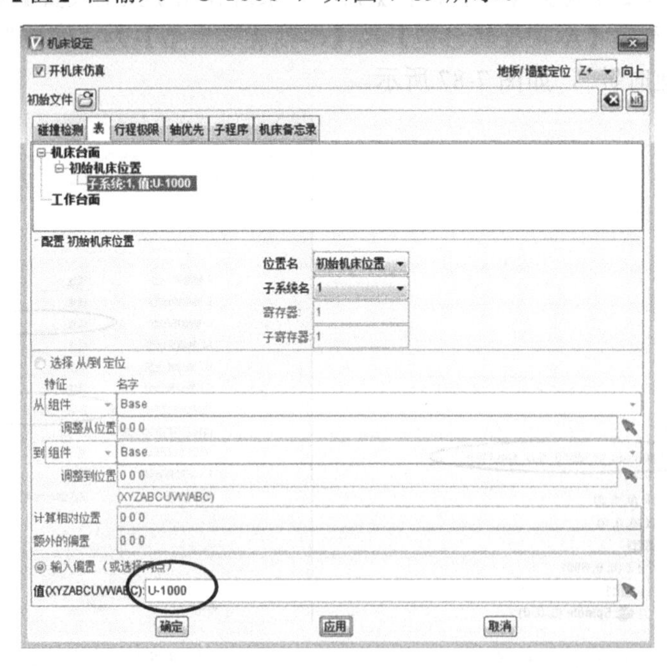

图 7-89　设置初始位置

切换到【行程极限】选项卡，单击【添加组】按钮，双击【X】对应的【最小值】栏，输入“–450”，【最大值】栏输入“450”。同理按如图7-90所示设置参数，单击【确定】按钮。

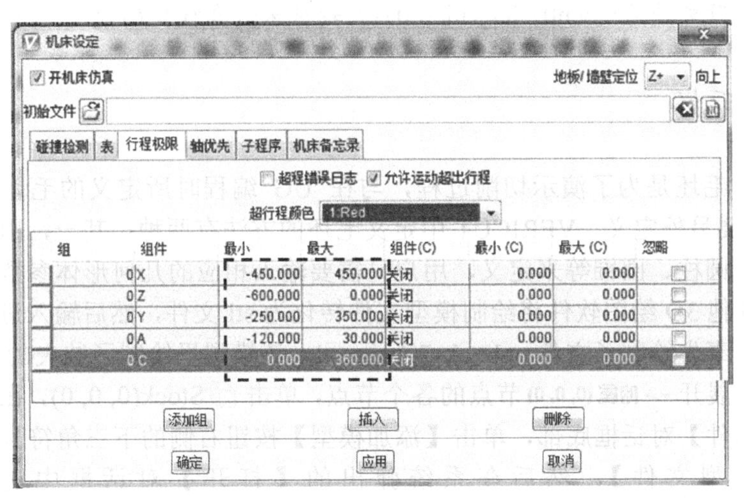

图 7-90　设置机床行程

5．机床参数存盘

在项目树中右击机床按钮，在弹出的快捷菜单中选择【另存为】，然后在系统弹出的【保存机床文件】对话框中输入文件名为“ugbook-5ax”，扩展名【过滤器】系统默认为“*mch”，单击【保存】按钮。观察项目树的变化，如图7-91所示。

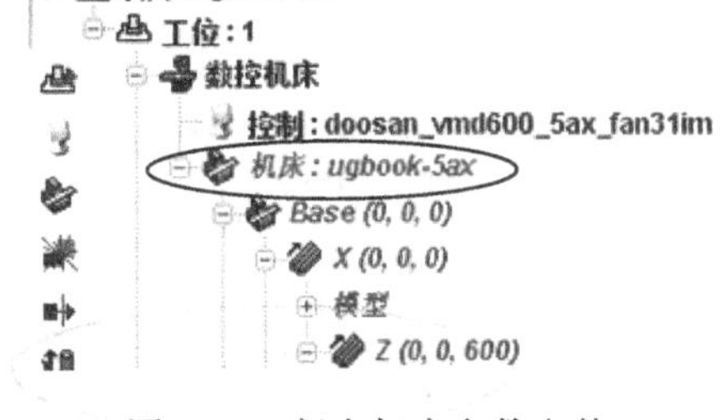

图 7-91　保存机床参数文件

6．装配其他部件

可以按照以上的思路装配机床刀库、外罩及其他附件，因为这些对于本章的程序检查影响不大，为了简化，此处就不安装了。有兴趣的读者可以自行安装，必要时可以双击机床：ugbook-5ax节点，打开软件自带的完整机床文件进行参考。

五轴机床的各个部件模型文件可以根据真实机床外形尺寸，事先在UG等软件里绘制好，然后按照统一的坐标系（该坐标系就是机床坐标系）输出为stl文件。在VERICUT软件里装配机床要首先了解机床XYZAC的运动依附关系，如本例在机床机体 Base (0, 0, 0) 下装配X轴和Y轴，然后在X轴节点下装配Z轴，在Z轴下装配A轴，在A轴下装配C轴。有些机床的AC轴线有偏移的还需要设置偏移参数。

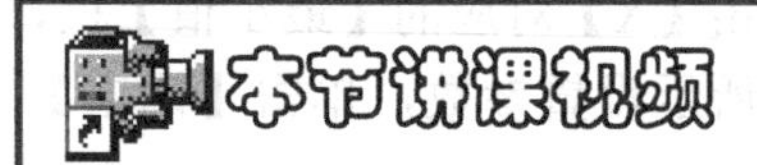

以上操作视频文件为：\ch07\03-video\07-五轴机床仿真模型的建立.exe。

7.5.2　定义毛坯

此处定义的毛坯是为了演示切削过程，与在 UG 编程时所定义的毛坯相似，但是在 VERICUT 中需要另外定义。VERICUT 中定义毛坯的方法有两种：其一，用软件提供的标准形体如方块、圆柱、圆锥等来定义，用户只需要输入相应的几何形体参数；其二，事先采用 UG 或者其他 3D 绘图软件将绘制模型文件转化为 stl 文件，然后输入进来。本例为了切合工作实际，事先绘制了文件 ugbook-7-1-mp.stl，该模型里绘制了装夹的环槽卡位。

在项目树中展开 附属 (0, 0, 0) 节点的各个节点，单击 Stock(0, 0, 0)，在项目树底部显示出的【配置组件】对话框底部，单击【添加模型】按钮右侧的下三角符号，在弹出的选项中选择【模型文件】，然后在系统弹出的【打开】对话框中选择模型文件“ugbook-7-1-mp.stl”，单击【确定】按钮。切换到【模型】选项卡，单击【颜色】右侧的下三角符号，在弹出的选项里选择 13 号颜色 13:Cyan ，如图 7-92 所示。

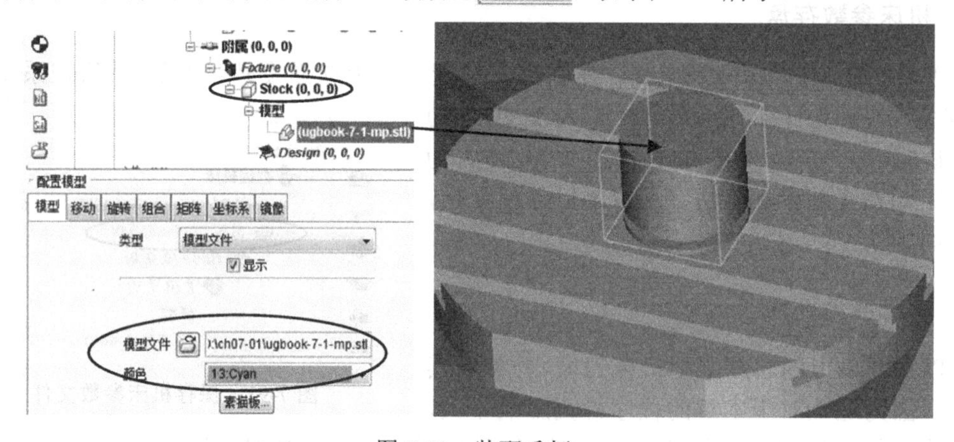

图 7-92　装配毛坯

以上操作视频文件为：\ch07\03-video\08-定义毛坯.exe。

7.5.3　定义夹具

此处定义夹具的目的是为了更直观地检查数控程序是否安全。设计装夹方案要切合机床工作台和所配夹具的实际情况，以及加工零件的特点。这项工作对于刀具轴线摆动比较大的五轴加工来说非常重要。如果通过仿真检查，发现刀具与夹具有碰撞，就需要检查程序和装夹方案是否合理，必要时和操作员协商更好的装夹方案。装夹方案一旦确定了，就需要在数控程序工作单里清晰说明，以便操作员能严格遵守。本例已经事先绘制了压板夹具。

单击Fixture(0, 0, 0)节点，在项目树底部显示出的【配置组件】对话框底部，单击【添加模型】按钮右侧的下三角符号，在弹出的选项中选择【模型文件】，然后在系统弹出的【打开】对话框中选择模型文件“ugbook-7-1-jiaju.stl”，单击【确定】按钮，装配夹具，如图7-93所示。

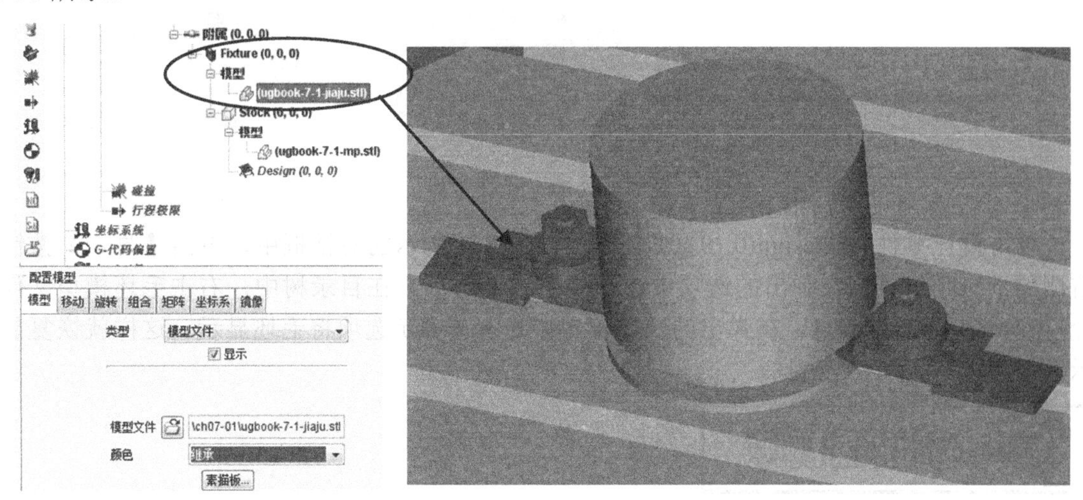

图7-93 装配夹具

以上操作视频文件为：\ch07\03-video\09-定义夹具.exe。

7.5.4 装配设计零件

此处装配设计零件的目的是为了在仿真完成以后将切削的毛坯形状和设计零件比较，分析检查是否有过切和漏切等现象，以便检查数控程序的安全性和正确性。设计零件可以将编程图形按照编程输出所用的坐标系转化为stl文件。

单击Design(0, 0, 0)节点，在项目树底部显示出的【配置组件】对话框底部，单击【添加模型】按钮右侧的下三角符号，在弹出的选项中选择【模型文件】，然后在系统弹出的【打开】对话框中选择模型文件“ugbook-7-1-design.stl”，单击【确定】按钮。

初始状态这个零件被毛坯遮蔽，为了观察装配是否正确，右击毛坯模型文件节点(ugbook-7-1-mp.stl)，在弹出的快捷菜单中选择显示选项，将毛坯关闭显示。再单击设计零件Design(0, 0, 0)节点，在项目树底部显示出的【配置组件】对话框底部，单击【显示】按钮右侧的下三角符号，在弹出的选项中选择【双视图】，结果如图7-94所示。

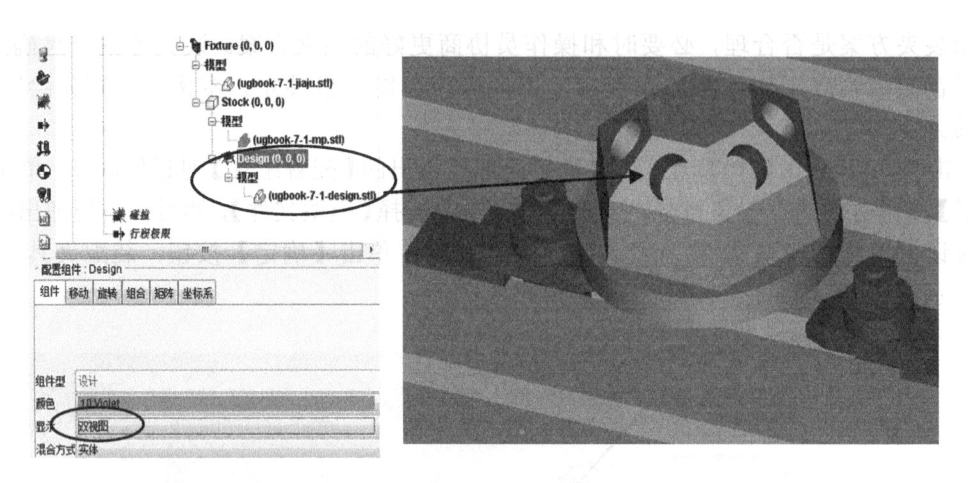

图 7-94　装配设计零件

单击设计零件 Design(0, 0, 0)节点，在图 7-94 所示的对话框中，单击【显示】按钮右侧的下三角符号，在弹出的选项中选择【空白】选项。在目录树中，右击毛坯模型文件 (ugbook-7-1-mp.stl) 节点，在弹出的快捷菜单中选择显示选项将毛坯显示。这样就恢复显示原来状态。

以上操作视频文件为：\ch07\03-video\10-装配设计零件.exe。

7.5.5　定义刀具

VERICUT 软件提供了功能强大且灵活的刀库建立功能。用户可以根据自己车间刀具的具体实际情况，建立全新的刀库文件；为了简化，也可以根据软件自带或者已经有的刀库文件进行修改，成为自己的刀库。本例介绍刀库文件的修改方法。

1. 刀具调查

本例所使用的刀具测量尺寸如下。

1 号刀，名称 ED12，全长为 100，刀刃长为 38，全直身，即刀夹持部分直径也是 Φ12，夹持长度为 25；

2 号刀，名称 ED8，全长为 100，刀刃长为 20，全直身，即刀夹持部分直径也是 Φ8，夹持长度为 25；

刀柄均采用 BT40，小头直径为 Φ40。

2. 刀库修改

（1）修改刀具参数

在项目树中单击 加工工具节点，在项目树底部显示出的【配置组件】对话框，单击【打开刀库文件】按钮，在系统弹出的【打开】对话框中选择工作目录为D:\ch07-02，选择本书配套光盘提供的刀库文件“ugbook-7-1-tool.tls”，单击【打开】按钮。观察目录树的刀具节点变为 加工刀具：ugbook-7-1-tool 。右击该节点，在弹出的快捷菜单中选择 刀具管理器... ，系统弹出【刀具管理器】对话框。展开1号刀和2号刀的项目，如图7-95所示。

描述	单位	装夹点	装夹方向	刃数	注释
ED12	毫米	0 0 120	0 0 0	2	T1
Flat End (12 75)					
REFERENCE "PO26"					
ED8	毫米	0 0 120	0 0 0	2	T2
Flat End (8 75)					
REFERENCE "PO26"					
BD8R4	毫米	0 0 130	0 0 0	2	T3
BD12R6	毫米	0 0 130	0 0 0	2	T4
ED10	毫米	0 0 155	0 0 0	2	T5
ED6	毫米	0 0 125	0 0 0	2	T6
ED6	毫米	0 0 125	0 0 0	2	T7
ED16R0.8	毫米	0 0 160	0 0 0	3	T10
BT40	毫米	0 0 80	0 0 0	2	
Profile (SOR)					

图7-95 【刀具管理器】对话框

双击1号刀具的切削部分按钮 刀具1 ，系统弹出【刀具ID：1】对话框，按如图7-96所示检查并修改刀具尺寸。单击【修改】按钮，再单击【关闭】按钮。

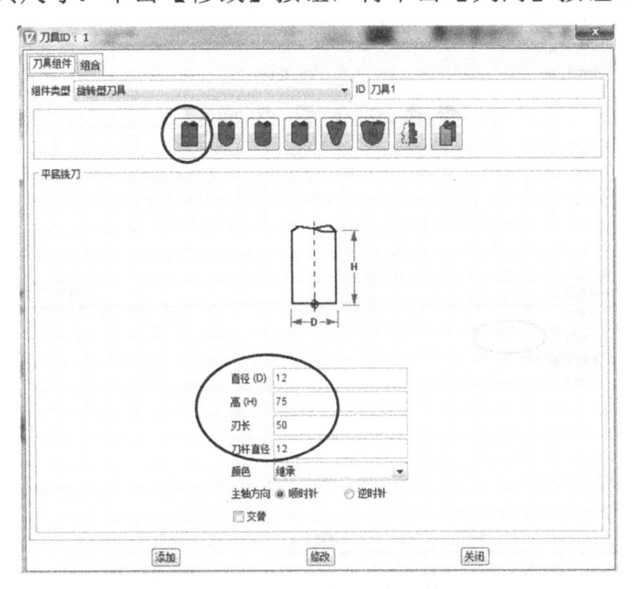

图7-96 检查修改1号刀具尺寸

系统返回到【刀具管理器】对话框中，双击2号刀具的【切削部分】按钮 Cutter，系统弹出【刀具ID：2】对话框，按如图7-97所示检查并修改刀具尺寸。单击【修改】按钮，再单击【关闭】按钮。

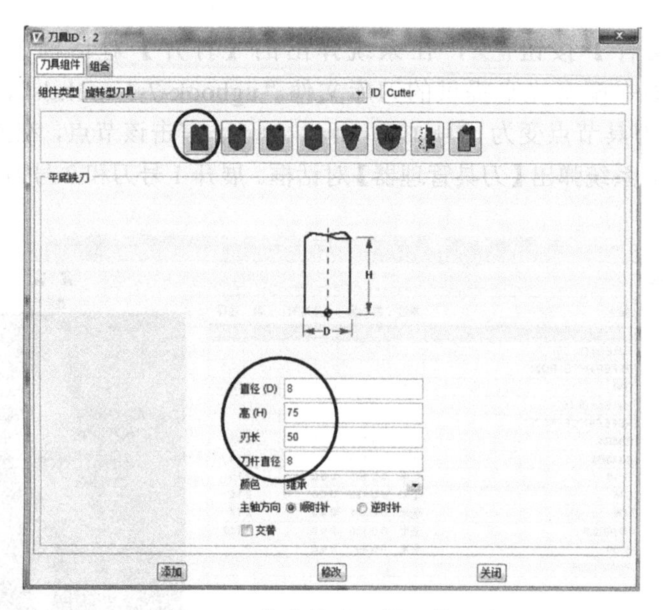

图 7-97　检查修改 2 号刀具尺寸

（2）修改刀柄参数

系统返回到【刀具管理器】对话框中，双击 1 号刀具的刀柄部分按钮 Holder1，系统弹出【刀具 ID：1】对话框，按如图 7-98 所示检查并修改【参考刀具 ID】为“PO26”，单击【修改】按钮。

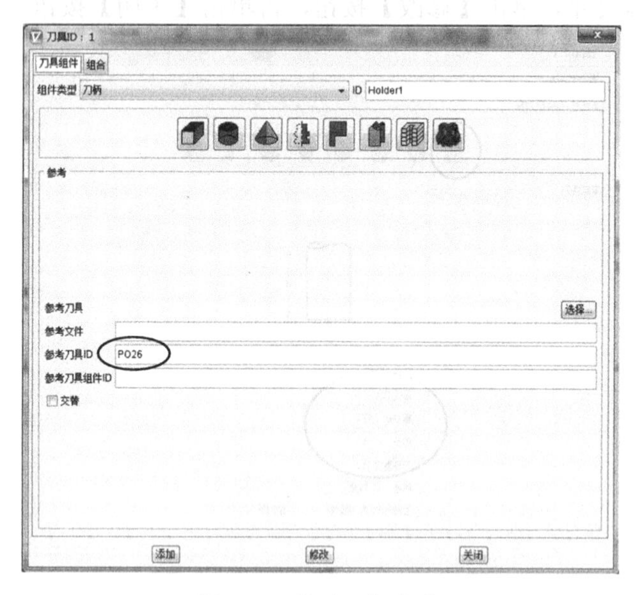

图 7-98　修改刀柄名称

切换到【组合】选项卡，检查位置数据为“0 0 75”，含义是将刀柄沿着 Z 轴平移 75，这样就使所夹持的刀具露出 75，如图 7-99 所示。如果需要调整这个长度，如要缩短 10，可以在【到】栏中输入“0 0 –10”，单击【移动】按钮，此时位置数据就会变为“0 0 65”。

单击【关闭】按钮。同理，检查2号刀具刀柄也是参考PO26进行设置。

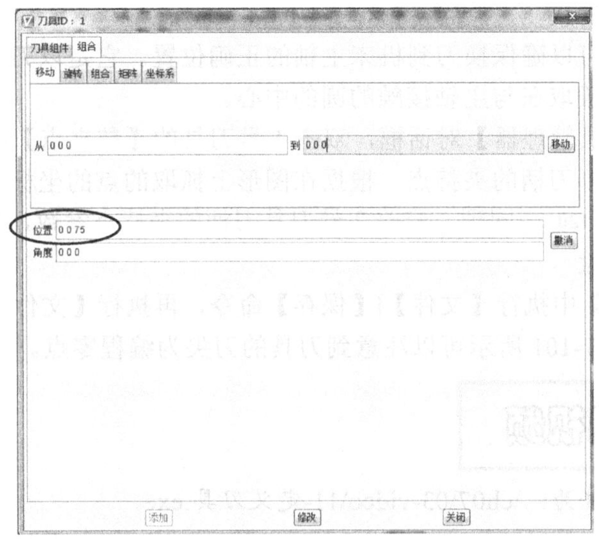

图7-99 调整装刀长度

系统返回到【刀具管理器】对话框，展开 PO26，双击刀柄部分按钮 Holder1，系统弹出【刀具ID：PO26】对话框，按如图7-100所示检查并修改刀柄轮廓参数。单击【修改】按钮，再单击【关闭】按钮。

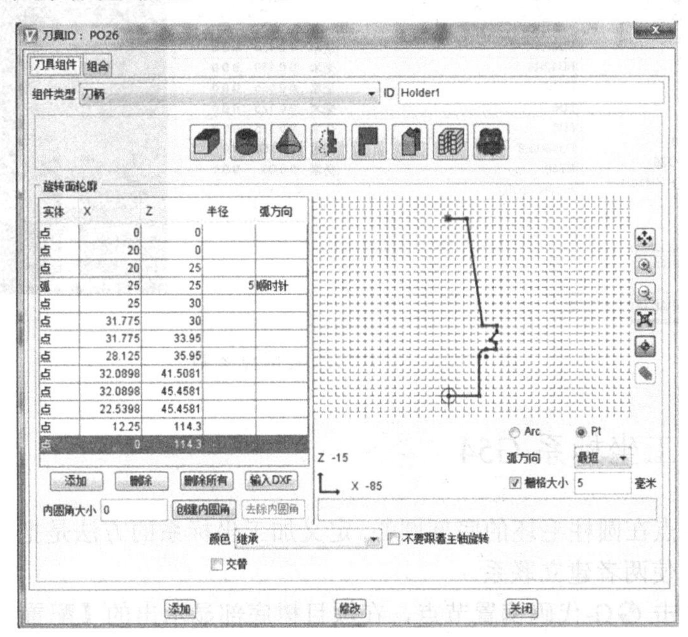

图7-100 设置刀柄轮廓参数

同理，对其他刀具进行修改。如要创建新刀具，可以采取复制然后修改参数的方法。方法是在【刀具管理器】对话框中，右击刀具如 3，在弹出的快捷菜单中选择【复制】，

再次单击鼠标右键，在弹出的快捷菜单中选择【粘贴】，按照以上方法对刀具参数进行修改。

（3）修改装夹点参数

正确定义装夹点可以确保换刀到机床主轴的正确位置。它是以刀具的刀尖点为坐标系零点进行度量的，一般取在与主轴接触的圆的中心。

系统返回到【刀具管理器】对话框，双击1号刀具的【装夹点】栏坐标参数0 0 155，然后在右侧图形上选择刀柄的夹持点，根据在图形上抓取的点的坐标系数值来修改【装夹点】栏坐标参数为0 0 120。同理，修改2号刀具刀柄的夹持点参数，如图7-101所示。

（4）刀库文件存盘

在【刀具管理器】中执行【文件】|【保存】命令，再执行【文件】|【关闭】命令，退出刀具管理器。从图7-101所示可以注意到刀具的刀尖为编程零点。

以上操作视频文件为：\ch07\03-video\11-定义刀具.exe。

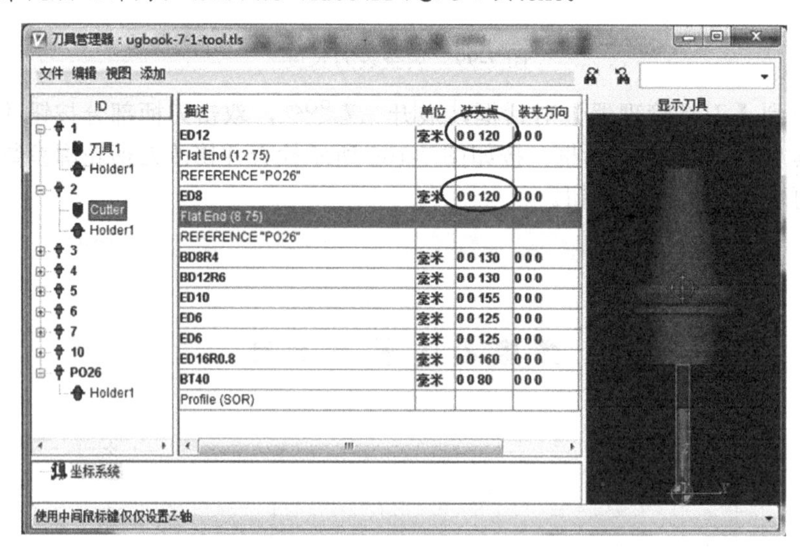

图7-101　检查修改夹持点参数

7.5.6　定义加工坐标系G54

本例的编程零点在圆柱毛坯的底部圆心。定义加工坐标系的方法是把刀具的坐标系“移到”毛坯圆心点，使两者建立联系。

在项目树中单击G-代码偏置节点，在项目树底部显示出的【配置G代码偏置】对话框中，设置【偏置名】为“工作偏置”，【寄存器】为“54”，单击【添加】按钮。

注意，在项目树中选择子系统:1, 寄存器:54, 子寄存器:1, 从:Tool, 到:Stock节点，在项目树底部显示出的【配置工作偏置】对话框中，设置【从】栏的参数为“组件”和“Tool”，【调整从位置】为“0 0 0”。设置【到】栏的参数为“组件”和“Stock”，【调整到的位置】为“0 0 0”，如图 7-102 所示。

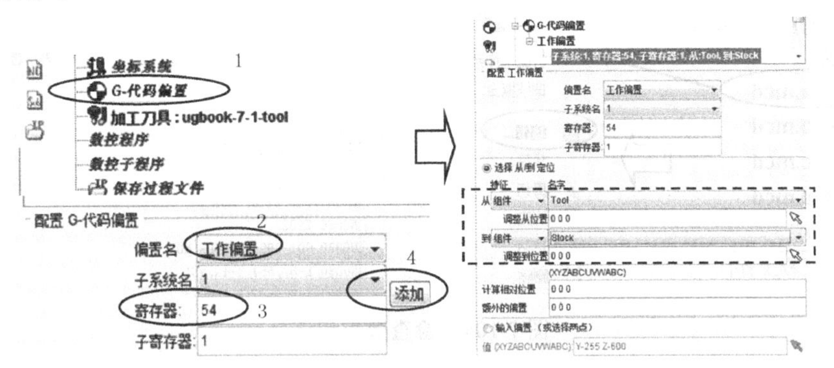

图 7-102　定义 G54

以上操作视频文件为：\ch07\03-video\12-定义加工坐标系 G54.exe。

7.5.7　数控程序的输入

本例所要验证的数控程序是 G 代码程序。经第 7.4 节的处理后，数控程序存放在 D 盘的根目录，可以将 k7a.mcd、k7b.mcd、k7c.mcd、k7d.mcd 四个文件复制到仿真工作目录 D:\ch07-02 之中。

在项目树中单击数控程序节点，然后在项目树底部显示出的【配置数控程序】对话框中，单击【添加数控程序文件】按钮，系统弹出【数控程序】对话框，选择工作目录“捷径”为 D:\ch07-02，再选择 k7a.mcd、k7b.mcd、k7c.mcd、k7d.mcd 四个数控文件，单击【添加】按钮，如图 7-103 所示，单击【确定】按钮。

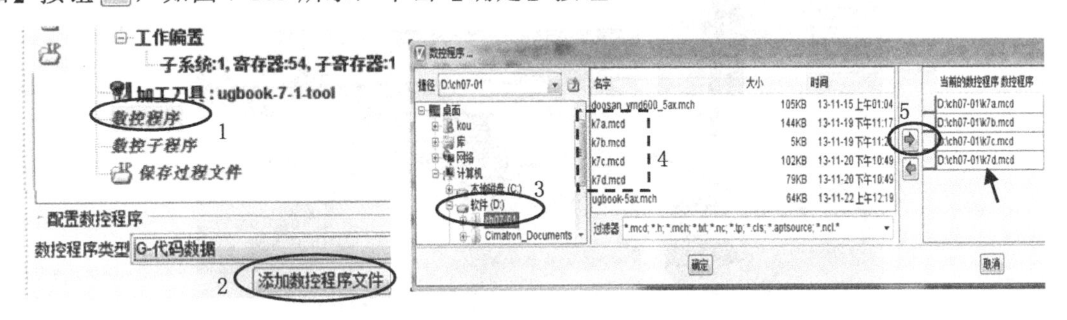

图 7-103　添加数控程序

分别打开各个数控文件进行检查。方法是在项目树中右击 **k7a.mcd** 节点，然后在弹出的快捷菜单中，选择【编辑】命令，系统显示出数控程序的编辑窗口，可以在此对数控程序进行修改，然后存盘。本例数控程序刀具为 T01，长度补偿为 H01，符合要求，不需要再次修改。执行【文件】|【退出】命令。如图 7-104 所示。

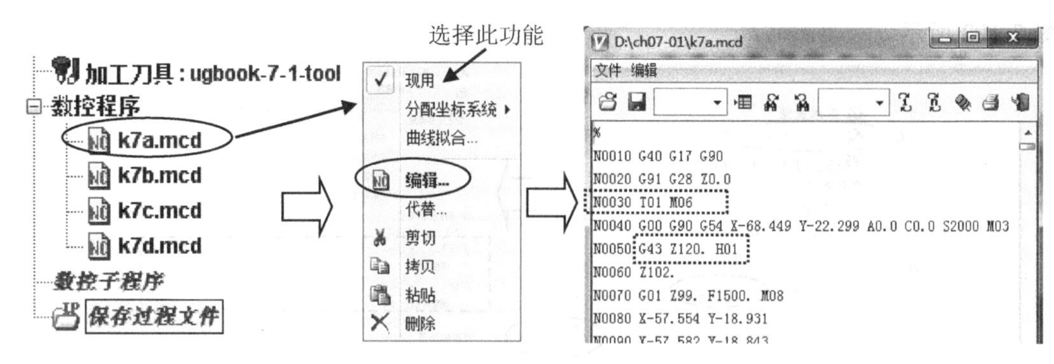

图 7-104　检查数控程序

同理，对其他数控程序进行检查。同时将这些数控程序都设置为【现用】。

以上操作视频文件为：\ch07\03-video\13-数控程序的输入.exe。

7.5.8　运行仿真

检查以上步骤没有错误以后，就可以对数控程序进行仿真。

在图形窗口底部单击【仿真到末端】按钮就可以观察到机床开始对数控程序进行仿真。图 7-105 所示为开粗程序的刀路仿真。仿真过程中可以随时单击【暂停】按钮，也可以单击【单步】按钮使程序在执行一条程序后就暂停。拖动左侧的滑块可以调节仿真速度。单击【重置模型】按钮可以从头再来进行仿真。

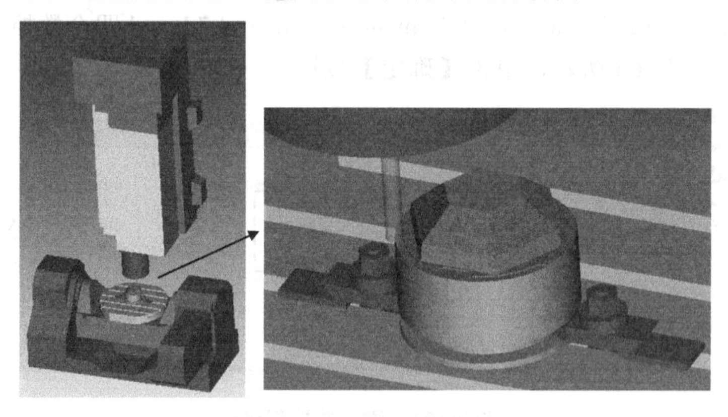

图 7-105　开粗刀路仿真

图 7-106 所示为数控程序 k7b.mcd 加工仿真，使用平底刀 ED12 对斜面进行五轴加工，注意观察 C 轴和 A 轴都进行了旋转，然后 ED12 平底刀对斜面进行光刀。相对于传统三轴加工刀路，加工路线明显减少，加工时间明显减少，加工效率大大增加了而且加工效果也很好，这就是五轴加工的明显优势。

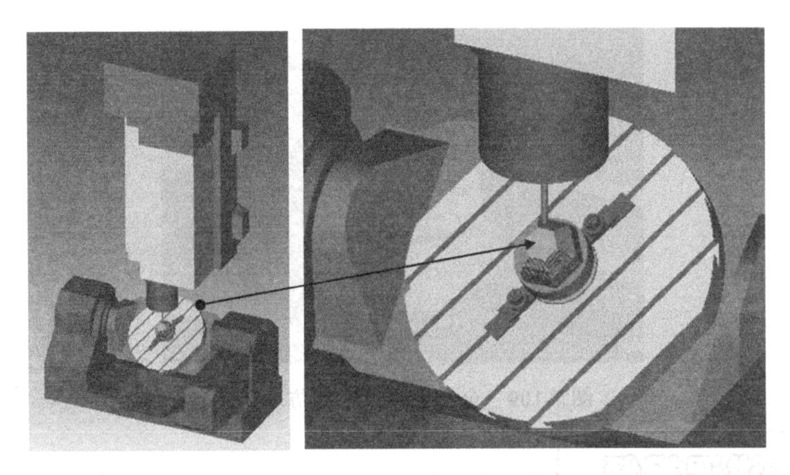

图 7-106 ED12 平底刀光刀仿真

图 7-107 所示为数控程序 k7c.mcd 加工仿真，用 ED8 平底刀加工斜面上的斜孔。

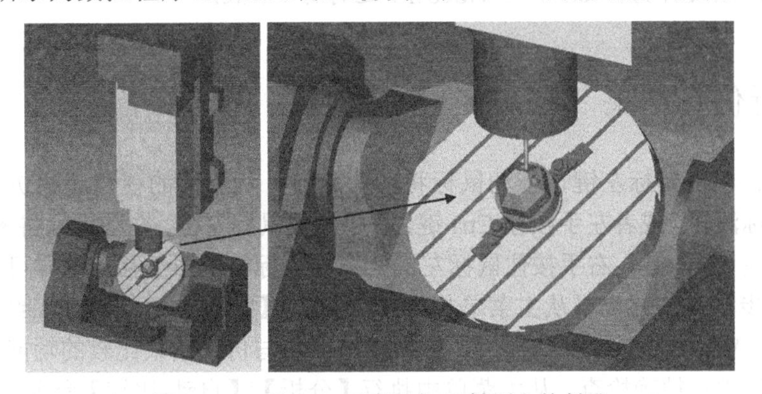

图 7-107 用 ED8 平底刀加工斜面上的斜孔

图 7-108 所示为数控程序 k7d.mcd 的加工仿真，用 ED8 平底刀精加工斜面。

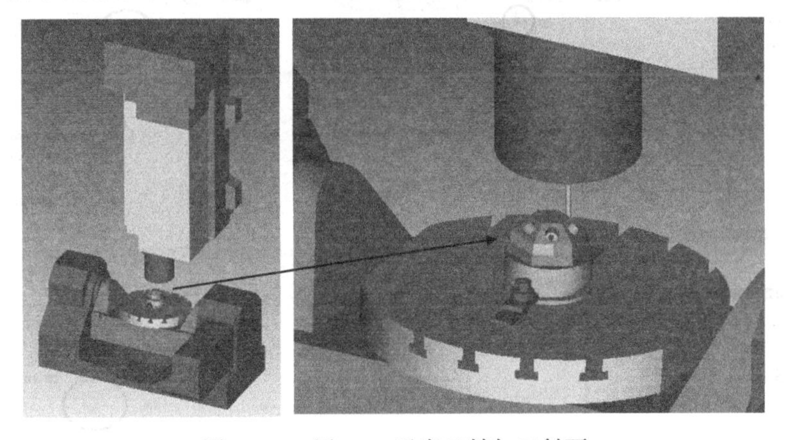

图 7-108 用 ED8 平底刀精加工斜面

图 7-109 所示为全部数控程序仿真的最终结果。

图 7-109　全部数控程序的仿真结果

以上操作视频文件为：\ch07\03-video\14-运行仿真.exe。

7.5.9　分析仿真结果

在图形区，单击鼠标左键，拖动鼠标将图形旋转，从不同的视角观察仿真结果。另外还可以滚动鼠标滚轮，或者左手按住 Ctrl 键，右手按住鼠标左键，拖动鼠标将图形放大缩小。还可以左手按住 Shift 键，右手按住鼠标左键，拖动鼠标将图形平移。这样可对加工结果进行全方位的初步检查。还可以从主菜单执行【分析】|【测量】命令对加工结果进行测量。

除此之外，VERICUT 软件还提供了依据设计图形与仿真结果比较的功能，可以利用该功能对加工结果进行精确检查。从主菜单中执行【分析】|【自动-比较】命令，系统弹出【自动-比较】对话框，对各个选项卡的参数进行设置，单击【比较】按钮，如图 7-110 所示。

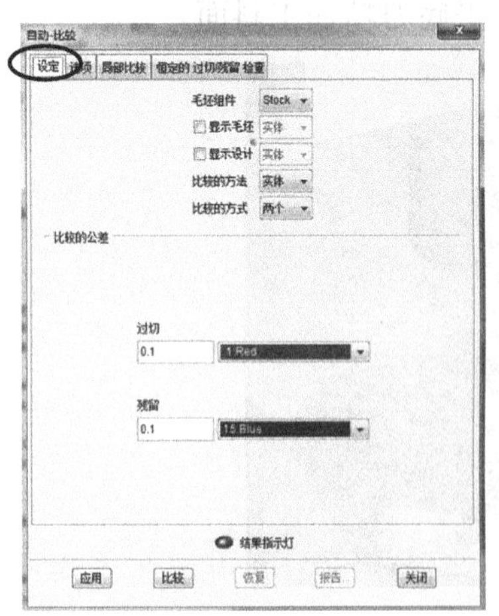

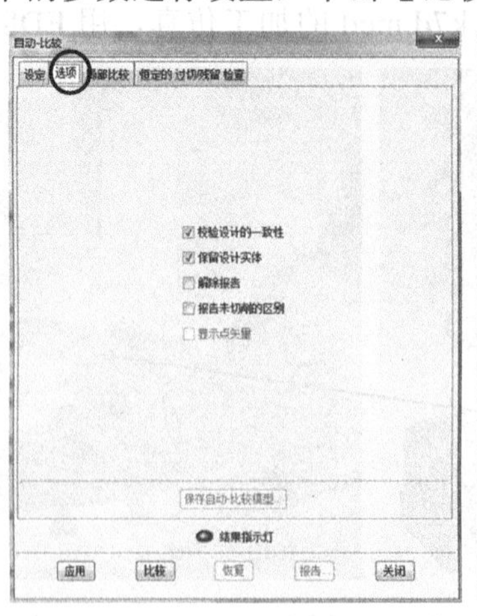

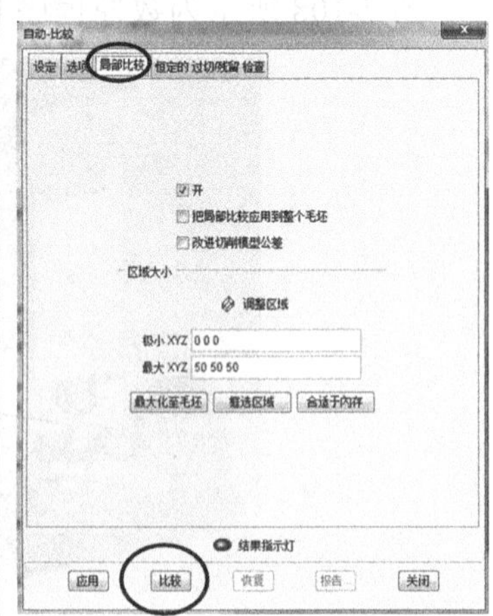

图 7-110　【自动-比较】对话框

在【自动-比较】对话框中，单击【报告】按钮，系统弹出【自动-比较报告】对话框，如图 7-111 所示。报告结果显示本例数控程序正确。单击【关闭】按钮，将对话框关闭返回仿真界面。

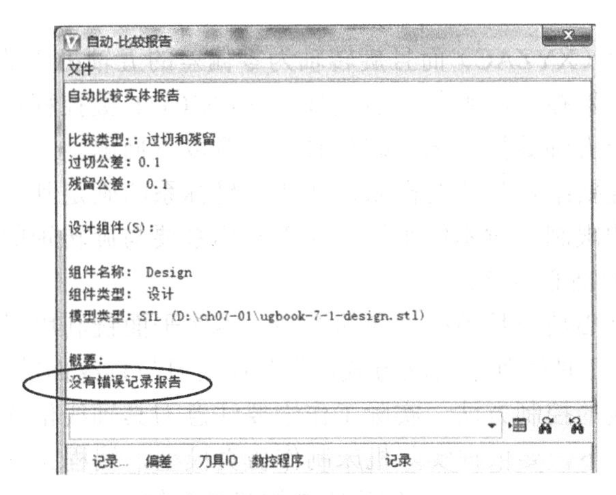

图 7-111　比较结果

在主工具栏中单击【保存项目】按钮，将项目存盘。

以上操作视频文件为：\ch07\03-video\15-分析仿真结果.exe

7.6　过切及撞刀的预防

类似本例，五轴编程中常会出现以下错误。

（1）安全高度设置不合理，导致刀具在回刀时过切工件。对于类似本例具有旋转特点的工件最好设置球形安全区域。

（2）加工时 C 轴旋转异常导致过切。原因是五轴后处理器在处理旋转轴超程时不合理。实际工作时在仿真时，仿真时设置 C 轴应该与机床相对应。这种情况一定要研读自己的五轴机床的说明书，根据具体机床的特点来制作后处理器及仿真模型。

（3）实际加工时夹具设置不合理，导致机床加工时刀具碰撞夹具，碰撞旋转台。对于五轴数控加工，由于有旋转轴的参与，导致运动很复杂，单单从刀路上有时还不能直观发现问题。要结合仿真结果，周密考虑装夹方案。

（4）加工坐标系与机床旋转轴线有偏差。后处理器却没有给予考虑，导致加工结果错误。实际编程时要选择成熟的后处理器。实际工作中，一般要精确测量机床的运动参数，尤其是各个轴的偏差，然后根据这些实测参数定制某一个机床的后处理器。

7.7　本章小结

本章主要以双转台（XYZAC）而且旋转轴为零偏差的五轴机床的编程为例，对五轴数控程序的坐标系确定、数控程序编制、后处理及 VERICUT 数控程序仿真进行了全过程的讲解。为了更好地应用五轴数控机床，编程时请注意以下问题。

（1）五轴数控编程要结合具体的机床，从加工坐标系的确定到装夹方案都要考虑。而三轴编程没有这么多的限制。对本例来说，加工坐标系要与旋转轴的交点重合，即毛坯底部圆心与 C 轴旋转台的圆心重合。

（2）五轴编程的核心是刀具轴线方向的控制，本例平面铣利用了垂直于加工平面来控制刀轴的方向，侧刃加工时用到了自动方式，即刀具侧刃与直纹面的母线相接触。当然 UG 还提供了其他多种轴线的控制方法。实际工作中要注意刀具轴线偏摆角度最小。

（3）在可能的情况下，要依据实际机床制作仿真模型，编程完成后再进行仿真检查。

（4）本章内容实践性很强，而且五轴机床结构多种多样，要善于将本章的思路灵活用于工作实际，而不要生搬硬套，更不要盲目套用陌生的后置处理器，在实践中提高应用水平。

7.8　本章思考练习和答案提示

一、思考练习

1．对于本例，如果操作员没有按照数控程序工作单的要求，所安装刀具过短，可能会出现什么问题？

2．对于本例，如果编程员所设置的编程零点比 C 转盘的中心点高出 20mm，可能会出现什么问题？

3．说说旋转轴 ABC 代码的含义。

4．根据本章思路解决实际问题。

现有某五轴机床是双转台（XYZAC）式机床，其旋转轴范围为–110°≤A≤90°，C 为正负无限，如果要在此机床上加工本章实例，如何进行数控编程和仿真？

二、答案及提示

1．答：如果刀具过短可能会碰到旋转台或者夹具，在实际工作中应该特别注意这个问题。

2．答：会导致加工型面的位置错误。

3．答：假设工件不动、刀具运动，用右手握住 X 轴，大拇指指向正方向，四指弯曲的方向就是刀具绕 X 轴旋转的 A 轴的正方向。同理，刀具绕 Y 轴旋转的是 B 轴正方向，绕 Z 轴旋转的是 C 轴正方向。旋转台运动方向与上述判断正好相反。

4．提示：编程方法可以参考本章所介绍的五轴编程方法和思路。仿真时，要根据所给实际机床参数来修改 VERICUT 所定义的机床模型的 A、C 轴行程等参数。

第8章

UG 后处理器制作

8.1 本章要点和学习方法

本章主要讲述如何利用 Post Builder 制作五轴加工中心的后处理器，同时对三轴后处理器制作要点也进行了简要介绍。学习时请注意以下问题。

1. 五轴联动机床后处理器的工作原理。
2. 五轴后处理器的制作步骤。
3. 普通三轴数控铣床后处理器制作要点。
4. 如何加入用户的实用化信息。

本章内容是面向企业的应用人员，重点介绍制作方法步骤。具体应用时要联系实际机床的特点，灵活处理类似问题。

8.2 五轴后处理器概述

8.2.1 五轴后处理器的工作原理

在第 7 章所编的数控程序 k7c.mch 里，存在着 X、Y、Z 及 A 轴、C 轴等信息的语句，而 UG 的 PRT 文件里没有直接这样的数据，系统是通过前置处理，将刀路轨迹存储为 APT 格式，如直线语句的 GOTO 语句后跟着由三个实数表示的三维坐标数值，以及后面紧跟着由三个实数表示的刀具矢量数值。将这些 GOTO 数据转化为机床能识别的 NC 数控程序的工具软件就是五轴后处理器，如图 8-1 所示。

从图 8-1 可以看到，原始的三维坐标点经过五轴后处理器的处理成为 NC 程序的 XYZ 数值语句后发生了很大的变化，同时在 NC 中出现了以 A 和 C 表示的刀具姿态特征的信息，取代了以三个实数表示的刀具矢量。

一般来说，对于双转台五轴机床来说，Z 轴的方向始终是垂直于水平面的，只要把原始 PRT 文件里初步计算的、倾斜的刀具姿态先通过 C 轴旋转，再通过 A 轴旋转就会变为垂直的姿态，同时 X、Y、Z 也跟着发生坐标变化。后处理器的任务就是把这些变化过程用高等解析几何的数学公式进行计算，把计算结果输出为机床能够执行的 NC 程序语句。

早期的科技人员就是根据这个原理，用高级语言如 Fortran、C 等来编写后处理程序，这对编程员的素质要求很高。

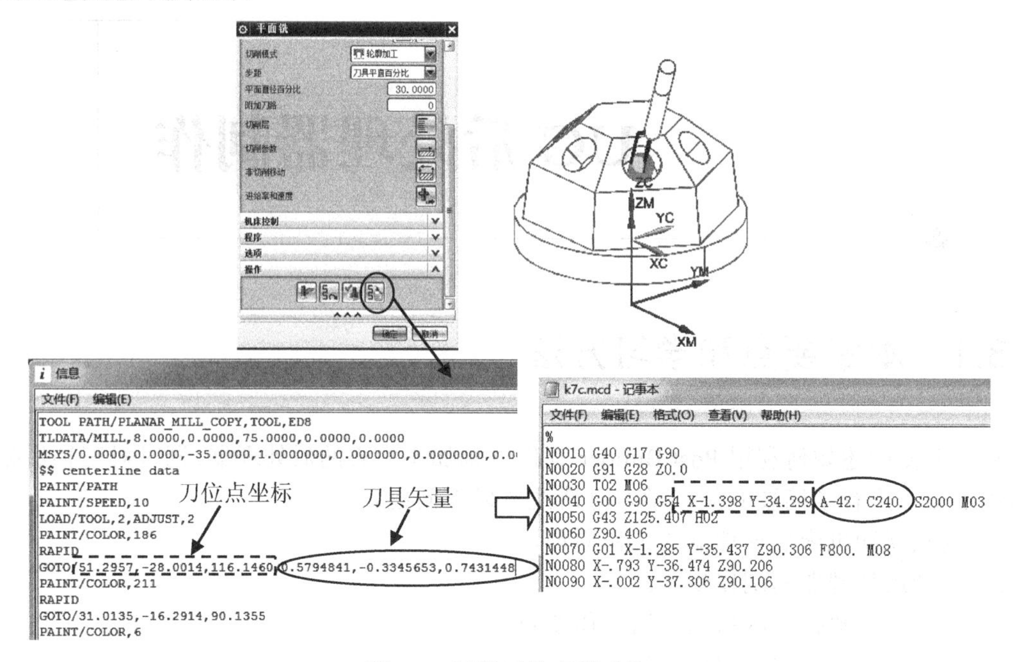

图 8-1　五轴后处理器功能

现在，UG NX 11.0 常用的后处理器是用 Post Builder 软件制作的 3 个文件，其扩展名分别为 def、tcl 及 pui。编程员只需要按照第 7 章的第 7.4 节进行简单操作就可以完成后处理。

8.2.2　五轴后处理器难点

由于五轴机床的类型很多，而且结构大部分没有标准化，所以各个厂家生产的五轴机床的后处理器通用性很差。即使是同一类型的五轴机床，由于各个机床结构件的设计及装配公差不尽相同也不能直接使用，必须进行必要的变通，例如，同是双转台机床，由于 A 轴和 C 轴的偏差可能不同，后处理器就不能直接使用。由于各个旋转台的特性不同，如果没有充分地根据本机床来修改调整相应参数，在加工过程中可能出现刀具碰撞到旋转台，或者过切工件等异常现象。

尽管五轴机床存在着多样性、互换性差的特点，对于用户来说，最好是针对各自具体的机床制作合适的后处理器。制作时可以参考同类后处理器的制作原理和参数，只需要做一些必要的修改就可以达到目的。

本章以双转台 ZYZAC 加工中心为例，介绍制作五轴后处理器的制作要点，五轴机床后处理器千差万别，本章内容只起到抛砖引玉的作用。读者可以根据这个思路，针对自己的机床，制作后处理器。必要时要研读机床的说明书，利用机械运动学的原理及 Post Builder 系统的 TCL 语言编写适合自己机床的后处理器。

8.3 双转台五轴后处理器制作

本节任务：根据机床特点制作后处理器。步骤是（1）机床调研；（2）线性轴行程设置；（3）旋转轴设置；（4）旋转轴超限处理；（5）后处理器测试。

8.3.1 机床参数调研

本例机床是具有 X、Y、Z、A、C 双转台、立式、五轴联动加工中心。X 行程是–450≤X≤450，Y 行程是–350≤Y≤350，Z 行程是–600≤Z≤0。

A 轴的轴线和 C 轴的轴线偏距为 0，A 轴的旋转范围为–120°≤*A*≤30°，C 轴旋转范围为 0°≤C≤360°。A 轴的轴线在 C 旋转台的台面，C 轴和 A 轴为线性方式。控制系统为 FANUC-31im 系列。

8.3.2 设置机床线性行程

1. 进入 Post Builder 系统

在 Windows 7 起始界面中，执行屏幕左下角的【开始】|【所有程序】|【Siemens NX 11.0】|【加工】|【后处理构造器】命令，启动 Post Builder 软件，如图 8-2 所示。

图 8-2 启动软件

2. 建立新文件

在主菜单里执行【File】|【New】命令，系统弹出【Create New Post Processor】（生成新后处理器）对话框，在【Post Name】栏里输入后处理文件名为“ugbook5axis”，设置单

位为毫米，系统默认为 3 轴后处理器，单击【3-Axis】按钮，在弹出的选项里选择【5-Axis Dual Rotary Tables】（五轴双转台）选项。如图 8-3 所示。

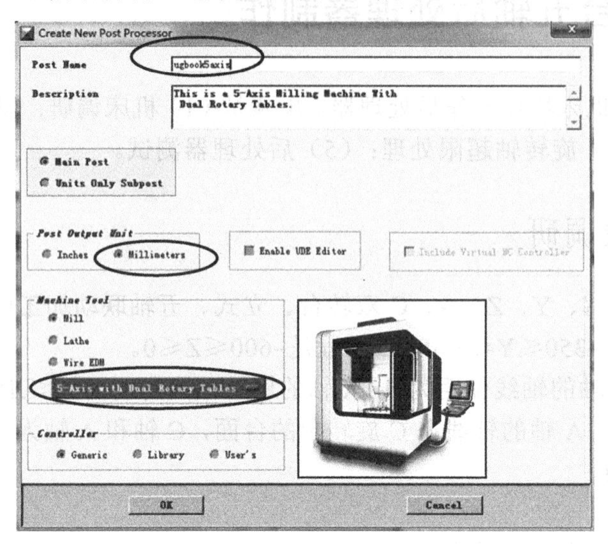

图 8-3　设置初始参数

3. 设置线性轴行程

在图 8-3 所示的对话框里单击【OK】按钮，系统自动选择了【Machine Tool】（机床参数）选项卡界面，在【General Parameters】（通用参数）选项中，设置圆弧输出方式，设置 XYZ 的行程，如图 8-4 所示。

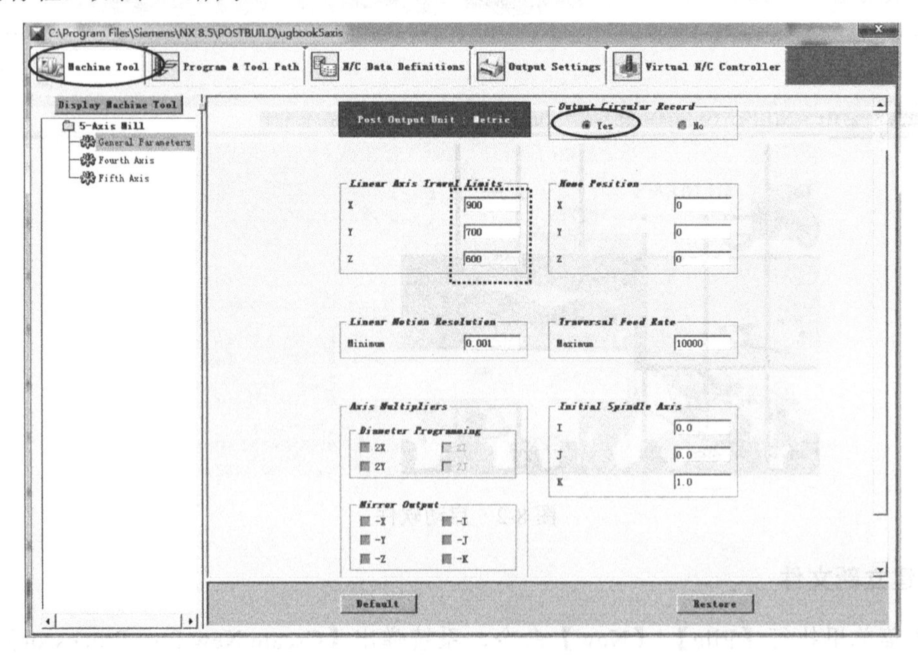

图 8-4　设定行程参数

8.3.3 设置旋转轴行程参数

1. 设置第4轴旋转范围

在图8-4所示的对话框里，选择【Fourth Axis】(第4轴)选项卡，在【Axis Limits(Deg)】(轴极限)栏里，设置【Maximum】(最大)参数为“30”,【Minimum】(最小)参数为“-120”。如图8-5所示。

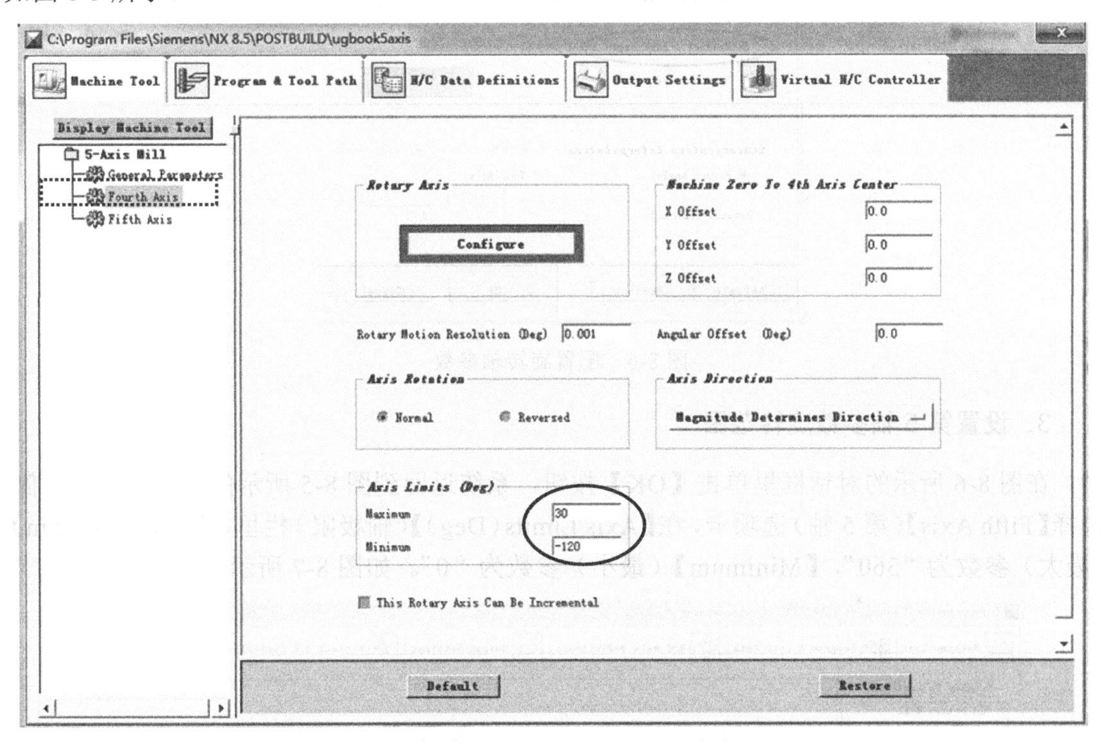

图8-5 设置第4轴参数

2. 配置第4轴参数

在图8-5所示的对话框里，单击【Configure】(配置)按钮，系统弹出【Rotary Axis Configuration】(旋转轴配置)对话框，在【5th Axis】栏里，单击【Plane of Rotation】(旋转平面)右侧的按钮 ZX ，在弹出的选项里选择 XY ，修改【Word Leader】(旋转轴数字符号字头)为“C”，设置【Max Feed Rate (Deg/Min)】(最大旋转速度)为“1000”。在【Axis Limit Violation Handling】(旋转轴超过极限的处理方法)栏里，选择“Retract/Re-Engage”，该参数含义是刀具先退刀到安全区域，旋转轴旋转回到可加工范围内的同一位置后，再进刀。这个退刀动作需要用户在后处理器自己定义，后续内容将介绍，这也是五轴后处理器的关键所在。上述设置如图8-6所示。

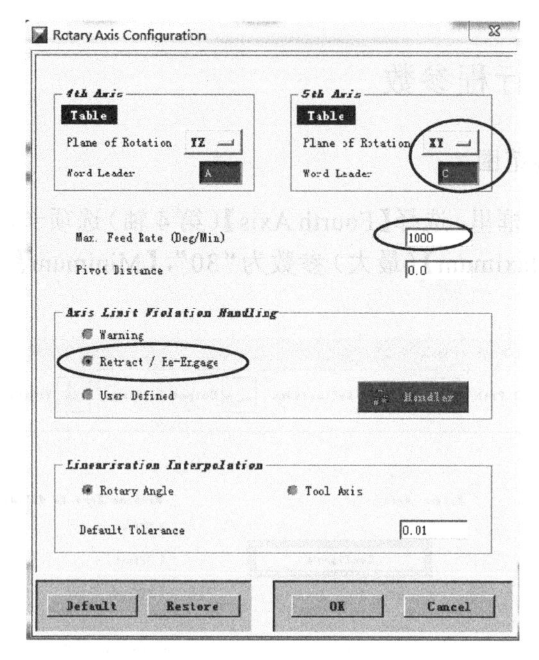

图 8-6 配置旋转轴参数

3. 设置第 5 轴参数旋转范围

在图 8-6 所示的对话框里单击【OK】按钮，系统返回到图 8-5 所示的对话框，在左侧选择【Fifth Axis】(第 5 轴)选项卡，在【Axis Limits(Deg)】(轴极限)栏里，设置【Maximum】(最大）参数为“360”，【Minimum】(最小）参数为“0”。如图 8-7 所示。

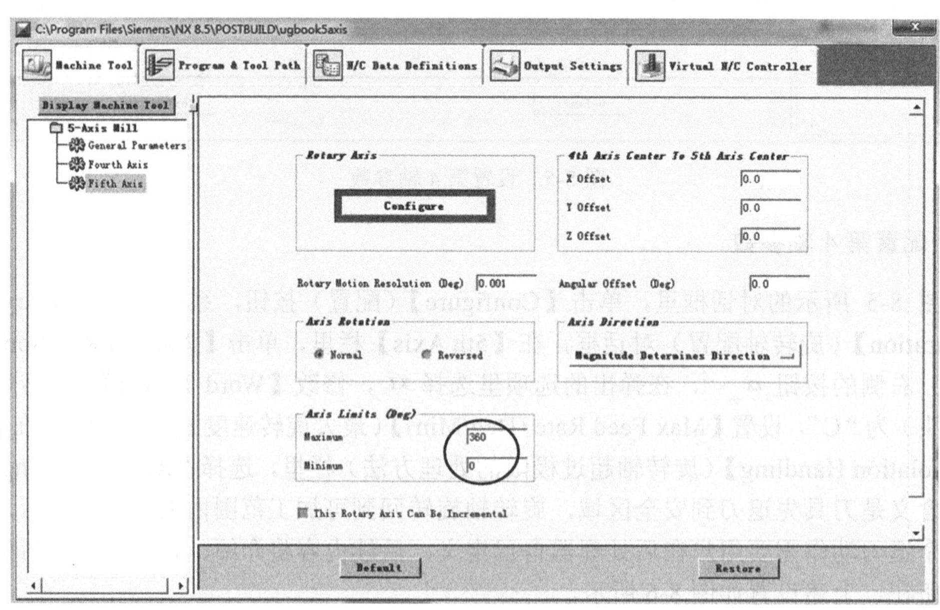

图 8-7 设置第 5 轴参数

4. 配置第5轴参数

在图 8-5 所示的对话框里，单击【Configure】（配置）按钮，系统弹出【Rotary Axis Configuration】（旋转轴配置）对话框，在【5th Axis】栏里，设置【Max Feed Rate (Deg/Min)】（最大旋转速度）为“1000”。在【Axis Limit Violation Handling】（旋转轴超过极限的处理方法）栏里，选择“Retract/Re-Engage”。设置与图 8-6 所示相同，单击【OK】按钮确定。

8.3.4 设置旋转轴越界处理参数

1. 定义越界判断的用户命令

在图 8-7 所示的对话框里，选择【Program & Tool Path】（程序或者刀路）界面，再选择【Program】（程序）选项卡，在左侧选择 Program Start Sequence （程序开始队列），在 Start of Program （程序开头）中创建一个新的用户命令，方法：单击【Add Block】（增加块）栏右侧的按钮，在弹出的下拉菜单里选择 Custom Command （用户命令），再单击 Add Block 按钮，按住左键，将这个按钮拖到第 2 行，在系统弹出的 Custom Command 窗口里输入如下命令：

```
global limit_flag
global retract_dis
set limit_flag "0"
set retract_dis "150.0"
```

同时，修改用户定义命令的名称为“limit_flag”。如图 8-8 所示。

这里的 limit_flag 是全局变量，是判断是否越界的标志，并且预先赋值为“0”，表示没有越界，在后续的运行中，如果被赋值为“1”则表示越界。set 相当于高级编程语言的赋值“=”。set limit_flag "0"的含义是把数值 0 赋予变量 limit_flag。同理，变量 retract_dis 被赋予数值“150.0”，如果加工的范围很大，这个数值很可能不够大，那么就可以在这里调整为合适的数，但请注意带上小数点。单击【OK】按钮。如果需要再次编辑这个命令，可以双击用户命令 PB_CMD_limit_flag 系统又再次弹出窗口。

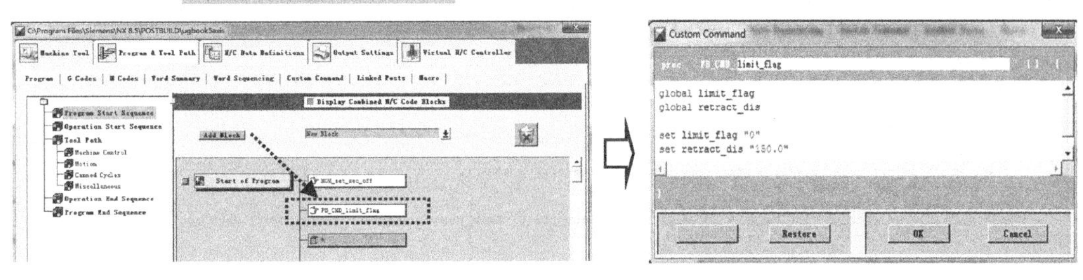

图 8-8 定义越界判断命令

注意这些命令要在纯文本状态下输入，尤其是引号不能是汉字输入方法中的引号。为

了简便，请从本章提供的 ugbook-8-temp.tcl 文件里复制到窗口。

2. 定义退刀用户命令

在图 8-8 所示的对话框里，选择【Motion】（运动）选项，单击 Linear Move （线性运动）按钮，系统弹出 Event : Linear Move （事件：直线运动）对话框，如图 8-9 所示。

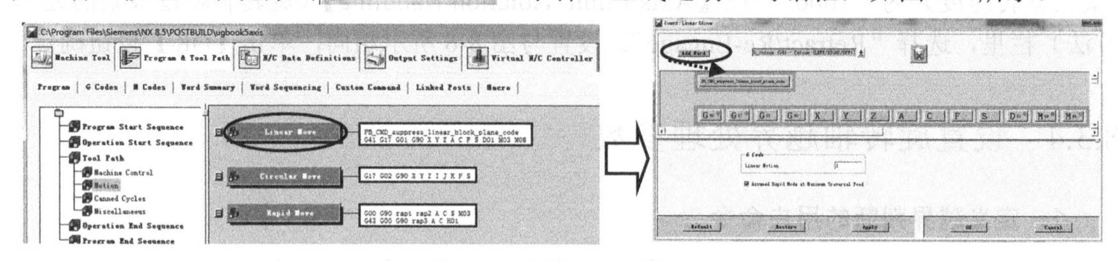

图 8-9　增加用户命令

单击【Add Word】（增加字符）栏右侧的 按钮，在弹出的下拉菜单里选择 Command Custom Command ，再单击 Add Word 按钮，按住左键，将这个按钮拖到第 1 行，在系统弹出的 Custom Command 窗口里输入如下命令：

```
global mom_prev_pos mom_prev_out_angle_pos
global mom_pos mom_out_angle_pos
global limit_flag retract_dis
if [info exists mom_prev_out_angle_pos] {
if {$limit_flag == "0"} {
  if {[expr abs($mom_out_angle_pos(1) - $mom_prev_out_angle_pos(1))] > 150} {
    set z [expr $mom_prev_pos(2) + $retract_dis]
    MOM_output_literal [format "G0 Z%.3f " $z]
    MOM_output_literal [format "G0 X%.3f Y%.3f A%.3f C%.3f" $mom_pos(0)
            $mom_pos(1) $mom_out_angle_pos(0) $mom_out_angle_pos(1)]
  }
}
}
```

同时，修改用户定义命令的名称为“rot_limit”。如图 8-10 所示。

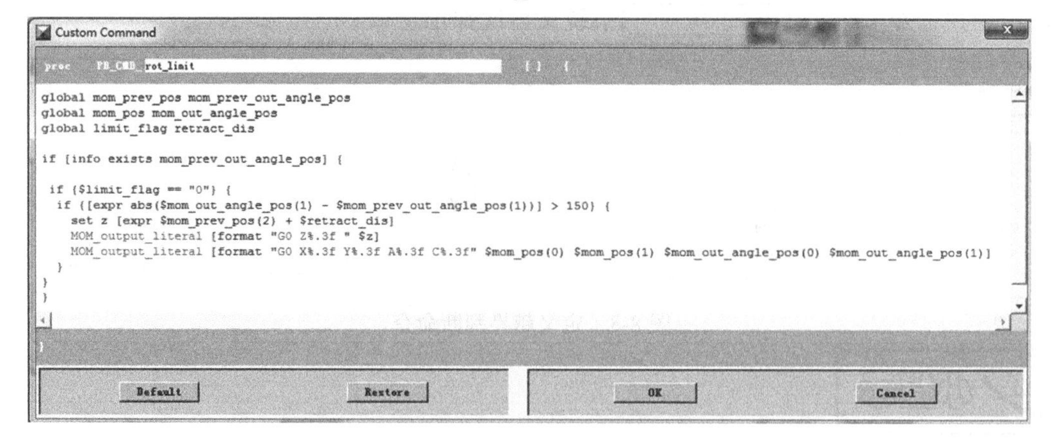

图 8-10　输入用户命令

单击【OK】按钮，系统返回到如图 8-11 所示的对话框。如果右击 PB_CMD_rot_limit 按钮在弹出的快捷菜单里选择 Edit （编辑）可以对该用户命令进行编辑。

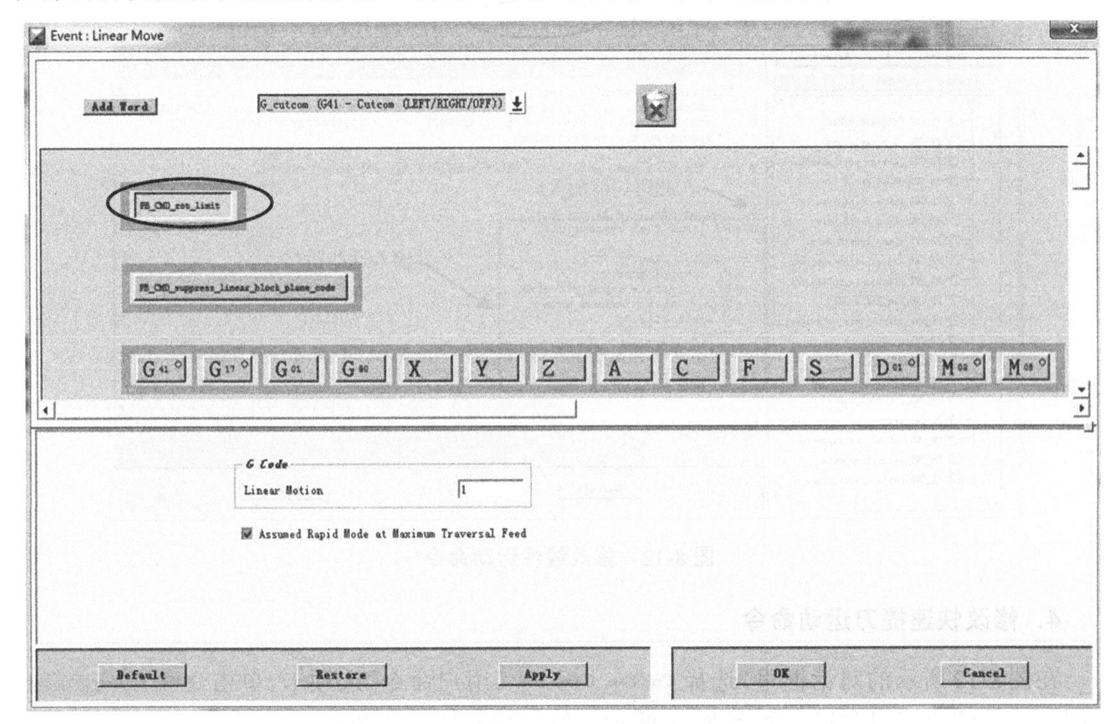

图 8-11　定义退刀命令

3. 修改线性运动命令

在图 8-9 所示的对话框里，选择 Custom Command （用户命令）选项卡，单击 PB_CMD_linear_move ，系统弹出编辑窗口，如图 8-12 所示。首先在 MOM_do_template linear_move 前加入#号，将这句屏蔽，然后输入如下命令：

```
global limit_flag retract_dis
 if {$limit_flag == "1" } {
  MOM_suppress once Z
  MOM_do_template rapid_traverse
  MOM_do_template linear_move
  set limit_flag "0"
 } else {
   MOM_do_template linear_move
}
```

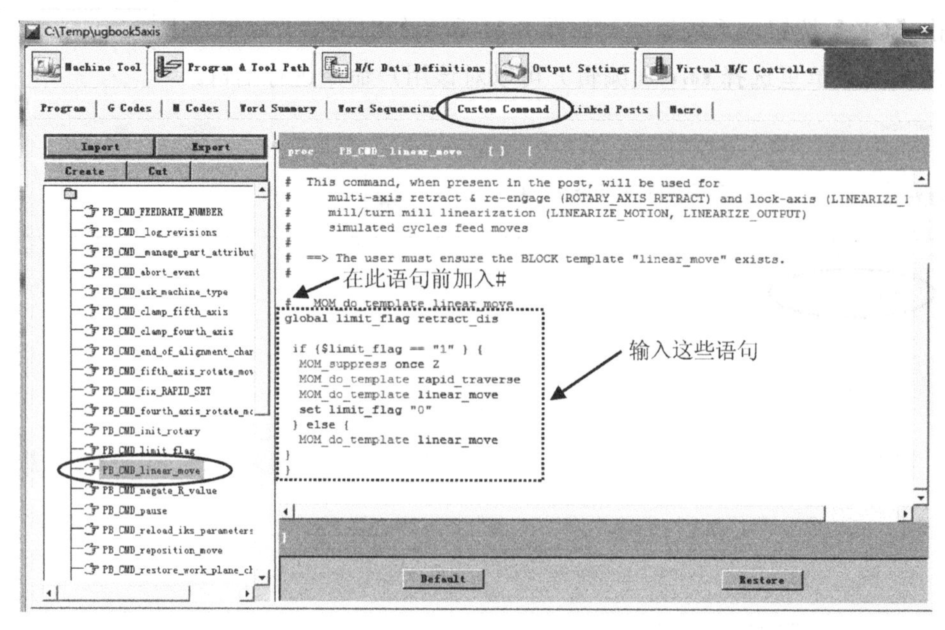

图 8-12　修改线性运动命令

4. 修改快速提刀运动命令

在图 8-12 所示的对话框里，选择 **Custom Command**（用户命令）选项卡，单击 PB_CMD_retract_move 按钮，系统弹出编辑窗口，如图 8-13 所示。然后输入如下命令：

```
global mom_pos limit_flag retract_dis
set mom_pos(2) [expr $mom_pos(2) + $retract_dis]
set limit_flag "1"
MOM_do_template linear_move
```

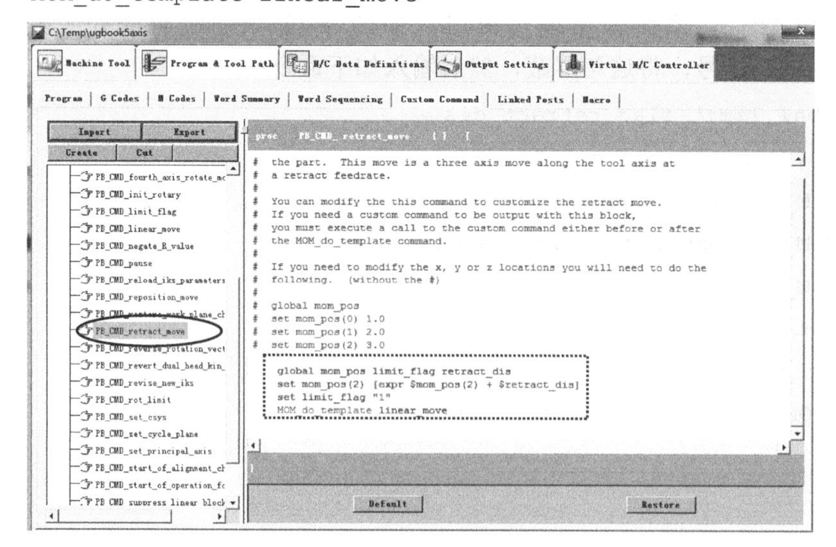

图 8-13　修改快速提刀命令

8.3.5 修改输出数控程序的扩展名

UG生成的NC文件的扩展文件名默认为ptp。由于NC文件是文本文件，实际工作中是被其他编辑软件读取和传送给数控机床的，所以对于扩展名没有特别限制。本书为了适应VERICUT软件仿真的需要，将五轴数控程序的扩展名定义为mcd。

在图8-13所示的对话框里选择 Output Settings（输出设置）选项卡，再选择 Other Options（其他操作）选项卡，修改 N/C Output File Extension（NC文件扩展名）为"mcd"，再修改File Name为"ugbook5axis.tcl"。如图8-14所示。

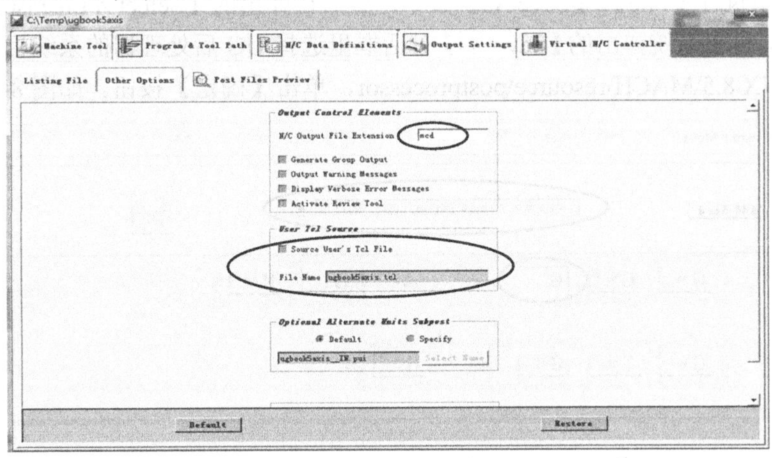

图8-14 修改数控文件的扩展名

8.3.6 修改后处理器的其他参数

1. 修改公制输出指令

机床默认为公制单位。在图8-14所示对话框里选择 Program & Tool Path（程序与刀路）选项卡，再选择 Program Start Sequence（程序开始队列），再选择 G40 G17 G90 G71 进入如图8-15所示的 Start of Program - Block : absolute_mode 对话框，选择G71拖到垃圾箱将其删除。

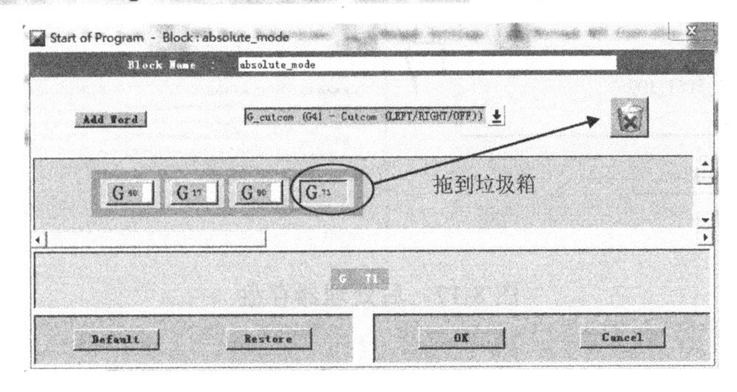

图8-15 删除G71

2．指定加工坐标系零点 G54

单击 Motion（运动）按钮，再单击 Rapid Move（快速移动）按钮，系统弹出 Event : Rapid Move（事件：快速移动）对话框。单击【Add Word】（增加块）栏右侧的按钮，在其弹出的下拉菜单里选择 G ，然后在其弹出的下一级下拉菜单里选择 G-MCS Fixture Offset (54 ~ 59)（G 坐标系夹具偏移），再单击 Add Block 按钮，按住左键，将这个按钮拖到程序第 1 行里。结果如图 8-16 所示。单击【OK】按钮。

3．后处理器文件存盘

在主菜单里执行【File】|【Save As】命令，然后在弹出的【Select A License】对话框里单击【OK】按钮，再在系统弹出的【Save As】对话框里选择 UG 后处理器的系统目录 C:\Program Files\Siemens\NX 8.5\MACH\resource\postprocessor，单击【确定】按钮。如图 8-17 所示。

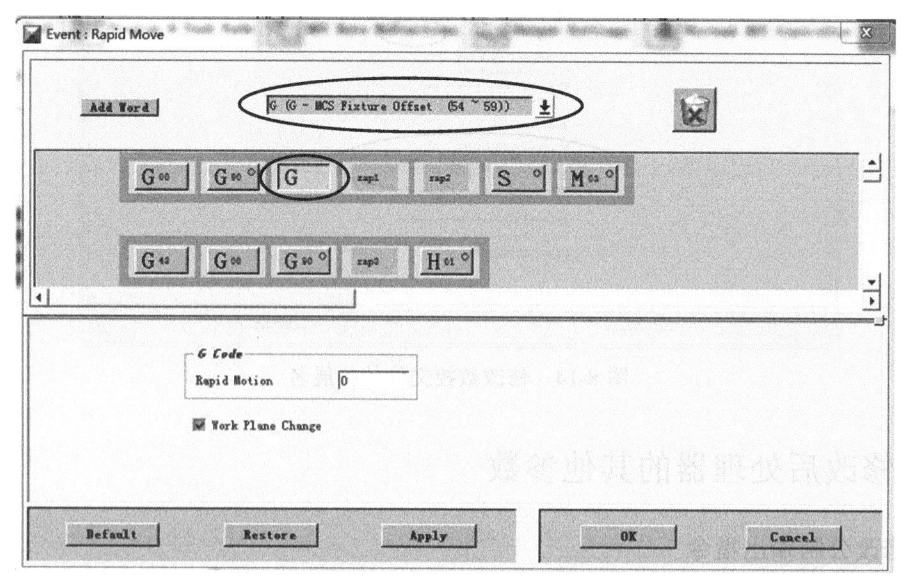

图 8-16　增加坐标系指令

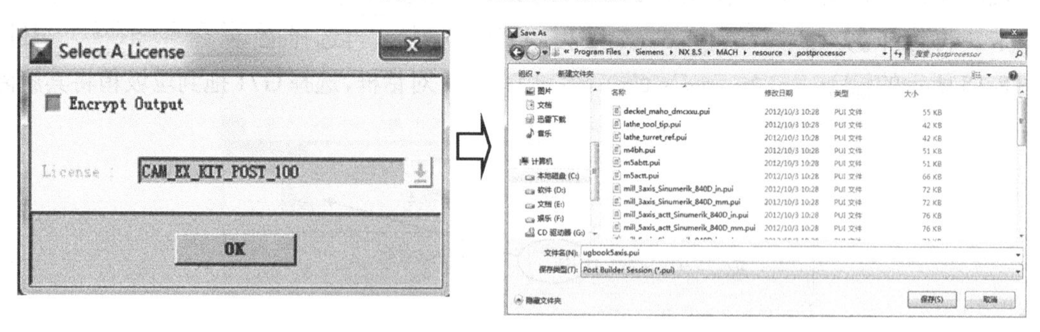

图 8-17　后处理器存盘

8.3.7 五轴后处理器的测试

后处理器制作完成以后，必须进行测试，没有错误以后才可以正式用于生产。

可以利用 UG 提供的虚拟机床的仿真功能对后处理器测试。除此之外，用户还可以采取第 7 章中的第 7.3 节和第 7.5 节方法进行。有条件的还可以在对应的机床上加工一些试件。本章五轴后处理器已经过了测试，证明可以适用于双转台的旋转轴偏差为 0 的五轴联动数控加工中心。

需要注意的问题：加工零件的编程坐标系要与机床的 C 转台上表面圆心重合，与加工坐标系一致。有些机床还有一些特殊的代码要根据实际加入。

8.4 三轴机床后处理器制作要点

本节任务：根据调研结果制作普通三轴机床的后处理器。重点讲解其制作内容然后修改 NC 文件的输出格式，加入用户自定义的信息，以方便实际生产。

8.4.1 前期调研

一般来说，要找到机床说明书，研究该机床控制系统中有关编程的规定，或者找来该机床实际加工过的正确的程序样本。要重点研究并确定以下问题：

（1）程序的开头和结尾；

（2）直线程序格式，数字单位是微米还是毫米；

（3）圆弧程序格式，圆心如果是 IJK 格式，是相对值还是绝对值；

（4）圆弧程序，圆心如果是 R 格式，R 是否需要加“+”或“–”号，圆弧是否要打断；

（5）坐标 XYZ 数据的小数格式；

（6）程序段号是否可以省略；

（7）该机床代码和通用代码相比较，有哪些特殊之处。

下面将举例说明某三菱机 M-V5C MITSUBISHI MELDAS 520AM 后处理器的制作。该机床基本状况如下：

（1）这是一台三轴立式数控铣机床，不用刀库；（2）行程 X800mm、Y500mm、Z450mm；（3）最大转速 8000rpm（每分钟 8000 转）。其控制器及程序格式类似于 FANUC-OM 系统。

8.4.2 设置机床初始指令

1. 进入 Post Builder 系统

在 Windows 7 起始界面中，执行屏幕左下角的【开始】|【所有程序】|【Siemens NX 11.0】

|【加工】|【后处理构造器】命令，启动 Post Builder 软件，与图 8-2 所示相同。

2. 建立新文件

在主菜单里执行【File】|【New】命令，系统弹出【Create New Post Processor】（生成新后处理器）对话框，在【Post Name】栏里输入后处理文件名为“ugbookpost1”，设置单位为毫米，系统默认为三轴后处理器。如图 8-18 所示。

3. 设置线性轴行程

在图 8-18 所示的对话框里单击【OK】按钮，系统自动选择【Machine Tool】（机床参数）选项卡界面，在【General Parameters】（通用参数）选项中，设置圆弧输出方式，设置 XYZ 的行程，如图 8-19 所示。

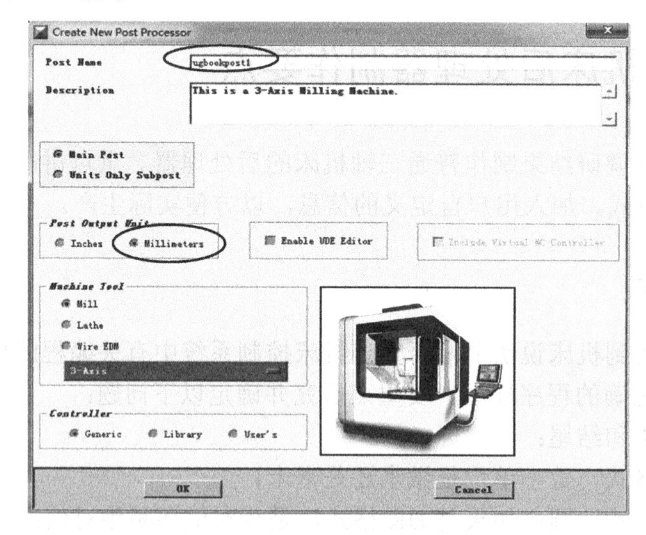

图 8-18　新建文件

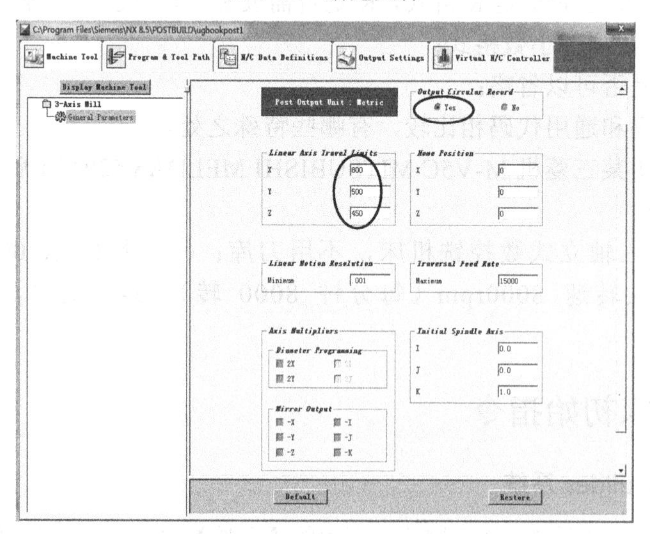

图 8-19　设置行程及圆弧输出

4. 设置不输出程序段号

这里的程序段号是数控程序语句中以N开头连同数字的部分，可以省略，并不影响机床的运行，为了节约存储空间，可以将这部分不输出。

在图8-19所示的对话框里，选择 Program & Tool Path（程序或者刀路），及 Program（程序）选项卡，再选择树枝节点 Program Start Sequence（程序开头队列），选择事件 MOM_set_seq_on 按住鼠标的右键，在弹出的快捷菜单里选择 Delete（删除），或者将其拖到右上方垃圾桶，如图8-20所示。

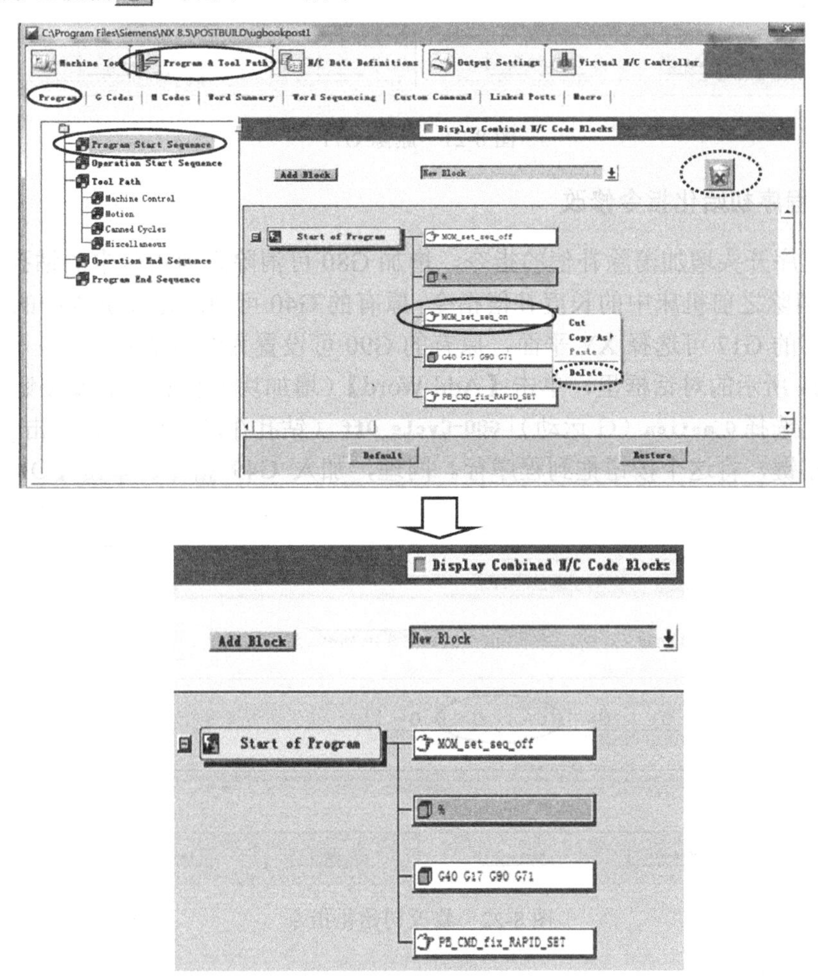

图8-20 删除事件

5. 修改公制输出指令

机床默认为公制单位，不必在数控程序里输出，另外G71指令很多机床另有其他含义。单击图8-20右侧所示的对话框里的 G40 G17 G90 G71 进入如图8-21所示的 Start of Program - Block : absolute_mode 对话框，选择G71拖到垃圾箱将其删除。

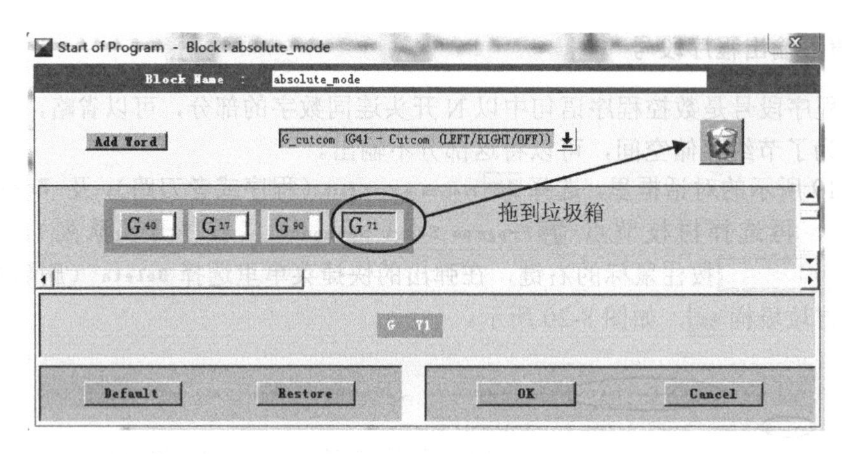

图 8-21　删除 G71

6．数控程序初始化指令修改

在数控程序开头增加消除补偿的指令。增加 G80 可消除之前机床中的钻孔循环指令，增加 G49 可消除之前机床中的长度补偿指令，原有的 G40 可消除之前机床中的刀具直径补偿指令，原有的 G17 可选择 XY 平面，原有的 G90 可设置为绝对值编程。

在图 8-21 所示的对话框里，单击【Add Word】（增加块）栏右侧的按钮，在其弹出的下拉菜单里选择 **G_motion**（G 运动）| **G80-Cycle Off**（钻孔循环取消），再单击 **Add Block** 按钮，按住左键，将这个按钮拖到程序行。同理，加入 G49 指令。单击【OK】按钮，如图 8-22 所示。

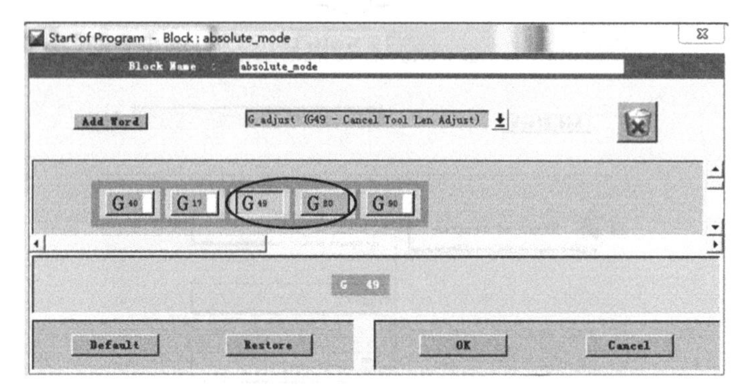

图 8-22　修改初始化指令

7．删除换刀指令

在普通模具工厂中大多属于单件加工，刀库不能充分发挥其功效，用得很少。另外如果程序中间有换刀动作，机床上的刀具编号与编程不一致的话，可能会引起严重错误。为了安全，一般编程时都是一个程序用一把刀。对于不用换刀的机床来说，可以删除换刀指令的输出。这样也可以减少操作员在数控程序里删除换刀指令的操作，提高安全性。

单击图 8-20 所示对话框左侧的 **Operation Start Sequence**（操作开始顺序），删除换刀指令，结果如图 8-23 所示。

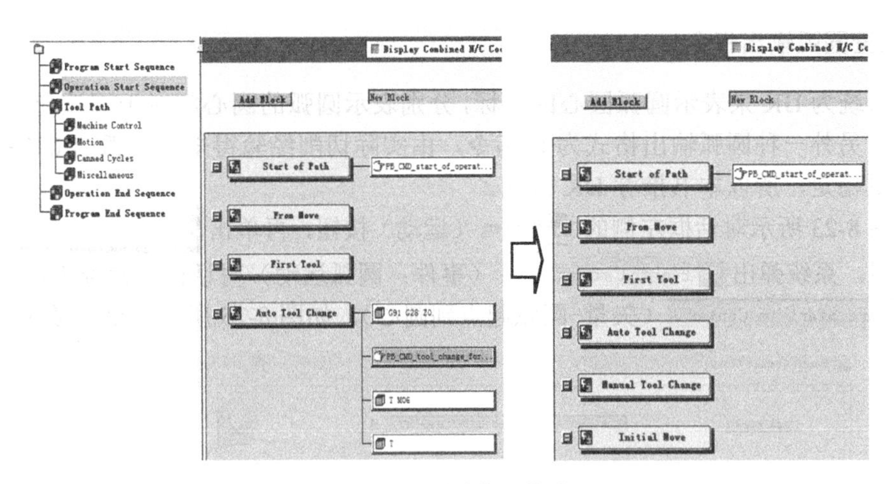

图 8-23　删除换刀指令

8.4.3　设置运动指令

1. 指定加工坐标系零点

默认输出为 G53，是机床的零点作为编程的零点，这样往往不符合实际加工的需要。实际工作中对于一个编程图形来说可以设置多个编程坐标系，分别是以编号的形式出现的，如 1 号、2 号等。对于 1 号夹具输出就是 G54，2 号夹具输出就是 G55 等。对于 UG 编程来说，完整的刀路一般都包括快速移动的动作，所以只在快速移动指令里指定坐标系就可以。

单击图 8-23 所示对话框左侧的 Motion（运动）按钮，再单击 Rapid Move（快速移动）按钮，系统弹出 Event : Rapid Move（事件：快速移动）对话框。单击【Add Word】（增加块）栏右侧的按钮，在其弹出的下拉菜单里选择 G ，然后在其弹出的下一级下拉菜单里选择 G-MCS Fixture Offset (54 ~ 59)（G 坐标系夹具偏移），再单击 Add Block 按钮，按住左键，将这个按钮拖到程序第 1 行里，结果如图 8-24 所示。单击【OK】按钮。

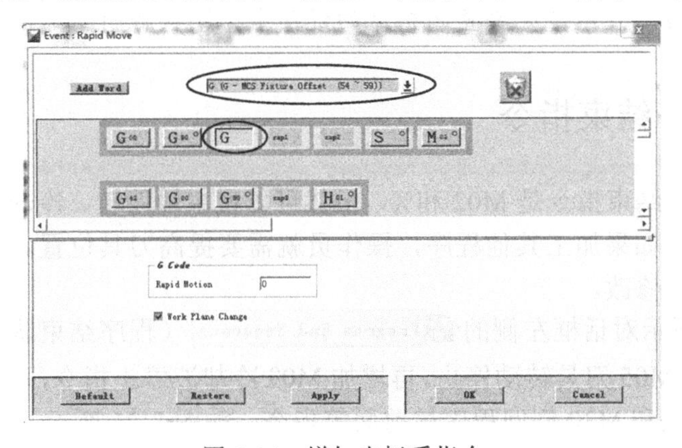

图 8-24　增加坐标系指令

2．检查圆弧输出指令

默认系统为 IJK 来表示圆弧圆心的坐标，分别表示圆弧的圆心相对于圆弧起点的坐标，是相对值。另外一种圆弧输出格式为 R 指令，由实际切削经验得知，圆弧的 IJK 指令比 R 指令运行更稳定，所以本书推荐 IJK 格式。

单击图 8-23 所示对话框左侧的 Motion （运动）按钮，再单击 Circular Move （圆弧移动）按钮，系统弹出 Event : Circular Move （事件：圆弧运动）对话框。检查 IJK 定义应该为 Vector - Arc Start to Center （矢量-圆弧起点到圆心），如图 8-25 所示。单击【OK】按钮。

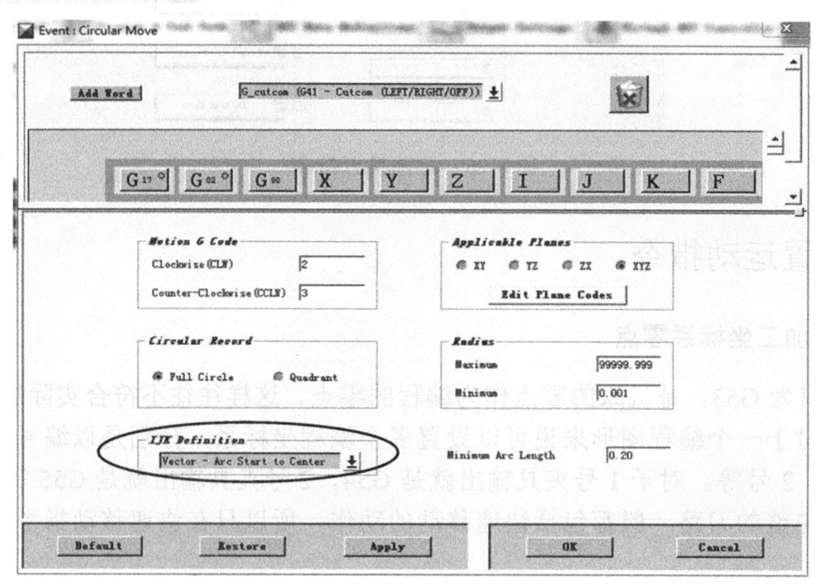

图 8-25　检查圆弧指令

有些机床的 I、J、K 要求是圆心绝对坐标值。有些机床的 R 指令可能是非模态，NC 程序就不能轻易省略。具体情况要查阅机床的说明书。刚接触新机床要注意这些问题。

8.4.4　设置程序结束指令

默认输出的程序结束指令是 M02 和%，虽然可以使主轴停转、冷却液停止，但是刀具是在安全高度位置，如果加工其他程序，操作员就需要提高刀具位置。为了方便操作员的操作，需要做适当的修改。

单击图 8-23 所示对话框左侧的 Program End Sequence （程序结束队列）按钮，先修改原来的 M02 指令为 M05 刀具转动停止，再增加 M09 冷却液停止指令，及 G91 G28 Z0. 使刀具回到 Z 参考点和 M30 倒回程序最前面等指令。如图 8-26 所示。

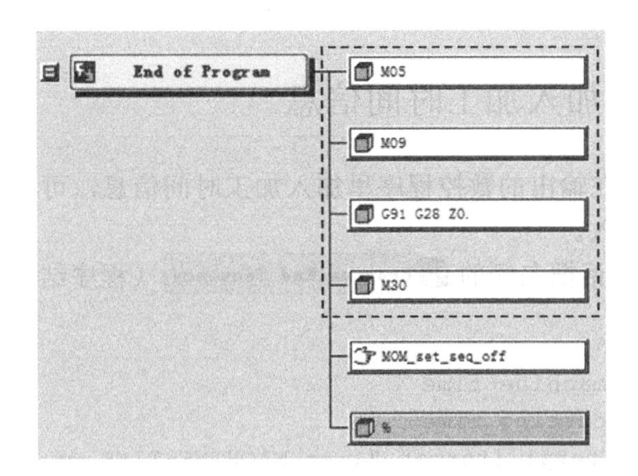

图 8-26　修改程序结束指令

8.4.5　在 NC 程序加入刀具信息

默认输出的 NC 程序里没有用户信息。在数控编程实践中，常见的错误是编程员在程序工作单里写错刀具、操作员装错刀具而导致加工错误。为了增强安全性，在 NC 程序里适当输出用户的刀具信息很有必要，这样可以避免出错。

单击图 8-23 所示对话框左侧的 Program Start Sequence （程序开始列），增加用户指令如下：

```
global mom_tool_name
global mom_tool_diameter
global mom_tool_corner1_radius
global mom_tool_flute_length
global mom_date
MOM_output_literal "(Tool =$mom_tool_name)"
MOM_output_literal [format "(===DIA=%.2f  CR=%.2f  FL=%.2f=====)"
   $mom_tool_diameter $mom_tool_corner1_radius $mom_tool_flute_length]
MOM_output_literal "(Date:$mom_date)"
```

如图 8-27 所示。单击【OK】按钮。

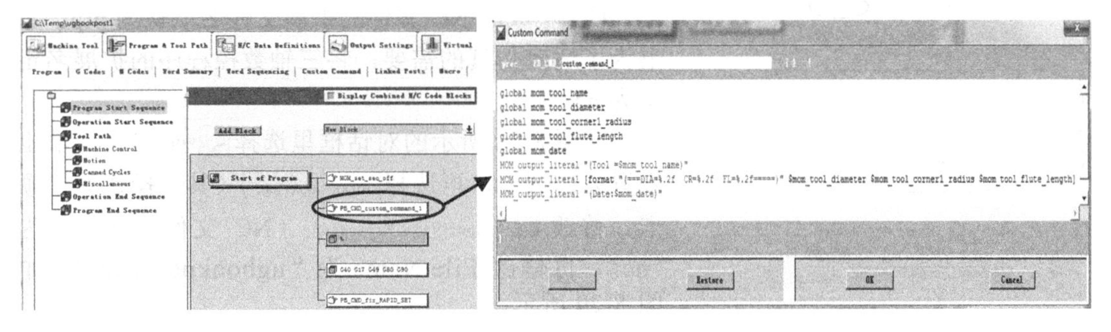

图 8-27　增加刀具及日期信息

8.4.6 在 NC 程序加入加工时间信息

通过修改后处理器在输出的数控程序里加入加工时间信息，可以方便进行生产。这个信息要在程序的末尾加入。

单击图 8-23 所示对话框左侧的 Program End Sequence （程序结束队列）节点，增加用户指令如下：

```
global   mom_machine_time
global   mom_cutting_time
MOM_output_literal [format "(=== MACHINE-TIME =%.2f===)"
         $mom_machine_time ]
MOM_output_literal [format "(=== CUTTING-TIME==%.2f===)"
         $mom_cutting_time]
```

其中机床加工时间 mom_machine_time 包括 mom_cutting_time 和其他辅助时间，单位为分钟，如图 8-28 所示。单击【OK】按钮。

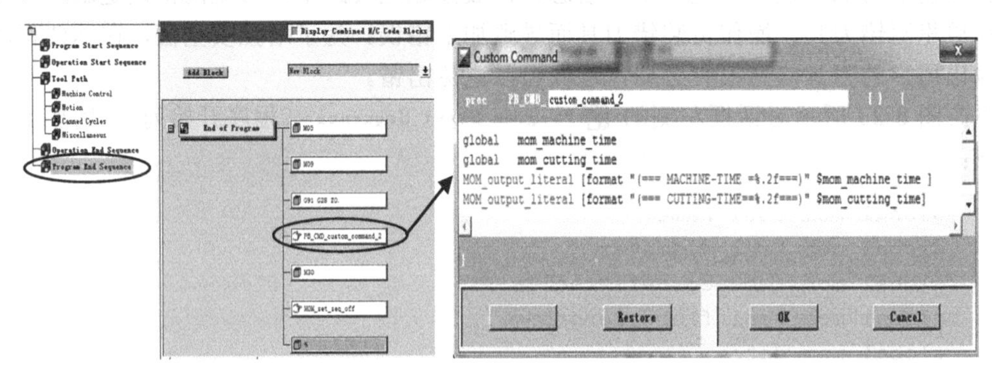

图 8-28 加入加工时间信息

图 8-29 修改数控文件的扩展名

8.4.7 修改输出数控程序的扩展名

UG 生成的 NC 文件的扩展文件名默认为 ptp。本书为了适应仿真的需要，将三轴数控程序的扩展名定义为 nc。

在图 8-21 所示的对话框里选择 Output Settings（输出设置）选项卡，再选择 Other Options （其他操作）选项卡，修改 N/C Output File Extension （NC 文件扩展名）为“nc”，再修改 File Name 为“ugbookpost1.tcl”。如图 8-29 所示。

在主菜单执行【File】|【Save As】命令，然后在弹出的【Select A License】对话框里单击【OK】按钮，再

在系统弹出的【Save As】对话框里选择 UG 后处理器的系统目录 C:\Program Files\Siemens\NX 8.5\MACH\ resource\postprocessor，单击【保存】按钮，后处理器存盘。如图 8-30 所示。

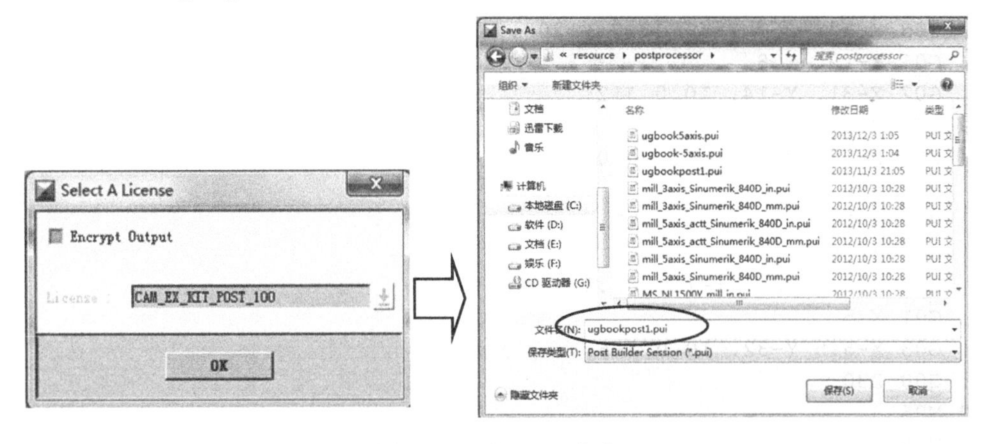

图 8-30　后处理器存盘

8.4.8　三轴后处理器测试

为了验证所制作程序的正确性，先设计一加工试件。图纸如图 8-31 所示。

假设用 ED12 平底刀精加工周边外形，只加工一圈，进刀半径为 6mm，从边中点进刀。刀轨路径如图 8-32 所示。

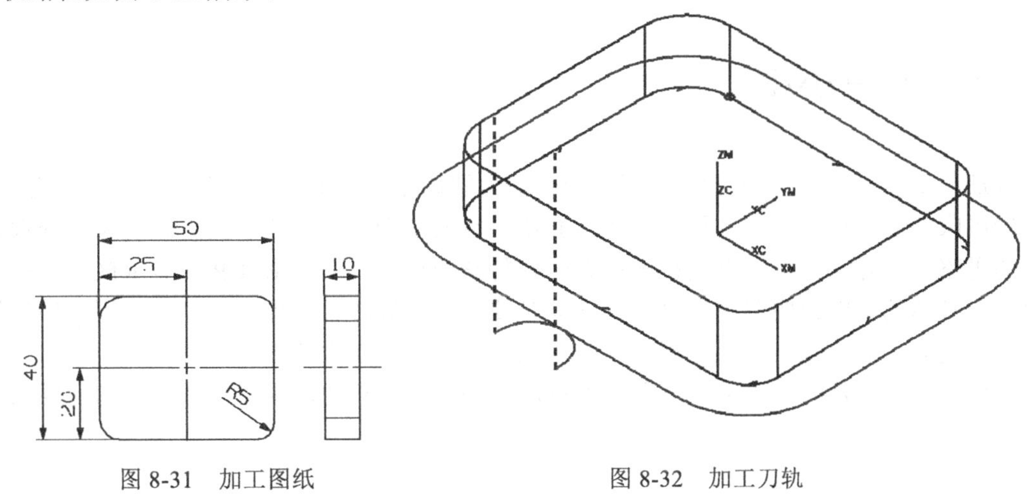

图 8-31　加工图纸　　　　图 8-32　加工刀轨

打开配套光盘提供的图形文件 ugbook-8-1.prt，使用本后处理器 ugbookpost1 对 K8A 程序组进行后处理得到数控文件为 k8a.nc，结果如下：

```
%
(Tool =ED12)
(===DIA=12.00  CR=0.00  FL=50.00=====)
(Date:Sat Dec 07 11:26:01 2013)
G40 G17 G49 G80 G90
```

```
G00 G54 X6.5 Y-32. S5000 M03
G43 Z30. H01
Z0.0
G03 X.5 Y-26. I-6. J0.0 F1200.
G01 X-19. M08
G02 X-31. Y-14. I0.0 J12.
G01 Y13.
G02 X-18. Y26. I13. J0.0
G01 X20.
G02 X31. Y15. I0.0 J-11.
G01 Y-15.
G02 X20. Y-26. I-11. J0.0
G01 X.5
G03 X-5.5 Y-32. I0.0 J-6.
G00 Z30.
M05
M09
G91 G28 Z0.0
(=== MACHINE-TIME =0.40===)
(=== CUTTING-TIME==0.17===)
M30
%
```

可以对后处理得到的数控程序逐条进行静态检查，有条件的还可以在机床上加工一个试件。经检查该程序正确。

8.5 本章小结

本章主要以双转台（XYZAC）而且旋转轴为零偏差的五轴机床的后处理器制作为例，对五轴机床的后处理器制作进行了描述性介绍。目的是为大家介绍一些五轴机床后处理器制作的思路，实际工作中，有些机床还有一些特殊的指令，例如 RPCP 或者 RTCP 功能，还要结合具体的机床说明书进行设置，尤其是要设置好旋转轴超界的处理，否则会导致加工过程中过切。而三轴机床后处理器制作重点介绍用户化参数的设置方法。

后处理器一般是由机床供应商和软件供应商提供给用户的，用户要按照他们的要求进行操作。

8.6 本章思考练习和答案提示

一、思考练习

1. 说一说图 8-10 所示的语句是什么高级语言？基本语句的语法结构是怎样的？
2. 使用 Post Builder 软件生成的后处理器一般有 3 个主要文件，请说明这 3 个文件的扩展名是什么，有何作用？

3．结合本章内容，如果某五轴机床是双转台 XYXBC，该如何制作后处理器？

二、答案及提示

1．答：图 8-10 所示的命令采用的是 TCL 语言，TCL 是英文“Tool Command Language”的缩写，意思是“工具命令语言”，它是一种交互式解释性计算机语言，是一种类似 C 语言的脚本语言。Post Builder 软件利用 TCL 语言可以帮助用户实现很多扩展功能，例如，可以把读入的刀轨参数经过数学运算，输出成为更能符合用户意图的数控程序。本章五轴后处理器就是大量利用 TCL 语言实现了坐标系点转化、超程处理、输出刀具信息等功能。

TCL 语句的基本语法结构是“命令　选项　参数”，它们之间用空格隔开。根据这个规律读者可以试着分析图 8-10 所示语句的含义。

2．答：Post Builder 软件制作的后处理器，通常包含扩展名分别为 def、tcl 及 pui 的 3 个文件。其中 def 文件是事件定义文件，它定义了事件输出的格式。这里所说的“事件”可以理解为机床的每个动作，如换刀、工作台的线性移动、旋转台的旋转、打开冷却液开关、关闭冷却液开关、刀具夹头夹紧等动作。

tcl 文件是事件处理文件，是用 TCL 语言编写的定义处理方式。

而 pui 文件是用户界面文件，有了这个文件，就可以用 Post Builder 软件把制作的后处理器打开进行编辑甚至修改事件处理定义文件 def 及事件处理文件 tcl。

3．答：如果机床是 B 轴和 C 轴结构，就要在图 8-6 所示界面里选择第 4 轴为“B”，其余设置参数的方法与本章介绍的内容相同。